高 等 学 校 专 业 教 材

 中国轻工业"十三五"规划教材

食品营养学

吴朝霞　张建友　主编

 中国轻工业出版社

图书在版编目（CIP）数据

食品营养学/吴朝霞，张建友主编．－－北京：中国轻工业出版社，2024.7

中国轻工业"十三五"规划教材

高等学校专业教材

ISBN 978－7－5184－3186－1

Ⅰ．①食…　Ⅱ．①吴…　②张…　Ⅲ．①食品营养—营养学—高等学校—教材　Ⅳ．①TS201.4

中国版本图书馆 CIP 数据核字（2020）第 173695 号

责任编辑：马　妍　　责任终审：张乃柬　　整体设计：锋尚设计
策划编辑：马　妍　　责任校对：方　敏　　责任监印：张　可

出版发行：中国轻工业出版社（北京鲁谷东街 5 号，邮编：100040）
印　　刷：三河市万龙印装有限公司
经　　销：各地新华书店
版　　次：2024 年 7 月第 1 版第 4 次印刷
开　　本：787×1092　1/16　印张：23
字　　数：500 千字
书　　号：ISBN 978－7－5184－3186－1　定价：55.00 元
邮购电话：010－85119873
发行电话：010－85119832　　010－85119912
网　　址：http：//www.chlip.com.cn
Email：club@ chlip.com.cn

本书编写人员

主　　编　吴朝霞（沈阳农业大学）

张建友（浙江工业大学）

副 主 编　汪建明（天津科技大学）

周　茜（河北农业大学）

李德海（东北林业大学）

仪淑敏（渤海大学）

参编人员（按姓氏笔画为序）

史　琳（沈阳农业大学）

孙仁艳（沈阳农业大学）

任文彬（仲恺农业工程学院）

刘　宁（陕西科技大学）

汪艳群（沈阳农业大学）

赵　文（河北农业大学）

蒋东华（沈阳农业大学）

霍艳荣（浙江农林大学）

前言 | Preface

随着我国社会经济的发展，人们对食物已经不再仅仅满足于吃饱和风味口感的追求，而是更加注重营养质量。因此，无论是供应食物原料的农业领域，还是以食品生产为目的的食品工业领域，都逐渐以健康和营养需求为核心开展工作。

中国老百姓对营养与健康的需求从未像现在这样热切，特别是中医养生已受到广泛的关注，新的科学研究成果也层出不穷。碳水化合物的摄入水平是否与慢性病和死亡率相关、酸碱体质理论的否定、菊粉与肝癌发生的关系、饮酒与人类健康的关系等研究结果不断刷新着传统营养观念和认识。在网络信息发达的现代社会，人们通过各种途径获取信息，又困惑于这些信息的科学性和合理性。要想对这些信息加以判定，去伪存真，掌握必要的营养学基础知识十分必要。

本教材的编写初衷是满足食品科学与工程类专业对营养学知识的需要。我国的食品营养学课程体系起源于医学院中公共卫生专业的"营养与食品卫生学"，部分知识点的理解需要一定的医学背景。但食品专业更侧重于食品的营养价值及食品储藏加工技术对营养价值的影响，并探究如何应用营养学基础知识生产满足人体营养需要的、符合国家相关法律法规规定的健康产品。因此，本教材在内容编排上既努力保持知识系统的完整性，也增加了对食品质量与相关管理措施的阐述，对发展较为迅速的新食品原料、特殊医疗用途食品等研究方向做了梳理和论述，对于食品及相关专业学生、科研工作者、食品研发人员等都具有较好的参考价值。

本教材的编写得到了广大院校的支持。第一章由沈阳农业大学吴朝霞编写；第二章由河北农业大学赵文和周茜共同编写；第三章第一节由东北林业大学李德海编写，第二节由浙江工业大学张建友编写，第三节、第四节由浙江农林大学霍艳荣编写，第五节、第六节由天津科技大学汪建明编写，第七节、第八节由李德海编写；第四章由仲恺农业工程学院任文彬编写；第五章由渤海大学仪淑敏编写；第六章由沈阳农业大学汪艳群编写；第七章由沈阳农业大学蒋东华编写；第八章由陕西科技大学刘宁编写；第九章和第十章由沈阳农业大学史琳和孙仁艳共同编写；附录由刘宁编写。

本书在编写过程中时间较为仓促，在内容上难免有不当之处，还请各位读者批评指正。

编者

2020 年 8 月

目录 Contents

绪 论

食物是人类生存最基本的需要。食物原料经过处理或加工转变为食品，供人类食用或饮用。随着社会的发展，人们对食品的要求不再仅仅是果腹，而是对口感和营养价值提出了更高的要求，但其满足人体营养需要的基本特性是永恒不变的，人体正常代谢活动、生长发育所必需的所有营养素和热能都需要食品来提供。食物的热能和营养素经消化吸收和利用，满足不同人群的营养需求，因此提供科学合理的营养对于人类健康至关重要。

一、 食品营养学的基本概念

营养（nutrition）是指机体从外界摄取食物以满足自身生理需要的必要的生物学过程。这个概念有两个关键点：第一，营养需要通过食物来实现；第二，营养是一个涉及生物体消化、吸收和利用的生物学过程。

营养学（nutriology）则是研究机体营养规律及改善措施的科学，属于生物科学的分支。营养学的一个突出的特点是它不仅从生物学角度研究人体对营养的需要，而且还有很强的社会实践性，甚至直接涉及国家的农业经济政策、社会食品经济政策和其他必要的行政措施。营养学的研究主要涉及食物营养、人体营养和公共营养三大领域。食品营养学更侧重于食品自身营养价值的评判及能够满足人体需要的程度，与人体营养生理需求紧密联系；公共营养则在宏观上保证供给数量、质量充足的食物以实现整个社会人群预防疾病、促进健康水平。

营养素（nutrient）是指那些能维持人体正常生长发育、新陈代谢所必需的营养物质，从化学性质分为六大类，即蛋白质、脂肪、碳水化合物、矿物质、维生素和水，也有人提出将膳食纤维作为第七类营养素。

二、 营养学发展简史

营养学是一门十分古老的科学。大约有文字之初就有了关于营养的记述。两千多年前的战国至西汉时代编写的《黄帝内经·素问》中就曾记载："五谷为养，五果为助，五畜为益，五菜为充，气味合而服之，以补精益气。"这段话不仅阐述了合理膳食的组成，而且指出了各类食物在膳食中的地位和作用及其对健康的促进作用，可以说是当代"平衡膳食"的鼻祖了。在《黄帝内经·灵枢》里又把食物如同药物一样分为"温凉寒热"四性和"酸辛苦咸甘"五味；《黄帝内经·素问》中进一步阐明了食物在医疗中的作用，提出"大毒治病，十去其六，常毒治病，十去其七，小毒治病，十去其八，无毒治病，十去其九，谷肉果菜，食养尽之"。在中国历史长河中，"药食同源"的理论体系逐渐形成，从唐朝孟诜的食疗专著

《食疗本草》，到宋朝王怀隐的《太平圣惠方》、元朝忽思慧的《饮膳正要》、明朝李时珍的《本草纲目》，在中医文化思想的影响下逐渐完善了"药食同源"理论。典型的例子如晋朝葛洪曾主张用肝脏治疗眼干燥症，用海藻治疗"大脖子病"；唐朝《千金方》中提出用谷皮汤熬粥防治脚气病等。

虽然"药"与"食"同源，但二者又是有所区别的。一般来讲，"药"在治疗上的作用较为突出，而"食"的作用往往更为平和，可以起到辅助药物发挥效用的作用；"药"的使用时间较短，能较快缓解症状，而"食"则更长远地起到培元固本的作用。2000 多年前《神农本草经》记载的 365 种上、中、下品药中，上品者大多为药食通用的日常食物，这也是现代社会提倡的"营养保健""食疗养生"的理论基础。

在国外，也有类似的文献记载。在公元前 4 世纪的古希腊，柏拉图曾用应激膳食治疗某些疾病；公元 2 世纪，盖伦在解剖学、生理学、临床诊疗学、药物学以及卫生学等诸多方面为古代西方医学发展做出了相当多的贡献，他也曾建议采用动植物治疗疾病。阿拉伯国家早期的"食疗"则传承于希腊并将其深化拓展，根据天然食物的强度及化学性质将其分类。而在意大利、法国、西班牙等国家，受阿拉伯国家的影响，"食疗"在 11 世纪开始逐渐兴旺。

无论是古代中国以阴阳五行学说为基础的抽象演绎，还是西方国家以哲学和宇宙学等为基础形成的营养学体系，多为经验性的总结，缺乏对营养学本质的认识。随着 18 世纪自然科学的飞速发展，特别是 1785 年法国发生"化学革命"，鉴定了一些主要化学元素并建立起化学分析方法，才真正开始了现代意义的营养学研究。现代营养学研究不仅得益于化学、物理学的发展，在生物化学、微生物学、生理学、医学等领域，新技术的产生和应用也为营养学的研究开辟了新的思路和方法。营养学的发展可以分为以下三个阶段。

第一阶段，营养学的萌芽与形成期。主要是在化学、物理学等启蒙性科学成就的引导下，建立了营养学的基本概念和理论，奠定了现代营养学的基础。18 世纪中叶，有营养学之父之称的法国化学家 Lavoisier 首先阐明了生命过程是一个呼吸过程，并提出呼吸是氧化燃烧的理论。Liebig 创立了"有机化学"；1860 年，德国生理学家 Voit 建立氮平衡学说，并于 1881 年首次系统提出蛋白质、碳水化合物和脂肪的每日供给量；1894 年，Rubner 建立了测量食物代谢燃烧产生热量的方法，提出了热能代谢的体表面积法则和 Rubner 生热系统；1899 年，美国农业化学家 Atwater 提出了 Atwater 生热系数，设计了弹式测热计。Liebig 师徒三代为营养学的发展做出了不可磨灭的贡献（Liebig 是 Voit 的老师，Voit 又是 Rubner 和 Atwater 的老师）。

第二阶段，从 19 世纪末到 20 世纪初，是发现和研究各种营养素的鼎盛时期。人们对营养素的认识从最初的三大营养素发展分化为二三十种营养素。例如，1929 年 Burr 等证明亚油酸是人体必需脂肪酸。1935 年 Rose 提出苏氨酸后，迄今再未有新的氨基酸提出；1938 年 Rose 又论证了成年人有 8 种必需氨基酸。1912 年 Funk 提出生命胺（1920 年定义为维生素）的概念。以后于 1913—1935 年陆续发现了维生素 A、B 族维生素、维生素 C 和维生素 D，直至 1947 年发现维生素 B_{12}，迄今再未有新的维生素发现。这期间，相关学科的相互渗透、先进分析手段的应用使营养学研究呈现出前所未有的飞速发展，如对维生素的生理功能、缺乏病、与三大营养素代谢的关系、与酶的联系等方面进行了深入细致的研究。另外，还提出了必需微量元素的概念。

第三阶段，第二次世界大战后，营养研究从宏观转向微观；同时，开始注重将营养研究成果广泛应用于实践。在微观方面，继续发现新的营养素并系统研究营养素的消化、吸收、代谢及生理功能，从细胞水平、分子水平研究营养素缺乏引起的疾病及其机理，陆续出现分子营养学、营养组学等新的分支。在宏观方面，则以公共营养的发展最为瞩目。在世界卫生组织与联合国粮农组织的努力下，加强了营养工作的宏观调控，出现了一些新的名词，如效益评估、公共营养学、社会营养学、营养监测、营养政策等。

我国现代营养学起步于 20 世纪初，虽然当时的政府和学者做了一些工作，但受政治、经济条件的限制，营养学研究工作举步维艰，难以收到实际成效。中华人民共和国成立后我国营养学和人民营养事业才有了长足的发展。

我国政府一直十分重视我国居民营养与健康问题。中华人民共和国成立初期所实施的食品统购、统销和价格补贴政策，保证了有限食物合理分配和人民基本的生存需要；粮食适宜碾磨精度的研究，既保证了食物的充分利用，也保证了适宜的口感和营养供给；设置了营养科研机构，在全国各级医学院校开设了营养卫生课程，为我国培养了大批营养专业人才队伍；结合国家建设和人民健康需要，开展了多方面、富有成效的工作，如 1952 年出版了我国第一本《食物成分表》，1956 年营养学报创刊，1959 年开展了我国历史上第一次全国性营养调查，1963 年提出新中国成立后第一个推荐的每日膳食营养摄入量（recommended dietary allowance，RDA），1989 年提出了我国第一个膳食指南建议。1993 年，国务院发布了《90 年代中国食物结构改革与发展纲要》，次年，国务院总理签发了《食盐加碘消除碘缺乏危害管理条例》，1997 年、2001 年，国务院办公厅分别发布了《中国营养改善行动计划》《中国食物与营养发展纲要》。尤其近十年，营养健康已成为国家战略和国家计划的重要组成部分。《中国食物与营养发展纲要（2014—2020）》《"健康中国 2030"规划纲要》《国民营养计划（2017—2030）》等一系列具有法律效力的文件，不仅为改善与促进国民健康提供了有力的保障，而且还为我国营养学的发展注入了巨大的推动力。

三、 营养学研究的重要进展及未来发展趋势

关于膳食、营养与健康，近代营养学积累、形成了大量的观点、学说和理论。当代科学技术飞速发展特别是分子生物学技术突飞猛进，为营养学的基础理论研究成果的产出提供了更大的可能性；全球化进程增强了公共营养的宏观可调控性，公共营养的社会性不断得到加强。总结起来有如下几个方面。

（一） 营养学基础研究

近年来，对基础营养研究又有许多新进展，营养素不再仅仅是作为维持生存和生长发育的物质基础，其对健康、甚至保健的作用及其机理广受关注。如膳食纤维，已经作为第七大营养素被接受和认可，其在预防结肠癌、降血脂、调节血糖方面的功能被多项研究证实。对多不饱和脂肪酸特别是 $n-3$ 系列，α-亚麻酸及其在体内形成二十碳五烯酸（EPA）和二十二碳六烯酸（DHA）、共轭亚油酸生理作用，$n-3$ 和 $n-6$ 系列脂肪酸平衡的研究越来越受到关注，其成果已被推荐作为膳食供给量标准。叶酸、维生素 B_{12}、维生素 B_6 与出生缺陷及心血管疾病病因关联的研究已深入到分子生物学水平。此外，近年来肠道微生态与人类健康的关系研究日趋白热化，人体肠道微生态与多种疾病如感染性疾病、肥胖症、糖尿病、肝病、冠心病以及肿瘤等存在密切关系，多种营养素和天然活性成分可以通过调节肠道菌群预防、控制多种疾病的发生和发展，但作用机制研究尚处于初级阶段。未来的营养学基础研究

将重点在上述领域取得突破，同时将深入地研究营养素在人体的代谢过程、生理功能、作用机制以及人群营养状况，从而为进一步修订膳食营养素参考摄入量（dietary reference intakes，DRIs）和制定膳食指南奠定基础。

（二）个性化营养/精准营养

随着分子生物学技术和理论的逐渐渗透，特别是 1985 年分子营养学（molecular nutrition）概念的提出，标志着营养学研究已进入分子时代。在未来一段时间内，营养因素与遗传基因的相互作用是营养学研究的新热点，基于分子生物学、营养基因组学等技术，可探明营养素与基因表达的关系，从而控制有益基因的表达、抑制有害基因的表达，为控制与营养相关的疾病提供有效的方案和措施，实现为不同基因型个体提供不同的膳食供给量标准，为个性化营养及预防营养相关疾病做出重要贡献。基因组学、转录组学、蛋白质组学、代谢组学、脂质组学、金属组学、微生物组学、食物组学等组学技术的发展也为个性化营养/精准营养提供了可能性。

（三）营养与相关疾病的研究

饮食、营养与某些重要慢性病，如癌症、心脑血管病、糖尿病、肥胖等疾病的关系，已成为现代营养学研究的重要内容。越来越多的研究资料表明，营养与饮食因素是这些疾病的重要病因，或是防治这些疾病的重要手段。如高钠饮食可引起高血压；蔬菜和水果对多种癌症有预防作用；叶酸、维生素 B_6、维生素 B_{12} 和同型半胱氨酸（homocysteine）与冠心病的关系；食物血糖生成指数（glycemic index，GI）与糖尿病的关系；能量、脂肪酸与肥胖的关系；过量饮酒与慢性病等研究仍在深入展开。另外，有些研究表明癌症、高血压、冠心病、糖尿病、肥胖症，甚至骨质疏松症等疾病的发生和发展都与某些共同的饮食因素有关。尤其是因营养不平衡而导致的肥胖，是大多数慢性病共同的危险因素。所以世界卫生组织（WHO）强调，在社区营养干预中，采用改善饮食结构和适当增加体力活动为主的策略，是防治多种主要慢性病的重要手段。

（四）食物中天然植物化学物的研究

一般认为，如果能够合理摄入多种多样的食物，就能够保障机体保持良好的健康水平，而传统营养素的作用不足以解释这种现象。研究认为天然食物中含有能够促进健康的多种非营养素类化学物质，尤以植物性食物为甚，通常称为植物化学物（phytochemicals）。这些成分包括茶叶中的茶多酚、大蒜中的含硫化物、水果蔬菜中的胡萝卜素和异硫氰酸盐、大豆中的异黄酮和低聚糖，以及广泛存在于植物组织中的多糖类、黄酮类、多酚类、萜烯类、生物碱类、植物固醇等。它们结构各异，但都具有不同的生理学活性，如抗肿瘤、抗微生物、抗氧化、降低胆固醇水平、降血脂、降血糖、改善肠道菌群、雌激素样作用等。虽然目前尚缺乏可靠的流行病学证据表明摄入这些成分确实对健康有促进作用，或对某些慢性病有保护作用，但多数学者认为摄入充足的富含天然植物化学物的食物对维护机体健康至关重要。为此，我国营养学会在 2013 版《中国居民膳食营养素参考摄入量》中新增了"植物化合物对人体的作用"部分，对已有充分科学依据的 6 个膳食成分提出了特定建议值（SPL），包括大豆异黄酮、叶黄素、番茄红素、植物甾醇、氨基葡萄糖、花色苷/原花青素等；这是其他国家膳食营养素参考摄入量中尚未有的"新品种"。

（五）公共营养

营养学的知识只有传播到广大消费者中，在实践中得到应用才能实现知识的价值。"二战"后公共营养兴起，并在理论与实践的结合中不断得到升华发展，为解决居民合理营养、提升健康水平、保证社会稳定发展起到了重要的作用。各国政府或相关学术团体在营养调查、膳食指南制定、食物营养成分测定、营养素摄入量标准等方面都做了大量的基础工作。例如，美国的膳食指南，自 1980 年美国发布第一个膳食指南开始，每 5 年，都会根据居民营养水平的变化进行修订，到 2016 年的最新膳食指南，已经修订了 8 次。

公共营养领域另一个标志性的事件是 1992 年由 159 个国家的部长和全权代表以及欧洲共同体参加的在罗马召开的世界营养大会。在这次大会上，通过了以消除饥饿和营养不良为核心的《世界营养宣言》和《营养行动计划》。2005 年 5 月发布的吉森宣言（Giessen declaration）以及同年 9 月第十八届国际营养学大会上均提出了营养学的新定义：营养学是一门研究食品体系、食品和饮品及其营养成分与其他组分和它们在生物体系、社会和环境体系之间及之内的相互作用的科学。新营养学特别强调营养学不仅是一门生物学，而且还是一门社会学和环境科学，是三位一体的综合性学科。因此，营养学的研究内容将更加宏观，更加宽泛。

（六）　现代营养学与中国传统医学之间的融合

现代营养学注重科学实验证据，注重定性与定量分析，这既有科学和先进的一面，但也存在着一定的局限性，即过分强调某个食物成分的作用和某个组织细胞的功能，缺乏整体联系、综合与发展的观点。而我国传统医学中，许多关于营养与人体健康的观点、学说、理论，恰好能弥补现代营养学的缺陷。如何将二者有机结合，融合成一门新的学科，将是未来的研究方向。

四、　我国目前营养现状及存在的问题

居民的营养状况与国家的政治、经济、社会发展状况密不可分。当前中国社会经济飞速发展，温饱问题已经基本得到解决，国民健康水平和整体素质得到极大的提升。但在总体上营养水平还低于发达国家，并存在如下问题。

1. 营养水平不平衡，营养摄入不足和营养过剩同时存在

这个现象体现在城乡摄入食物结构有所差异、发达地区和欠发达地区营养水平差异较大。在农村地区，特别是中西部贫困地区，人群营养素普遍摄入不足，营养不良现象较为严重，生长发育期的儿童体现得尤为明显。而在发达地区，成人及儿童肥胖率持续上升。1985年至 2005 年，我国主要大城市 0 至 7 岁儿童肥胖人数由 141 万人增至 404 万人；1985 年至2014 年，7 岁以上学龄儿童超重肥胖人数由 615 万人增至 3496 万人；预计 2030 年，我国 7岁以上学龄儿童超重肥胖人数将增至近 5000 万人。

2. 与营养相关的慢性病发病率持续增长，且有年轻化的趋势

经济的发展带来生活方式的转变，居民的膳食结构也在悄悄发生着变化；工作者精神压力加大，身体活动明显减少；同时受环境污染气候变化等客观因素的影响，导致了近些年与营养相关的慢性病发病率持续上升。据估算，目前中国高血压患者约有 2.2 亿人，高脂血患者 1.3 亿人，高血糖患者 3.0 亿人，糖尿病患者 1.4 亿人，肥胖症患者 3.5 亿人，脂肪肝患者 1.2 亿人，血脂异常患者 1.6 亿人。这些不容乐观的健康大数据为营养工作者提出了严峻的挑战，严重影响人民幸福安康和美丽中国梦的实现。

3. 部分营养素缺乏现象仍然存在

由于我国居民膳食结构的原因，钙摄入水平较低；碘缺乏在某些偏远的内陆地区依然存

在；维生素 A 和维生素 B_2 摄入普遍不足；铁缺乏状况较为普遍等。

五、　食品营养学的研究内容

食品营养学是研究食品和人体健康关系的一门科学。其主要研究内容如下。

（1）食品的营养成分及其检测；

（2）食物中成分——包括营养素与非营养素物质在体内的消化、吸收、代谢和排泄；

（3）营养素之间、营养素与食物中其他成分之间的相互作用，及在储藏、加工过程中营养成分的变化研究；

（4）营养与疾病，尤其是与慢性疾病防治的关系及相关食品（如特膳食品、特医食品等）的研发；

（5）提供营养满足不同人群合理膳食。

此外，电商、物流、互联网、信息化、自动化等技术的发展使餐饮业格局逐渐变化，中央厨房、快餐企业如何与现代食品工业很好地融合以满足消费者高质量生活和良好健康的需求已成为新的研究课题。

当然，食品营养学的研究内容不局限于此。实现合理营养要靠合理的食物供给，不同产地、不同生产条件下食物原料的特性可能有所差别；因个体差异及环境因素，不同人群、不同个体对热能和营养素的需求和利用可能发生较大的变化；食品在新的生产技术条件下是否能保证营养和安全性等因素也是需要考虑的问题。随着人们对营养日益增加的重视程度，食品营养学也将继续拓展新的研究领域，逐渐形成农学、预防医学、食品科学等各学科交叉的新兴学科分支。

食物的消化和吸收

第一节　消化系统概述

人体维持正常的生命活动过程，必须要不断地从外界摄取营养物质，用于满足组织细胞完成各种生命活动的物质和能量需要。营养物质主要来自食物，其中除水、无机盐和大部分维生素可以直接被机体吸收利用外，糖类、脂肪、蛋白质等结构复杂的大分子有机物，都必须先在消化系统分解为结构简单的小分子物质，才能通过消化道黏膜进入血液循环，进而被机体吸收利用。

一、　消化和吸收的定义

食物在消化管内分解为小分子物质的过程称为消化（digestion）。消化后的小分子物质及水、无机盐和维生素通过消化管黏膜进入血液和淋巴循环的过程称为吸收（absorption）。

食物的消化有两种形式，即机械性消化（mechanical digestion）和化学性消化（chemical digestion）。机械性消化指通过消化管平滑肌的收缩和舒张，如胃肠蠕动，将大块食物磨碎，同时与消化液充分混合，并以一定速度向消化管远端推送的过程。化学性消化指在消化腺所分泌的各种消化酶作用下，将食物中的大分子物质分解为可以被吸收的小分子物质的过程，如蛋白质被分解为氨基酸，脂肪被分解为脂肪酸和甘油，碳水化合物被水解为单糖等。机械性消化和化学性消化同时进行，密切配合，共同完成了食物的整个消化过程。消化有利于营养物质通过消化管黏膜上皮细胞进入血液和淋巴系统进行吸收，从而为机体的生命活动提供能量。

二、　消化系统的组成

人体的消化系统由消化管和与其相连的消化腺组成，是所有消化器官的总称，是体内执行对食物的消化作用和对营养物质吸收功能的系统。

（一）消化管

消化管是指由口腔到肛门粗细不等的弯曲管道，包括口腔、咽、食管、胃、小肠、大肠等部分。消化管结构如图 2-1 所示。

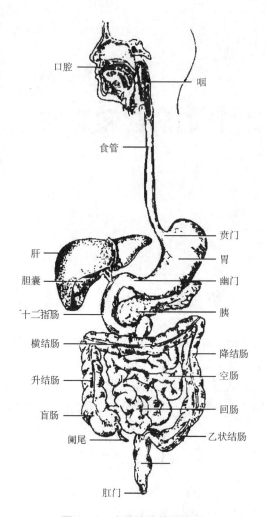

图2-1　人体消化管结构图

1. 口腔

口腔是整个消化管的起始部位，是由上下唇、咽峡、左右颊、硬腭和软腭、口腔底构成近封闭式空间。在口腔内有牙、舌及腺体的开口。食物在口腔内停留的时间为15～20s。口腔内消化主要是通过咀嚼和吞咽等机械性消化完成的。通过咀嚼使食物由大块变为小块，同时被唾液湿润形成食团便于吞咽；而食物的化学性变化很小，仅有小部分糖类在唾液淀粉酶的作用下分解为麦芽糖。

口腔的机械性消化主要包括咀嚼和吞咽两种形式。

咀嚼（mastication）是口腔各咀嚼肌有顺序地收缩所组成的复杂的反射性动作。口腔内消化过程除完成口腔内食物的机械性和化学性加工，还能反射性地引起胃、胰、肝、胆囊等的活动，有利于后续的消化过程。

吞咽（deglutition）是一种复杂的反射性动作，它的作用是使食团从口腔进入胃内。

2. 咽喉和食管

咽是食物与空气的共同通路，是口腔同消化系统、呼吸系统的过渡区域，分为鼻咽、口咽、喉咽3部分，下面相连的是食道，食道表层有许多黏液分泌腺，所分泌的黏液能保护食道黏膜。

食管的蠕动是一种反射动作，将食团由口腔送至胃部。

3. 胃

胃与食管直接相连，是消化管中最膨大的部分。胃分为四部分，贲门部、胃底、胃体和幽门部。胃的形状和位置不是固定的，它会随着胃的充盈程度、体型、紧张度等不同情况出现较大变化。

一般情况下，成人的胃可以容纳 1~2 L 的食物。胃壁一般由 3 层组织组成，内层是黏膜层，外层是浆膜层，中间是由平滑肌组成的肌层。肌层因肌纤维走向不同而分为斜行、环行和纵行 3 层。

胃运动主要有三种功能：①容纳进食时摄入的大量食物；②对食物进行机械性消化，使食物和胃液充分混合变成半流体的食糜；③将食糜分批排入十二指肠。

胃运动主要有以下三种形式：①紧张性收缩：胃壁平滑肌经常保持着一定程度的收缩状态，称为紧张性收缩。其意义在于维持胃内一定的压力和胃的形状、位置。当胃内充满食物时，紧张性收缩加强，所产生的压力有助于胃液渗入食物和促进食糜向十二指肠移行。②容受性舒张：当咀嚼和吞咽食物时，食物刺激咽、食管等处感受器，反射性地引起胃底和胃体部肌肉舒张，这种舒张使胃能适应大量食物的涌入，而胃内压上升不多，以完成储存食物的功能，故称为容受性舒张。③蠕动：食物进入胃后约 5min，胃即开始蠕动，蠕动波从胃体中部开始，逐渐推向幽门。蠕动开始时不很明显，越近幽门，收缩越强，收缩速度越快。蠕动波的频率每分钟约 3 次，约需 1min 到达幽门。胃反复蠕动可使胃液与食物充分混合，并推送胃内容物分批通过幽门进入十二指肠。

4. 小肠

小肠（small intestine）是食物消化和吸收的主要器官，口腔内消化和胃内消化是为小肠内消化打基础的。小肠主要位于腹腔下部，呈盘曲状，总长 5~7m，是消化管最长的一段。小肠结构分为十二指肠（duodenum）、空肠（jejunum）和回肠（ileum）三部分，其中十二指肠约 25cm，空肠约 2m，回肠约 3m。十二指肠是小肠的起始段，与胃的幽门相连接，其肠内壁有胆总管和胰管的开口。回肠下端通过阑门与大肠相连。人体的空肠和回肠差别不大，只是空肠比回肠的口径大些，其管壁黏膜和黏膜下层的环状皱襞多些。小肠黏膜绒毛结构如图 2-2 所示。

小肠管壁由黏膜、黏膜下层、肌层和浆膜构成。其结构特点是管壁有环形皱襞，环形皱襞表面具有很多细小的突起结构，称为"肠绒毛"，长度为 0.5~1.5mm，密度为 10~40 个/mm²，绒毛上还有微绒毛。绒毛根部的上皮下陷至固有层，形成管状的肠腺，其开口位于绒毛根部之间。绒毛这种结构的存在，使得小肠黏膜总表面积增加了很多。肠绒毛具有的血管、神经、毛细淋巴管和少量平滑肌，是小肠发生吸收的重要器官组织。绒毛和肠腺与小肠的消化和吸收功能关系密切。小肠的黏膜层具有丰富的肠腺体存在，包括十二指肠腺和小肠腺。

小肠的运动功能是靠肠壁的两层平滑肌完成的。肠壁的外层是纵行肌，内层是环行肌。运动形式包括紧张性收缩、分节运动和蠕动三种。

（1）紧张性收缩 小肠平滑肌紧张性是其他运动形式有效进行的基础。当小肠紧张性降低时，肠腔易于扩张，肠内容物的混合和转运减慢；相反，当小肠紧张性升高时，食糜在小

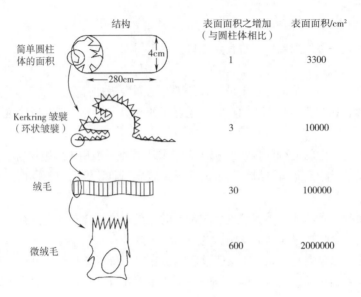

图2-2 小肠黏膜绒毛结构

肠内的混合和运转过程就加快。

（2）分节运动 这是一种以环行肌为主的节律性收缩和舒张运动。在食糜所在的一段肠管上，环行肌在许多点同时收缩，把食糜分割成许多节段；随后，原来收缩处舒张，而原来舒张处收缩，使原来的节段分为两半，而相邻的两半则合拢起来形成一个新的节段。如此反复进行，食糜得以不断地分开，又不断地混合。分节运动的推进作用很小，它的作用在于使食糜与消化液充分混合，便于进行化学性消化，它还使食糜与肠壁紧密接触，为吸收创造了良好的条件。分节运动还能挤压肠壁，有助于血液和淋巴的回流。分节运动在空腹时几乎不存在，进食后才逐渐变强起来。小肠各段分节运动的频率不同，小肠上部频率较高，下部较低。人十二指肠分节运动的频率约为每分钟11次，回肠末端为每分钟8次。这种活动梯度对于食糜从小肠的上部向下部推进具有一定意义。

（3）蠕动 小肠的蠕动可发生在小肠的任何部位，其速率为0.5～2.0cm/s，近端小肠的蠕动速度大于远端。小肠蠕动波很弱，通常只进行一段短距离（约数厘米）后即消失。蠕动的意义在于使经过分节运动作用的食糜向前推进一步，到达一个新肠段，再开始分节运动。食糜在小肠内实际的推进速度只有1cm/min，也就是说，食糜从幽门瓣到回盲瓣，需要历时3～5h。小肠内还有一种进行速度很快（2～25cm/s）、传播较远的蠕动，称为蠕动冲。蠕动冲可把食糜从小肠始端一直推送到大肠。蠕动冲可能是由于进食时吞咽动作或食糜进入十二指肠而引起的。

5. 大肠

大肠（large intestine）位于消化管的下段，是人体消化系统的重要组成部分。成人大肠全长约1.5m，起自回肠，依次为盲肠、升结肠、横结肠、降结肠、乙状结肠和直肠六部分。与小肠结构不同的是，大肠口径较粗，肠壁较薄；形似方框状，围绕在空肠、回肠的周围。

大肠的运动方式有混合运动（袋状往返运动）和推进运动（蠕动和集团运动）。未被消化的食物残渣从小肠进入大肠，但大肠内没有重要的消化活动。大肠的主要功能在于吸收水分，大肠还为消化后的残余物质提供暂时储存场所。一般来说，大肠并不进行消化，大肠中物质的分解多数也是细菌作用的结果，细菌能利用肠内较为简单的物质合成 B 族维生素复合物和维生素 K，但更多的是细菌对食物残渣中未被消化的碳水化合物、蛋白质与脂肪的分解，所产生的代谢产物也大多数对人体有害。

　　大肠内有许多细菌，这些细菌主要来自食物和大肠内的繁殖，它们依靠食物残渣而生存，大肠内的酸碱度和温度对一般细菌的繁殖极为适宜，细菌便在这里大量繁殖。细菌中含有能分解食物残渣的酶，它们对糖及脂肪的分解称为发酵，对蛋白质的细菌分解称为腐败。蛋白质首先被分解为氨基酸，氨基酸或是再经脱羧产生胺类，或是再经脱氨基形成氨，这些可进一步分解产生苯酚、吲哚、甲基吲哚和硫化氢等，是粪便臭味的主要来源；碳水化合物可被分解产生乳酸、醋酸等低级酸以及二氧化碳、沼气等；脂肪则被分解产生脂肪酸、甘油、醛、酮等。这些产物中的大多数对人体有害，有的可以引起人类结肠癌。其中有的成分经肠壁吸收后到肝脏由肝细胞解毒，另一部分则随粪便排出体外。

（二）消化腺

　　消化腺（digestive gland）是分泌消化液的腺体，主要提供不同的消化酶及润滑消化道的黏液。消化腺主要包括唾液腺、胃腺、胰腺、肝脏和小肠腺等。胃腺和小肠腺的分泌液直接进入消化道，唾液腺、胰腺和肝脏因为存在于消化道外，其分泌液经导管进入消化道。消化腺每天分泌大量的消化液，所有的消化液都是混合物，含有不同的消化酶和与消化有关的有机物和无机物（表 2 - 1）。

表 2 - 1　　　　　　　　　　　　主要消化管和消化腺

消化管	消化腺	消化液	分泌量/（L/d）	消化酶	被消化物质	消化产物
口腔	唾液腺	唾液	1.0~1.5	唾液淀粉酶	淀粉	麦芽糖
食管	无	无	—	无	无	无
胃	胃腺	胃液	1.5~2.5	胃蛋白酶 凝乳酶（成体无）	蛋白质	多肽
小肠	肝脏	胆汁	0.8~1.0	无	脂肪（被乳化）	—
	胰腺	胰液	1.0~1.5	胰淀粉酶	淀粉	麦芽糖
				胰蛋白酶	蛋白质	多肽
				糜蛋白酶	蛋白质	多肽
				胰脂肪酶	脂肪	甘油※、脂肪酸※
	小肠腺	肠液	1.0~3.0	肠肽酶	多肽	氨基酸※
				蔗糖酶	蔗糖	葡萄糖※、果糖※
				乳糖酶	乳糖	葡萄糖※、半乳糖※
				麦芽糖酶	麦芽糖	葡萄糖※
				肠脂肪酶	脂肪	甘油※ 脂肪酸※
大肠	无	无	—	无	无	无

注：※表示可被小肠吸收的成分。

1. 唾液腺

（1）唾液腺的分布　唾液腺是口腔内分泌唾液的腺体。人口腔内有三对较大的唾液腺，即腮腺、颌下腺和舌下腺，它们是位于口腔周围的独立器官，但其导管均开口于口腔黏膜。口腔内还有许多小的唾液腺，分散在于各部分口腔黏膜内，如唇腺、颊腺、腭腺、舌腺等。

腮腺是最大的唾液腺，略呈三角楔形，位于外耳道前下方，咬肌后部的表面，腺的后部特别肥厚，深入到下颌后窝内。颌下腺略呈卵圆形，位于下颌下三角内，下颌骨体和舌骨舌肌之间。舌下腺最小，细长而略扁。位于口底黏膜深面。

（2）唾液的成分　唾液是无色、无味、近中性（pH 6.6 ~ 7.1）的透明液体，是维持人体生命活动的重要物质之一。正常情况下，人体每日的唾液分泌量为 1.0 ~ 1.5L。唾液的主要成分是水、有机物和无机物。其中水分约占 99%；有机物主要包括唾液淀粉酶、黏多糖、黏蛋白、球蛋白、溶菌酶等；无机物主要包括 Na^+、K^+、Ca^{2+}、HCO_3^-、Cl^- 和微量的 CNS^-。此外，唾液中还含有一定量的气体，如 O_2、N_2 和 CO_2 等。

唾液的成分和分泌量会随着摄食食物的不同有一些差别。当进食干性食物时，唾液主要是含有大量淀粉酶的稀唾液；当进食辣椒、醋等强刺激性食物时，唾液的总分泌量将增加；当进食湿润或液体食物时，唾液的总分泌量将减少，而其中糖蛋白成分将增加，唾液呈黏液状；当嗅到或吃到喜好的食物时，唾液分泌量会远远超过机体所厌恶食物的分泌量，这就是所谓的垂涎欲滴。

（3）唾液的生理功能　唾液的生理功能主要表现在以下几方面。①湿润口腔：唾液可溶解部分食物，便于进行咀嚼、吞咽、引起味觉。②清洁和保护口腔：唾液的流动可清除食物残渣，冲洗口腔黏膜上的有害物质；唾液中的溶酶体、硫氰酸盐及蛋白质抗体具有杀菌作用。③消化淀粉：唾液中的淀粉酶可水解淀粉及糖原，起到初步消化作用；在胃内该作用仍可持续作用 10 ~ 30min，直到 pH 降至 4.5；在酶失活前，食物中 60% ~ 70% 淀粉转变成麦芽糖、糊精、麦芽三糖等。④对牙齿具有保护作用：唾液中无机离子成分，当在口腔中停留时间较长时，唾液由中性变为弱碱性，可缓冲细菌分解活动所产生的氢离子，对牙齿产生保护作用；但这种缓冲作用是有限的，当口腔中卫生较差时，分解产物比较多时，这种弱碱性环境就会失去对牙齿的保护作用。⑤对胃肠功能具有调节作用：唾液中的 HCO_3^- 和糖蛋白可中和胃酸、保护胃壁，间接调节胰腺和肝胆的生理功能。

2. 胃腺

（1）胃腺的组成　胃腺是胃内分泌胃液的腺体。根据其所在部位与结构的不同，分为胃底腺、贲门腺和幽门腺。胃底腺分布于胃底和胃体部，约有 1500 万个，是数量最多、功能最重要的胃腺。胃底腺由主细胞、壁细胞、黏液颈细胞组成，分泌胃蛋白酶原、盐酸和黏液。贲门腺位于胃与食管连接处，为黏液腺，分泌黏液。幽门腺位于幽门部，分泌碱性黏液。胃黏膜内还含有多种内分泌细胞，分泌胃泌素、生长抑素等胃肠道激素。

（2）胃液的成分　胃液是无色、透明液体，pH 0.9 ~ 1.5，呈酸性。胃液的主要成分包括盐酸、胃蛋白酶、黏液、内因子、Na^+ 和 K^+ 等。正常情况下，成人每日的胃液分泌量为 1.5 ~ 2.5L，空腹时盐酸排出量为 0 ~ 5mmol/L，在消化期，盐酸的排出量明显增加，在食物的刺激下，盐酸最大排出量可达 20 ~ 25mmol/L。胃液中 H^+ 浓度最高可达 150mmol/L，比血浆中 H^+ 浓度高约 300 万倍。

（3）胃液的作用　盐酸的作用：①将无活性的胃蛋白酶原激活为有活性的胃蛋白酶，同时为胃蛋白酶提供酸性作用环境；②使食物中的蛋白质变性，易于被消化；③可抑制和杀死随食物进入胃内的病菌；④进入小肠后促进胰液和小肠液的分泌，并引起胆囊收缩，排出胆汁；⑤与钙和铁结合，形成可溶性盐，促进小肠对它们的吸收。

胃蛋白酶能水解蛋白质，主要产物是胨和胨，少量多肽和氨基酸。胃蛋白酶必须在酸性较强的环境中才有作用，其最适 pH 2.0，随着 pH 的增高，其活性降低。

黏液的主要成分为糖蛋白。胃黏液和碳酸氢盐结合具有较强的黏滞性和形成凝胶的特性，可以阻碍胃蛋白酶对胃黏膜的分解。胃黏液覆盖于胃黏膜的表面，具有润滑作用，能降低坚硬食物对胃黏膜的机械损伤。黏液为中性或略偏碱，可降低胃酸的酸度，保护胃黏膜免受胃酸的侵蚀。

内因子是由壁细胞分泌的一种糖蛋白。内因子与食入的维生素 B_{12} 结合，形成一种复合物，可保护维生素 B_{12} 不被小肠内水解酶破坏。当复合物移行至回肠，其与回肠黏膜的特殊受体结合，从而促进回肠上皮吸收维生素 B_{12}。若机体缺乏内因子，维生素 B_{12} 吸收不良，影响红细胞的生成，造成巨幼红细胞性贫血。

3. 胰腺

胰腺（pancreas）是一个独立的分泌腺，是人体的第二大消化腺，位于机体腹部深处。胰腺是一长条状腺体，长 14~18cm，重 65~75g。

胰腺包括外分泌腺和内分泌腺两部分。外分泌腺由腺泡和腺管组成，腺泡分泌胰液，腺管是胰液排出的通道。内分泌腺由大小不同的细胞团——胰岛所组成，胰岛主要由 4 种细胞组成：A 细胞、B 细胞、D 细胞和 PP 细胞。A 细胞分泌胰高血糖素，升高血糖；B 细胞分泌胰岛素，降低血糖；D 细胞分泌生长抑素，以旁分泌的方式抑制 A、B 细胞的分泌；PP 细胞分泌胰多肽，抑制胃肠运动、胰液分泌和胆囊收缩。

胰液是无色、无嗅的碱性液体，pH 7.8~8.4，正常成年人每日分泌量为 1~2L。胰液的主要成分有水、碳酸氢盐、胰酶（胰蛋白酶原、胰脂肪酶、胰淀粉酶）、胰岛素等。胰液通过胰腺管排入十二指肠，具有消化蛋白质、脂肪和糖的作用。

4. 胆囊

胆囊位于肝脏下面，是储存和浓缩胆汁的器官，长 8~12cm，宽 3~5cm，容量为 30~60mL。胆囊壁含有完整的固有层以及由纵行肌和少许环形肌组成的平滑肌层，因此胆囊具有收缩运动，以便将胆汁排入十二指肠。

胆囊的主要功能包括：①储存胆汁：当机体处于饥饿状态时，胆汁储存在胆囊内，当消化需要的时候，再由胆囊排出，同时又起到缓冲胆道压力的作用。②浓缩胆汁：金黄色、碱性胆汁中的大部分水和电解质，由胆囊黏膜吸收返回到血液，留下胆汁中有效成分储存在胆囊内，变成棕黄色或墨绿色呈弱酸性的胆囊胆汁。③分泌黏液：胆囊黏膜每天能分泌 20mL 稠厚的黏液，保护胆道黏膜，不受浓缩胆汁的侵蚀和溶解。④排空：进食 3~5min 后，食物经十二指肠，刺激十二指肠黏膜，产生一种激素叫缩胆囊素，使胆囊收缩，将胆囊内胆汁立即排入十二指肠，以助脂肪的消化和吸收，在排出胆汁同时，也将胆道内的细菌与胆汁一起排出体外。一般讲，进食脂肪半小时，胆囊即可排空。

胆汁是由肝细胞不断生成的具有苦味的有色液体。成人每日分泌量为 800~1000mL。胆汁的颜色由所含胆色素的种类和浓度决定，由肝脏直接分泌的肝胆汁呈金黄色或橘棕色，而在胆囊储存过的胆囊胆汁则因浓缩使颜色变深。肝胆汁呈弱碱性（pH 7.4），胆囊中胆汁因碳酸氢盐被吸收而呈弱酸性（pH 6.8）。

胆汁除水分外，还有胆色素、胆盐、胆固醇、卵磷脂、脂肪酸、无机盐等成分。胆汁中没有消化酶，但胆汁对脂肪的消化和吸收具有重要作用。胆汁中的胆色素是血红蛋白的分解产物，主要为胆红素，其氧化物为胆绿素。胆汁中的胆盐为肝脏所分泌的胆汁酸与甘氨酸或牛磺酸结合的钠盐或钾盐。

胆汁的作用主要是胆盐的作用。胆盐可与脂肪酸甘油一酯等结合，形成水溶性复合物，促进脂肪消化产物的吸收，并能促进脂溶性维生素（维生素 A、维生素 D、维生素 E、维生素 K）的吸收。胆盐、胆固醇和卵磷脂等都可作为乳化剂乳化脂肪，使脂肪乳化成微滴，增加了胰脂肪酶的作用面积。胆汁酸还可与脂肪酸结合，形成水溶性复合物，促进脂肪酸的吸收。胆盐本身还是一种利胆剂。胆汁对促进脂溶性维生素的吸收也有重要意义。

在十二指肠中胆汁可中和一部分胃酸。当胆道被阻塞，胆汁不能进入十二指肠时，脂肪的消化和吸收就会发生障碍，可引起脂肪痢。胆盐能抑制结肠对钠和水的吸收，如果小肠吸收胆盐发生障碍，大量胆盐进入结肠，常引起水泻。胆汁能刺激肠管运动，故胆汁缺乏，会引起肠管运动减弱，使食物积滞在肠内。

5. 大肠液

大肠液是一种碱性的液体（pH 8.3 ~ 8.4），其主要成分为大量的黏液、水、碳酸氢盐等。大肠液可保护肠黏膜免遭机械损伤和润滑大便，减少或阻止粪便中的大量细菌活动对肠壁的影响，但大肠内有多种细菌，主要是大肠杆菌、葡萄球菌等，呈菌群集落方式分布，各菌群相互间能相互制约繁殖生存。

第二节　食物的消化

一、　碳水化合物的消化

食品中的碳水化合物含量最多的是谷类和薯类淀粉。淀粉的消化从口腔开始，唾液含有大量的 α - 淀粉酶。α - 淀粉酶催化直链淀粉、支链淀粉及糖原分子中的 α - 1，4 糖苷键的水解，水解产物有葡萄糖、麦芽糖、异麦芽糖、麦芽寡糖及糊精等组分。一般情况下，食物在口腔中停留时间较短，因此淀粉水解的程度不是很高。当食物经食管蠕动进入胃后，在酸性胃液环境（pH 0.9 ~ 2.0）中，胃酸和胃蛋白酶渗入食团或食团散开后，唾液淀粉酶不再发挥作用，失去了对碳水化合物的消化能力。

碳水化合物消化的主要场所是小肠。小肠胰液中的 α - 淀粉酶，其作用和性质与唾液淀粉酶相同，消化产物包括麦芽糖、麦芽三糖、异麦芽糖、α - 糊精及少量葡萄糖等。小肠上皮细胞刷状缘上含有丰富的 α - 糊精酶（α - dextrinase）、麦芽糖酶（maltase）、异麦芽糖酶（isomaltase）、蔗糖酶（sucrase）及乳糖酶（lactase）等多种酶组分。α - 糊精酶催化 α - 糊精分子中的 α - 1，6 糖苷键及 α - 1，4 糖苷键水解，生成葡萄糖；也可以催化麦芽糖水解为葡萄糖。麦芽糖酶可将麦芽三糖及麦芽糖水解为葡萄糖。蔗糖酶催化蔗糖水解为葡萄糖和果糖。乳糖酶催化乳糖水解为葡萄糖和半乳糖。有些成人由于乳糖酶缺乏，在食用牛乳后发生乳糖消化吸收障碍，而引起腹胀、腹泻等症状。

食物中也含有大量不能在小肠消化的碳水化合物，如膳食纤维、抗性淀粉、纤维素、半纤维素、果胶及树胶等。这些物质主要是由 β – 葡萄糖通过 β – 1，4 糖苷键连接形成的多糖。人类消化道不能分泌 β – 1，4 糖苷键水解酶，因此不能在小肠内消化吸收，需要到结肠经微生物发酵后再进行消化吸收。

大豆及豆制品中含有棉籽糖和水苏糖。棉籽糖为三碳糖，又称蜜三糖，是半乳糖与蔗糖的葡萄糖基以 α – 1，6 糖苷键相连而成。水苏糖为四碳糖，是在棉籽糖的半乳糖基一侧再连一个半乳糖。人体没有 α – D – 半乳糖苷酶，因此它们不能被消化吸收，滞留于肠道并在肠道微生物作用下发酵、产气，"胀气因素"由此而来。豆腐乳中的根霉可分解并除去它们。

二、 蛋白质的消化

蛋白质的消化从胃中开始。胃内分解蛋白质的酶主要是胃蛋白酶。胃蛋白酶主要水解含芳香族氨基酸、蛋氨酸、亮氨酸等氨基酸残基的蛋白质，把蛋白质分解为多肽。但由于胃蛋白酶的消化作用较弱，且食物在胃内停留的时间不是很长，所以蛋白质在胃中的消化很不完全。食物蛋白质的消化主要在小肠进行。

食物进入小肠，在小肠胰蛋白酶和糜蛋白酶的催化下，水解成多肽和氨基酸。胰液中的蛋白酶主要有两种，内肽酶和外肽酶。内肽酶将蛋白质分子内部切断，形成相对分子质量较小的胨和胨。如胰蛋白酶和糜蛋白酶，均以不具活性的酶原形式存在于胰液中。由肠液中的肠致活酶激活胰蛋白酶原，成为有活性的胰蛋白酶。此外，酸、胰蛋白酶本身和组织液也能使胰蛋白酶原活化。糜蛋白酶原在胰蛋白酶的作用下成为有活性的糜蛋白酶。胰蛋白酶主要催化水解由赖氨酸、精氨酸等碱性氨基酸的羧基组成的肽键，产物是羧基端为碱性氨基酸的肽糜。蛋白酶主要作用于芳香族氨基酸，如苯丙氨酸、酪氨酸，残基羧基组成的肽键，产生羧基端为芳香族氨基酸的肽。弹性蛋白酶可水解各种脂肪族氨基酸，如缬氨酸、亮氨酸、丝氨酸等残基参与组成的肽键。羧肽酶 A 和羧肽酶 B 均为外肽酶。羧肽酶 A 催化水解羧基末端为中性氨基酸残基组成的肽键，羧肽酶 B 催化水解羧基末端为赖氨酸、精氨酸等碱性氨基酸残基组成的肽键。

三、 脂肪的消化

正常人每日从食物中消化的脂类，甘油三酯占到 90% 以上，此外还有少量磷脂、胆固醇及其酯和一些游离脂肪酸（free fatty acids）。食物中的脂类在成人口腔和胃中不能被消化，这是由于口腔中没有消化脂类的酶，胃中虽有少量脂肪酶，但此酶只有在中性 pH 时才有活性，因此在正常胃液中此酶几乎没有活性。但是婴儿时期，胃酸浓度低，胃中 pH 接近中性，脂肪尤其是乳脂可被部分消化。

脂肪的消化主要是在小肠中进行。由于脂肪不溶于水，而体内的酶促反应是在水溶液中进行，所以脂肪必须先乳化才能进行消化。来自胆囊的胆盐在脂肪消化中起重要作用，它首先是净化脂肪，并减少它的表面张力，然后使脂肪乳化成非常细小的乳化微粒，提高溶解度，增加了酶与脂类的接触面积，有利于脂类的消化及吸收。在形成的水油界面上，分泌入小肠的胰液中包含的胰脂肪酶、辅脂酶、胆固醇酯酶和磷脂酶 A2 等开始对食物中的脂类进行消化，水解甘油三酯的 1 和 3 位上的脂肪酸，生成 2 – 甘油一酯和脂肪酸。此催化反应需要辅脂酶协助，将脂肪酶吸附在水界面上，有利于胰脂酶发挥作用。

食物中的磷脂被磷脂酶 A2 催化，在第 2 位上水解生成溶血磷脂和脂肪酸，胰腺分泌的是磷脂酶 A2 原，是一种无活性的酶原形成，在肠道被胰蛋白酶水解释放一个肽后成为有活性的磷脂酶 A 催化上述反应。食物中的胆固醇酯被胆固醇酯酶水解，生成胆固醇及脂肪酸。

食物中的脂类经上述胰液中酶类消化后，生成甘油一酯、脂肪酸、胆固醇及溶血磷脂等，这些产物极性明显增强，与胆汁乳化成混合微团（mixed micelles）。这种微团体积很小（直径 20nm），极性较强，可被肠黏膜细胞吸收。

四、 维生素的消化

人体内没有分解维生素的酶类。食物中的维生素 B_{12} 与蛋白质结合，进入人体消化道内，在胃酸、胃蛋白酶及胰蛋白酶的作用下，维生素 B_{12} 被释放，并与胃黏膜细胞分泌的一种糖蛋白内因子（IF）结合，形成维生素 B_{12} - IF 复合物。该复合物对胃蛋白酶较稳定，进入肠道后附着在回肠内壁黏膜细胞的受体上，在肠道酶的作用下，内因子释放出维生素 B_{12}，由肠黏膜细胞吸收。维生素 B_{12} 的储存量为 2 ~ 3mg，主要储存在肝脏。维生素 B_{12} 的肝肠循环对其重复利用和体内稳定十分重要，由肝脏经胆汁排出的维生素 B_{12} 大部分可被重新吸收。

食物中的脂溶性维生素属于脂类物质，必须和脂类一起吸收，因此影响脂类消化吸收的因素（如胆汁酸缺乏，长期腹泻等）均可造成脂溶性维生素吸收减少，甚至引起缺乏症。

第三节 食物的吸收

一、 概 述

吸收是指食物成分被分解后通过肠黏膜上皮细胞进入血液或淋巴循环，从而进入肝脏的过程。

（一） 吸收部位

消化道不同部位的吸收能力和吸收速度是不同的，这主要取决于各部分消化道的组织结构（图 2 - 3），以及食物在各部位被消化的程度和停留的时间。在口腔和食道内，食物基本上是不被吸收的，胃可吸收酒精和少量水分，小肠上段的十二指肠和空肠是食物吸收的主要部位，回肠主要是吸收功能的储备，大肠主要是吸收食物残渣中的水分和盐类。

小肠吸收的有利条件如下。

（1）小肠有巨大的吸收面积 如图 2 - 3 所示，小肠结构的特殊性使其吸收面积增加了 600 倍，达到了 200m^2。

（2）食糜在小肠内的分子小 食物在小肠内已被充分消化，成为适于吸收的结构简单的小分子物质，有利于吸收。

（3）食糜在小肠内停留时间长 食糜在小肠内停留 3 ~ 8h，使营养物质有充分的时间被消化吸收。

（4）小肠绒毛具有特殊结构 小肠绒毛内部有毛细血管、毛细淋巴管、平滑肌纤维和神经纤维网等结构，进食时绒毛能产生节律性伸缩和摆动，这些运动加速了绒毛内血液和淋巴的流动，有助于吸收。小肠细胞膜的吸收作用主要依靠被动转运与主动转运来完成。

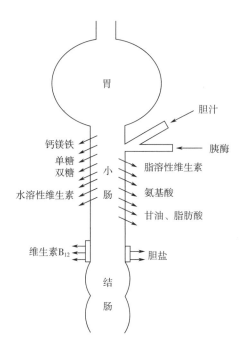

图2-3　小肠中各种营养素的吸收位置

（二）吸收的形式

1. 被动转运

被动转运过程主要包括被动扩散、易化扩散、滤过、渗透等作用。

（1）被动扩散　物质透过细胞膜，不借助载体，不消耗能量，从浓度高的一侧向浓度低的一侧透过称为被动扩散［图2-4（1）］。由于细胞膜的基质是磷脂双分子层，脂溶性物质更易进入细胞。物质进入细胞的速度决定于它在脂质中的溶解度和分子大小，溶解度越大，透过越快；如果在脂质中的溶解度相等，则较小的分子透过较快。

（2）易化扩散　指非脂溶性物质或亲水物质如 Na^+、K^+、葡萄糖和氨基酸等，不能透过细胞膜的双层脂类，需在细胞膜蛋白质的帮助下，由膜的高浓度一侧向低浓度一侧扩散或转运的过程［图2-4（2）］。与易化扩散有关的膜内转运系统和它们所转运的物质之间，具有高度的结构特异性，即每一种蛋白质只能转运具有某种特定化学结构的物质；易化扩散的另一个特点是所谓的饱和现象，即扩散通量一般与浓度梯度的大小成正比，当浓度梯度增加到一定限度时，扩散通量就不再增加。

（3）滤过作用　消化道上皮细胞可以看作是滤过器，如果胃肠腔内的压力超过毛细血管时，水分和其他物质就可以滤入血液。

（4）渗透作用　当膜两侧产生不相等的渗透压时，渗透压较高的一侧将从另一侧吸引一部分水过来，以求达到渗透压的平衡。

2. 主动转运

在许多情况下，某种营养成分必须要逆着浓度梯度（化学的或电荷的）的方向穿过细胞膜，这个过程称为主动转运（图2-5）。

营养物质的主动转运需要有细胞上载体的协助。载体是一种运输营养物质进出细胞膜的脂蛋白。营养物质转运时，先在细胞膜同载体结合成复合物，复合物通过细胞膜转运入上皮

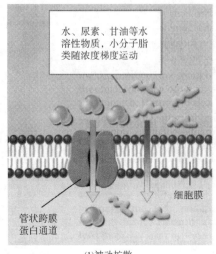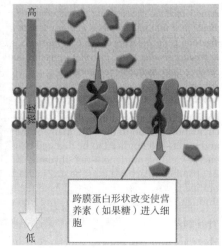

(1)被动扩散　　　　　　　　　　　　(2)易化扩散

图2-4　营养物质的被动转运过程

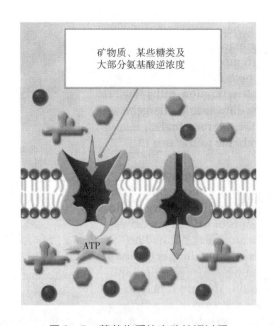

图2-5　营养物质的主动转运过程

细胞时，营养物质与载体分离而释放入细胞中，而载体又转回到细胞膜的外表面。

主动转运的特点是：载体在转运营养物质时，需要酶的催化来提供能量，能量来自三磷酸腺苷的分解；这一转运系统可以饱和，且最大转运量可被抑制；载体系统有特异性，即细胞膜上存在着几种不同的载体系统，每一系统只运载某些特定的营养物质。如果两种化学物质基本相似，在转运中又需要同一转运系统，则两种化学物质之间可出现竞争抑制。

二、 碳水化合物的吸收

碳水化合物经消化分解为单糖分子后才能被细胞吸收。吸收的主要部位是在小肠的空肠段，主要形式是单糖，包括葡萄糖、半乳糖及果糖等。单糖分子首先进入小肠黏膜上皮细胞，再进入小肠壁的门静脉毛细血管，并汇合于门静脉而进入肝脏，最后进入血液循环，运送到全身各个器官（图2-6）。

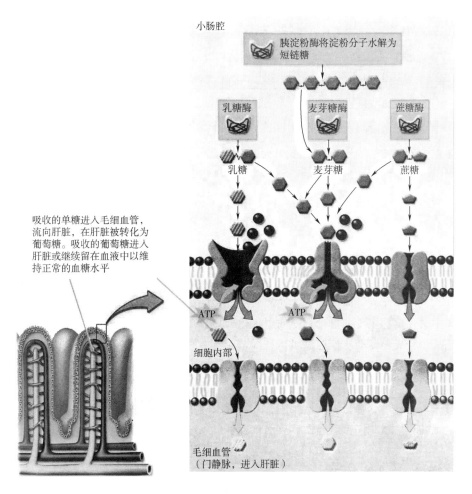

图2-6 碳水化合物的吸收

不同的单糖分子吸收的分子机制不同。一般情况下，葡萄糖和半乳糖以主动转运的方式吸收，此过程需要载体蛋白质，是一个逆浓度梯度进行的耗能过程，即使血液和肠腔中的葡萄糖浓度比例达到200:1，吸收仍可进行，而且吸收速度快（图2-7）。戊糖和多元醇以被动扩散的方式吸收，即由高浓度区经细胞膜扩散到低渗透区，吸收速度较慢。果糖以异化扩散的方式吸收，需要在微绒毛载体的协助下达到扩散平衡，但不消耗能量，吸收速度比被动扩散要快。肠黏膜上皮细胞刷状缘上有一种特异运糖载体蛋白，此载体蛋白分子能结合在第二碳位上具有自由羟基的吡喃型单糖上，所以葡萄糖、半乳糖等能与载体结合而迅速被吸收。而果糖、甘露糖等因不能与此类载体结合，主要依靠被动扩散吸收，所以吸收速度较慢。

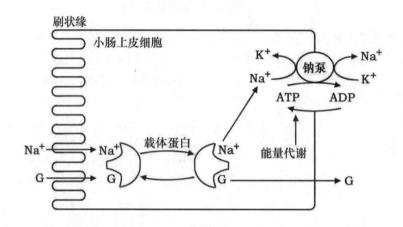

图 2-7 葡萄糖的主动吸收过程

总体来说，己糖的吸收速度大于戊糖的吸收速度。若以葡萄糖的吸收速度为基准 100，则人体对各种单糖的吸收速度如下：D-半乳糖（110）> D-葡萄糖（100）> D-果糖（70）> 木糖醇（36）> 山梨醇（29）> 甘露醇（19）。

碳水化合物吸收进入血液，使血糖浓度升高。膳食对血糖的影响常用血糖指数（glycemic index，GI）衡量。GI = 某食物在食后 2h 血糖曲线下面积/相当含量葡萄糖在食后 2h 血糖曲线下面积 ×100%。一般摄入含 50g 可消化碳水化合物的食品。GI 主要受食物成分和食物消化吸收率的影响。消化率高、吸收速度快的食物，GI 就高。一般情况下单糖比多糖消化吸收率高，直链淀粉比支链淀粉高，改性淀粉比抗性淀粉高。

人体中的葡萄糖主要来自食物中的碳水化合物，在饥饿状态下，肝、肾可利用乳酸、甘油、氨基酸等合成葡萄糖或糖原供机体利用。血液中的葡萄糖有三个去向：①被组织细胞摄取，通过有氧氧化和酵解途径为细胞供能；②葡萄糖进入肝细胞和骨骼肌细胞，合成糖原储存，在人体的肝内储存的糖原约 108g，肌糖原约 245g，当机体需要葡萄糖提供能量时，储存的糖原分解，释放出葡萄糖供机体利用；③当摄入的碳水化合物超过机体需要时，葡萄糖进入脂肪组织转化为脂肪储存。因此，碳水化合物摄入过多时，人体会发胖。

三、 脂类的吸收

脂类的吸收主要在十二指肠下段和空肠上段（图 2-8）。在脂肪的消化过程中，胆酸盐将脂肪进行乳化分散，以利于脂肪的水解和吸收。脂类的水解产物，如脂肪酸、甘油一酯和胆固醇等，都不溶解于水。它们与胆汁中的胆盐形成水溶性微胶粒后，才能通过小肠黏膜表面的静水层而到达微绒毛上。在这里，脂肪酸、甘油一酯等从微胶粒中释出，它们通过脂质膜进入肠上皮细胞内，胆盐则回到肠腔。长链脂肪酸及其他脂类消化产物随微团吸收入小肠黏膜细胞。长链脂肪酸在脂酰 CoA 合成酶催化下，生成脂酰 CoA，此反应消耗 ATP。脂酰 CoA 可在转酰基酶作用下，将甘油一酯、溶血磷脂和胆固醇酯化生成相应的甘油三酯、磷脂和胆固醇酯。

进入上皮细胞内的长链脂肪酸和甘油一酯，大部分重新合成甘油三酯，并与细胞中的载脂蛋白合成乳糜微粒，若干乳糜微粒包裹在一个囊泡内。当囊泡移行到细胞侧膜时，便以出

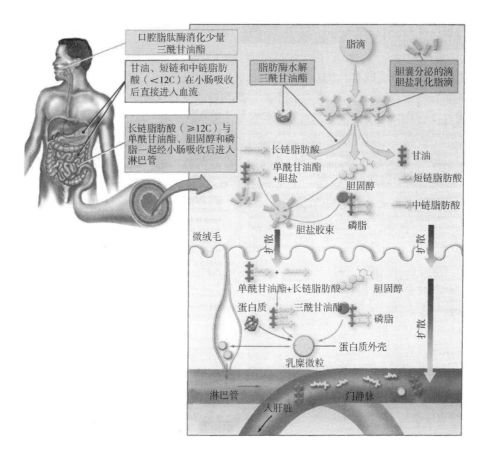

图2-8　脂肪的消化吸收过程

（资料来源：Nutrition，Paul Insel et al.，2002）

胞作用的方式离开上皮细胞，进入淋巴循环，最终归入血液。中、短链甘油三酯水解产生的脂肪酸和甘油一酯是水溶性的，无须混合微团协助，直接吸收入小肠黏膜细胞后，进而通过门静脉进入血液而不进入淋巴循环。

　　体内具有多种转酰基酶，它们识别不同长度的脂肪酸催化特定酯化反应。这些反应可看成脂类的改造过程，在小肠黏膜细胞中，生成的甘油三酯、磷脂、胆固醇酯及少量胆固醇，与细胞内合成的载脂蛋白（apolipoprotein）构成乳糜微粒（chylomicrons），通过淋巴最终进入血液，被其他细胞所利用。可见，食物中的脂类的吸收与糖的吸收不同，大部分脂类通过淋巴直接进入体循环，而不通过肝脏。因此食物中脂类主要被肝外组织利用，肝脏利用外源的脂类是很少的。

　　脂肪酸的极性和水溶性不同，其吸收速率也不相同。吸收速率大小依次是：短链脂肪酸＞中链脂肪酸＞不饱和长链脂肪酸＞饱和长链脂肪酸。脂肪酸水溶性越小，胆盐对其吸收的促进作用越大。甘油水溶性大，不需要胆盐即可通过黏膜上皮细胞经门静脉吸收入血液。

　　一般脂肪的消化率为95%，奶油、椰子油、豆油、玉米油与猪油等都能全部被人体在6~8h消化，并在摄入后的2h可吸收24%~41%，4h可吸收53%~71%，6h达68%~86%。婴儿与老年人对脂肪的吸收速度较慢。脂肪乳化剂不足可降低吸收率。

四、 蛋白质的吸收

经过小肠腔和膜的消化，蛋白质被水解为可吸收的 2～3 个氨基酸的小肽。游离氨基酸也被吸收。食物中的蛋白质（100g/d）经消化分解为氨基酸后，几乎全部被小肠吸收。其中经煮过的蛋白质因变性而易于消化，在十二指肠和近端空肠就被迅速吸收；未经煮过的蛋白质和内源性蛋白质较难消化，需进入回肠后才基本被吸收。

氨基酸的吸收是通过主动转运方式完成的。在小肠黏膜细胞膜上分布着转运氨基酸的载体，与氨基酸和 Na^+ 形成三联体，将氨基酸和 Na^+ 转运入细胞。在转运过程中，通过消耗能量，Na^+ 再借助钠泵主动排出细胞，保持细胞内 Na^+ 浓度稳定，并有利于氨基酸的不断吸收。细胞膜上主要有 3 种转运氨基酸的载体，分别负责中性、酸性或碱性氨基酸的转运。中性转运系统对中性氨基酸有高度亲和力，转运速度最快，可转运芳香族氨基酸（苯丙氨酸、色氨酸、酪氨酸）、脂肪族氨基酸（丙氨酸、缬氨酸、丝氨酸、苏氨酸、亮氨酸及异亮氨酸）、含硫氨基酸（蛋氨酸及半胱氨酸）、谷氨酸、胱氨酸及谷氨酰胺等，部分甘氨酸也可进行转运。碱性氨基酸转运系统可转运赖氨酸和精氨酸，转运速率较慢，仅为中性氨基酸转运系统的10%。酸性氨基酸转运系统主要转运天门冬氨酸和谷氨酸。另外亚氨基酸和甘氨酸转运系统转运脯氨酸、羟脯氨酸及甘氨酸，转运速度很慢。因含有此类氨基酸的二肽可直接被吸收，所以此转运系统在氨基酸吸收方面的意义不大。

研究表明，小肠刷状缘上还存在有二肽和三肽的转运系统，因此，许多二肽和三肽也可完整地被小肠上皮细胞吸收，而且肽的转运系统吸收效率可能比氨基酸更高。如含有羟脯氨酸或脯氨酸的二肽，必须在细胞液中才能被分解为氨基酸，甚至其中少部分（约10%）则以二肽形式直接进入血液被机体利用。

研究表明，食物中少量蛋白通过小肠上皮细胞完整吸收进入血液，但吸收量很少，从营养学的角度来看是无意义的；相反，它们常可作为抗原而引起过敏反应或中毒反应，如肠内细胞的毒素、食物抗原等可能会进入血液成为致病因子。

五、 水和矿物质的吸收

成人每日进入小肠的水分为 5～10L，这些水分主要来自消化液，少部分来自食品。成人每日尿量平均约 1.5L，粪便中可排出少量，其余大部分水分都由消化道重新吸收。

大部分水分的吸收都在小肠内进行，未被小肠吸收的剩余部分则由大肠继续吸收。小肠吸收水分的主要动力是渗透压。随着小肠对消化产物的吸收，肠壁渗透压会逐渐增高，形成促使水分吸收的极为重要的环境因素，尤其是钠离子的主动转运。在任何物质被吸收的同时都伴有水分的吸收。

矿物质可通过单纯扩散方式被动吸收，也可通过特殊转运途径主动吸收。食物中钠、钾、氯等的吸收主要取决于肠内容物与血液之间的渗透压差、浓度差和 pH 差。其他矿物质的吸收则与其化学形式、与食品中其他物质的作用及机体的机能作用等密切相关。

成人每日摄入 250～300mmol 的钠元素，消化腺大致分泌相同数量的钠，但从粪便中排出的钠不到 4mmol，说明肠内容物中 95%～99% 的钠都被完全吸收。由于细胞内的电位与黏膜面电位差为负 40V，同时细胞内钠的浓度较周围液体为低，因此，钠可顺电化学梯度通过扩散作用进入细胞内。但细胞内的钠能通过低–侧膜进入血液，这是通过膜上钠泵的活动逆电化学进行的主动过程。钠泵是一种 $Na^+ - K^+$ 依赖性 ATP 酶，它可使 ATP 分解产生能量，以维持钠和钾逆浓度的转运。钠的泵出和钾的泵入是耦联的。

铁是人体必需微量元素中含量最多的一种，总量为 4 ~ 5g。体内铁 60% ~ 75% 存在于血红蛋白中，3% 在肌红蛋白，1% 为含铁酶类，这些铁的存在形式称为功能性铁，其余 25% 为储存铁。植物性食物中铁吸收率较动物性食物（除蛋类）低。铁在食物中主要以三价铁（非血红素铁）形式存在，少数食物中为还原铁（血红素铁）形式。非血红素铁在体内吸收过程受膳食因素的影响，如粮谷和蔬菜中的植酸盐、草酸盐以及存在于茶叶及咖啡中多酚类物质等均可影响铁的吸收。此外，无机锌与无机铁之间有较强的竞争作用，互有干扰吸收作用。但维生素 C、某些单糖、有机酸以及动物肉类有促进非血红素铁吸收的作用。核黄素对铁的吸收、转运与储存均有良好影响。在肠道中吸收铁的部位主要是十二指肠与空肠前段。人体对于铁的吸收效率会因体内的需求与摄取量而作调节，如果体内铁储存量多，那么肠道对于铁的吸收率就会下降。

膳食中钙的吸收主要在小肠上段，转运形式以主动转运过程为主，并需要维生素 D 的参与。食物中的钙仅有 20% ~ 30% 被吸收，大部分都随粪便排出，这主要是由于钙离子可与食物中存在的植酸、草酸及脂肪酸等阴离子形成不溶性钙盐所致。影响钙吸收的主要因素是维生素 D 和机体对钙的需要。钙盐只有在水溶液状态，如氯化钙、葡萄糖酸钙溶液等，且在不被肠腔中任何其他物质沉淀的情况下，才能被吸收。肠内酸度对钙的吸收有重要影响，在 pH 约为 3 时，钙呈离子化状态，吸收最好。肠内磷酸过多，会形成不溶解的磷酸钙，使钙不能吸收。

人体对热能和营养素的需要

第一节　营养与能量平衡

人体摄取食物是为了获得其营养成分，以供给机体构成自身组织的原材料和提供机体维持生命活动所需的能量。这些成分在体内发挥营养作用的过程，是一个由复杂的大分子转化为小分子，再转化为大分子或更小分子的过程。食物中的蛋白质、脂肪、碳水化合物等大分子成分，先经由消化系统消化吸收后进入体内，由血液循环被运送到全身各处，并在体内发生分解、合成或转化等代谢，从而发挥其生理作用。

一、概　　述

自然界中的能量多以化学能、机械能、热能、电能以及太阳能等形式存在，但人体只能利用来自食物中的碳水化合物、脂肪和蛋白质经生物氧化过程释放的能量（化学能），其中约一半的能量是以高能磷酸键的形式储存在体内，用以维持机体代谢、呼吸、循环、神经传导以及肌肉收缩等；同时产能过程中释放的能量用于维持体温。当能量摄入长期不足时，机体将动员组织和细胞中储存的能量以维持生理活动中的能量消耗。当能量摄入高于需求量时，多余的能量将以脂肪的形式储存在体内（图 3-1）。因此，能量过剩与缺乏都会影响人体健康。

国际通用的能量单位是焦耳（joule，J）、千焦耳（kilojoule，kJ）或兆焦耳（megajoule，MJ），1J 是指用 1N 的力在作用力的方向上把物体移动 1m 的距离所消耗的能量。营养学领域常使用的能量单位是卡（calore，cal）和千卡（kilocalore，kcal），1kcal 是指在 1 个标准大气压下，1kg 纯水由 15℃ 上升到 16℃ 时所需要的能量。能量单位换算关系为：1kJ = 0.239kcal，1kcal = 4.184kJ。

每克碳水化合物、脂肪和蛋白质在体内氧化分解（或在体外燃烧）时所产生的能量值称为能量系数或食物的热价（energy coefficient / calorific value）。碳水化合物和脂肪在体内氧化分解与在体外燃烧的热能是相等的，最终产物均为 CO_2 和 H_2O；因此碳水化合物和脂肪的物理热价和生物热价相等。但蛋白质在体内不能完全氧化，除了 CO_2 和 H_2O 外，还产生一些不能继续被分解利用的含氮化合物（如尿素、尿酸、肌酐和氨），每克蛋白质产生的这些含氮

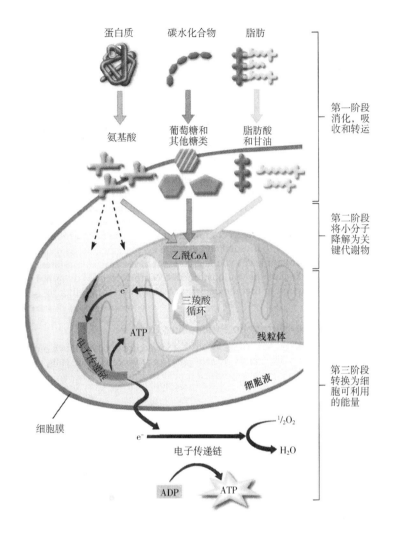

图 3 - 1 食物中能量利用的过程

(资料来源：Nutrition，Paul Insel et al.，2002)

物质在体外继续完全燃烧，还可产生 5.44kJ 的能量。如果采用体外测试热量试验推算体内氧化产生的能量值时，1g 碳水化合物、脂肪和蛋白质在体内氧化时平均产生的能量分别为 17.15kJ（4.1kcal）、39.54kJ（9.45kcal）和 23.65kJ（5.65kcal）。在一般情况下，食物营养素在人体消化道不能全部被吸收，且消化率也不相同。混合膳食中碳水化合物、脂肪和蛋白质的吸收率分别为 98%、95% 和 92%；因此，在实际应用中，将产能营养素产生的能量多少按照如下关系进行换算：

1g 碳水化合物：17.15 × 98% = 16.18kJ（4kcal）

1g 脂肪：39.54 × 95% = 35.76kJ（9kcal）

1g 蛋白质：（23.64 - 5.44）× 92% = 16.74kJ（4kcal）

二、 人体的能量产生与利用

能量来源于食物中的碳水化合物、脂肪和蛋白质。按照能量守恒定律，从能量供给上讲，三种物质比例的变化并不影响能量的摄取，可以在一定程度上相互代替。人体能量的需要与消耗是一致的，机体的能量消耗主要由基础代谢、体力活动、食物热效应和生长发育等消耗构成，其中正常成人能量消耗主要用于基础代谢、体力活动和食物的热效应，而孕妇、乳母、婴幼儿、儿童、青少年和刚病愈的个体还包括生长发育和修复的能量消耗。

（一） 能量的食物来源与构成

不同营养素有其各自特殊的生理作用，长期摄取单一种类会造成营养不平衡，影响健康。1g 碳水化合物能量 =0.45g 脂肪能量 =1g 蛋白质能量，因而在特殊情况下可以摄取一种或两种。这也是制造特殊食品的重要依据。一般条件下，碳水化合物是主要能量来源，其次是脂肪，蛋白质的主要作用不是供能。一般建议成人的碳水化合物占热能的 55% ~65% ，脂肪占 20% ~30% ，蛋白质占 11% ~15% 。

碳水化合物、脂类和蛋白质广泛存在于各类食物中。粮谷类和薯类含碳水化合物较多，是中国膳食能量的主要来源；油料作物中富含脂肪，大豆和坚果类含丰富的油脂和蛋白质，是膳食能量辅助来源之一；蔬菜、水果含能量较少。动物性食品含较多的动物脂肪和蛋白质，也是膳食能量的重要构成部分。因此，从营养角度来讲，不管是哪种食品，都应有一定的营养密度。而且从总的情况来看，在人体所需能量和各种营养素之间应保持一定的平衡关系，并保证能量的摄入量不超过能量的需求量。

（二） 人体能量的消耗

1. 基础代谢 （basal metabolism，BM）

基础代谢又称基础能量消耗 （basic energy expenditure，BEE），是指维持人体最基本生命活动所必需的能量消耗，占人体总能量消耗的 60% ~70% 。基础代谢指人体在清醒、空腹（饭后 12 ~14h）、安逸而舒适的环境中（室温 20 ~25℃）、无任何体力活动和紧张的思维活动、全身肌肉松弛、消化系统处于静止状态下的能量消耗，即指人体用于维持体温、心跳、呼吸、各器官组织和细胞功能等最基本的生命活动的能量消耗。基础代谢水平用基础代谢率来表示。

（1） 基础代谢率 （basal metabolism rate，BMR） 基础代谢率是指单位时间内人体基础代谢所消耗的能量，单位为 kJ/（m²·h）、kJ/（kg·h）或 MJ/d。基础代谢与体表面积密切相关，体表面积又与身高、体质量有密切关系。根据下列方法可以计算出人体每日的基础代谢能量消耗。

①用体表面积进行计算：我国赵松山于 1984 年提出一个相对适合中国人的体表面积计算公式。

$$体表面积（m^2）=0.00659×身高（cm）+0.0126×体重（kg）-0.1603$$

根据这个公式先计算体表面积，然后再按照年龄、性别查表 3 - 1，计算相应的 BMR，就可计算出 24h 的基础代谢水平。人在熟睡时，热能消耗比基础代谢约减少 10% ，所以在计算时，应扣除睡眠时少消耗的这部分热能。

表 3 - 1　　　　　　　　　　　　人体每小时基础代谢率

年龄/岁	男		女		年龄/岁	男		女	
	kJ/m²	kcal/m²	kJ/m²	kcal/m²		kJ/m²	kcal/m²	kJ/m²	kcal/m²
1	221.8	53.0	221.8	53.0	30	154.0	36.8	146.9	35.1
3	214.6	51.3	214.2	51.2	35	152.7	36.5	146.4	35.0
5	206.3	49.3	202.5	48.4	40	151.9	36.3	146.0	34.9
7	197.7	47.3	200.0	45.4	45	151.5	36.2	144.3	34.5
9	189.9	45.2	179.1	42.8	50	149.8	35.8	139.7	33.9
11	179.9	43.0	175.7	42.0	55	148.1	35.4	139.3	33.3
13	177.0	42.3	168.6	40.3	60	146.0	34.9	136.8	32.7
15	174.9	41.8	158.8	37.9	65	143.9	34.4	134.7	32.2
17	170.7	40.8	151.9	36.3	70	141.4	33.8	132.6	31.7
19	164.0	39.2	148.5	35.5	75	138.9	33.2	131.0	31.3
20	161.5	38.6	147.7	35.3	80	138.1	33.0	129.3	30.9
25	156.9	37.5	147.3	35.2					

资料来源：陈炳卿. 营养与食品卫生学（第四版）［M］. 北京：人民出版社，2000。

②直接用公式计算：Harris 和 Benedict 提出了下列公式，可根据年龄、身高和体重直接计算代谢热能消耗。

男 BEE = 66 + 13.7 × 体重（kg）+ 5.0 × 身高（cm）- 6.8 × 年龄（y）

女 BEE = 65.5 + 9.5 × 体重（kg）+ 1.8 × 身高（cm）- 4.7 × 年龄（y）

更为简单的方法是，成人男性按每千克体重每小时 1kcal（4.18kJ），女性按 0.95 kcal（3.97kJ）和体重相乘，结果相对粗略。

③WHO 建议的计算方法：20 世纪 90 年代起，世界各国大多数采用 FAO/WHO 建议的按照体重计算 BMR，见表 3 - 2。

表 3 - 2　　　　　　　　　　按体重计算 BMR 的公式

年龄/岁	公式（男）	公式（女）	年龄/岁	公式（男）	公式（女）
0 ~ 3	(60.9 × w) - 54	(61.0 × w) - 51	18 ~ 30	(15.3 × w) + 679	(14.7 × w) + 496
3 ~ 10	(22.7 × w) + 495	(22.5 × w) + 499	30 ~ 60	(11.6 × w) + 879	(8.7 × w) + 829
10 ~ 18	(17.5 × w) + 651	(12.2 × w) + 746	>60	(13.5 × w) + 487	(10.5 × w) + 596

注：w 为体重（kg）。

资料来源：Technical Report Serie 724，Geneva，WHO，1985。

我国营养学会推荐我国儿童、青少年适用该公式，18 岁以上人群按公式结果减 5%。

（2）静息代谢率（resting metabolic rate，RMR）   由于基础代谢率的测定比较麻烦，WHO 于 1985 年提出用静息代谢率代替 BMR。测定时，全身处于休息状态，仅需禁食 4h。因此，RMR 的值略高于 BMR。人体 24h 静息代谢率参考值（kcal）见表 3-3。

表 3-3 　　　　　　　　　　　　人体 24h 静息代谢率参考值 　　　　　　　单位：　kcal

性别/年龄		体重/kg								
		40	50	57	64	70	77	84	91	100
男性	10~18	1351	1526	1648	1771	1876	1998	2121	2243	2401
	18~30	1291	1444	1551	1658	1750	1857	1964	2071	2209
	30~60	1343	1459	1540	1621	1691	1772	1853	1935	2039
	>60	1027	1162	1256	1351	1423	1526	1621	1716	1837
女性	10~18	1234	1356	1441	1527	1600	1685	1771	1856	1966
	18~30	1087	1231	1334	1437	1525	1628	1731	1833	1966
	30~60	1177	1264	1325	1386	1438	1499	1560	1621	1699
	>60	1016	1121	1195	1268	1331	1404	1478	1552	1646

资料来源：Nutrition Science and Applications Second edition，1997：190。

（3）影响人体基础代谢的主要因素

①年龄及生理状态：基础代谢随年龄增长而下降。生长期的婴幼儿基础代谢率高，一般成年人比儿童基础代谢率低，老年人低于成年人。孕妇因合成新组织，基础代谢率增高。

②体表面积和体重：基础代谢率随体表面积增大而增加。体表面积大者向环境中散热较快，基础代谢率也较强。瘦高的人较矮胖的人相对体表面积较大，其基础代谢率高于后者。基础代谢主要决定于瘦体质，惰性脂肪组织在代谢中相对耗热低于瘦体质。

③性别：青春期后，女性比男性基础代谢率低 5%~10%，是因为女性比男性体脂含量多。妇女在月经期、孕期、授乳期基础代谢率均有所增高。

④营养状况、机能状况及内分泌：机体在严重饥饿和长期营养不良的情况下，基础代谢率降低；许多腺体分泌的激素对细胞代谢起调节作用，如甲状腺激素、肾上腺素等，所以内分泌异常时也可以影响基础代谢率。

⑤季节与劳动强度：基础代谢率在不同季节和不同劳动强度的人群中存在一定差别，一般在寒季基础代谢高于暑季；劳动强度高者基础代谢高于劳动强度低者。

⑥其他因素：尼古丁和咖啡因可以刺激基础代谢水平升高。创伤、感染等疾病的患者其基础代谢水平也升高。

2. 体力活动的能量消耗

体力活动，特别是体力劳动，是相同性别、年龄、体重和身体组成中，影响个体能量需要的最重要因素。劳动强度越大，持续时间越长，工作越不熟练时，其所需能量越多。

　　1971 年，FAO/WHO 曾将职业劳动强度粗分为轻微、中等、重、极重劳动四级。1981 年，FAO/WHO/UNU 专家委员会将职业活动分为轻、中等、和重体力活动三级，并在此基础上测定了青年男女三级活动的能量需要，见表 3 - 4。

表 3 - 4　　　　　　　　　　　　不同体力活动的能量消耗

级别		女[1]				男[2]			
		耗能		平均耗能/BRM		耗能		平均耗能/BRM	
		kcal/min	kJ/min	体力活动水平	静息体力活动水平	kcal/min	kJ/min	体力活动水平	静息体力活动水平
轻	75% 的时间坐着或站着	1.51	6.3			1.79	7.5		
	25% 的时间站着活动	1.70	7.1	1.7	0.7	2.51	10.3	1.7	0.7
	平均	1.56	6.5			1.99	8.3		
中等	40% 的时间坐着或站着	1.51	6.3	2.2	1.2	1.79	7.5	2.7	1.7
	60% 的时间从事特定职业活动	2.20	9.2			3.61	15.1		
	平均	2.03	8.5			3.16	13.2		
重	25% 的时间坐着或站着	1.51	6.3			1.79	7.5		
	75% 的时间从事特定职业活动	3.21	13.4	2.8	1.8	6.22	26.0	3.8	2.8
	平均	2.54	10.6			4.45	18.6		

　　注：①女：18～30 岁，体重 55kg。基础代谢率 3.8kJ/min（0.90kcal/min）；
　　　　②男：18～30 岁，体重 65kg。基础代谢率 4.9kJ/min（1.16kcal/min）。
　　资料来源：Technical Report Serie724，Geneva，WHO，1985。

　　我国曾将男性的劳动强度分为五级：极轻、轻、中等、重、极重；女性的劳动强度分为四级：极轻、轻、中等、重。现在，随着科技和社会的进步，许多体力项目的劳动程度也已逐渐减小，特别是在重体力劳动和极重体力劳动方面。因此，中国营养学会建议，我国人民的活动强度可由五级调为三级，并估算成人的能量消耗如表 3 - 5 所示。所以在考察具体的活动项目时还应根据实际的体力付出进行恰当的判断。

表 3 - 5　　　　　　　　　　　　我国成人活动分级和能量消耗

活动级别	职业工作时间分配	工作内容举例	平均耗能[1]/（kcal/min）	
			男	女
轻	75% 时间坐或站立，25% 时间站着活动	办公室工作、维修电器钟表等店员售货、一般实验操作、讲课等	1.55	1.56

续表

活动级别	职业工作时间分配	工作内容举例	平均耗能*/（kcal/min）	
			男	女
中等	40%时间坐或站立，60%时间特殊职业活动	学生日常活动、驾驶机动车、电工安装、车床操作、金属切割等	1.78	1.64
重	25%时间坐或站立，75%时间特殊职业活动	非机械化农业劳动、炼钢、体育运动、装卸、伐木、采矿等	2.10	1.82

注：＊以24h的基础代谢倍数表示。

资料来源：石瑞.食品营养学（第一版）［M］.北京：化学工业出版社，2012。

国际上身体活动强度的通用单位是能量代谢当量（metabolic equivalence of energy, MET），1MET 相当于能量消耗为 1kcal/（kg·h）或消耗 3.5mL O_2/（kg·min）的活动强度。身体活动强度一般以 7～9MET 为高强度身体活动，3～6MET 为中等强度身体活动，1.1～2.9MET 为低等强度身体活动。常见的身体活动强度和能量消耗见表 3–6。

表 3–6　　　　　　　　常见身体活动强度（MET）和能量消耗

活动项目		代谢当量/MET	千步当量数	能量消耗/［kcal/（标准体重·10min）］	
				男（66kg）	女（56kg）
家务活动	收拾餐桌（走动）、做饭	2.5	4.5	27.5	23.3
	手洗衣服	3.3	6.9	36.3	30.8
	扫地、拖地板、吸尘	3.5	7.5	38.5	32.7
步行	慢速（3km/h）	2.5	4.5	27.5	23.3
	中速（5km/h）	3.5	7.5	38.5	32.7
	快速（5.5～6km/h）	4.0	9.0	44.0	37.3
跑步	走跑结合（慢跑少于 10min）	6.0	15.0	66.0	56.0
	慢跑（一般）	7.0	18.0	77.0	65.3
球类	乒乓球	4.0	9.0	44.0	37.3
	篮球（一般）	6.0	15.0	66.0	56.0
	排球（一般）	3.0	6.0	33.0	28.0
	羽毛球（一般）	4.5	10.5	49.5	42.0
	网球（一般）	5.0	12.0	55.0	46.7
	保龄球	3.0	6.0	33.0	28.0
游泳	爬泳（慢）、自由泳、仰泳	8.0	21.0	88.0	74.7
	蛙泳（一般速度）	10.0	27.0	110.0	93.3

续表

活动项目		代谢当量/ MET	千步当量数	能量消耗/[kcal/(标准体重·10min)]	
				男（66kg）	女（56kg）
其他	俯卧撑、舞蹈（中速）	4.5	10.5	49.5	42.0
	健身操（轻或中等强度）	5.0	12.0	55.0	46.7
	太极拳	3.5	7.5	38.5	32.7
	跳绳中速（一般）	10.0	27.0	110.0	93.3

注：1kcal = 4.18kJ。

资料来源：中国营养学会．中国居民膳食指南（2016）北京：人民卫生出版社。

3. 食物热效应

食物热效应（thermic effect of food，TEF），是指人体摄食过程而引起的能量消耗额外增加的现象，即摄食后一系列消化、吸收、合成活动及营养素和营养素代谢产物之间相互转化过程中的能量消耗。以前也称食物特殊动力作用。不同食物或营养素食物热效应不同。蛋白质的食物热效应最大，其额外增加的能量消耗占蛋白质本身产热能的20%～30%；碳水化合物为5%～6%；脂肪为4%～5%。

一些特殊的食物成分，如辣椒、胡椒等，也具有很强的食物热效应。成人食用普通混合膳食，食物热效应消耗能量600～800kJ（150～200kcal），相当于人体每日基础代谢能量消耗的10%。所以在计算能量需要量时，对于摄食混合膳食的人，可按劳动程度对应的能量需要量加6%的热能；对于摄食高蛋白食物的人，可按劳动程度对应的能量需要量加10%的热能。

关于食物热效应作用的机制，现在认为主要是由于机体代谢反应引起。因为营养素所含能量并非全可被机体所利用，只有在转变为ATP或其他高能磷酸键后才能做功。葡萄糖、脂肪含的能量只有38%～40%可转化为ATP；蛋白质含的能量也仅32%～34%可转化为ATP。不能转化为ATP的部分就以热的形式向外发散，所以，进食后机体在安静状态下向外发散的热，会比进食前有所增加。因此，又有人将其称为"食物代谢作用的能量消耗"或"对食物的代谢反应"（metabolic response to food）。

4. 特殊生理阶段的能量消耗

特殊生理阶段包括孕期、哺乳期和婴幼儿、儿童、青少年等阶段。孕期额外能量消耗的增加主要包括胎儿、子宫、乳房、胎盘的发育，母体脂肪的储存以及这些组织的自身代谢等；哺乳期乳母产生乳汁及乳汁自身含有的能量等也需要额外的能量消耗。婴幼儿、儿童和青少年阶段生长发育额外能量的消耗，主要指机体生长发育中合成新组织所需的能量，如出生后1～3月龄，能量需要约占总能量需要量的35%；12个月时迅速下降到总能量需要的5%；2岁时约为总能量需要量的3%；青少年期为总能量需要量的1%～2%。

三、　人体能量消耗的测定方法与估算

食物中所含能量约一半以热能形式向外界散发，不能被机体利用，仅有助于体温维持；另一部分约45%储存于ATP中，供机体能量消耗之用，这些能量经组织细胞利用后，绝大

部分最后也将转变为热能而散失。因此，测定机体向外散放的热能可代表机体能量代谢或能量的消耗，即能量的需要量。能量消耗的常用测定方法有气体代谢法、双标记水法、心率监测法、活动时间记录法、要因加算法等。

（一） 气体代谢法

气体代谢法又称呼吸气体分析法，是常用的是直接测热法。被测对象在一个密闭的气流循环装置内进行特定活动，通过测定装置内的氧气和二氧化碳浓度变化，得到氧气的消耗量，并可求出呼吸商（respiratory quotient，RQ）。按每升氧气产热可计算出热量消耗量，又称 Douglas 袋法。本法测量结果准确、可靠，被视为气体代谢法的金标准，并用于验证其他气体代谢测定装置的有效性和可靠性。但是这种装置体积较大，只能在实验室内测量基础能量消耗。

近年出现了便携式间接测热系统，这些仪器体积小、佩戴舒适，非常适合在现场、办公室和家庭环境中应用，其中心肺功能测试仪是较新的便携式仪器。但这类便携式系统一般只能工作 $1 \sim 5h$，且价格较贵，所以通常只能监测个体水平上的总能量消耗和一定类型身体活动能量消耗。

（二） 双标记水法

双标记水法（doubly labeled water，DLW）采用稳定同位素（双标水）法测定人体一定时间（一般为 $7 \sim 15d$）内日常生活和工作环境中自由活动的总能量消耗的方法。让受试者喝入定量的含有 ^2H 和 ^{18}O 稳定同位素的水，即 $^2H_2{}^{18}O$，然后收集受试者的尿液或唾液样本，通过测定这两种同位素浓度的变化，获得同位素随时间的衰减率。通过比较 ^{18}O 和 ^2H 消除速率的差别，计算出二氧化碳产生量。然后根据呼吸商或者食物商计算出总能量消耗。DLW 法是测量自由活动状态下总能量消耗最有效、最可靠的方法。本法具有如下优点：样品收集和测定过程简单方便，不限制受试者的活动；可测量较长时期的总能量消耗，可以很好地反映日常能量消耗状况；准确度和精确度高；无毒、无创伤、对健康无任何影响。但本法费用高，需要高灵敏度、准确度的同位素质谱仪及专业技术人员。

（三） 心率监测法

用心率监测器和 Douglas 袋法同时测量各种活动的心率和能量消耗量，推算出心率 – 能量消耗的多元回归方程。通过连续一段时间（$3 \sim 7d$）监测实际生活中的心率，可参照回归方程推算受试者每天能量消耗的平均值。此法可消除一些因素对受试验者的干扰，但心率易受环境和心理的影响，目前仅限于实验室应用。

（四） 活动时间记录法

活动时间记录法是了解能量消耗最常用的方法。它是通过详细记录每人一天各种活动的持续时间，然后按每种活动的能量消耗率计算全天的能量消耗量。各种活动的能量消耗率可以采取他人的测定结果或用直接测定法测定。此法优点是可以利用已有的测定资料，无需昂贵的仪器和较高的分析技术手段，但影响测定结果的因素较多，职业外活动记录难以准确，会导致结果有偏差。

（五） 要因加算法

要因加算法是将某一年龄和不同的人群组的能量消耗结合他们的基础代谢率来估算其总能量消耗量，即应用基础代谢率乘以体力活动水平来计算人体能量消耗量或需要量。能量消耗量或需要量＝基础代谢率×体力活动水平。此法通常适用于人群而不适于个体，可以避免活动时间记录法工作量大且繁杂甚至难以进行的缺陷。基础代谢率可以用直接测量推论的公式计算或参考引用被证实的本地区基础代谢率资料，体力活力水平可以通过活动记录法或心率监测法等获得。根据一天的各项活动可推算出综合能量指数，从而推算出一天的总能量需要量。推算出全天的体力活动水平可进一步简化全天能量消耗量的计算。

四、　人体能量代谢失衡

在食物充足的情况下，正常成人可自动调节并能有效地从食物中摄取到自身消耗所需的能量，以维持人体能量代谢平衡。如果受客观条件及主观因素的影响，造成能量摄取量长期低于或高于消耗量，人体会处于能量失衡状态，首先反映到体质量的变化，进而发展到影响健康。因此维持能量平衡和理想体质量是人体处于良好营养状态的前提。

（一）　体质量评价方法

常用评价体质量的方法来评价能量平衡。在营养调查中，通常用体质量、皮褶厚度或测定脂肪与其他组织的相对构成来综合评价人体的胖瘦程度。常用体质指数（body mass index，BMI）评价体重。体质指数的计算方法是体重（kg）除以身高（m）的平方，即 BMI＝体重（kg）／［身高（m）］^{2}。

（二）　能量不足

如果能量长期摄入不足，人体就动用机体储存的糖原及脂肪甚至蛋白质参与供能，造成人体蛋白质缺乏，出现蛋白质能量营养不良，其主要临床表现为消瘦、贫血、神经衰弱、皮肤干燥、脉搏缓慢、工作能力下降、体温低、抵抗力低、儿童出现生长迟缓等。因贫困及不合理喂养造成的儿童能量轻度缺乏较为常见。中、重度营养不良患者总体上处于高代谢水平，能量消耗增加是产生体重丢失和营养不良的重要原因，营养不良患者机体存在体脂肪和蛋白质消耗，同时伴有体细胞群与活动细胞群丢失，导致机体功能障碍。

（三）　能量过剩

长期能量摄入过多，会造成人体超重或肥胖，血糖升高，脂肪沉积，肝脂肪增加，肝功能下降。过度肥胖还造成肺功能下降，易引起组织缺氧，肥胖并发症的发病率增加，如脂肪肝、糖尿病、高血压、胆结石症、心脑血管疾病及某些癌症等多种并发症。伴随经济发展和生活水平的提高，能量摄入与体力活动的不平衡造成的不良性肥胖已成为肥胖症及慢性病发病率增加的重要原因。控制肥胖的方法是减少饮食中能量的摄入，增加体力活动和锻炼。

五、　营养与能量平衡关系

（一）　能量的参考摄入量

能量需要量是指维持机体正常生理功能所需要的能量，即能长时间保持良好的健康状况，具有良好的体型、机体构成和活动水平的个体达到能量平衡，并能胜任必要的经济和社会活动所必需的能量摄入。对于孕妇、乳母、儿童等人群，还包括满足组织生长或分泌乳汁的能量需要。对于体重稳定的成人个体，能有效自我调节食量摄入到自身需要量，其能量需要量应等于消耗量。能量的推荐摄入量与各类营养素的推荐摄入量不同，它是以平均需要量（EAR）为基础，不增加安全量。根据目前中国经济水平、食物水平、膳食特点及人群体力活动的特点，结合国内外已有的研究资料，中国营养学会制定了中国居民膳食能量推荐摄入量，如表3-7所示。

表3-7　　　　　　　　　中国居民膳食能量推荐摄入量　（RNIs）

人群	RNI/(MJ/d)		RNI/(kcal/d)		人群	RNI/(MJ/d)		RNI/(kcal/d)	
	男	女	男	女		男	女	男	女
0 岁 ~	0.38MJ/(kg·d)		90kcal/(kg·d)		11 岁 ~				
0.5 岁 ~	0.33MJ/(kg·d)		80kcal/(kg·d)		身体活动水平轻	8.58	7.53	2050	1800
1 岁 ~	3.77	3.35	900	800	身体活动水平中	9.83	8.58	2350	2050
2 岁 ~	4.60	4.18	1100	1000	身体活动水平重	10.88	9.62	2600	2300
3 岁 ~	5.23	5.02	1250	1200	14 岁 ~				
4 岁 ~	5.44	5.23	1300	1250	身体活动水平轻	10.46	8.37	2500	2000
5 岁 ~	5.86	5.44	1400	1300	身体活动水平中	11.92	9.62	2850	2300
6 岁 ~					身体活动水平重	13.39	10.67	3200	2550
身体活动水平轻	5.86	5.23	1400	1250	18 岁 ~				
身体活动水平中	6.69	6.07	1600	1450	身体活动水平轻	9.41	7.53	2250	1800
身体活动水平重	7.53	6.90	1800	1650	身体活动水平中	10.88	8.79	2600	2100
7 岁 ~					身体活动水平重	12.55	10.04	3000	2400
身体活动水平轻	6.28	5.65	1500	1350	50 岁 ~				
身体活动水平中	7.11	6.49	1700	1550	身体活动水平轻	8.79	7.32	2100	1750
身体活动水平重	7.95	7.32	1900	1750	身体活动水平中	10.25	8.58	2450	2050
8 岁 ~					身体活动水平重	11.72	9.83	2800	2350
身体活动水平轻	6.90	6.07	1650	1450	65 岁 ~				
身体活动水平中	7.74	7.11	1850	1700	身体活动水平轻	8.58	7.11	2050	1700
身体活动水平重	8.79	7.95	2100	1900	身体活动水平中	9.83	8.16	2350	1950
9 岁 ~					80 岁 ~				
身体活动水平轻	7.32	6.49	1750	1550	身体活动水平轻	7.95	6.28	1900	1500
身体活动水平中	8.37	7.53	2000	1800	身体活动水平中	9.20	7.32	2200	1750
身体活动水平重	9.41	8.37	2250	2000	孕妇（早）	—	+0	—	+0
10 岁 ~					孕妇（中）	—	+1.26	—	+300
身体活动水平轻	7.53	6.90	1800	1650	孕妇（晚）	—	+1.88	—	+450
身体活动水平中	8.58	7.95	2050	1900	乳母	—	+2.09	—	+500
身体活动水平重	9.62	9.00	2300	2150					

注：凡表中空白之处表示未制定该参考值。

资料来源：中国营养学会．中国居民膳食营养素参考摄入量（2013 版）．北京：科学出版社。

（二）　能量平衡的调节机制

人体具有极为灵敏的生物机制以保持对体重的调节，主要是通过能量消耗来维持能量平衡。能量摄入和能量消耗之间仅仅有 3% 的不平衡（300kJ 或 75kcal），并且这种不平衡持续存在的话，就会导致成人每十年体重变化约为 45.5kg。即使有 1% ~ 2% 的不平衡（100 ~ 200kJ 或 25 ~ 50kcal），如果未加纠正也会导致很明显的体重增加，为 13.6 ~ 27.27kg/10 年。能量调节机制可以防止绝大部分人出现这种极端的体重增加，该机制在生化、内分泌、生理、神经和行为水平上相互作用、错综复杂，在功能上相互依赖。通过动物模型和人体研究，目前对几种相互交错的机制有了一定的了解。它们在短期和长期能量调节中具有重要作用。

人在进食前或处于饥饿时，摄食和急需食物的信息通过神经、胃肠道、循环系统、代谢性和营养素储存的信号传入大脑。由视觉、嗅觉和食物最初味道产生的传入体觉信号通过自主神经系统传递到大脑，这些信号启动了所谓的消化过程的头相期（cephalic phase of diges-tion），出现唾液分泌量增加，胃酸分泌、胃的蠕动和胰岛素分泌，血液循环中胰岛素的增加导致了血糖水平的暂时降低，这时出现较明显的饥饿感，身体做好接受食物的准备。

当食物进入胃时，肠壁上的化学感受器和机械性刺激感受器及其传入神经就将信息传递给大脑，提供了最早的饱腹信号。胃肠道对食物的加工和进食过程的终止是由激素启动的，部分激素还发挥神经肽的作用。它们主要包括胆囊素（cholecystokinin）、胰高血糖素（gluca-gon）、铃蟾素（bombesin）和生长激素抑制素（somatostatin）。这些激素作用于其在迷走神经系统的相应受体，向大脑提供感觉信息导致进餐过程终止。而在摄食开始后，缩胆囊素作为一种激素被释放进入血液，刺激胰腺分泌和胆囊收缩，促使胃开始排空并诱导饱腹感出现。摄食后，回肠和结肠细胞分泌的胰高血糖素样肽 – 1（glucagon like peptide – 1）也被释放入血液。胰高血糖素样肽 – 1 参与短期调节，主要通过减轻饥饿感调节食欲，延迟胃排空时间和增加餐后饱腹持续时间而减少摄入。胰岛素和胰高血糖素在控制食物摄入方面的作用是极为重要的，因为这些激素的分泌主要受进入的营养素控制。这些激素反过来又控制血液中葡萄糖和其他代谢燃料的水平。

此外，血液中营养素的浓度可能对摄食后的饱腹信号和空腹时的饥饿信号有重要作用。许多研究表明，血糖特别低会导致饥饿信号的发生、而高血糖水平会产生饱腹信号。也有证据表明血糖水平的变化（特别是短暂的降低）会产生饥饿信号，而与血糖水平是处于正常范围还是较低水平无关。葡萄糖引导的信号可能是潜在地通过传入迷走神经，或者通过对血液葡萄糖水平及其脑葡萄糖水平的影响而发挥作用的。脂肪酸及其代谢产物的量也可能导致内传信号的发生，对食物摄入具有调节作用。

除了这些食物充裕和食物短缺的短期调节信号外，还有几种激素、肽和神经传递递质参与了能量平衡的长期调节。瘦素（leptin）是肥胖基因表达的一种产物，作为一种激素由白色脂肪组织产生并释放入血液，在抑制食物摄取和刺激或维持能量消耗方面具有多种功能，其在空腹（禁食）时和体脂丢失时降低。瘦素一旦分泌入血液，将通过特殊转运或通过自由扩散，进入缺乏血脑屏障的下丘脑。瘦素作为一种代谢调节激素，对胰岛素的分泌、脂质降解和葡萄糖转运等一系列代谢过程发挥作用。瘦素可能还对脑中多种神经递质的活性产生影响，对儿茶酚胺类（catechoamines）、皮质固醇（corticosteroids）、胰岛素、性激素和生长激素等肽的活性也产生影响，这些递质和肽激素都参与对摄食的控制和对体重的调节。实验研究表明，餐后状态时，瘦素抑制摄食的作用随肠细胞分泌的缩胆囊素的释放而得到加强。

血清素（serotonin），又称5-羟色胺（5-hydroxy tryptophan），是另一种神经递质，与瘦素一样，它对摄食和体重有抑制作用。这种抑制作用主要针对碳水化合物，动物实验中也发现了负反馈回路的存在，摄食碳水化合物可促进5-羟色胺的释放，反过来，5-羟色胺则限制宏量营养素的摄入。

中枢神经系统对摄食控制机制的互动特征，决定了在这个体系中一个因素的变化可能会使许多其他因素的活性发生变化。因此，能量平衡的获得是由许多外周激素和它们在中枢神经系统内的靶系统错综复杂地相互作用，通过协调膳食摄取和能量消耗来实现的。

（三） 能量失衡的不利影响

能量平衡的紊乱是当今大部分公共健康问题的根源。在美国，目前有55%的成人和25%的儿童被认为超重或肥胖。一直把营养缺乏病人作为主要关注问题的发展中国家，肥胖症的患病率也在不断升高。例如，近年来巴西和中国的肥胖症患病率明显增加，特别是在城市，而且甚至那些生活在棚户区的低收入家庭的人们也不例外。肥胖除了与2型糖尿病、骨关节炎、心绞痛、高血压的患病风险增高有关外，还会导致早亡和医疗保健负担的增加，仅在美国每年由肥胖造成的死亡估计在30万人左右。

过量体重增加并堆积形成肥胖，其根本原因是在一个较长的时间内，能量摄取超过能量消耗，有遗传方面的原因，也有环境因素的作用。当能量消耗过低或能量摄入过多或者两者兼而有之，就会出现这种正的能量平衡。许多前瞻性的研究强调了体育活动的重要性，这些研究表明低能量消耗是过分体重增加的危险因素，可能因为能量消耗对能量需要量和胰岛素敏感性的影响。此外，能量摄入过多也是重要原因，至少在美国如此，全美调查统计的结果显示在过去20年间平均每人能量供应增加了167kJ/d。

饮食过量是造成超重的主要原因，但最近的某些研究发现，过量摄食时机体具有很强的能力来增加静息代谢率和运动生热效应的能量消耗。如果个体具备抵抗正能量平衡出现的基因结构，那么结果体重的增加就不明显。但是这些研究也证实，即使存在着针对摄食过量的较强能量散逸（energy dissipation）能力，仍然会出现体重的增加。此外，其他的一些人体过食实验研究发现，健康志愿者的这种能量散逸能力比较低。这样看来，尽管过食时可能出现了能量散逸的增加，但仍然同时伴随着正能量平衡的出现，不能完全阻止大部分人的体重增加。

关于负能量平衡，限食实验研究表明，在体重损失（包括体脂和无脂组织）的同时，能量消耗降低，但与体重丢失不呈比例。应引起注意的是，摄食不足时人体在能量消耗上的适应性变化能力远大于对摄食过量的适应改变。表明人体在防止体重丢失方面比防止体重增加上更具有代谢优先性。这与对人类早期进化状况的假设相一致，推测在人类早期进化过程中，食物短缺可能比食物丰裕更为常见。

长期的负能量平衡，特别是婴儿和儿童，可以导致营养缺乏或称为营养不良。营养缺乏最常发生于发展中国家，常是包括多种营养素（宏量和微量营养素）缺乏、感染、临床并发症于一体的综合征。短期而言，营养缺乏导致体内能量储备和无脂组织的损失，身体变化的程度取决于营养缺乏的持续时间和强度。在大部分营养缺乏的儿童身上可以观察到绝对代谢率、体力活动和运动生热效应的降低。慢性营养缺乏的儿童常表现出发育迟缓。最近的研究还表明，发育迟缓的儿童在脂质氧化和摄食调节方面也会受到损害。

第二节 碳水化合物

碳水化合物（carbohydrate）一词的形成是由于最初观察到这种化合物是由碳、氢、氧三种元素组成的。这是一个广义的术语，包括从单糖到多羟基化合物到更复杂的分子如糖原、淀粉、纤维、菊粉、树脂、果胶等一大批不同化学结构的物质，也包括一些天然存在于动植物组织中的和一些合成的用于食品加工的物质。碳水化合物是肌肉运动时的主要能源，同时也是人类能量的最经济和最重要的来源。这类化合物中，最主要的食品成分有蔗糖、淀粉和纤维素。随着营养学研究的深入，人们对碳水化合物生理功能的认识，已经从"提供能量"扩展到调节血糖、降低血脂、改善肠道细菌等更多的方面，对碳水化合物分类学及其与慢性病的关系也有了较多的研究成果，这些成果不断地丰富着人类对碳水化合物营养作用的认识和理解。

一、碳水化合物的分类

化学家将从简单食糖衍生出来的碳水化合物分为单糖、双糖、寡糖、多糖，其中，单糖和双糖常被称为简单糖类，而寡糖和多糖被称为复杂碳水化合物。1998 年 FAO/WHO 按照碳水化合物的聚合度（DP）将其分为糖、低聚糖和多糖三类（表 3 – 8）。

表 3 – 8 不同碳水化合物的聚合度

分类	亚组	组成
糖（DP 1~2）	单糖	葡萄糖、半乳糖、果糖
	双糖	蔗糖、乳糖、麦芽糖、海藻糖
	糖醇	山梨醇、甘露糖醇
低聚糖（DP 3~9）	异麦芽低聚寡糖	麦芽糊精
	其他寡糖	棉籽糖、水苏糖、低聚果糖
多糖（DP≥10）	淀粉	直链淀粉、支链淀粉、变性淀粉
	非淀粉多糖	纤维素、半纤维素、果胶、亲水胶质等

资料来源：中国营养学会．中国居民膳食营养素参考摄入量（2013 版）．北京：科学出版社。

（一）糖

根据碳水化合物的分子结构，糖包括单糖、双糖和糖醇类。食物中的单糖主要有葡萄糖、半乳糖和果糖；食物中常见的双糖有蔗糖、乳糖和麦芽糖等；糖醇是单糖还原后的产物，如山梨醇、甘露糖醇等。

1. 葡萄糖

葡萄糖又称右旋糖，广泛存在于水果、蔬菜、血液、蜂蜜等食品中，是双糖和许多重要的多糖（如淀粉、纤维素等）的组成成分。葡萄糖是机体吸收、利用最好的单糖，机体的各个器官都能利用它。葡萄糖除提供能量外，也用于制备许多其他重要的化合物，如核糖核酸中的核糖、脱氧核糖核酸中脱氧核糖、黏多糖、糖蛋白、糖脂、非必需氨基酸等。

2. 半乳糖

半乳糖一般无游离状态，仅为乳糖、棉籽糖和琼脂等的组成成分，可以被乳酸菌发酵。半乳糖是乳糖的重要组成成分，很少以单糖的形式存在于食品之中。半乳糖吸收后在肝脏内转变成肝糖原，然后分解为葡萄糖被机体利用。

3. 果糖

果糖又称左旋糖，在己糖中甜度最高，吸湿性最强。果糖广泛存在于生物界，其游离态多与葡萄糖共存，可以被酵母发酵。果糖多存在于水果中，蜂蜜中含量最高。果糖的代谢不受胰岛素的制约，因此糖尿病人可食用果糖，但大量食用也可产生不良反应。果糖是常用碳水化合物中最甜的物质。

4. 蔗糖

蔗糖是由一分子的葡萄糖和一分子的果糖结合后，失去一分子水形成的。蔗糖广泛分布于植物中，尤以甘蔗和甜菜中含量最高，是食品工业中最重要的甜味剂。

5. 乳糖

乳糖是哺乳动物乳汁的主要成分，人乳中乳糖的含量约为7%，牛乳中约为5%。乳糖作为婴儿食用的主要碳水化合物，能够保持肠道中最合适的菌群数量，并能促进钙的吸收，故常在婴儿食品中添加适量的乳糖。

6. 麦芽糖

麦芽糖是由两分子的葡萄糖构成的，一般植物中含量少。食品工业所用的麦芽糖主要是淀粉酶水解得到的。

7. 山梨醇

工业上以羟化葡萄糖来制造山梨醇。山梨醇在体内转变成果糖，对血糖的影响比葡萄糖小得多，因此山梨醇可作为甜味剂用于糖尿病人的食品中。

8. 木糖醇

木糖醇在香蕉、草莓、胡萝卜、洋葱、花椰菜、茄子等水果、蔬菜中天然存在。木糖醇的甜度与蔗糖相同，在供能方面也与蔗糖相同，所以多食同样会引起肥胖，还可能会造成腹泻。木糖醇的代谢不受胰岛素调节，糖尿病患者可食用，但需注意其对低血糖无效。木糖醇不被口腔细菌发酵，对牙齿无害，并可阻止新龋形成和原有龋齿继续发展。所以，可在无糖糖果的生产中作为甜味剂添加使用，还可起到止龋或抑龋的作用。

9. 麦芽糖醇

麦芽糖醇是一种双糖糖醇，由麦芽糖（$\alpha-1,4-$葡糖苷键）氢化制得。作为麦芽糖醇的原料，麦芽糖的含量要达到60%以上为好，否则氢化后总醇中麦芽糖醇不到50%，就不能叫麦芽糖醇。麦芽糖醇极易溶解于水，其甜度为蔗糖的75%～95%，且甜味温和，没有杂味，主要用作甜味剂使用。另外，麦芽糖醇具有显著的吸湿性，可以作为各种食品的保湿剂。

（二）低聚糖

低聚糖即寡糖，是由3～9个单糖构成的一类小分子多糖。有许多低聚糖具有重要的生理功能，比较重要的低聚糖是存在于豆类食品中的棉籽糖和水苏糖。

（三）多糖

由10个以上的单糖组成的大分子糖称为多糖，包括淀粉和非淀粉多糖。营养学上起重要作用的多糖主要有3种：糖原、淀粉和非淀粉多糖。

1. 糖原

糖原是动物和人体内的储备糖，主要存在于动物性食品中。如同淀粉之于植物一样，糖原对于动物和人，有"动物淀粉"之称。人体内的糖原约有 1/3 存在于肝脏，2/3 存在于肌肉中。肝脏中储存的糖原可维持正常的血糖浓度，肌肉中的糖原可提供肌肉运动所需要的能量。糖原由葡萄糖残基构成，其结构与支链淀粉类似，但是分支更多。遇碘–碘化钾溶液显红褐色。

2. 淀粉

淀粉是由单一的葡萄糖分子组成的，根据其结构可分为直链淀粉和支链淀粉。直链淀粉易老化不易糊化，支链淀粉易糊化不易老化，糊化后的淀粉消化吸收率显著提高。

3. 非淀粉多糖

非淀粉多糖指淀粉以外的多糖，主要有纤维素、半纤维素、果胶等。非淀粉多糖中有许多具有生理调节功能的多糖如膳食纤维。有关膳食纤维详见本章第八节。

二、 食物中的碳水化合物

天然状态的食物中通常为一种或两种碳水化合物。干的谷物，如小麦、玉米和大米富含淀粉（20%～85%）、非淀粉多糖（15%）、少量的果寡糖以及少量的游离单糖。干豆科植物的种子，如大豆、青豆和豌豆含有淀粉（55%～65%）、非淀粉多糖（3%～6%）、乳寡糖（2%～8%）以及少量的游离单糖。一些根茎类蔬菜，如土豆、木薯也含有大量的淀粉（20%～25%），但通常非淀粉多糖的量很低（<1%）。叶类蔬菜仅含有少量淀粉和非淀粉多糖，单糖含量也很低（5%）。而一些食物含有大量的单糖，如水果（5%～15%）、牛乳（6%）和蜂蜜（74%），但只含有少量甚至不含淀粉及非淀粉多糖。

与天然食物相反，加工过的食物通常含有额外的糖以满足消费者对甜味的需求。例如，水果酸乳酪含糖18%、饼干3%、牛乳巧克力56%，其加入的糖通常为蔗糖。蔗糖可去除天然碳水化合物的多样性，尤其是影响非淀粉多糖的水平，使之大量减少。

多羟基化合物是另一族碳水化合物类似物，由糖衍生而来，存在于梨和其他水果中，如山梨醇。所不同的是，它并非如糖一样能迅速被消化吸收，多数多羟基化合物仅在小肠被缓慢吸收，吸收速度与其剂量和种类有关，然后进入结肠被发酵。工业生产的多羟基化合物多用于食品加工中。由于消费者（糖尿病患者）的食品需要增加甜味，但因胰岛素的分泌不足又必须限制膳食糖类的摄入。因此，多羟基化合物广泛应用于碳水化合物改良的果酱、糖果和口香糖等食品中。

三、 碳水化合物的生理功能

碳水化合物的主要生理功能是提供能量，随着人类对碳水化合物研究的不断深入，对其功能的认识也在逐渐扩大。

（一） 提供和储存能量

维持人体健康所需要的能量中，55%～65% 由碳水化合物提供。碳水化合物在体内消化后，主要以葡萄糖的形式吸收。人体所有组织细胞都含有能直接利用葡萄糖产热的酶类。葡萄糖最终的代谢产物为二氧化碳和水，每克葡萄糖可产热 16.7kJ（4kcal）。

葡萄糖是一切系统，特别是神经系统最主要的能量来源，大脑活动依靠糖的有氧氧化供热，血糖的 2/3 被大脑消耗，因此，碳水化合物对维持神经系统的功能具有很重要的作用。

对于大多数体细胞来说，当无碳水化合物时，可以由脂肪、蛋白质作为能源。但大脑、神经、肺组织等却只能以葡萄糖作为能源物质。若血中葡萄糖浓度降低（即产生低血糖），脑中由于缺乏葡萄糖，会产生一系列不适反应，如头晕、无力、昏厥。所以，饥饿状态下不宜多运动。

肌肉和肝脏中的糖原是碳水化合物的储能形式，一旦机体需要，糖原可分解为葡萄糖，以满足机体肌肉活动、红细胞、脑和神经组织对能量的需要。

（二）构成机体的重要物质

碳水化合物是机体的重要构成成分，并参与细胞的组成和生命活动。例如，糖脂是细胞膜与神经组织的组成成分。脑和神经组织中含大量糖脂，主要分布在髓鞘上。糖蛋白是构成软骨、骨骼和眼球的角膜、玻璃体的组成成分；消化道和呼吸道分泌的黏液中有糖蛋白；骨和肌腱中的类黏蛋白、血浆中的前白蛋白、凝血酶原、纤维蛋白原，激素中的甲状腺素、促甲状腺素、促红细胞生成素等都是糖蛋白。核糖核酸和脱氧核糖核酸二种重要的生物活性物质均含有 D‑核糖，即五碳醛糖。

（三）节约蛋白质作用（sparing body protein）

机体需要的能量主要由碳水化合物提供，当膳食中碳水化合物供应不足时，机体就通过糖原异生作用产生葡萄糖，以满足机体对葡萄糖的需要。由于脂肪一般不能转变为葡萄糖，所以要动用体内蛋白质，甚至是器官中的蛋白质，如肌肉、肝、肾、心脏中的蛋白质，因此可能对人体及器官造成损害。

而当碳水化合物摄入充足时，可以节省体内蛋白质或其他代谢物的消耗，使氮在体内的储备增加。这就是碳水化合物对蛋白的保护作用，或称为碳水化合物的节约蛋白质作用。所以，吃早饭时要适当进食一些碳水化合物和蛋白质才更为经济，不能只吃两个鸡蛋了事。

（四）保护肝脏

肝糖原充足可增强肝脏对某些有害物质如细菌毒素的解毒作用，人体在过度疲劳的时候，会消耗掉机体的糖原储备。经糖醛酸途径生成的葡萄糖醛酸，参与体内一种重要的结合解毒方式，葡萄糖醛酸在肝脏与许多有害物质如细菌毒素、酒精、砷等结合，以消除或减轻这些物质的毒性或生物活性，从而起到解毒作用。另外，葡萄糖醛酸对某些药物也具有作用，如吗啡、水杨酸、磺胺类药物都是通过与葡萄糖醛酸结合，生成葡萄糖醛酸衍生物经尿排泄的。

（五）抗生酮作用（preventing ketosis）

脂肪在体内的正常代谢需碳水化合物参与，其代谢产物乙酰基需与葡萄糖的代谢产物草酰乙酸结合进入三羧酸循环，才能彻底氧化和产生能量。若碳水化合物不足，草酰乙酸供应相对减少；体内脂肪或食物脂肪被动员并加速分解为脂肪酸提供能量。在这个过程中，由于草酰乙酸不足，脂肪酸不能彻底氧化而产生过多的酮体（丙酮、乙酰乙酸等），以致发生酮血症和酮尿症。膳食中充足的碳水化合物可以防止上述现象的发生，因此称为碳水化合物的抗生酮作用。

（六）促进肠道健康

非淀粉多糖，如纤维素、果胶、抗性淀粉和功能性低聚糖等，虽不能在小肠消化吸收，但可刺激肠道蠕动，保持水分，促进结肠菌群发酵和增大粪便容积，促进短链脂肪酸生成和有益菌增殖，从而有利于肠道健康。

四、 功能性低聚糖

功能性低聚糖的提出原是相对普通低聚糖而言的，是指不被肠道内消化酶所消化，可被肠道内细菌发酵分解，并具调节人体生理功能的低聚糖。

它们不能被人体消化、吸收、利用，故又称抗性低聚糖。但在结肠可被细菌发酵，具有促进双歧杆菌增殖，产生短链脂肪酸（如乙酸、丙酸）及二氧化碳、氢气、甲烷等，降低肠道 pH，促进结肠蠕动的作用，因此在功能性食品中得到广泛应用。

（一） 功能性低聚糖的生理功能

不同的功能性低聚糖的生理作用有所不同，总的来说，功能性低聚糖的生理作用可概括为以下几个方面。

1. 改善肠道功能、预防疾病

人体试验表明，摄取功能性低聚糖可使双歧杆菌增殖，抑制有害细菌。双歧杆菌发酵低聚糖产生短链脂肪酸（乙酸、丙酸、丁酸、乳酸等）和一些抗生素物质，抑制外源致病菌和肠内固有腐败菌的生长繁殖。双歧杆菌素能有效地抑制志贺氏杆菌、沙门氏菌、金黄色葡萄球菌、大肠杆菌和一些其他微生物。体内和活体外粪便培养试验表明，摄入功能性低聚糖可有效地减少有毒发酵产物及有毒细菌酶的产生，减少肠内有害细菌的数量，进而抑制病原菌和腹泻。大量的短链脂肪酸刺激肠道蠕动，增加粪便湿润度并保持一定的渗透压，从而防止便秘发生。另外，功能性低聚糖不能被口腔微生物特别是突变链球菌利用，不能被口腔酶液分解，因而能预防龋齿。

2. 生成并改善营养素的吸收

双歧杆菌在肠道内能合成少量的维生素 B_1、维生素 B_2、维生素 B_6、维生素 B_{12}、烟酸和叶酸。双歧杆菌能发酵乳品中的乳糖使其转化为乳酸，解决了部分人对乳糖的不耐受问题，同时增加了水溶性可吸收钙的含量，使乳品更易消化吸收。

3. 热值低，不引起血糖升高

功能性低聚糖很难或不被人体消化吸收，所提供的能量值很低或根本没有，能满足喜爱甜品的糖尿病人、肥胖症病人、低血糖病人及控制体重者的需要。

（二） 主要的功能性低聚糖

1. 大豆低聚糖

大豆低聚糖是大豆中所含可溶性低聚糖的总称，它是 α - 半乳糖苷类，主要由棉籽糖（三糖）、水苏糖（四糖）等组成，同时也含有一定的蔗糖和其他成分。棉籽糖是由半乳糖、葡萄糖、果糖组成的三糖。半乳糖与蔗糖的葡萄糖基，以 $\alpha - 1$，6 糖苷键相连。水苏糖是在棉籽糖的半乳糖基一侧再连接一个半乳糖而成。

大豆低聚糖是以生产浓缩或分离大豆蛋白时的副产物大豆乳清为原料进一步分离制成。是一种低甜度、低热量的甜味剂，其甜度为蔗糖的 70%，其热量是每克 8.36kJ，仅是蔗糖热能的 1/2，而且安全无毒。改良大豆低聚糖仅由棉籽糖、水苏糖组成，甜度约为蔗糖的 22%。人体胃肠道内没有水解水苏糖和棉籽糖的酶系，因此大豆低聚糖不被消化，到达结肠时被细菌发酵。

2. 低聚异麦芽糖

低聚异麦芽糖又称分支低聚糖。自然界中低聚异麦芽糖极少以游离状态存在，但作为支链淀粉或多糖的组分部分，在某些发酵食品如酱油、黄酒或酶法葡萄糖浆中有少量存在。工业上以淀粉为原料生产低聚异麦芽糖，需要 α - 葡萄糖苷酶（葡萄糖基转移酶），简称 α - 糖苷酶。低聚异麦芽糖是由 $2\sim5$ 个葡萄糖单位构成，其中至少有一个 $\alpha-1$，6 糖苷键的一类低聚糖。包括：异麦芽糖、异麦芽三糖、异麦芽四糖、异麦芽五糖等，甜度逐渐降低，通常为蔗糖甜度的 30% ~ 60%。

3. 低聚果糖

低聚果糖又称蔗果低聚糖，是由 $1\sim3$ 个果糖基通过 $\beta-2$，1 - 糖苷键，与蔗糖中的果糖基结合，生成的蔗果三糖、蔗果四糖和蔗果五糖等的混合物。既保持了蔗糖的纯正甜味性质，又比蔗糖甜味清爽。甜度为蔗糖的 0.3 ~ 0.6 倍。低聚果糖也存在于日常食用的蔬菜、水果中，如牛蒡、洋葱、大蒜、黑麦和香蕉等，芦笋、小麦、大麦、黑小麦、蜂蜜、番茄等也含有一定量。由于低聚果糖吸收较差，食用后可能发生胃肠胀气。

4. 低聚乳果糖

低聚乳果糖是由半乳糖、葡萄糖和果糖组成的三糖，通常以乳糖和蔗糖（1:1）为原料，在 β - 呋喃果糖苷酶催化下制成的。低聚乳果糖是一种非还原性低聚糖，其甜味与蔗糖类似，甜度为蔗糖的 30%。由于含有蔗糖、乳糖等其他成分，商业化生产的低聚乳果糖甜度要略高一些，可达蔗糖的 50% ~ 70%。与其他低聚糖相比，低聚乳果糖对酸、热具有较高的稳定性，在 pH 3.0 下 80℃ 加热 2h，几乎不发生分解，在 pH 4.5 的条件下，其加热温度甚至可达到 120℃。

5. 低聚木糖

低聚木糖又称木寡糖，是由 $2\sim7$ 个 D - 木糖以 $\beta-1$，4 - 木糖苷键结合而构成的低聚糖，其组成又以木二糖和木三糖为主。以玉米芯、棉籽壳、甘蔗渣等天然食物纤维为原料，采用不同制备技术制取。低聚木糖的甜度约为蔗糖的 40%，其甜味纯正。低聚木糖具有良好的持水性，可作为食品的保湿剂使用。

6. 低聚半乳糖

低聚半乳糖是在乳糖分子的半乳糖一侧连接 $1\sim4$ 个半乳糖，属于葡萄糖和半乳糖组成的杂低聚糖。对热、酸有较好的稳定性，有很好的双歧杆菌增殖活性。

7. 其他功能性低聚糖

其他功能性低聚糖还有异麦芽酮糖、低聚木糖等。异麦芽酮糖又称帕拉金糖，化学名 $6-O-\alpha-D-$ 吡喃葡糖基 $-D-$ 果糖，与蔗糖有类似的甜味特性，甜度是蔗糖的 42%。大多数的细菌和酵母菌不能发酵利用异麦芽酮糖，因而它具有特殊的生理活性及很低的致龋齿性。

五、　功能性多糖

功能性多糖又称活性多糖，指具有调节人体生理功能的非淀粉多糖。功能性多糖有纯多糖、杂多糖之分。纯多糖一般为由 10 个以上单糖通过糖苷键连接起来的纯多糖链；杂多糖又称复合多糖，除含多糖链外往往还含有肽链、脂类等成分。各种研究表明，功能性多糖具有多方面的生理功能。

（一）　功能性多糖的生理功能

1. 增强免疫力与抑制肿瘤

功能性多糖不仅能激活巨噬细胞、T 淋巴细胞和 B 淋巴细胞、自然杀伤细胞、细胞毒性

T 细胞、淋巴因子激活的杀伤细胞等免疫细胞，还能促进细胞因子生成，活化补体，调节机体抗体和补体的形成等，从而起到增强机体免疫力的作用，并对正常细胞未显示毒副作用。

多糖抑制肿瘤的作用是通过增强免疫力而实现的。功能性多糖一方面可以通过激活体内的巨噬细胞，增加巨噬细胞的数量和活性，清除机体内的病原体、肿瘤细胞和有害物质；另一方面，细胞可以通过特定位点与多糖进行识别，产生抗肿瘤因子和干扰素，特异性杀死肿瘤细胞，而不伤害正常细胞。

2. 降低血糖

功能性多糖降血糖的作用主要表现在增加肝糖原、促进外周组织器官对多糖的利用；促进降糖激素和抑制升糖激素作用；保护胰岛细胞；调节糖代谢酶活性等。山药多糖、人参多糖、枸杞多糖、海带多糖、南瓜多糖等都具有该作用。研究中还发现功能性多糖对于糖尿病肾病的防治具有较好效果，可减少西药的剂量和不良反应，在降糖的同时改善肾功能。

3. 降低血脂

功能性多糖对血脂异常者有降低血脂、抑制动脉粥样硬化的发生等作用。其降血脂作用的机制主要为：①对脂肪酶活性有一定抑制作用，能减少体内游离脂肪酸的产生；②抑制胆固醇与脂类物质结合；③减少肠道对脂类物质的水吸收。

4. 抗氧化

功能性多糖通过捕捉、清除脂质过氧化反应过程中产生的活性氧自由基，减少脂质过氧化反应链的长度，减缓或阻断过氧化反应而起到抗氧化作用。

5. 其他功能

除了上述的生理功能外，多糖还具有多种生物活性，如抗凝血功能（肝素等）、抗炎作用（银杏多糖等）、抗溃疡（白芨葡萄糖甘露聚糖组成的白芨胶等）等。

（二）各种功能性多糖

根据来源的不同，多糖也可分为植物多糖、动物多糖及微生物多糖（包括细菌多糖和真菌多糖）。目前，对香菇、灵芝、银耳、金针菇等真菌多糖，茶叶、人参、黄芪、魔芋、枸杞等植物多糖以及肝素和透明质酸等动物多糖的研究已取得一定的进展。

1. 真菌活性多糖

真菌活性多糖是存在于香菇、金针菇、银耳、灵芝、蘑菇、黑木耳、肉苁蓉、茯苓、猴头菇、虫草等食用或药用真菌中的某些多糖组分。

2. 植物多糖

研究发现，茶叶、苦瓜、魔芋、莼菜、刺梨、大蒜、萝卜、薏仁、甘蔗、鱼腥草、甘薯叶、人参、刺五加、黄芪、黄精等植物中均含有活性多糖。

3. 动物多糖

动物多糖主要包括：肝素、硫酸软骨素、透明质酸、海洋生物多糖。

六、 碳水化合物的参考摄入量与食物来源

（一）膳食参考摄入量

由于体内有些营养素可转变为碳水化合物，因此其适宜需要量尚难确定。不过，膳食中碳水化合物过少，可造成膳食蛋白质的浪费，组织蛋白质和脂肪分解增强等。若其比例过高，势必引起蛋白质和脂肪摄入的减少，也对机体造成不良后果。参考国际膳食能量顾问组

的研究和数据，以满足机体内糖原消耗和脑组织需要为目标，我国 1 岁以上人群的碳水化合物的最低需要量为 100g，变异系数 20%，建议 1 岁以上人群碳水化合物平均需要量为 120g；其中 11 ~ 17 岁基于最低需要量 135g 计算而来，0.5 ~ 1 岁基于成人代谢数值计算而来。建议 11 ~ 17 岁青少年碳水化合物平均需要量为 150g。

近年来许多国外组织修订了碳水化合物参考摄入量；大量证据也表明碳水化合物与疾病关系密切；我国城市、农村膳食调查数据显示碳水化合物平均摄入量为 51% ~ 60%，即碳水化合物的供热量占总供热量的 51% ~ 60%。根据上述三方面考虑，建议我国碳水化合物可接受范围 50% ~ 65%。

另外，蔗糖和其他添加糖均为空白能量食物，一些研究认为其与龋齿、肥胖等有关，因此应限制。提倡摄入营养素/能量密度比值高的食物，以保障人体能量充足和营养的需要、改善胃肠道环境的需要和预防龋齿的需要。添加糖，如蔗糖、糖浆等，WHO 建议需要控制在总能量的 10% 以内，即不超过 50g/d，最好能控制在 25g/d 以内。

（二）　主要食物来源

碳水化合物的种类很多，其中淀粉主要来自五谷类，如米、麦、高粱及玉蜀黍等。豆类和根茎类如白薯、马铃薯等也是淀粉的良好来源。人体对淀粉适应性好，可较大量和长期食用而无不适应，消化吸收较慢，使血糖维持在较稳定的水平；简单糖只能在某些情况下适当食用，且不宜摄入过多。蔗糖是最普通的食用糖，研究表明摄入过多有许多危害，与肥胖症、糖尿病、心血管疾病、龋齿、近视等疾病的发生有关。实验证明，蔗糖比淀粉容易促发高脂血，因此，在平衡膳食宝塔上，简单食用糖位于塔尖，只作为调节热量摄入的部分。现在，人们正在用甜味剂试着代替蔗糖。果糖是水果和蜂蜜中的天然单糖，蜂蜜中含 40%。果糖在人体内的胰岛素效应比葡萄糖小，使血糖相对稳定。它作为肌肉运动的能源不如葡萄糖及时，但对运动后肌糖原恢复较有利。蔬菜含糖较少，主要为无机盐、维生素和纤维素。动物性食物几乎不含糖（乳中含乳糖、肌肉中的肌糖原、肝脏中的肝糖原除外）。此外，低聚糖甜味低、吸收快。目前在临床营养与运动营养中有较大用途。

（三）　功能性低聚糖的摄入量

随着对功能性低聚糖研究的深入和认识的提高，功能性低聚糖的摄入量问题引起人们的关注，功能性低聚糖虽比较广泛地存在于植物性食物中，但一般人日常膳食往往达不到有效的摄入量。与其他消化糖一样，低聚糖过量摄入也会产生胃肠胀气和腹泻。各种低聚糖的最小有效剂量和最大无作用量见表 3 - 9。

表 3 - 9　　　　　　　　　部分难消化低聚糖的摄取量

项目	乳果糖	低聚果糖	大豆低聚糖	低聚半乳糖	低聚木糖	低聚异麦芽糖	乳酮糖	水苏糖	壳聚糖
最小有效剂量/（g/d）	2	3	2	2	0.7	10			
日常摄取量/（g/d）	2 ~ 3	5 ~ 10	10	10		15	10	3	10
最大无作用量/（g/d）	36	18	13.2	18		90			

注：最大无作用剂量以体重 60kg 计。

资料来源：尤新. 功能性发酵制品 ［M］. 北京：中国轻工业出版社，2000。

（四）　功能性低聚糖的食物来源

在某些蔬菜、水果中含有天然的低聚糖，如洋葱、大蒜、葡萄、洋姜、芦笋、香蕉等含低聚果糖，大豆及一些豆类含水苏糖，甜菜中含棉籽糖，多食这类食物对各类人群都是有益的。低聚糖可以从天然物中提取，也可用微生物酶转化或水解法制造，作为功能性基料添加到食品中去，如饮料、糖果、糕点、乳制品、冰淇淋及调味料。用功能性低聚糖开发的食品已达 500 种，人体可从这些食品中额外补充低聚糖。

第三节　脂　　类

营养学上重要的脂类主要有甘油三酯、磷脂和固醇类。食物中的脂类 95% 是甘油三酯，5% 是其他脂类。人体储存的脂类中甘油三酯高达 99%，储存在脂肪组织中。食物中的甘油三酯常位于动植物储存能量的组织上，如在乳中存在于脂蛋白的微粒中，植物中存在于植物的种子里。脂类的共同特点是不溶于水而溶于乙醚、石油醚、苯、氯仿、四氯化碳、丙酮等有机溶剂，多数水解时生成游离脂肪酸，都是由生物体产生并能为生物体所利用。

一、　脂类的分类及代谢

（一）　脂类的分类

人体内的脂类分成两部分，即：脂肪与类脂。食物中的脂类主要是油和脂肪，一般把常温下是液体的称为油，而把常温下是固体的称为脂肪。

1. 脂肪

脂肪由 C、H、O 三种元素组成，又称中性脂肪或甘油三酯，每个脂肪分子由三个分子脂肪酸和一个分子甘油组成。其中甘油的分子比较简单，而脂肪酸的种类和长短却不相同。因此脂肪的性质和特点主要取决于脂肪酸，不同食物中的脂肪所含有的脂肪酸种类和含量不一样。自然界有 40 多种脂肪酸，因此可形成多种脂肪酸甘油三酯；脂肪酸一般由 4 个到 24 个碳原子组成。

脂肪又包括不饱和与饱和两种，动物脂肪以含饱和脂肪酸为多，在室温下呈固态。相反，植物油则含不饱和脂肪酸较多，在室温下呈液态。脂肪可溶于多数有机溶剂，但不溶解于水。

2. 类脂

类脂是一类在某些理化性质上与脂肪相似的物质，种类很多，主要包括磷脂、糖脂、固醇类和脂蛋白等物质。它们是构成细胞膜、血液以及合成人体类固醇激素的原料。所有的细胞都含有磷脂，它是细胞膜和血液中的结构物，在脑、神经、肝中含量非常高，卵磷脂是膳食和体内最丰富的磷脂之一。四种脂蛋白（乳糜微粒、极低密度脂蛋白、低密度脂蛋白和高密度脂蛋白）是血液中脂类的主要运输工具。

（二）　脂类的代谢

1. 脂肪的合成代谢

机体摄入的糖、脂肪等食物均可以转化成机体自身的脂肪储存在脂肪组织中，以供禁食、饥饿时的能量需要。甘油三酯是机体能量储存的形式。

肝脏、脂肪组织和小肠是脂肪合成的主要部位，以肝脏合成脂肪的能力最强。但肝脏没有储存脂肪的能力，脂肪细胞则可以储存大量的脂肪。甘油三酯在肝脏合成后，与载脂蛋白apoB100、apoC 等以及磷脂、胆固醇结合生成极低密度脂蛋白（VLDL）而分泌入血液，运输至肝外组织。如果合成的甘油三酯由于营养不良或中毒，缺乏必需脂肪酸、胆碱或蛋白质而不能形成 VLDL，那么甘油三酯就会在肝脏积累，形成脂肪肝，危害健康。

2. 脂肪的分解代谢

储存在脂肪细胞中的脂肪，被脂肪酶水解为游离脂肪酸及甘油，并释放入血液以供其他组织氧化利用的过程，称为脂肪动员。脂肪细胞内的激素敏感性甘油三酯脂肪酶是脂肪分解的限速酶。经过一系列的脂解过程脂肪被分解为甘油及游离脂肪酸释放入血液。甘油溶于水，直接由血液运送至肝、肾、肠等组织，主要在肝甘油激酶的作用下转变为 3 – 磷酸甘油，进入糖酵解途径进一步参与代谢。脂肪酸经活化形成脂酰 CoA，在肉碱脂酰转移酶 I 、II 等酶的作用下，脂酰 CoA 被转运入线粒体，为脂肪酸的 β – 氧化提供能量。

二、 脂肪的生理功能

（一） 机体热能的来源

脂肪是食物中产生热能最高的一种营养素，每克脂肪在体内氧化可产生 37.6kJ（9.0kcal）热能，其发热量比碳水化合物高得多。因此体内储存的脂肪是人体的"能源库"。当机体需要时可被利用，参加脂肪代谢和供给热能。但机体不能利用脂肪酸分解的含两个碳的化合物合成葡萄糖，因此脂肪不能给脑、神经细胞以及血细胞提供能量。研究表明，处于安静空腹的成年人其能量消耗 60% 来自于体内脂肪。人在饥饿时，就必须消耗肌肉组织中的蛋白质和糖来满足机体能量需要，这也是不提倡"节食减肥"的原因。当人体摄入能量不能及时被利用或过多时，无论是蛋白质、脂肪还是碳水化合物，都以脂肪的形式储存下来。

（二） 组成人体组织细胞的成分

正常人体按体重计算，脂类占 14%～19%，肥胖者约含 32%，绝大多数脂类是以甘油三酯的形式存在于脂肪组织内，称为蓄积脂肪。这类脂肪是体内过剩能量的一种储存方式。细胞膜中还有大量脂肪酸，是细胞维持正常的结构和功能必不可少的重要成分。

类脂是细胞结构的基本原料，特别是磷脂和固醇等。细胞膜具有由磷脂、糖脂和胆固醇组成的类脂，磷脂对生长发育非常重要。固醇是合成固醇类激素的重要物质。

（三） 维持体温、 保护脏器

脂肪是热的不良导体，可阻止体热的散发，维持体温的恒定。脂肪是器官和神经组织的防护性隔离层，能防止和缓冲因震动而造成的对脏器、组织、关节的损害、发挥对器官的保护作用。

（四） 供给必需脂肪酸

必需脂肪酸是组织细胞的组成成分，对线粒体和细胞膜特别重要，必需脂肪酸缺乏时，线粒体结构发生改变，皮肤细胞对水分的通透性增加，生长停滞，生殖机能发生障碍。

必需脂肪酸不仅能够吸引水分滋润皮肤细胞，还能防止水分流失，它是机体的润滑油。人体自身不能合成必需脂肪酸，必须从食物中摄取，每日至少要摄入 2.2～4.4g。

（五） 提供脂溶性维生素， 并对食物的营养价值有一定的保护作用

在许多植物油中含有丰富的维生素 E，如小麦胚芽油、玉米油、豆油、芝麻油和菜籽油等。鱼肝油、奶油、蛋黄油中含有较多的维生素 A 和维生素 D。每日膳食中摄入适量的脂

肪，有利于脂溶性维生素的消化和吸收。同时脂类在消化道内可刺激胆汁分泌，从而促进脂溶性维生素的消化吸收。因此每日膳食中适宜的脂肪摄入可避免脂溶性维生素的吸收障碍。

另外，由于脂肪在食物的烹调加工过程中还可分布于食品表面，避免食物中的维生素等物质因接触氧而发生氧化，从而保护食物的营养价值。

（六） 改善食物的感官性状及增加饱腹感

脂肪作为食品烹调加工的重要原料，可以改善食物的色、香、味、形，达到美食和促进食欲的良好作用。同时脂肪由胃进入十二指肠时，可刺激产生肠抑胃素，使肠蠕动受到抑制，造成食物在胃中停留时间较长，消化吸收的速度相对缓慢，从而具有饱腹感。

三、 脂 肪 酸

（一） 脂肪酸的分类

脂肪酸是组成各种脂类的重要成分。在自然界中约有七八十种不同的脂肪酸，其中大多数是偶数碳原子的直链脂肪酸；奇数碳原子的脂肪酸不多，但由微生物产生的脂肪酸中有相当数量的奇数碳原子脂肪酸。不过，能被人体吸收利用的却只有偶数碳原子的脂肪酸。

1. 按脂肪酸碳链长度分类

脂肪酸根据其碳链的长短（即链上所含碳原子数目）不同可分为短链脂肪酸（碳原子个数 2~6）、中链脂肪酸（碳原子个数 8~12）、长链脂肪酸（碳原子个数 14 个及以上）。

脂肪因其所含的脂肪酸碳链的长度、饱和程度和空间结构不同，而呈现不同的特性和功能，脂肪酸的碳链越短其熔点越低，水溶性越好，这也影响了短链脂肪酸在人体内吸收的方式。

2. 按脂肪酸饱和度分类

脂肪酸按照饱和度不同可分为饱和脂肪酸（碳链中没有不饱和双键）、单不饱和脂肪酸（碳链中只含有一个不饱和双键）和多不饱和脂肪酸（碳链中含两个及两个以上双键）。食物脂肪一般由混合脂肪酸组成，既含有饱和脂肪酸也含有不饱和脂肪酸。含有不饱和脂肪酸越多，其熔点越低，在室温下一般呈液态；含有饱和脂肪酸越多，其熔点越高，在室温下呈固态。例如，硬脂酸是含有 18 个碳原子的饱和脂肪酸，在巧克力和肉类油脂中含量较高，这两类食物在室温下都是固态的。茶油中富含单不饱和脂肪酸——油酸，在室温下是液态的。

3. 按脂肪酸空间结构分类

根据其空间结构，即氢在不饱和键的同侧或两侧，脂肪酸可分为顺式脂肪酸和反式脂肪酸。反式脂肪酸是分子中含有一个或多个反式双键的非共轭不饱和脂肪酸。反式双键是指与形成双键的碳原子相连的两个氢原子位于碳链的两侧形成的双键，天然脂肪酸中的双键多为顺式，氢原子位于碳链的同侧。反式双键的键角小于顺式异构体，其锯齿形结构空间上为直线形的刚性结构，这些结构上的特点，使其具有与顺式脂肪酸不同的性质，具有更高的熔点和更好的热力学稳定性，更接近饱和脂肪酸。脂肪酸的熔点受双键的数量、结合形状和位置的影响，顺式油酸熔点为 13.5℃，室温下呈液态；而反式油酸的熔点为 46.5℃，室温下呈固态。

食物中的天然反式脂肪酸，主要来自反刍动物，如牛、马、羊的肉和乳制品，但含量很低。饲料中的部分不饱和脂肪酸，经反刍动物瘤胃中微生物的生物氢化作用生成反式脂肪酸。油脂加工和使用过程中也会产生反式脂肪酸，摄入的反式脂肪酸 80%~90% 来自氢化油脂，另外在进行精炼、脱臭时，油脂中的不饱和脂肪酸会暴露在空气中，二烯酸酯、三烯酸酯发生热聚合反应易发生异构化，使反式脂肪酸含量增加。

（二） 饱和脂肪酸

碳链中不含双键的脂肪酸称为饱和脂肪酸（saturated fatty acid，SFA）。含 4~6 个碳原子的脂肪酸通常是饱和脂肪酸。食物中常见的饱和脂肪酸见表 3-10。

表 3-10　　　　　　　　　　　　　食物中常见的饱和脂肪酸

符号	系统名称	俗名	来源
$C_{4:0}$	丁酸	酪酸	黄油
$C_{6:0}$	己酸	羊油酸	黄油
$C_{8:0}$	辛酸	羊脂酸	椰子油
$C_{10:0}$	癸酸	羊蜡酸	椰子油
$C_{12:0}$	十二（烷）酸	月桂酸	椰子油
$C_{14:0}$	十四（烷）酸	肉豆蔻酸	椰子油、黄油
$C_{16:0}$	十六（烷）酸	棕榈酸（软脂酸）	牛羊肉、猪肉大部分脂肪
$C_{18:0}$	十八（烷）酸	硬脂酸	牛羊肉、猪肉大部分脂肪
$C_{20:0}$	二十（烷）酸	花生酸	花生油、多数油脂
$C_{22:0}$	二十二（烷）酸	山嵛酸	猪油、花生油
$C_{24:0}$	二十四（烷）酸	木脂酸	花生油

注：表中符号栏的阿拉伯数字表示饱和脂肪酸分子所含碳原子数；"0"表示不含双键。

在常温下，饱和脂肪酸中碳原子数小于 10 者为液态，称为低级饱和脂肪酸。由于其相对分子质量低易于挥发，故又称挥发性脂肪酸。碳原子数大于 10 者为固态，称为高级饱和脂肪酸或固体脂肪酸，并且随着分子中碳链的加长，饱和脂肪酸的熔点增高，熔点越高，越不易被消化吸收。

膳食中饱和脂肪酸多存在于动物脂肪及乳脂中，其中以含有 16~22 个碳原子的饱和脂肪酸为多，尤其以棕榈酸和硬脂酸的含量更多。这些食物也富含胆固醇。饱和脂肪酸摄入量过高是导致血胆固醇、三酰甘油、低密度脂蛋白胆固醇（LDL-C）升高的主要原因，继发引起动脉管腔狭窄，形成动脉粥样硬化，增加罹患冠心病的风险。故进食较多的饱和脂肪酸也必然进食较多的胆固醇。并非所有动物脂肪都富含饱和脂肪酸，鱼油中含亚油酸、二十碳五烯酸（EPA）、二十二碳六烯酸（DHA）等不饱和脂肪酸较多。

（三） 不饱和脂肪酸

含有不饱和双键的脂肪酸称为不饱和脂肪酸（unsaturated fatty acid，UFA）。食物中常见的不饱和脂肪酸，见表 3-11。

表 3-11　　　　　　　　　　　　　食物中常见的不饱和脂肪酸

符号	系统名称	俗名	来源
$C_{14:1}$，$n-5$	9-十四碳烯酸	豆蔻油酸	黄油
$C_{16:1}$，$n-7$	9-十六碳烯酸	棕榈油酸	棕油

续表

符号	系统名称	俗名	来源
$C_{16:1}$，$n-7$	9 - 十六碳烯酸	反棕榈油酸	氢化植物油
$C_{18:1}$，$n-9$	9 - 十八碳烯酸	油酸	多数油脂
$C_{18:1}$，$n-9$	9 - 十八碳烯酸	反油酸	黄油牛脂
$C_{18:2}$，$n-6$	9，12 - 十八碳二烯酸	亚油酸	植物油
$C_{18:3}$，$n-6$	6，9，12 - 十八碳三烯酸	γ - 亚麻酸	植物油
$C_{18:3}$，$n-3$	9，12，15 - 十八碳三烯酸	α - 亚麻酸	植物油
$C_{20:4}$，$n-6$	5，8，11，14 - 二十碳四烯酸	花生四烯酸	植物油
$C_{20:5}$，$n-3$	5，8，11，14，17 - 二十碳五烯酸	EPA	鱼油
$C_{22:1}$，$n-9$	13 - 二十二碳烯酸	芥酸	菜籽油
$C_{22:6}$，$n-3$	4，7，10，13，16，19 - 二十二碳六烯酸	DHA	鱼油

在不饱和脂肪酸的分子中，由于双键在碳原子上的位置不同以及双键的数目不同，因而其表示符号较为复杂。以亚油酸为例，其化学名称为9，12 - 十八碳二烯酸，在此，9 和 12 表示脂肪酸所含的两个双键分别位于从脂肪酸的羧基端数起的第 9 个和第 12 个碳原子上。亚油酸的表示符号为 $C_{18:2}$，$n-6$，这里 18 表示碳原子数，2 表示双键数目，$n-6$ 表示距脂肪酸羧基最远的双键所在的从脂肪酸甲基端数起的碳原子数。

不饱和脂肪酸常分为单不饱和脂肪酸（即分子中含有一个双键，如油酸）和多不饱和脂肪酸（即分子中含有两个和两个以上双键，如亚油酸、亚麻酸等）两大类。此外，不饱和脂肪酸也可按照距羧基最远的双键所在的从甲基端数起的碳原子数的不同，分为 $n-3$、$n-6$、$n-7$、$n-9$ 系列（或称 $\omega-3$、$\omega-6$、$\omega-7$、$\omega-9$ 系列）。例如在上述不饱和脂肪酸中，油酸是最普通的单不饱和脂肪酸，属于 $n-9$ 系列；亚油酸是最普通，也是最重要的多不饱和脂肪酸之一，属于 $n-6$ 系列；α - 亚麻酸也是十分重要的多不饱和脂肪酸，属于 $n-3$ 系列。

1. 多不饱和脂肪酸

$n-3$、$n-6$ 和 $n-9$ 系列都有多不饱和脂肪酸（polyunsaturated fatty acid，PUFA），但有重要生物学意义的是 $n-3$ 和 $n-6$ PUFA。其中的亚油酸和 α - 亚麻酸是人体必需脂肪酸，它们分别是 $n-3$ 和 $n-6$ 高不饱和脂肪酸的前体。20 世纪 30 年代以来学者对亚油酸降血脂等生物学功能研究很多，但直至 20 世纪 80 年代才开始重视 $n-3$ 系列 PUFA，且研究飞速进展。20 世纪 90 年代对 PUFA 在体内平衡的重要生理意义研究进展很快，并用于实践。

多不饱和脂肪酸的另一个重要生理作用是形成类二十烷酸（eicosanoids）。20:3，$n-6$ 和 20:5，$n-3$ 脂肪酸经环氧化酶和脂氧合酶的酶代谢作用，可生成一系列的类二十烷酸。这些类二十烷酸为很多生化过程的重要调节剂，在协调细胞间的生理相互作用中起着重要作用。

不饱和脂肪酸对人体健康虽然有很多益处，但易产生脂质过氧化反应，因而产生自由基和活性氧等物质，对细胞和组织可造成一定的损伤。此外，$n-3$ 系列 PUFA 还有抑制免疫功能的作用，因此在考虑脂肪需要时，必须同时考虑饱和脂肪酸、多不饱和脂肪酸和单不饱和脂肪酸三者间的合适比例。

2. 单不饱和脂肪酸

研究调查发现，地中海地区一些国家的居民冠心病发病率和血胆固醇水平远低于欧美国家，但其每日摄入的脂肪量很高，供热比达40%。究其原因，主要是该地区居民以橄榄油为主要食用油脂，而橄榄油富含单不饱和脂肪酸（monounsaturated fatty acid，MUFA），由此引起了人们对MUFA的重视。食用油脂中所含单不饱和脂肪酸主要为油酸，如茶油和橄榄油中油酸含量达80%以上，棕榈油中含量也较高，约40%以上。

据多数研究报道，MUFA降低血胆固醇、甘油三酯和低密度脂蛋白胆固醇（LDL - C）的作用与PUFA相近，但大量摄入亚油酸在降低LDL - C的同时，高密度脂蛋白胆固醇（HDL - C）也降低，而大量摄入油酸则无此种情况。同时MUFA不具有PUFA潜在的不良作用，如促进机体脂质过氧化、促进化学致癌作用和抑制机体的免疫功能等。所以在膳食中降低饱和脂肪酸的前提下，以MUFA取代部分SFA有重要意义。

（四）必需脂肪酸

人体能合成多种脂肪酸，包括饱和脂肪酸、单不饱和脂肪酸和多不饱和脂肪酸，但亚油酸和 α - 亚麻酸是人体需要而不能自身合成，必须依赖食物提供的脂肪酸，称为必需脂肪酸（essential fatty acid，EFA）。此外，人体也不能将 $n - 3$ 系列脂肪酸转化为 $n - 6$ 系列脂肪酸。

必需脂肪酸的含量与组成是衡量食物油脂营养价值的重要方面，植物油中含有较多的必需脂肪酸，是人体必需脂肪酸（亚油酸）的主要来源，特别是在棉籽油、大豆油、玉米油和芝麻油中含量丰富，菜籽油和茶油中的含量要比其他植物油少，故其营养价值比动物油脂高，但椰子油例外，亚油酸含量很低，其不饱和脂肪酸含量也少。动物的心、肝、肾、血液中含有较多的亚油酸和花生四烯酸。一般认为必需脂肪酸应占每日膳食能量的3% ~ 5%。婴儿对必需脂肪酸的需求较成人迫切，对缺乏也较敏感。

必需脂肪酸在人体内具有重要的生理功能。

（1）是组织细胞的组成成分　磷脂是细胞膜的主要结构成分，所以必需脂肪酸与细胞膜的结构和功能直接相关。必需脂肪酸在体内参与磷脂合成，对线粒体和细胞膜的结构特别重要。

（2）和胆固醇的代谢有关　胆固醇与必需脂肪酸结合后，才能在体内正常转运和代谢。体内大约70%的胆固醇与脂肪酸酯化成酯，在低密度脂蛋白和高密度脂蛋白中，胆固醇与亚油酸形成亚油酸胆固醇酯，然后被转运和代谢，如高密度脂蛋白可将胆固醇运往肝脏而被代谢分解。

如果缺乏必需脂肪酸，胆固醇就和一些饱和脂肪酸结合，不能在体内正常转运和代谢，并可能在血管壁沉积发展成动脉粥样硬化。亚油酸还能降低血中胆固醇，防止动脉粥样硬化。因此，必需脂肪酸在临床上可用于预防和治疗心血管疾病。

（3）是前列腺素在体内合成的原料　前列腺素存在于许多器官中，有着多种多样的生理功能，如使血管扩张和收缩、神经刺激的传导、作用于肾脏影响水的排泄。乳中的前列腺素可以防止婴儿消化道损伤等，对心血管、呼吸系统、神经系统、胃肠道等都具有一定的调节功能。花生四烯酸是体内合成前列腺素的前体。

（4）维持正常视觉功能　亚麻酸可在体内转变成DHA。DHA在视网膜光受体中含量丰富，是维持视紫红质正常功能的必需物质。

（5）保护皮肤免受射线损伤　对于X射线、高温等引起的一些皮肤损伤，必需脂肪酸有保护作用，这可能是由于新生组织生长和受伤组织的修复都需要亚油酸。

（6）和精细胞发育有关　动物的精子形成也与必需脂肪酸有关，膳食中若长期缺乏必需脂肪酸可使生殖力下降，出现不育症。

（五）　食物中的脂肪酸

天然食物中含有各种脂肪酸，多以甘油三酯的形式存在。一般来说，动物性脂肪如牛油、奶油和猪油，比植物性脂肪含 SFA 多。但椰子油主要含 C_{12} 和 C_{14} 的 SFA，仅含有 5% 的 MUFA 和 1% ~2% 的 PUFA，但这种情况较少。总的来说，动物性脂肪一般含 40% ~60% 的 SFA，30% ~50% 的 MUFA，PUFA 含量极少。相反，植物性脂肪含 10% ~20% 的 SFA 和 80% ~90% 的不饱和脂肪酸，而多数含 PUFA 较多，也有少数含 MUFA 较多，如茶油和橄榄油中油酸含量达 80% 以上，红花油含亚油酸 75%，葵花籽油、豆油、玉米油中的亚油酸含量也达 50% 以上，但一般食用油中亚麻酸的含量很少。$n-3$ 系列 PUFA 由寒冷地区的水生植物合成，以这些食物为生的鱼类组织中含有大量的 $n-3$ 系列 PUFA，如鲱鱼油和鲑鱼油富含 EPA 和 DHA。常用油脂中主要脂肪酸组成见表 3-12。

表 3-12　　常用食用油脂中主要脂肪酸的组成　（食物中占脂肪总量的比例）

食用油脂	饱和脂肪酸/%	不饱和脂肪酸/%			其他脂肪酸/%
		亚麻酸	油酸	亚油酸	
可可油	93	6	1		
椰子油	92	0	6	2	
菜籽油	13	20	16	9	42*
花生油	19	41	38	0.4	1
葵花籽油	14	19	63	5	
豆油	16	22	52	7	3
芝麻油	15	38	46	0.3	1
玉米油	15	27	56	0.6	1
棕榈油	42	44	12		
猪油	43	44	9		3
牛油	62	29	2	1	7
羊油	57	33	3	2	3
黄油	56	32	4	1.3	4

注：*主要为芥酸。

四、磷脂和固醇

（一）　磷脂

磷脂是甘油三酯中一个或两个脂肪酸被含磷酸的其他基团所取代的一类脂类物质。磷脂作为构成细胞壁的成分以及代谢过程中的活性参与物质，对生命活动起着非常重要的作用，磷脂在动植物体内大都与糖和蛋白质以结合状态存在。

最重要的磷脂是磷脂酰胆碱，俗称卵磷脂，在分子中同时存在强酸性的磷酸根和强碱性的季铵，因而常以两性离子形式存在。这种结构使它具有亲水性和亲脂性双重特性。纯净的卵磷脂为白色膏状物，极易吸湿，氧化稳定性差，氧化后呈棕色，有难闻的气味。可溶于甲醇、苯、乙醇及其他芳香烃、氯仿、四氯化碳等，不溶于丙酮和乙酸甲酯。

磷脂不仅可以和脂肪酸一样提供能量，更重要的是其为细胞膜的构成成分。因其具有极性和非极性双重特性，所以可帮助脂类或脂溶性物质，如脂溶性维生素、激素等顺利通过细胞膜，促进细胞内外的物质交换。磷脂作为乳化剂可使体液中的脂肪悬浮在体液中，有利于其吸收转运和代谢。

磷脂不仅是生物膜的重要组成成分，而且对脂肪的吸收和转运以及储存脂肪酸（特别是不饱和脂肪酸）起着重要作用。磷脂主要存在于蛋黄、瘦肉、脑、肝和肾中，机体自身也能合成所需要的磷脂。磷脂按其组成结构可以分为两类：磷酸甘油酯和神经鞘磷脂。前者以甘油为基础，后者以神经鞘氨醇为基础。磷脂的缺乏会造成细胞膜结构受损，出现毛细血管的脆性增加和通透性增加，皮肤细胞对水的通透性增高，引起水代谢紊乱，产生皮疹等。

1. 磷酸甘油酯

红细胞膜的脂类约40%为磷脂，线粒体膜的脂类约95%为磷脂。磷酸甘油酯通过磷脂酶水解为甘油、脂肪酸、磷酸及含氮碱基物质。磷酸甘油酯的合成途径有两条：一为全程合成途径，是从葡萄糖起始经磷脂酸合成磷脂的全程途径，卵磷脂和脑磷脂主要经全程途径合成；另一个合成磷脂的途径称为磷脂酸途径或半程途径，这一途径是从糖代谢的中间产物磷脂酸开始的，磷脂酸途径主要是生成心磷脂和磷脂酰肌醇。

必需脂肪酸是合成磷脂的必要组分，缺乏时会引起肝细胞脂肪浸润。在大量进食胆固醇的情况下，由于胆固醇竞争性地与必需脂肪酸结合成胆固醇酯，从而影响了磷脂的合成，是诱发脂肪肝的原因之一。食物中缺乏卵磷脂、胆碱或甲基供体（如蛋氨酸等），皆可引起脂肪肝。这是由于胆碱缺乏影响了肝细胞对卵磷脂的合成，而增加了甘油三酯的合成，因此促进了肝细胞的脂肪浸润。

2. 神经鞘磷脂

神经鞘磷脂的分子结构中含有脂肪酰基、磷酸胆碱和神经鞘氨醇，但不含甘油。神经鞘氨醇由软脂酰CoA和丝氨酸合成。神经鞘磷脂是膜结构的重要磷脂，它与卵磷脂并存于细胞膜外侧。神经鞘磷脂含脂类约为干重的97%，其中11%为卵磷脂，5%为神经鞘磷脂。人红细胞膜的磷脂中有20%～30%为神经鞘磷脂。

人体除自身能合成磷脂外，每天从食物中也可以得到一定量的磷脂，富含磷脂的食物有蛋黄、瘦肉、脑、动物内脏等，尤其蛋黄含卵磷脂最多，达9.4%。除动物性食物外，植物性食物以大豆含量最丰富，磷脂含量在1.5%～3%，其他植物种子如向日葵籽、亚麻籽、芝麻籽等也含有一定量磷脂。大豆磷脂在保护细胞膜、延缓衰老、降血脂、防治脂肪肝等方面具有良好效果。

（二）胆固醇

胆固醇是机体内主要的固醇物质，人体各组织中皆含有胆固醇，人体内90%的胆固醇存在于细胞中，在细胞内只有线粒体膜及内质网膜中含量较少。胆固醇既是细胞膜的重要组分，又是类固醇激素、维生素D及胆汁酸的前体。人体每千克体重含2g胆固醇。人们从每天膳食中可摄入300～500mg的外源性胆固醇，主要来自肉类、肝、内脏、脑、蛋黄和奶油等。食物中胆固醇酯不溶于水，不易与胆汁酸形成微胶粒，不利于吸收，必须经胰液分泌的胆固醇酯酶将其分解为游离胆固醇后，方能吸收。未被吸收的胆固醇在小肠下段被细菌转化为粪固醇，由粪便排出。

胆固醇除来自食物外，还可由人体组织合成。人体组织合成胆固醇的主要部位是肝脏和小肠。此外产生类固醇激素的内分泌腺体（如肾上腺皮质、睾丸和卵巢）也能合成胆固醇。胆固醇合成的全部反应都在胞浆内进行，而所需的酶大多数定位于内质网。

肝脏是胆固醇代谢的中心，合成胆固醇的能力很强，同时还有使胆固醇转化为胆汁酸的特殊作用，而且血浆胆固醇和多种脂蛋白所含的胆固醇的代谢皆与肝脏有密切关系。人体每天可合成 1~1.2g 胆固醇，而肝脏占合成量的 80%，人体一般不易缺乏胆固醇。体内胆固醇水平的升高主要是内源性的。体内胆固醇水平与高脂血症、动脉粥样硬化、心脏病等有关。胆固醇可在胆道中沉积形成结石，并在血管壁上沉积，引起动脉粥样硬化。因此，在限制摄入胆固醇的同时，更要注意热能摄入平衡，预防内源性胆固醇水平的升高。

（三）　植物甾醇

植物甾醇与胆固醇结构相近，其代表性的是谷甾醇和豆甾醇。植物甾醇广泛存在于各种植物油、坚果和植物种子中，也存在于其他植物性食物，如蔬菜、水果中。大量研究表明，植物甾醇在一定程度上可以降低胆固醇，从而预防动脉粥样硬化、冠状动脉硬化性心脏病等心血管疾病。此外，还可防治前列腺疾病，具有抗炎作用和降低乳腺癌、结肠癌、胃癌和肺腺癌的发病危险，因此美国食品药品监督管理局已于 2000 年批准了含植物甾醇类物质的功能性食品的生产。值得注意的是植物甾醇可降低胡萝卜素的吸收，影响维生素 A 的体内合成，可能不利于儿童、孕妇和哺乳期妇女的健康。

五、　食物脂类的营养价值评价

在营养学上主要是通过脂肪的消化率、脂肪酸的种类与含量、脂溶性维生素的含量、脂类稳定性四个方面对脂肪的营养价值进行评价。

（一）　脂肪的消化率

食物脂肪的消化率与其熔点关系密切，消化率与熔点成反比，熔点在 50℃ 以上的脂肪不易消化吸收，熔点接近体温或低于体温的脂肪消化率则增高。脂肪的消化率还与其所含不饱和脂肪酸有关，双键数目越多，消化率也就越高。如人体对动物脂肪的消化吸收较差，而对植物油的消化吸收较好；在畜肉中饱和脂肪酸含量多，而鱼油中不饱和脂肪酸多，因此鱼油的营养价值大于畜肉脂肪。即便如此，总体来说，脂肪的消化率都较高（表 3-13）。

表 3-13　　　　　　　常用油脂的脂肪酸含量、比例及消化率

脂肪种类	脂肪酸种类及含量/%				P/S 值*	消化率/%
	多不饱和	饱和	亚油酸	亚麻酸		
菜籽油	21.5	4.5	14.2	7.3	4.78	99.0
大豆油	62.8	14.8	52.2	10.6	4.24	97.5
芝麻油	46.6	12.5	43.7	2.9	3.73	—
玉米油	48.3	15.2	47.8	0.5	3.18	96.8
棉籽油	55.6	27.9	55.6	—	3.11	97.2

续表

脂肪种类	脂肪酸种类及含量/%				P/S 值*	消化率/%
	多不饱和	饱和	亚油酸	亚麻酸		
花生油	37.6	19.9	37.6	—	1.89	98.3
米糠油	35.2	20.8	34.0	1.2	1.67	—
棕榈油	9.0	53.0	9.0	—	0.16	98.0
椰子油	8.5	91.5	6.0	2.0	0.06	97.9
猪油	8.5	42.7	8.3	0.2	0.20	97.0
牛油	6.3	51.6	3.9	1.3	0.12	87.0
黄油	5.8	58.3	3.6	1.3	0.10	98.0
羊油	3.4	62.6	2.0	0.8	0.05	88.0

注：* P/S 值指多不饱和脂肪酸与饱和脂肪酸之比。

资料来源：王尔茂. 食品营养与卫生. 北京：科学出版社，2004。

（二）脂肪酸的种类与含量

脂肪的营养价值，与其所含脂肪酸的种类、含量及比例有关。除考虑 SFA、MUFA、PU-FA 之间比例的平衡外，还要考虑必需脂肪酸的摄入量。此外，还要考虑 $n-3$ 与 $n-6$ 脂肪酸的比例。植物性食物中，油脂主要含 $n-6$ 脂肪酸，而 $n-3$ 脂肪酸含量较低。一般来说，单独一种油脂很难达到 $n-3$ 与 $n-6$ 脂肪酸的平衡，所以通过不同油脂的调和可以提高油脂的营养价值。对我国居民来说，应注意减少饱和脂肪酸的摄入，增加 $n-3$ 多不饱和脂肪酸的摄入，并注意与 $n-6$ 脂肪酸的平衡。

（三）脂溶性维生素的含量

脂溶性维生素主要是维生素 A、维生素 D、维生素 E、维生素 K，一般认为脂溶性维生素含量高的脂肪，营养价值也高。维生素 E 和维生素 K 在动物脂肪中含量极少。肝脏中维生素 A 和维生素 D 含量丰富，特别是某些海产鱼的肝脏中含量更高。乳、蛋黄中维生素 A 和维生素 D 的含量也较丰富。植物油中含有丰富的维生素 E，特别是谷类种子的胚油中含维生素 E 更多。所以，这些食物脂肪的营养价值高。

（四）脂类稳定性

脂类在空气中长时间放置或受不利因素影响会发生变质酸败，不仅有异味，且营养价值下降。其中的维生素、脂肪酸被破坏，发热量下降，甚至产生有毒物质，故长期放置的油脂不宜食用。

脂类的稳定性与不饱和脂肪酸和维生素 E 的含量有关。不饱和脂肪酸含有不稳定的双键，在有氧条件下会被诱导发生链式反应生成过氧化物，进一步分解可产生二聚体以上的聚合物。氧化后的油脂不仅营养价值降低，而且还存在安全性问题。油脂自动氧化生成新物质，对健康极为不利。而油脂中含有的维生素 E 有抗氧化作用，是天然的抗氧化剂，可防止脂类酸败。

结合以上评价指标，可见植物油消化率高，所含脂肪酸也完全，亚油酸含量高，不含胆固醇，丰富的维生素 E 增加了多不饱和脂肪酸的稳定性，不易酸败，可用于预防高脂血症和冠心病。奶油的营养价值也高，不仅含有较多的维生素 A 和维生素 D，而且脂肪酸种类也比较完全，其中大多数低级脂肪酸消化率很高。猪油的消化率虽与奶油相等，但它不含维生素，且其脂肪酸主要为油酸，故其营养价值与奶油相差很多，牛、羊脂肪则更差。

六、 脂肪的参考摄入量及食物来源

（一） 脂肪的参考摄入量

膳食脂肪的参考摄入量因年龄、季节、劳动性质和生活水平而定。调查显示，近 20 年来我国居民膳食中总脂肪含量显著升高，SFA 的比例升高，而 MUFA 和与 PUFA 的比例下降。

一般认为，在人类合理膳食中，人所需热量的 20% ~30% 应由脂肪供给。成人为 20% ~30%，儿童、青少年为 25% ~30%。必需脂肪酸则占总热量的 2%，SFA、MUFA 和 PUFA 之间的比例以 1:1:1 为宜。2013 年中国营养学会在制定中国居民膳食营养素参考摄入量时，参考各国不同人群的调查及研究结果，结合我国膳食结构的实际情况，提出我国居民各年龄阶段脂肪推荐摄入量，见表 3 – 14。

表 3 – 14 中国居民膳食脂肪和脂肪酸参考摄入量

人群	总脂肪	SFA	n – 6 PUFA		n – 3 PUFA			
	AMDR/%E	U – AMDR/%E	LAAI/%E	AMDR/%E	ALAAL/%E	AMDR/%E	EPA + DHA	
							AI/mg	AMDR/g
0 岁~	48（AI）	—	7.3（ARA150mg）	—	0.87	—	100（DHA）	—
0.5 岁~	40（AI）	—	6.0	—	0.66	—	100（DHA）	—
1 岁~	35（AI）	—	4.0	—	0.60	—	100（DHA）	—
4 岁~	20~30	<8	4.0	—	0.60	—	—	—
7 岁~	20~30	<8	4.0	—	0.60	—	—	—
18 岁~	20~30	<10	4.0	2.5~9.0	0.60	0.5~2.0	—	0.25~2.0
≥60 岁	20~30	<10	4.0	2.5~9.0	0.60	0.5~2.0	—	0.25~2.0
孕妇和乳母	20~30	<10	4.0	2.5~9.0	0.60	0.5~2.0	250（DHA 200）	—

资料来源：中国营养学会. 中国居民膳食营养素参考摄入量（2013 版），北京：科学出版社，2014。

有关膳食胆固醇的参考摄入量，目前资料仍不足以确定胆固醇增加慢性病危险的阈值摄入量，而无法确定胆固醇的可耐受最高摄入量，我国居民日均胆固醇摄入量的均值为 300mg 以下。随着膳食脂肪供能比的增加，人群超重/肥胖率、2 型糖尿病患病率及血胆固醇水平随之增加，较多研究数据支持脂肪供能百分比控制在 30% 以下，有利于维持血脂在正常水平，成年人膳食脂肪供能比上限不宜提高到 35%。

（二） 脂肪的食物来源

膳食中脂肪主要来源于食用油脂、动物性食物和坚果类。食用油脂中约含有 100% 的脂肪。日常膳食中的植物油主要有豆油、花生油、菜籽油、芝麻油、玉米油、棉籽油等，主要含不饱和脂肪酸，并且是人体必需脂肪酸的良好来源。

动物性食物中以畜肉类脂肪含量最为丰富，在水产品、奶油等中也较多。动物脂肪相对含 SFA 和 MUFA 多，PUFA 含量较少。猪肉脂肪含量在 30% ~ 90%，但不同部位中的含量差异很大。瘦肉中脂肪含量较少，约 10%。牛肉、羊肉中脂肪含量要比猪肉低很多，如瘦牛肉中脂肪含量仅为 2% ~ 5%，瘦羊肉中多数 2% ~ 4%。动物内脏除大肠外脂肪含量都较低，但胆固醇的含量较高。禽肉一般含脂肪量较低，大多数在 10% 以下。鱼类脂肪含量也基本低于 10%，多数在 5% 左右，且以不饱和脂肪酸居多。

脑、心、肝中含丰富的磷脂及胆固醇，乳、鸡蛋黄也含有较多的磷脂和胆固醇，且易于吸收，是婴幼儿脂类的良好来源。蛋类以蛋黄中脂肪含量高，约为 30%，但胆固醇的含量也高，全蛋中的脂肪含量仅为 10%，其组成以 MUFA 为多。谷类、蔬菜和水果等食物中脂肪含量很少，作为油脂的来源无实际意义。

除动物性食物外，植物性食物中以坚果类（如花生、核桃、瓜子、榛子等）脂肪含量较高，最高可达 50% 以上，其脂肪的组成大多以亚油酸为主，所以是 PUFA 的重要来源。这些坚果类油脂含量虽然丰富，但在人们的食物中占比重很小，不能作为脂类食物的主要来源。

第四节　蛋　白　质

蛋白质（protein）是组成人体一切细胞、组织的重要成分。机体所有重要的组成部分都需要有蛋白质的参与，最重要的还是其与生命现象有关。氨基酸是蛋白质的基本组成单位。它是与生命及与各种形式的生命活动紧密联系在一起的物质。机体中的每一个细胞和所有重要组成部分都有蛋白质参与。

蛋白质构成了人体组织器官的支架和主要物质，在人体生命活动中起着重要作用。每天的饮食中蛋白质主要存在于瘦肉、蛋类、豆类及鱼类中。食入的蛋白质在体内经过消化被水解成氨基酸被吸收后，合成人体所需蛋白质，同时新的蛋白质又在不断代谢与分解，时刻处于动态平衡中。因此，食物蛋白质的质和量、各种氨基酸的比例，关系到人体蛋白质合成的量，尤其是青少年的生长发育、孕产妇的优生优育、老年人的健康长寿，都与膳食中蛋白质的含量和质量有着密切的关系。

一、　蛋白质的组成和分类

蛋白质是由一条或多条多肽链组成的生物大分子，每一条多肽链有二十至数百个氨基酸残基（—R）不等；各种氨基酸残基按一定的顺序排列。蛋白质的氨基酸序列是由对应基因所编码。除了遗传密码所编码的 20 种基本氨基酸，在蛋白质中，某些氨基酸残基还可以被翻译后修饰而发生化学结构的变化，从而对蛋白质进行激活或调控。多个蛋白质可以结合在一起形成稳定的蛋白质复合物，折叠或螺旋构成一定的空间结构，从而发挥某一特定功能。合成多肽的细胞器是细胞质中糙面型内质网上的核糖体。蛋白质的不同在于其氨基酸的种类、数目、排列顺序和肽链空间结构的不同。

（一）蛋白质的组成

蛋白质是由 α - 氨基酸按一定顺序结合形成一条多肽链，再由一条或一条以上的多肽链按照其特定方式结合而成的高分子化合物，是由 C（50%～55%）、H（6%～7%）、O（19%～24%）、N（13%～19%）组成，一般蛋白质可能还会含有 P、S、Fe、Zn、Cu、B、Mn、I、Mo 等。

（1）一切蛋白质都含 N 元素，且各种蛋白质的含氮量很接近，平均为 16%；

（2）任何生物样品中 1 份氮素相当于 6.25（100/16）份蛋白质，1g 氮就表示大约有 100/16 = 6.25g 蛋白质的存在，6.25 常称为蛋白质常数。

（二）蛋白质的分类

蛋白质的种类繁多，功能各异，因此分类方法很多。从人类的食物与营养方面来说，常用以下方法分类。

1. 按蛋白质中必需氨基酸的种类和数量分类

（1）完全蛋白质　这类蛋白质的特点是含必需氨基酸的种类齐全，数量充足，比例合适。在膳食中用这类蛋白质作为唯一的蛋白质来源时，可以维持成年人健康，并可促进儿童的正常生长发育，完全蛋白质是一种高质量的蛋白质，如乳类、蛋类以及瘦肉和大豆中的蛋白质均属于这种蛋白质。

（2）半完全蛋白质　这类蛋白质中所含的必需氨基酸种类不够齐全，数量多少不均，比例不太合适。食之虽然对健康有益，但不够理想。如果将半完全蛋白质在膳食中作为唯一的蛋白质来源时，可以维持生命，但不能促进生长发育。米、面粉、马铃薯、干果等食物中的蛋白质等属于半完全蛋白质。

（3）不完全蛋白质　这类蛋白质中缺少若干种必需氨基酸，更谈不上合适的比例。如果膳食中用这类蛋白质作为唯一的蛋白质来源时，既不能维持生命，更不能促进生长发育。玉米、豌豆、肉皮、蹄筋中的蛋白质均属于不完全蛋白质。

总的说来，动物性食物中的蛋白质大多数是完全蛋白质，植物性食物中的蛋白质大多数是不完全蛋白质。

2. 按食物来源分类

（1）动物性食物蛋白　动物性蛋白主要由纤维蛋白类和球蛋白类组成，主要来源于鱼虾、禽肉、畜肉、蛋类及牛乳。牛乳中蛋白质构成以酪蛋白为主（78%～85%），能被成人较好地吸收与利用。更重要的是，动物性蛋白质的必需氨基酸种类齐全，比例合理，因此比一般的植物性蛋白质更容易消化、吸收和利用，营养价值也相对高些。一般来说，肉类（如鱼肉、牛肉）蛋白质和乳类中的蛋白质，其氨基酸评分均在 0.9～1.0 的水平。

（2）植物性食物蛋白　植物性食物蛋白主要由谷蛋白类和醇溶蛋白类组成，主要来源于米面类和豆类，但是两者的蛋白质营养价值不同。米面类来源的蛋白质中缺少赖氨酸，因此其氨基酸评分较低，仅为 0.3～0.5，这类蛋白质被人体吸收和利用的程度也会差些。

动物性蛋白质和植物性蛋白质所含的氨基酸是不同的，这意味着它们的营养价值也有差异。

二、蛋白质的生理功能

蛋白质是生命的物质基础，是有机大分子，是构成细胞的基本有机物，是生命活动的主要承担者。没有蛋白质就没有生命。蛋白质占人体重量的 16%～19%，即一个 60kg 重的成年人其体内有蛋白质 9.6~12kg。人体内蛋白质的种类很多，性质、功能各异，但都是由 20 多种氨基酸按不同比例组合而成的，并在体内不断进行代谢与更新。

（一）构成体内各种重要的生理活性物质，调节生理功能

细胞可以说是生命的最小单位，它们处于永不停息的衰老、死亡、新生的新陈代谢过程中。例如年轻人的表皮 28d 更新一次，而胃黏膜 2~3d 就要全部更新。所以一个人如果蛋白质的摄入、吸收、利用都很好，人体易处于健康状态。反之，人则经常处于亚健康状态。组织受损后，包括外伤，不能得到及时和高质量的修补，便会加速机体衰退。

1. 构成转运载体

载体蛋白对维持人体的正常生命活动是至关重要的。它可以在体内运载各种物质，比如血红蛋白——输送氧（红细胞更新速率 250 万/s）、脂蛋白——输送脂肪、细胞膜上的受体，还有转运蛋白等。

2. 维持机体内的渗透压和酸碱度

蛋白质能调节渗透压。正常人血浆和组织液之间的水分不断交换并保持平衡。血浆中蛋白质的含量对保持平衡状态起着重要的调节作用。如果膳食中长期缺乏蛋白质，血浆中蛋白质含量就会降低，血液中的水分便会过多地渗入到周围组织，出现营养性水肿。蛋白质分子中有羧基和氨基，属两性物质，能与酸或碱进行化学反应，在一定程度上维持血液酸碱平衡。

3. 构成抗体

抗体具有保卫机体免受细菌和病毒侵害、提高机体抵抗力的作用。人体的免疫物质主要由白细胞、淋巴细胞、巨噬细胞、抗体（免疫球蛋白）、补体等构成，合成白细胞、抗体、补体需要充足的蛋白质。吞噬细胞的作用与摄入蛋白质数量密切相关，大部分吞噬细胞来自骨髓、脾、肝、淋巴组织，体内缺乏蛋白质，这些组织显著萎缩，合成白细胞、抗体和补体的能力大为下降，使人体对疾病的免疫力降低，易于感染疾病。

4. 酶的催化

人的身体就像一座复杂的化工厂，一切生理代谢、化学反应都是由酶参与完成的，而酶的本质就是蛋白质。人体细胞里每分钟要进行一百多次生化反应，需要数千种酶来完成。

5. 蛋白质激素的调节

人体的生理功能靠激素调节，如生长激素、性激素、肾上腺素等。人体内的激素按其化学本质可分为含氮的蛋白类激素（由氨基酸、肽、蛋白衍生而成）和类固醇类激素两大类。调节葡萄糖代谢的胰岛素由 51 个氨基酸分子合成，调节生长发育的生长激素由 191 个氨基酸分子合成。

此外，血液的凝固、视觉的形成、人体的运动等都与蛋白质有关。近年来研究发现，许多蛋白质降解的肽也具有特殊的生理功能。

（二）构成和修复人体组织

蛋白质是一切生命的物质基础，是机体细胞的重要组成部分，是人体组织更新和修补的主要原料。人体的每个组织：毛发、皮肤、肌肉、骨骼、内脏、大脑、血液、神经、内分泌等都是由蛋白质组成的，所以说饮食造就人本身。例如，胶原蛋白占身体蛋白质的 1/3，生成结缔组织，构成身体骨架。

同时，蛋白质对人的生长发育非常重要。比如大脑发育的特点是一次性完成细胞增殖，

人的大脑细胞的增长有二个高峰期。第一个是胎儿三个月的时候；第二个是出生后到一岁，特别是 0~6 个月的婴儿是大脑细胞迅速增长的时期。到一岁大脑细胞增殖基本完成，其数量已达成人的 90%。所以 0~1 岁儿童蛋白质的摄入对儿童的智力发展尤为重要。

人体组织中的蛋白质始终处于合成和分解的动态平衡之中，人体每天约有 3% 的蛋白质参与代谢，不同年龄的人合成代谢速率不同，婴幼儿和儿童蛋白质的代谢速度最快。机体生长发育及补充新陈代谢所损失的氮都需要从食物中获得，食物只有提供足够的蛋白质才能维持组织的更新。不同年龄的人，体内蛋白质合成率不同，新生儿和婴儿的合成率最高（表 3 – 15）。

表 3 – 15　　　　　　　　　不同年龄人体蛋白质的平均合成率

对象	年龄	每千克体重每天的蛋白质合成/g
新生儿	1~46 天	18.0
婴儿	10~20 个月	6.9
青年	男 20~25 岁	3.3
青年	女 18~23 岁	2.6
老年	男 68~72 岁	2.9
老年	女 69~71 岁	2.3

（三）氧化供能

食物蛋白质也是能量的一种来源，每克蛋白质在体内氧化分解可产生 16.7kJ（4kcal）能量。一般成人每日约有 18% 的能量来自蛋白质。但糖与脂肪可以代替蛋白质提供能量，故氧化供能是蛋白质的次要生理功能。饥饿时，组织蛋白分解增加，每输入 100g 葡萄糖约节约 50g 蛋白质的消耗，因此，对不能进食的消耗性疾病患者应注意葡萄糖的补充，以减少组织蛋白的消耗。

三、氨基酸和必需氨基酸

（一）氨基酸的分类

氨基酸是羧酸碳原子上的氢原子被氨基取代后的化合物，氨基酸分子中含有氨基和羧基两种官能团。氨基酸可按照氨基连在碳链上的不同位置而分为 $\alpha-$，$\beta-$，$\gamma-$……$\omega-$氨基酸，氨基连在 $\alpha-$碳上的为 $\alpha-$氨基酸，组成蛋白质的氨基酸大部分为 $\alpha-$氨基酸。

氨基酸在人体内通过代谢可以发挥下列一些作用：①合成组织蛋白质；②变成酸、激素、抗体、肌酸等含氮物质；③转变为碳水化合物和脂肪；④氧化成二氧化碳和水及尿素，产生能量。

1. 根据其侧链的结构和理化性质分类

（1）非极性疏水氨基酸　包括甘氨酸、丙氨酸、缬氨酸、亮氨酸、异亮氨酸、苯丙氨酸、脯氨酸。其中缬氨酸、亮氨酸、异亮氨酸因含有较长的非极性疏水性侧链，故称为支链氨基酸（branch chain amino acid，BCAA）。

（2）极性中性氨基酸　包括色氨酸、丝氨酸、酪氨酸、半胱氨酸、天冬酰胺、谷氨酰胺、苏氨酸和蛋氨酸。

（3）酸性氨基酸　包括天冬氨酸和谷氨酸。

（4）碱性氨基酸　包括赖氨酸、精氨酸和组氨酸。

2. 根据营养功能分类

食物中的蛋白质必须经过胃肠道消化，分解成氨基酸才能被人体吸收利用，人体对蛋白质的需要实际就是对氨基酸的需要。吸收后的氨基酸只有在数量和种类上都能满足人体需要身体才能利用它们合成自身的蛋白质。营养学上将氨基酸分为必需氨基酸、非必需氨基酸和条件必需氨基酸。

（1）必需氨基酸（essential amino acids）　必需氨基酸是指人体自身不能合成或合成速度不能满足人体需要，必须从食物中摄取的氨基酸。对成人来说，这类氨基酸有 8 种，包括赖氨酸、蛋氨酸、亮氨酸、异亮氨酸、苏氨酸、缬氨酸、色氨酸、苯丙氨酸。对婴儿来说，组氨酸也是必需氨基酸。

（2）非必需氨基酸（nonessential amino acids）　并不是人体不需要这些氨基酸，而是人体可以自身合成或由其他氨基酸转化而得到，不一定非从食物直接摄取。这类氨基酸包括甘氨酸、丙氨酸、丝氨酸、天冬氨酸、谷氨酸（及其胺）、脯氨酸、精氨酸、组氨酸、酪氨酸、胱氨酸。

（3）条件必需氨基酸（conditionally essential amino acids）　条件必需氨基酸有两个特点：第一，它们在合成中用其他氨基酸作为碳的前体，并且只限于某些特定的器官，这是与非必需氨基酸在代谢上的重要差别；第二，它们合成的最大速度可能是有限的，并可能受发育和生理病理因素所限制。例如，酪氨酸可由苯丙氨酸转变而来，而半胱氨酸可由蛋氨酸转变而来。如果酪氨酸和半胱氨酸的摄入充足，就可以节省必需氨基酸苯丙氨酸和蛋氨酸，可分别减少 30% 和 50%，因此酪氨酸和半胱氨酸曾被称为半必需氨基酸。在计算食物必需氨基酸组成时，常将蛋氨酸和半胱氨酸、苯丙氨酸和酪氨酸合并计算。

（二）　氨基酸模式和限制氨基酸

1. 氨基酸模式（amino acid pattern）

人体中的蛋白质以及各种食物中的蛋白质在必需氨基酸的种类和含量上存在着差异，人体对必需氨基酸的需求不仅有数量的要求，而且还有比例的要求。因为构成人体组织蛋白质的氨基酸之间存在一定的比例，所以膳食中的蛋白质所提供的各种必需氨基酸除了其数量应足够外，它们相互间的比例也应该与人体中必需氨基酸的比例一致。食物蛋白的氨基酸模式与人体蛋白越接近，越能为机体充分利用，其营养价值也相对越高。当食物中任何一种必需氨基酸缺乏或过量，可造成体内氨基酸的不平衡，使其他氨基酸不能被利用，影响蛋白质的合成。

某种蛋白质中各种必需氨基酸的含量和构成比例称为氨基酸模式。氨基酸模式的意义在于饮食中提倡食物多样化，将多种食物混合食用，使必需氨基酸互相补充，使其模式更接近人体的需要，以提高蛋白质的营养价值。计算方法是以含量最少的色氨酸为 1.0 计算出其他氨基酸的相应比值，这一系列的比值就是该种蛋白质的氨基酸模式。人体维持基本的蛋白质氨基酸模式对机体健康是非常重要的，表 3 – 16 中列出了人体蛋白质氨基酸的最佳模式以及日常生活中富含高质量蛋白质食物的氨基酸构成。

表 3 – 16　　　　　　　　　　几种食物和人体蛋白质氨基酸模式

氨基酸	人体	全鸡蛋	牛乳	牛肉	大豆	面粉	大米
异亮氨酸	4.0	3.2	3.4	4.4	4.3	3.8	4.0
亮氨酸	7.0	5.1	6.8	6.8	5.7	6.4	6.3
赖氨酸	5.5	4.1	5.6	7.2	4.9	1.8	2.3
蛋氨酸 + 半胱氨酸	2.3	3.4	2.4	3.2	1.2	2.8	2.8
苯丙氨酸 + 酪氨酸	3.8	5.5	7.3	6.2	3.2	7.2	7.2
苏氨酸	2.9	2.8	3.1	3.6	2.8	2.5	2.5
缬氨酸	4.8	3.9	4.6	4.6	3.2	3.8	3.8
色氨酸	1.0	1.0	1.0	1.0	1.0	1.0	1.0

如果食物蛋白质中一种或几种必需氨基酸数量不足，在合成人体组织蛋白时，只能进行到这一氨基酸用完为止，即使其他氨基酸含量非常丰富，其利用也被限制；必需氨基酸数量过多，同样也会影响氨基酸间的平衡。所以，食物蛋白质中必需氨基酸必须种类齐全、数量充足、比例适当才能维持人体健康，具有较高的营养价值。鸡蛋蛋白质和人乳蛋白质与人体蛋白质氨基酸模式最为接近，在比较食物蛋白质营养价值时常用来作为参考蛋白（reference protein）。参考蛋白是指蛋白质氨基酸模式较好，可用来测定其他蛋白质质量的标准蛋白。

2. 限制氨基酸（limiting amino acid）

有些食物蛋白质中虽然含有种类齐全的必需氨基酸，但是氨基酸模式和人体蛋白质氨基酸模式差异较大。食物蛋白质中一种或几种必需氨基酸含量相对较低，导致其他的必需氨基酸在体内不能被充分利用而浪费，造成其蛋白质营养价值较低，这种含量相对较低的必需氨基酸称为限制氨基酸。其中相对含量最低的称为第一限制氨基酸，含量第二低的称为第二限制氨基酸，余者以此类推。植物蛋白质中，赖氨酸、蛋氨酸、苏氨酸和色氨酸含量相对较低，为植物蛋白质的限制氨基酸。谷类食物中赖氨酸含量最低，为谷类食物的第一限制氨基酸，其次是蛋氨酸和苯丙氨酸；而大豆、花生、牛乳、肉类相对不足的限制氨基酸为蛋氨酸，其次为苯丙氨酸；此外，小麦、大麦、燕麦和大米还缺乏苏氨酸（第二限制氨基酸），玉米缺色氨酸（第二限制氨基酸）。常见植物性食物的限制氨基酸见表 3 – 17。

表 3 – 17　　　　　　　　　常见植物性食物的限制氨基酸

食物	第一限制氨基酸	第二限制氨基酸	第三限制氨基酸
小麦	赖氨酸	苏氨酸	缬氨酸
大麦	赖氨酸	苏氨酸	蛋氨酸
大米	赖氨酸	苏氨酸	—
玉米	赖氨酸	色氨酸	苏氨酸
花生	蛋氨酸	—	—
大豆	蛋氨酸	—	—

四、 食物蛋白质的营养学评价

评价食物中蛋白质的营养价值常从三个方面加以考虑：一是食物中蛋白质的含量是否丰富；这是评价食物蛋白质营养价值的前提；二是食物蛋白质进入人体后，在肠道消化吸收率的高低；三是蛋白质被消化吸收后在体内储留被利用的程度。

（一） 蛋白质的含量

食物中蛋白质的含量是评价食物蛋白质营养价值的一个重要方面，是评价食物蛋白质营养价值的基础。如果食物中蛋白质含量太少，即使食物蛋白质中必需氨基酸的模式好，也不能满足机体需要，无法发挥蛋白质应有的作用。显然，含蛋白质越多的食物，其营养价值也相对越高。如鸡肉含蛋白质 22% ~ 24%，猪肉含蛋白质 9.5%，大米含蛋白质 5% ~ 8%，大豆含蛋白质 38% ~ 40%。

食物蛋白质含量的测定，通常用凯氏定氮法测定其含氮量，然后再换算成蛋白质含量。此总氮量内可包括嘌呤、嘧啶、游离氨基酸、维生素、肌酸、肌酐和氨基糖等。肉类氮中一部分是游离氨基酸和肽；鱼类除此之外还含有挥发性碱基氮和甲基氨基化合物，海产软骨鱼类可能还含有尿素。由于这些非氨基酸和非肽氮的营养学意义有许多还不清楚，所以分析食物的含氮量有很重要的意义。

食物蛋白质的含量取决于其氨基酸组成，一般在 15% ~ 18% 变动，平均含氮量为 16%，所以，常以含氮量乘以系数 6.25 测定其粗蛋白含量，若要比较准确计算则可用不同系数求得。一些食物蛋白质的标准换算系数见表 3 - 18。

表 3 - 18　　　　　　　　　　　不同食物蛋白质的换算系数

食物类别	算成食物成分表中蛋白质含量时所用换算系数	将食物成分表中蛋白质含量换算为 "粗蛋白" 的校正系数
全麦	5.83	1.07
面粉（中或低出粉率）	5.70	1.10
通心粉、面条、面糊	5.70	1.10
麦麸	6.31	0.99
大米（各种大米）	5.95	1.05
裸麦、大麦和燕麦	5.83	1.07
花生	5.46	1.14
黄豆	5.71	1.09
杏	5.18	1.21
椰子，栗子	5.30	1.18
种子：芝麻，红花、向日葵	5.30	1.18
乳类（各种乳类）与干酪	6.38	0.98
其他食物	6.25	1.00

（二）蛋白质的消化率

除了讲究蛋白质的含量外，在食用时还要看该种食物的消化吸收率。蛋白质消化率是指在消化道内被吸收的蛋白质占摄入蛋白质的百分比，是反映食物被消化酶分解的程度，以及消化后的氨基酸和肽被吸收的程度的指标，一般采用动物或人体试验测定。消化率在营养学上分为两种：表观消化率（apparent digestibility，AD）和真消化率（true digestibility，TD）。

$$表观消化率（\%）=（氮摄入量-粪氮排出量）/氮摄入量 × 100\%$$

$$真消化率（\%）=［氮摄入量-（粪氮排出量-粪代谢量）］/氮摄入量 × 100\%$$

粪中排出的氮量由食物中不能被消化吸收的氮和粪代谢氮构成。粪代谢氮是受试者在完全不吃含蛋白质食物时粪便中的含氮量。此时，粪氮的来源有三方面：一是来自脱落的肠黏膜细胞；二是死亡的肠道微生物；三是少量的消化酶。如果粪代谢氮忽略不计，即为表观消化率。表观消化率要比真消化率低，用它估计蛋白质的营养价值偏低，因此安全系数较高。此外，由于表观消化率的测定方法较为简便，一般情况下多采用它。

蛋白质消化率越高，被机体吸收的数量越多，其营养价值越高。如大豆蛋白质含量高、质量好，但其蛋白质消化率只有60%～65%。若将其制成豆腐及各种豆制品，则消化率可提高到92%～96%。如每日喝200mL豆浆，就可得到8.8g消化率很高的蛋白质。再如，鸡肉不仅含蛋白质高，而且较柔软，脂肪分布均匀，所以鸡肉比畜肉更鲜嫩，味美且易消化。鱼肉肌纤维较短，水分较多，脂肪量少，故肉质细嫩，消化率高达95%～98%。因此，鸡、鱼更适合食用。

此外，粮食中蛋白质含量和质量虽然不高，但若每日吃300g，即可得到30g左右的蛋白质，也是供给蛋白质的主要来源。若以米、面、杂粮和豆类等混合食用，有利蛋白质互补，使植物蛋白质的营养价值提高到与动物蛋白质相接近的水平。

在一般烹调情况下，乳类蛋白质消化率为97%～98%，肉类蛋白质消化率为92%～94%，蛋类蛋白质消化率为98%，米饭及面制品为80%左右，马铃薯为74%，玉米面窝头为66%。

一般，动物性蛋白质的消化率比植物性蛋白质高，这是因为植物性蛋白质被纤维素包围，与消化酶接触的程度较差。但植物性食品经过加工烹调，其纤维素被破坏、软化或除去，则植物性蛋白质消化率也可适当提高。

（三）蛋白质的利用率

食物蛋白质的利用率是指食物蛋白质在体内被利用的程度。其评价指标包括：蛋白质的生物价、净利用率、功效比值等。通俗地讲，蛋白质进入体内后被利用的程度取决于食物蛋白质中的必需氨基酸的种类、数量以及相互构成比例。即食物蛋白质中氨基酸模式越接近人体需要，其体内利用率也越高。

1. 生物价（biological value，BV）

蛋白质生物价是反映食物蛋白质经消化吸收后在机体当中可储留，并且加以利用的程度，以食物蛋白质在机体内吸收后被储留的氮与被吸收的氮的比值来表示：

$$蛋白质的生物价 =（氮储留量/氮吸收量）× 100\%$$

$$氮吸收量 = 氮摄入量-（粪氮排出量-粪代谢氮量）$$

$$氮储留量 = 氮摄入量-（粪氮排出量-粪代谢氮量）-（尿氮-尿内源氮）$$

尿内源氮是指无蛋白质（即试验对象摄入足够的热量，但完全不摄入蛋白质）时尿液中的含氮量，它与粪代谢氮都属于必要的氮损失。生物价越高，说明蛋白质被机体利用率越高，即蛋白质的营养价值越高，生物价最高值为100。常见食物蛋白质的生物价见表 3 - 19 所示。

表 3 - 19　　　　　　　　　常见食物蛋白质的生物价

蛋白质	生物价	蛋白质	生物价	蛋白质	生物价
鸡蛋蛋白质	94	大米	77	小米	57
鸡蛋白质	83	小麦	67	玉米	60
鸡蛋黄	96	生大豆	57	白菜	76
脱脂牛乳	85	熟大豆	64	红薯	72
鱼	83	扁豆	72	马铃薯	67
牛肉	76	蚕豆	58	花生	59
猪肉	74	白面粉	52		

2. 蛋白质的净利用率（net protein utilization，NPU）

蛋白质净利用率是机体的氮储留量与氮摄入量之比，表示蛋白质实际被利用的程度。蛋白质的生物价和蛋白质净利用率的计算方式相似，但是蛋白质的生物价中没有包括在消化过程中未被吸收而丢失的这部分氮，而包括这一部分氮在内的蛋白质营养质量指标就是蛋白质净利用率，即蛋白质净效系数。

$$NPU = 氮储留量/氮摄入量 = 生物价 × 真消化率$$

蛋白质净利用率包含了蛋白质的生物价与消化率两个方面，因此评价更为全面。

3. 蛋白质的功效比值（protein efficiency ratio，PER）

蛋白质的功效比值是以体重增加为基础的方法，是指实验期内，动物平均每摄入 1g 蛋白质所增加的体重克数，又称蛋白质效率比值。这是最早用于评价蛋白质质量的简便方法。实验通常以小动物作为研究对象，其标准膳食中蛋白质的含量为 10%。

$$PER = 试验期内动物体重增加质量（g）/试验期内摄入的蛋白质质量（g）$$

由于同一种食物蛋白质在不同实验室所测得的 PER 值重复性差，为了便于结果的相互比较，通常设酪蛋白（参考蛋白质）对照组，即以酪蛋白的 PER 为 2.5，并将酪蛋白对照组 PER 值换算为 2.5，然后校正被测蛋白质（实验组）PER。

$$被测蛋白质 PER = （实验组蛋白质功效比值/对照组蛋白质功效比值）×2.5$$

几种常见食物蛋白质 PER 为全鸡蛋 3.92、牛乳 3.09、鱼 4.55、牛肉 2.30、大豆 2.32、精制面粉 0.60、大米 2.16。

4. 氨基酸评分（amino acid score，AAS）

氨基酸评分又称蛋白质化学评分，是指食物蛋白质中的必需氨基酸与理想模式或参考蛋白中相应的必需氨基酸的比值。由食物蛋白质中必需氨基酸的模式决定，是目前广为应用的一种食物蛋白质营养价值评价方法。

$$氨基酸评分 = \frac{被测蛋白质每克氮（或蛋白质）中氨基酸含量（mg）}{理想模式蛋白质每克氮（或蛋白质）中氨基酸含量（mg）} × 100\%$$

理想氨基酸模式采用 FAO 提出的模式，同时由于不同年龄人群的氨基酸构成模式不同，食物蛋白质的氨基酸评分值也不同，见表 3 - 20。氨基酸评分最低的必需氨基酸为第一限制性氨基酸。

表 3 – 20　　　　　　　　几种食物和不同人群需要的氨基酸评分模式

氨基酸	人群*/（mg/g）				食物[1]/（mg/g）			
	FAO 模式	1 岁以下	2 ~ 10 岁	10 ~ 12 岁	成人	鸡蛋	牛乳	牛肉
组氨酸		26	19	19	16	22	27	34
异亮氨酸	40	46	28	28	13	54	47	48
亮氨酸	70	93	66	44	19	86	95	81
赖氨酸	55	66	58	44	16	70	78	89
蛋（半胱）氨酸	35	42	25	22	17	57	33	40
苯丙（酪）氨酸	60	72	63	22	19	93	102	80
苏氨酸	40	43	34	28	9	47	44	46
缬氨酸	50	55	35	25	13	66	64	50
色氨酸	10	17	11	9	5	17	14	12
合计		460	339	241	127	512	504	480

注：＊每克蛋白质中的含量。

确定某一食物蛋白质氨基酸评分，首先计算被测蛋白质中每种必需氨基酸的评分值；然后将最低评分值作为该食物蛋白质的氨基酸评分。该数值反映了食物蛋白质的第一限制氨基酸。

例如：某小麦粉的蛋白质含量 10.9％，其中 100g 小麦粉中各种氨基酸含量见表 3 – 21。试计算按 FAO 提出必需氨基酸需要模式的该小麦粉化学分。

解：①求出每克蛋白质中氨基酸含量（mg/g）；

②按 FAO 必需氨基酸需要模式（mg/g）求出氨基酸比值；

③找出最小比值×100，即为小麦粉的氨基酸评分值为 47，第一限制氨基酸为赖氨酸。

表 3 –21　　　　　　　　小麦粉的氨基酸评分计算

氨基酸	每 100g 面粉中氨基酸含量/mg	每克蛋白质中氨基酸含量/mg	FAO 必需氨基酸需要模式/（mg/g）	氨基酸比值	最终氨基酸评分
异亮氨酸	403	36.97	40	0.92	47
亮氨酸	768	70.46	70	1.01	
赖氨酸	280	25.69	55	0.47	
蛋（半胱）氨酸	394	36.15	35	1.03	
苯丙（酪）氨酸	854	78.35	60	1.31	
苏氨酸	309	28.35	40	0.71	
缬氨酸	514	47.15	50	0.94	
色氨酸	135	12.38	10	1.24	

用氨基酸评分不仅可以看出单一食物蛋白质的限制氨基酸，也可看出混合食物蛋白质的限制氨基酸。机体在利用膳食蛋白质所提供的必需氨基酸合成组织蛋白质时，是以氨基酸评分最低的必需氨基酸为准。因此，在进行食物氨基酸强化时，应根据食物蛋白质氨基酸模式的特点，同时考虑第一、第二、第三限制氨基酸的补充量，否则不仅无效，而且还可能导致新的氨基酸不平衡。

氨基酸评分的方法比较简单，但对食物蛋白质的消化率还欠考虑，有些蛋白质的氨基酸模式不错，但很难消化，结果对这类食物的估计又会偏高。故在 20 世纪 90 年代初 FAO/WHO 有关专家委员会正式公布及推荐经消化率修正的氨基酸评分（protein digestibility corrected amino acid score，PDCAAS）法。计算方法是：

$$经消化率修正的氨基酸评分 = 氨基酸评分 \times 真消化率$$

FDA 等机构已将这种方法作为评价食物蛋白质的方法之一。表 3 - 22 列出了几种食物蛋白质经消化率修正的氨基酸评分。

表 3 - 22　　　　　　　　　　几种食物蛋白质的 PDCAAS

食物蛋白	PDCAAS	食物蛋白	PDCAAS
酪蛋白	1.00	斑豆	0.63
鸡蛋	1.03	燕麦粉	0.57
大豆分离蛋白	0.99	花生粉	0.52
牛肉	0.92	小扁豆	0.52
豌豆	0.69	全麦	0.40
菜豆	0.68		

除了上述的方法和指标外，还有一些评价方法，如相对蛋白质值、净蛋白质比值、氮平衡指数等，一般不常使用。

（四）蛋白质互补作用

两种或两种以上食物蛋白质混合食用，其中所含有的必需氨基酸取长补短，相互补充，达到较好的比例，从而提高蛋白质利用率的作用，称为蛋白质互补作用。通过将不同种类的食物相互搭配，可提高限制氨基酸的模式，由此提高食物蛋白质的营养价值。为充分发挥食物蛋白质互补作用，在调配膳食时，应遵循三个原则。

（1）食物的生物学种属相距越远越好，如动物性和植物性食物之间的混合比单纯植物性食物之间混合要好；

（2）搭配种类越多越好；

（3）食用时间越近越好，同时食用最好，因为单个氨基酸在血液中的停留时间约 4h，然后到达组织器官，再合成组织器官的蛋白质，而合成组织器官蛋白质的氨基酸必须同时到达才能发挥互补作用。

将大豆与谷类混合食用时，两者有较好的互补作用，这也是改善蛋白质营养价值的较好方法，所以人们也把大豆定为优质蛋白，这种互补作用应同时摄入。同吃的食物种类越多，效果往往也越好。

五、 蛋白质的参考摄入量及食物来源

营养状况调查结果表明，目前我国大部分人蛋白质的摄入量已达到或接近我国蛋白质的推荐摄入量标准，但这些蛋白质主要是来自植物性食物，蛋白质的质量较差。植物性蛋白质的消化率也不如动物性蛋白质高。所以，人们的膳食中最好能有一部分动物性蛋白质，如乳、蛋、鱼、瘦肉等食物的蛋白质。以谷类食品为主要蛋白质来源的饮食中，最好要补充一些豆类食品，动物性蛋白质和植物性蛋白质之比为 30∶70。一般来说，蛋白质供给体内的热量占总热量的 11%～14% 为好。

（一） 氮平衡

氮平衡是指蛋白质摄入量与排出量之间的对比关系，即：氮平衡（B）＝ 摄入氮－排出氮。

当 $B>0$ 时，为正氮平衡，表示摄入的蛋白质除补偿组织消耗外，多余部分被合成机体自身的蛋白质，即构成新组织而被保留。生长发育期的儿童、青少年、孕妇和恢复期的病人就属于这一情况，他们体内均有新组织形成和生长。如果蛋白质供给不足，就会对其健康产生影响。

当 $B=0$ 时，为氮平衡，说明补充的蛋白质正好抵偿机体消耗的蛋白质，摄入的蛋白质没有滞留在体内。此时，组织蛋白质的合成代谢与分解代谢处于动态平衡，摄入的蛋白质主要用来维持组织的修补、更新或补偿消耗的同类蛋白质，这种情况多见于成年人。成年人机体内蛋白质含量相对稳定，一般不会增加，但健美运动员除外。成年人体重如果增加，一般是脂肪增多的原因。有的成年人蛋白质的摄入量远远超过其正常需要量，由于蛋白质无法在体内储存，超过部分机体也无法进行合成代谢，只能通过分解代谢将其含氮部分以尿素形式排出，非氮部分转变为葡萄糖和脂肪。因此，成年人过多摄入蛋白质，不仅是浪费，而且还会增加肝、肾的负担，也不利于健康。

当 $B<0$ 时，为负氮平衡，表示蛋白质的摄入量小于其需要量，导致机体组织蛋白质的分解消耗增加，容易导致人的体重减轻、消瘦、贫血、抵抗力下降等。若是青少年发生负氮平衡，则会出现生长停滞、发育迟缓。产生负氮平衡有食物因素和机体因素，前者是指食物蛋白质长期摄入不足或质量太差，机体利用程度低或消耗过大（如大失血和大面积烧伤）；后者则是指因消化功能衰退机体无法消化、吸收和利用食物蛋白质，或患消耗性疾病（如肺结核、恶性肿瘤等）。长期负氮平衡会造成机体蛋白质不足或缺乏。轻度的蛋白质缺乏表现为疲乏、体重减轻、机体抵抗力下降、贫血等。严重的蛋白质缺乏不仅会影响儿童的生长发育，而且其智力发育也会受到影响。

（二） 蛋白质的参考摄入量

世界各国对蛋白质摄入量没有一个统一标准。1985 年 FAO/WHO 提出，成年人（不考虑性别）蛋白质的需要量为 0.75g/（kg·d），这是按照优质蛋白质计算的结果。我国居民的食物摄入目前仍以植物蛋白为主，蛋白质质量不如动物蛋白高，因此蛋白质推荐量为 1.18g/（kg·d）。2013 年中国营养学会公布的中国居民膳食营养素参考摄入量中推荐成人 RIN 为：男性 65g/d，女性 55g/d，具体见表 3-23。从能量角度来说，蛋白质供给体内的热量占总热量的 11%～14% 为好。其中成人为 11%～12%；儿童和青少年因处于生长发育时期应适当高些，为 13～14%；老年人为 15%，可防止负氮平衡出现。

表 3 -23　　　　　　　　　　中国居民膳食蛋白质推荐摄入量 （RNI）　　　　　　　　单位：g

人群	男	女	人群	男	女
0 岁 ~	9 （AI）	9 （AI）	10 岁 ~	50	50
0.5 岁 ~	20	20	11 岁 ~	60	55
1 岁 ~	25	25	14 岁 ~	75	60
2 岁 ~	25	25	18 岁 ~	65	55
3 岁 ~	30	30	50 岁 ~	65	55
4 岁 ~	30	30	65 岁 ~	65	55
5 岁 ~	30	30	80 岁 ~	65	55
6 岁 ~	35	35	孕妇（早）	—	+0
7 岁 ~	40	40	孕妇（中）	—	+15
8 岁 ~	40	40	孕妇（晚）	—	+30
9 岁 ~	45	45	乳母	—	+25

资料来源：中国营养学会．中国居民膳食营养素参考摄入量（2013 版）．北京：科学出版社，2014。

（三） 蛋白质缺乏与过量

1. 蛋白质缺乏

蛋白质缺乏在成人和儿童中都有发生，男性缺失蛋白质比女性缺失蛋白质更需要重视，男性一旦缺失蛋白质，会导致精子质量下降，精子活力降低以及精子不液化，造成男性不育。但处于生长阶段的儿童更为敏感。蛋白质的缺乏常见症状是代谢率下降，对疾病抵抗力减退，免疫和应激能力下降，血浆蛋白质含量下降，易患病，远期效应是器官的损害。常见的是儿童的生长发育迟缓、营养不良、体质量下降、淡漠、易激怒、贫血以及干瘦病或水肿，甚至智力发育障碍，并因为易感染而继发疾病。此病主要发生于儿童，尤其是在发展中国家。

蛋白质的缺乏，往往又与能量的缺乏共同存在即蛋白质 – 热能营养不良 （protein – energy malnutrition，PEM），分为两种类型：①水肿型：热能基本满足、蛋白质严重不足的儿童营养疾病，腹、腿水肿，生长迟缓，虚弱、表情淡漠，头发变色、变脆等；②消瘦型：热能与蛋白质严重不足的儿童营养疾病。患儿消瘦无力，易感染其他疾病而死亡。也有人认为这两种营养不良症是 PEM 的两种不同阶段。对成人来讲，蛋白质摄入不足同样会引起体力下降、浮肿、抗病力下降以及伤口久不愈合等现象，妇女可出现月经障碍、乳汁分泌减少。

蛋白质缺乏的主要原因有如下。

（1）膳食中蛋白质和热能供应不足　合成蛋白质需要的各种必需氨基酸和非必需氨基酸数量不足且比例不当，如果所摄入热量不足，一部分蛋白质还必须转变为葡萄糖，以供给热能，从而造成蛋白质的缺乏。

（2）消化吸收不良　由于肠道疾病影响食物的摄入及蛋白质的消化吸收。如慢性痢疾、肠结核、溃疡性结肠炎等肠道疾病，不但食欲降低，而且肠蠕动加速会阻碍养料吸收，造成蛋白质缺乏。

（3）蛋白质合成障碍　肝脏是合成蛋白质的重要器官。肝脏发生病变，如肝硬化、肝癌、肝炎等会使肝脏合成蛋白质的能力降低，出现负氮平衡及低蛋白血症，成为腹水和浮肿的原因之一。

（4）蛋白质损失过多，分解过甚　如肾炎，可从尿中失去大量蛋白质，每日可达 10 ~ 20g，体内合成的难以补偿；肝脏疾病形成腹水时，会使蛋白质损失严重；创伤、手术、甲状腺功能亢进等能加速组织蛋白质的分解破坏，造成负氮平衡。

蛋白质缺乏症的营养治疗原则，是在找出病因基础上全面加强营养，尽快提高患者的营养水平，供给足够热能和优质蛋白，补充维生素和矿物质。消化机能减退者用流食，少食多餐，提高蛋白质营养水平。

2. 蛋白质过量

摄入少量的动物蛋白是安全的，动物源性蛋白吃得太多会带来许多健康问题，来自植物的蛋白质即使摄入量很高也是安全的。目前，人们的过多蛋白质摄入一般与低植物性或高动物性膳食有关，可引起膳食纤维和某些维生素、矿物质和叶酸摄入减少，以及饱和脂肪酸的摄入增加。蛋白质如果摄取过量会在体内转化成脂肪，造成脂肪堆积。

过多的动物蛋白质的摄入，就必然摄入较多的动物脂肪和胆固醇。其次蛋白质过多本身也会产生有害影响。正常情况下，人体不储存蛋白质，所以必须将过多的蛋白质脱氨分解，氮则由尿排出体外，这加重了代谢负担。这一过程需要大量水分，加重了肾脏的负荷，若肾功能本来不好，则危害就更大。过多的动物蛋白摄入，也造成含硫氨基酸摄入过多，这样可加速骨骼中钙质的丢失，易产生骨质疏松。

（四） 蛋白质的食物来源

蛋白质的食物来源可以分为两类：一类是动物性蛋白质，另一类是植物性蛋白质。

1. 动物性蛋白质来源

畜肉、禽肉、鱼、虾、贝类等蛋白质含量较高，蛋白质含量一般为 10% ~ 20%，而且为优质蛋白质，其蛋白质中氨基酸含量和比例接近人体所需氨基酸模式。鲜乳蛋白质含量为 1.5% ~ 3.8%，蛋类蛋白质含量为 11% ~ 14%，乳、蛋类其必需氨基酸模式与人体必需氨基酸需要量模式接近，营养价值很高。

2. 植物性蛋白质来源

在植物性食物中蛋白质含量较高的是干豆类，其蛋白质含量为 20% ~ 40%；谷类蛋白质含量为 7% ~ 14%；坚果类（如花生、核桃、莲子等）蛋白质含量为 15% ~ 30%；薯类蛋白质含量为 2% ~ 3%。虽然谷类的蛋白质含量不高，质量也较低，但是它作为我们的主食，摄入量较大，每天通过谷类获得的蛋白质占所需蛋白质总量的一半，因此，有特别的意义。

为了改善膳食蛋白质的质量，膳食中应保证有一定比例的优质蛋白质。根据目前我国的实际情况，可选择较经济的植物性蛋白质食品和动物性蛋白质食品混合食用，以满足机体的需要。一般要求动物性蛋白质和大豆蛋白质应占膳食总蛋白质的 30% ~ 50%。其中，动物性蛋白质占总蛋白质含量的 20% ~ 30% 为好。

近十年来，我国提出的"双蛋白工程"对于满足我国居民全面营养补充蛋白质的健康需求起到了积极的作用，"双蛋白工程"强调将大豆蛋白与牛乳蛋白相结合，在全民中推广优质双蛋白营养健康型食品，已经在食品、医疗领域中获得突出的成果，得到了广泛的应用。该项目也纳入到了《国民营养计划（2017—2030 年)》中。

第五节 维 生 素

一、概 述

维生素是维持人体正常生理功能和生命活动所必需的一类微量的低分子有机化合物。

（一）维生素的特点

维生素种类繁多、性质各异，通常具有以下共同特点。

（1）维生素或其前体都在天然食物中存在，但是没有一种天然食物含有人体所需的全部维生素。

（2）它们在体内不提供热能，一般也不是机体的组成成分。

（3）它们参与维持机体正常生理功能，需要量极少，通常以毫克、有的甚至以微克计，但是绝对不可缺少。

（4）它们一般不能在体内合成，或合成的量少，不能满足机体需要，必须经常由食物供给。

（二）维生素的分类

根据溶解性的不同，维生素可以分为两大类，即水性维生素和脂溶性维生素。

1. 水溶性维生素

水溶性维生素是指溶于水的维生素，包括 B 族维生素（维生素 B_1、维生素 B_2、维生素 PP、维生素 B_6、叶酸、维生素 B_{12}、泛酸、生物素等）和维生素 C。除了维生素 B_{12} 外，水溶性维生素在体内储存量很少，较易从尿中排出，因此必须经常通过食物供给。如果水溶性维生素长期摄入不足，易出现缺乏症。水溶性维生素一般无毒性，但摄入量太大时也可引起中毒。

2. 脂溶性维生素

脂溶性维生素是指不溶于水而溶于脂肪及有机溶剂中的维生素，包括维生素 A、维生素 D、维生素 E、维生素 K。在食物中它们常与脂类共存，其吸收与肠道中的脂类密切相关，主要储存于肝脏。如果脂溶性维生素摄入过多则可引起中毒，摄入过少则可缓慢出现其缺乏所引起的临床症状。

（三）维生素的重要性

食物中某种维生素长期缺乏或不足即可引起代谢紊乱和出现病理状态，形成维生素缺乏症。早期轻度缺乏，尚无明显临床症状时称维生素不足。人类正是在同这些维生素缺乏症的斗争中来研究和认识维生素的。

早在公元 7 世纪，我国医药书籍上就有关于维生素缺乏症和食物防治的记载。隋唐时的孙思邈已知脚气病是一种食米地区的疾病，可食用谷白皮熬成米粥来预防。这实际上是因缺乏硫胺素（维生素 B_1）所致。国外一直到 1642 年才第一次描述这种疾病。此外，孙思邈还首先用猪肝治疗"雀目"（夜盲症），这是一种维生素 A 缺乏症。至于人们对食物中某些因子缺乏和发生疾病之间更广泛深入的了解则是 18 世纪以后的事。20 世纪人们才确定这些因子的化学结构并完成人工合成。

维生素缺乏在人类历史的进程中曾经是引起疾病和造成死亡的重要原因之一。它摧毁军队、杀伤船员，甚至毁灭了一些国家，直到 1925 年由于缺乏维生素 B_{12} 引起的恶性贫血还凶恶地折磨着人类。今天，即使是有各种商品维生素可供选用，但是在最发达的国家，仍然在一些人群中发现有维生素缺乏症。造成维生素缺乏的原因除食物中含量不足外，还可由于机体消化吸收障碍和增加需要量所致。至于食物中含量不足则与食品加工密切相关。

二、 水溶性维生素

（一） 抗坏血酸 （维生素C）

维生素 C 又称抗坏血酸。早期海员容易得一种原因不明的疾病，当时称为"坏血病"（scurvy），后来有人用柠檬汁和柑橘治疗与预防这种"坏血病"。1928 年，科学家们从柑橘等食物中提取出具有抗坏血病功能的酸性物质，即维生素 C。

1. 结构与稳定性

抗坏血酸即维生素 C。它具有酸性和强还原性，为高度水溶性维生素。此性质归因于其内酯环中与羰基共轭的烯醇式结构。天然的抗坏血酸是 L - 型。其异构体 D - 型抗坏血酸的生物活性大约是 L - 型的 10%，常用于非维生素的目的，例如在食品加工中作为抗氧化剂等添加于食品之中。其结构如图 3 - 2 所示。

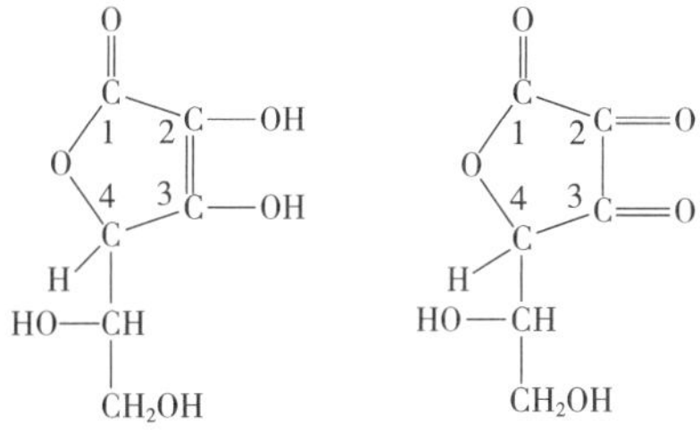

抗坏血酸易氧化脱氢形成 L - 脱氢抗坏血酸。因其在体内可还原为 L - 抗坏血酸，故仍有生物活性。其活性约为 L - 抗坏血酸的 80%。

抗坏血酸是最不稳定的维生素，影响其稳定性的因素很多，包括温度、pH、氧、酶、金属离子、紫外线、X 射线和 γ - 射线的辐射，抗坏血酸的初始浓度、糖和盐的浓度，以及抗坏血酸和脱氢抗坏血酸的比例等。既然影响因素如此之多，要清楚了解其降解途径和各种反应产物很不容易。目前对上述反应机制的确定，除了测定被分离产物的结构之外，则是在 pH < 2、高浓度条件下的模拟体系中进行动力学和物理化学测定的结果。

图 3 - 2 抗坏血酸结构示意图

抗坏血酸的氧化降解速度随温度、pH 而不同。通常，温度高，破坏大；在酸性条件下稳定，而在碱性时易分解。至于氧对抗坏血酸的降解作用还可进一步说明糖和盐等其他物质对提高抗坏血酸稳定性的作用，因为它们可降低氧在溶液中的溶解度。

2. 生理作用

抗坏血酸的作用与其激活羟化酶，促进组织中胶原的形成密切有关。胶原中含大量羟脯氨酸与羟赖氨酸。前胶原 α - 肽链上的脯氨酸与赖氨酸的羟化必须有抗坏血酸参与。否则，胶原合成受阻。这已由维生素 C 不足或缺乏时伤口愈合减慢所证明。由色氨酸合成 5 - 羟色氨酸的羟化作用也需维生素 C 参与。此外它还参与肉碱和类固醇化合物的合成以及酪氨酸的代谢等。

抗坏血酸可参与体内氧化还原反应，并且是体内一种重要的抗氧化剂。它作为抗氧化剂可以清除自由基，在保护 DNA、蛋白质和膜结构免遭损伤方面起着重要作用。

此外，抗坏血酸在细胞内作为铁与铁蛋白间相互作用的一种电子供体，可使三价铁还原为二价铁而促进铁的吸收。对改善缺铁性贫血有一定的作用。它还可提高机体的免疫机能和应激能力。

3. 缺乏和过量

维生素 C 严重缺乏可导致坏血病，早期症状为疲劳、倦怠、皮肤出现瘀点或瘀斑、毛囊过度角化等，继而出现牙龈肿胀出血、机体抵抗力下降、伤口愈合迟缓、关节疼痛及关节腔积液等。

维生素 C 在体内分解的最终产物是草酸，长期服用过量维生素 C 可出现草酸尿甚至形成泌尿道结石。尤其是近年来有不少报道大剂量服用维生素 C 对机体不利，如每日摄取 2 ~ 8g 维生素 C 可出现恶心、腹部痉挛、腹泻、铁吸收过度、红细胞破坏及泌尿道结石等副作用，并可能造成对大剂量维生素 C 的依赖性，故不推荐常规大剂量摄取维生素 C。

4. 摄入量和食物来源

从志愿受试者进行实验和实际调查发现，人体每日摄取 10mg 抗坏血酸不仅可预防坏血病，而且还有治疗作用。考虑到维生素 C 摄入量较高可以增进健康、提高机体对疾病的抵抗能力，加速伤口组织愈合等作用，WHO 建议的每日供给量为：儿童（12 岁以下）20mg；成年人 30mg；孕妇、乳母 50mg。美国 1989 年制定的维生素 C 供给量标准，男性成人 60mg/d 的依据是该摄入水平在 4 周内摄取无维生素 C 膳食不产生坏血病症状，同时还可提供足够的储存量。2000 年美国根据 19 ~ 30 岁成人中性白细胞维生素 C 接近最大浓度而制定其供给量为：成年男性 90mg/d，女性 75mg/d。中国营养学会根据国内外有关维生素 C 供给量的进展和我国实际情况，提出我国居民维生素 C 的推荐摄入量如表 3 – 24 所示。

表 3 – 24　　　　　　　　中国居民膳食维生素 C 推荐摄入量　　　　　　单位：mg/d

人群	RNI	PI	UL	人群	RNI	PI	UL
0 岁 ~	40（AI）	—	—	50 岁 ~	100	200	2000
0.5 岁 ~	40（AI）	—	—	65 岁 ~	100	200	2000
1 岁 ~	40	—	400	80 岁 ~	100	200	2000
4 岁 ~	50	—	600	孕妇（早）	+0	200	2000
7 岁 ~	65	—	1000	孕妇（中）	+15	200	2000
11 岁 ~	90	—	1400	孕妇（晚）	+15	200	2000
14 岁 ~	100	—	1800	乳母	+50	200	2000
18 岁 ~	100	200	2000				

资料来源：中国营养学会．中国居民膳食营养素参考摄入量（2013 版）．北京：科学出版社，2014。

维生素 C 广泛分布于水果、蔬菜中。蔬菜中大白菜的含量为 20 ~ 47mg/100g、红辣椒的含量可高达 100mg/100g 以上。水果中以带酸味的水果如柑橘、柠檬等含量较高，通常为 30 ~ 50mg/100g。红果和枣的含量更高。尤其是枣，鲜枣的含量可高达 240mg/ 100g 以上。由不同果蔬所得制品如红果酱、猕猴桃汁等也是维生素的良好来源。至于动物性食品中仅肝和肾含有少量，肉、鱼、禽和蛋则更少。

（二）硫胺素（维生素 B_1）

维生素 B_1 又称硫胺素，是人类最早发现的维生素之一。1926 年分离成功，1936 年人工

合成维生素 B_1。

1. 结构与稳定性

硫胺素，又称抗神经炎素，即维生素 B_1，是由被取代的嘧啶和噻唑环通过亚甲基相连组成。它广泛分布于整个动、植物界，并且可以多种形式存在于食品之中。这包括游离的硫胺素，焦磷酸硫胺素（辅羧化酶）以及它们与各自的脱辅基酶蛋白的结合。由于硫胺素含有一个四价氮，是强碱，它在食品中通常所遇到的 pH 范围内完全电离。

硫胺素是所有维生素中最不稳定者之一。其稳定性取决于温度、pH、离子强度、缓冲体系等。典型的降解反应似乎涉及联系嘧啶和噻唑两个环的亚甲基碳上的亲核置换。因此，强亲核物质如 HSO_3^-（亚硫酸盐）很容易引起此维生素破坏。亚硫酸盐的这种作用很重要，因为在果蔬加工时常用它来抑制褐变和漂白。

硫胺素也可被亚硝酸盐钝化，这可能是亚硝酸盐与嘧啶环上的氨基反应的结果。此反应在肉制品中比在缓冲溶液中弱，意即蛋白质对它有保护作用。可溶性淀粉对亚硫酸盐破坏硫胺素也有保护作用，但保护机理尚不清楚。

2. 生理作用

焦磷酸硫胺素（TPP）是维生素 B_1 的主要活性形式，在体内的能量代谢中具有重要作用。维生素 B_1 参与糖代谢，如果缺乏维生素 B_1，碳水化合物代谢就会发生障碍。由于神经系统、肌肉所需能量主要来自碳水化合物，因此维生素 B_1 在维持神经系统、肌肉特别是心肌正常功能方面发挥着重要作用。另外，碳水化合物的某些代谢产物如丙酮酸和乳酸，在血液中大量蓄积还会导致酸中毒。

当维生素 B_1 缺乏时，乙酰胆碱合成减少和利用降低，因此维生素 B_1 对于维持正常食欲、胃肠蠕动和消化液的分泌起着重要作用。

若机体硫胺素不足，则神经组织供能不足，因而可出现相应的神经肌肉症状如多发性神经炎、肌肉萎缩及水肿，严重时还可影响心肌和脑组织的结构和功能。这也表明硫胺素还与机体的氮代谢和水盐代谢有关。

3. 缺乏与过量

硫胺素在小肠吸收，浓度高时为被动扩散，浓度低时则主动吸收。肠道功能不佳者吸收受阻。此时尽管食物中硫胺素充足，但仍可出现明显的硫胺素缺乏症。健康成人体内硫胺素总量约为 25mg，不能大量储存，摄食过多时由尿排出，故需每天从食物摄取。

维生素 B_1 缺乏症又称脚气病。脚气病不是平常北方人所说的"脚气"或南方人所说的"香港脚"，这两者都是脚癣，由真菌引起。由缺乏维生素 B_1 所引起的脚气病是全身性神经系统代谢紊乱。根据年龄差异将疾病分为成人脚气病和婴儿脚气病。

（1）成人脚气病　早期症状较轻，主要表现有疲乏、淡漠、食欲差、恶心、忧郁、急躁、沮丧、腿沉重麻木和心电图异常。症状特点和严重程度与维生素 B_1 缺乏程度、发病急缓有关，一般将其分为三型。①干性脚气病：以多发性周围神经炎症为主，出现上行性周围神经炎，表现为指（趾）端麻木、肌肉酸痛、压痛，尤以腓肠肌为甚。②湿性脚气病：多以水肿和心脏症状为主。由于心血管系统功能障碍，出现水肿，右心室可扩大，出现心悸、气短、心动过速，处理不及时可致心力衰竭。③混合型脚气病：其特征是既有神经炎又有心力衰竭和水肿。

此外，长期酗酒的人群还极易由于酒精中毒而引起维生素 B_1 缺乏导致 Wernicke–korsakoff 综合征，出现精神错乱、共济失调、眼肌麻痹、假记忆和逆行性健忘甚至昏迷，是一种脑神经病综合征，又称脑型脚气病。

（2）婴儿脚气病　多发生于 2~5 月龄的婴儿，多是由于乳母维生素 B_1 缺乏所致。其发病突然，病情急，初期食欲缺乏、呕吐、兴奋和心跳快，呼吸急促和困难；晚期有发绀、水肿、心脏扩大、心力衰竭和强直性痉挛，常在症状出现 1~2d 后突然死亡。

婴儿先天性脚气病发病原因通常是母亲孕期缺乏维生素 B_1，主要症状有青紫、吮吸无力、嗜睡。

维生素 B_1 中毒很少见，超过参考摄入量（RNI）的 100 倍以上剂量有可能出现头痛、惊厥、心律失常等。

4. 摄入量和食物来源

硫胺素与碳水化合物代谢密切有关，主要参与能量代谢，所以一般认为硫胺素的摄入量应按照能量的总摄入量来考虑。若其摄入量能适应能量代谢的需要即能满足机体其他方面的需要。

WHO 的资料表明，膳食中硫胺素低于 $72\mu g/MJ$（0.3mg/1000kcal），可引起脚气病。大多数脚气病患者膳食中硫胺素的含量都低于 $60\mu g/MJ$（0.25mg/1000kcal）。而多数人在摄食 $79\mu g/MJ$（0.33mg/1000kcal）后都将多余的硫胺素排入尿中。这表明人体储存硫胺素的能力很小。即使过去膳食中硫胺素很丰富，一旦缺乏，数周后即可发生脚气病。联合国 FAO/WHO 专家委员会于 1967 年综合过去的研究提出每日的供给量标准为 $96\mu g/MJ$（0.4mg/1000kcal）。在如何表述硫胺素的需要量时，目前认为用每天所需摄入量表示比用每 1000kcal 所需量更好，原因是尽管硫胺素为碳水化合物和某些氨基酸代谢所必需，对脂肪和其余蛋白质组分的代谢则不需参与。但实际上要把能量摄入分成这几部分是很困难的。中国营养学会 2013 年修订我国居民膳食中硫胺素的推荐摄入量为：成年男性为 1.4mg/d，成年女性 1.2mg/d，孕妇（早期）1.2mg/d，孕妇（中期）1.4mg/d，孕妇（晚期）1.5mg/d，乳母 1.5mg/d，儿童依年龄而异（详见附录一）。

硫胺素普遍存在于各类食品中，谷类、豆类及肉类含量较多。籽粒的胚和酵母是硫胺素最好的来源。通常谷类含硫胺素约 0.30mg/100g，豆类含约 0.40mg/100g 不等。动物性食品中以肝、肾、脑含量较多，乳、蛋、禽、鱼等含量较少，但高于蔬菜。至于小麦胚粉可含硫胺素 3.50mg/100g，而干酵母的含量可高达 6~7mg/100g。

（三）核黄素（维生素 B_2）

维生素 B_2，又称核黄素。维生素 B_2 纯品为橙黄色针状结晶。

1. 结构与稳定性

核黄素即维生素 B_2 是带有核醇侧链的异咯嗪衍生物，也可认为是核醇与 6，7 - 二甲基异咯嗪二者缩合而成。它在自然界中主要以磷酸酯的形式存在于两种辅酶中，即黄素单核苷酸（FMN）和黄素腺嘌呤二核苷酸（FAD）。与此维生素相结合的酶称为黄酶或黄素蛋白。它们具有氧化还原能力。在化合物如氨基酸和还原性吡啶核苷酸的氧化中起递氢作用。其结构如图 3-3 所示。

FMN 是 L - 氨基酸氧化酶的组成成分。它将 L - 氨基酸氧化为 α - 酮酸。FAD 为琥珀酸脱氢酶、黄嘌呤氧化酶、甘氨酸氧化酶和 D - 氨基酸氧化酶的组成部分。核黄素呈黄色、加氢后的还原型核黄素则无色。

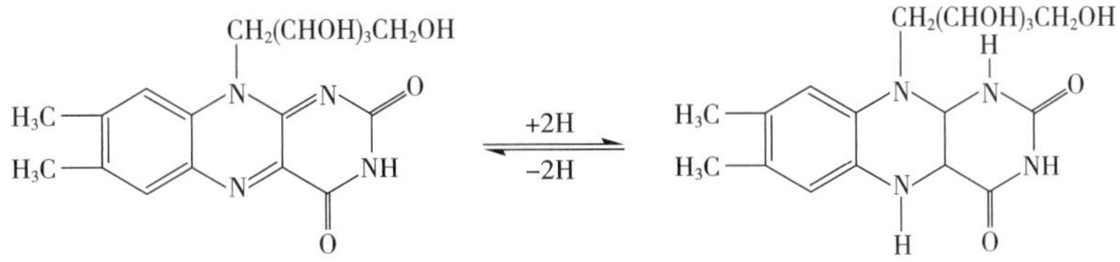

图 3 - 3　核黄素结构示意图

核黄素在酸性或中性溶液中对热稳定。即使在 120℃ 加热 6h 也仅少量被破坏，且不受大气中氧的影响。但是在碱性溶液中易被热分解，在任何酸、碱溶液中核黄素均易受可见光、特别是紫外光破坏。在碱性溶液中辐照可引起核醇的光化学裂解、产生光黄素；在酸性和中性溶液中辐照可产生蓝色的荧光物质光色素，并有不同的光黄素。其结构如图 3 - 4 所示。

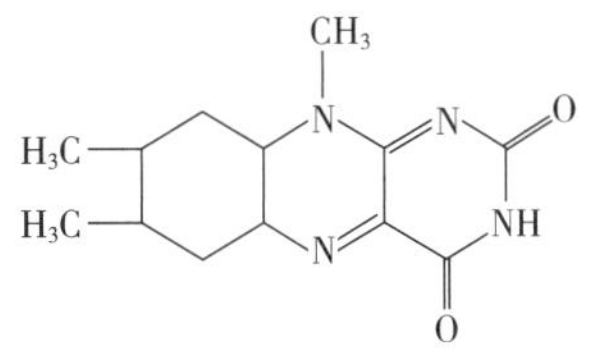

光黄素是一种比核黄素更强的氧化剂。它可催化破坏许多其他的维生素，特别是抗坏血酸。当牛乳放在透明的玻璃瓶内销售时，就有产生光黄素的反应，它不仅使牛乳的营养

图 3 - 4　光黄素结构示意图

价值受损，而且还可产生一种称为"日光异味"的可口性问题。当改用不透明的纸或塑料容器包装时便不产生这类问题。此外，游离型核黄素的光降解作用比结合型更为显著。牛乳中的核黄素 40% ~ 80% 为游离型，若瓶装牛乳以日光照射 2h，其核黄素可破坏一半以上，破坏的程度随温度及 pH 增高而加大。散射光也可引起核黄素损失，且在几小时后可高达 10% ~ 30%。

2. 生理作用

维生素 B_2 是机体许多重要酶的组成成分，在蛋白质、脂肪、碳水化合物三大营养素的能量代谢中起着非常重要的作用。维生素 B_2 能促进机体正常的生长发育，维护皮肤和黏膜的完整性。

维生素 B_2 还可激活维生素 B_6，促进色氨酸形成烟酸。

维生素 B_2 具有抗氧化活性，能抑制脂质过氧化，还可参与药物代谢。此外，维生素 B_2 还参与体内铁的吸收与储存。

3. 缺乏与过量

核黄素很容易由小肠吸收，经血液到组织，并可少量储存于肝、脾、肾和心肌中，多余的部分从尿排出。用普通膳食时人的排出量为 0.25 ~ 0.80mg/d，其中一部分为游离核黄素，一部分为磷酸核黄素。由于人体储存量少故需每日从食物中补充。

摄入不足和酗酒是维生素 B_2 缺乏的最主要原因。维生素 B_2 缺乏可出现多种临床症状，主要表现在口腔黏膜、唇、舌和眼部以及皮脂分泌旺盛的皮肤处，无特异性，临床称为口腔 - 生殖综合征。

口角湿白以及裂开、糜烂溃疡（口角炎）；唇肿胀、裂开与溃疡以及色素沉着（唇炎）；舌疼痛、肿胀、红斑，典型者舌呈紫红色，或红紫相间，中央红斑，边缘界线清楚如地图（地图舌）。

球结膜充血，角膜周围血管增生，角膜与结膜相连处有时发生水泡。严重时角膜下部有溃疡，发生睑缘炎、怕光、流泪和视物模糊。老年白内障与维生素 B_2 缺乏也有关。

在皮脂分泌旺盛部位常出现脂溢性皮炎，如鼻唇沟、下颌、眉间、耳后、乳房下、腋下、腹股沟等处。表现为患处皮肤皮脂增多，轻度红斑，有脂状黄色鳞片。男性在阴囊处，女性在阴唇处也有此变化。在这些皮肤处，常伴有渗液、脱屑、结痂、皲裂，皮肤变色等。

长期维生素 B_2 缺乏还可导致儿童生长迟缓、轻中度缺铁性贫血。在妊娠期维生素 B_2 缺乏可导致胎儿骨骼畸形。由于维生素 B_2 参与叶酸、维生素 B_6、烟酸代谢，因此在维生素 B_2 严重缺乏时常混杂有其他 B 族维生素缺乏的某些表现。

核黄素大剂量摄入并不能过多地增加其吸收，多余的核黄素将大量排出体外，故目前尚无核黄素呈现毒性的报道。

4. 摄入量及食物来源

核黄素是氧化还原酶系统的组成部分。大多数人推断其需要量与能量代谢有关。其摄入量也应随热能的供给量而改变，并且同维生素 B_1 一样也按每 1000kcal 热量所需毫克数表示。但同样目前均以每天所需摄入的毫克数表示。我国居民膳食中核黄素的推荐摄入量男性为 1.4mg/d，女性为 1.2mg/d。

核黄素广泛存在于各类食品中，动物性食品比植物性食品含量高。其中又以内脏含量最为丰富，如肝脏的含量可高达 2mg/100g，肾脏约含 1mg/100g。此外，禽蛋类含量也颇多，为 0.3mg/100g 左右。植物性食品中豆类含量较高（0.1 ~ 0.3mg/100g），绿叶蔬菜含约 0.1mg/100g，一般蔬菜和谷类含量较少，多在 0.1mg/100g 以下。故核黄素的来源最好是动物性食品，其次为豆类，至于绿叶蔬菜在膳食中的量多，故也是核黄素的重要来源。

（四）烟酸

烟酸即维生素 PP，又称尼克酸，可以由色氨酸转化而来。

1. 结构与稳定性

烟酸是吡啶衍生物，烟酰胺或尼克酰胺则是其相应的酰胺。在生物体内它是脱氢酶的辅酶，烟酰胺腺嘌呤二核苷酸（NAD^+）和烟酰胺腺嘌呤二核苷酸磷酸盐（$NADP^+$）的重要组成成分。其结构如图 3 - 5 所示。

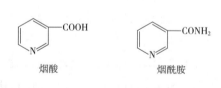

图 3 - 5　烟酸与烟酰胺结构

烟酸是最稳定性的维生素之一。它耐热，即使在 120℃ 加热 20min，也几乎不被破坏，对光、氧、酸、碱也很稳定。显然，在食品和食品加工时也相当稳定。但是，蔬菜所含烟酸由于整理、烫漂和沥滤等可有损失，此损失平行于其他水溶性维生素的损失。猪肉和牛肉在宰后储存期间也可有一定数量的损失。烤肉时其本身可无损失，但滴液中可含有烟酸，此损失可达原来烟酸含量的 26%。在乳品加工时似乎没有烟酸的损失。

2. 生理作用

烟酸作为体内重要酶的组成成分，参与体内生物氧化，在碳水化合物、脂肪和蛋白质的能量释放以及固醇类化合物的合成中起着重要作用，尤其是大剂量的烟酸还能降低血液中甘油三酯、总胆固醇、LDL 和升高 HDL，有利于改善心血管功能。

烟酸是组织中重要的递氢体。在代谢中起重要作用，特别是参与葡萄糖的酵解、脂类代谢、丙酮酸代谢，戊糖合成以及高能磷酸键的形成等。

烟酸还是葡萄糖耐量因子（GTF）的重要组分，具有增强胰岛素功能的作用（游离烟酸无此作用）。

3. 缺乏与过量

烟酸由小肠吸收并在体内转变成辅酶，广泛分布于全身，但不能储存。过量的烟酸绝大部分代谢后随尿排出，尿中仅含少量烟酸或烟酰胺。烟酸缺乏症又称"癞皮病"（pellagra），其典型症状为皮炎（dermatitis）、腹泻（diarrhea）和痴呆（depression），即"三 D"症状。烟酸缺乏症初期表现为体重减轻、失眠、头疼、记忆力减退等，后期出现皮肤、消化系统、神经系统症状。其中，皮肤症状最具特征性，主要表现为裸露皮肤及易摩擦部位出现对称性晒斑样损伤，皮肤变厚、脱屑、色素沉着，也可因感染而糜烂；口、舌部症状表现为杨梅舌及口腔黏膜溃疡，常伴有疼痛和烧灼感。消化系统症状为食欲不振、恶心、呕吐、腹痛、腹泻等。神经系统症状为失眠、衰弱、乏力、抑郁、淡漠、记忆力丧失，甚至发展成木僵或痴呆症。

烟酸缺乏常常伴有维生素 B_1 等营养素缺乏的症状。

烟酸过量摄入（如每日摄入 0.2～3g）对人体也有危害，常见于临床采用大剂量烟酸治疗高脂血症病人时，食物中的烟酸一般不会导致中毒。其中毒症状表现为皮肤潮红、眼部不适、恶心、呕吐，大剂量服用时还会出现黄疸、转氨酶升高等肝功能异常以及葡萄糖耐量的变化。

4. 摄入量及食物来源

烟酸与硫胺素和核黄素一样，其需要量曾报道随热能的摄入而改变。1967 年 FAO/WHO 专家委员会建议人体每日供给量按每 4.18MJ（1000kcal）供给 6.6mg。此标准是根据志愿受试者在摄取低烟酸膳食后逐渐增加烟酸的量来确定的。当膳食中烟酸的含量逐渐增高到 1.316mg/kJ（5.5mg/1000kcal）时，受试者将从尿中排出大量 N–甲基烟酰胺。这表明每 4.184MJ（1000kcal）供给 5.5mg 烟酸即可使体内烟酸达到饱和。此外，考虑到个体差异和安全系数，最后建议供给量为 1.579mg/kJ（6.6mg/1000kcal）。此量约为硫胺素供给量的 10 倍，并略高。

在考虑烟酸的摄入量时还有一种烟酸当量表示法。这是因为机体能将部分色氨酸转变成烟酸。这样，烟酸的总摄入量就由外源性部分（食物）及内源性部分（色氨酸代谢）所组成，习惯上以"烟酸当量"（NE）来表示其需要量与摄入量。

$$烟酸当量 = 烟酸(mg) + \frac{色氨酸(mg)}{60}$$

由于在代谢过程中平均 60mg 色氨酸产生 1mg 烟酸，故以色氨酸为前体来取得烟酸很不经济。而且这种转变也是有限的。有人建议人体最低需要量为 4.4mgNE/1000kcal，而当烟酸当量达到 5.5mgNE /1000kcal 时，体内烟酸即达饱和。中国营养学会推荐的每日膳食中烟酸推荐摄入量为：成年男性 15mgNE/d，女性 12mgNE/d，可耐受最高摄入量为 35mgNE/d。

烟酸及其酰胺广泛存在于动、植物体内，但一般含量较少。含量最多的是蘑菇、酵母等。每 100g 的含量可高达数 10mg，花生含量在 10mg/100g 左右，豆类和全谷每 100g 含约几毫克，但谷类可因加工精度的影响有所减少，而谷类中的结合型烟酸尚可使其营养价值受到限制。动物性食品中以肝脏含量最高，为 15mg/100g 左右。

（五）　维生素 B_6

1. 结构与稳定性

维生素 B_6 是吡啶的衍生物，有三种形式，即吡哆醛、吡哆醇和吡哆胺。它们可相互转变，都具有维生素 B_6 的活性。这些化合物以其磷酸盐的形式广泛分布于动、植物体内。其结构如图 3-6 所示。

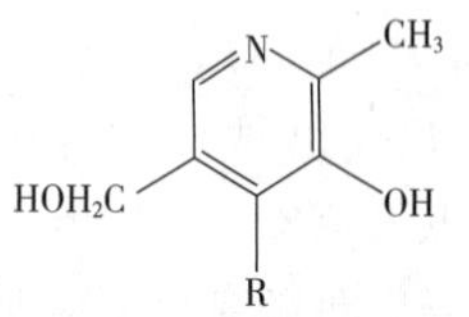

维生素 B_6 的三种形式对热都很稳定。其中吡哆醇最稳定，并常用于食品的营养强化。但是，它们易被碱分解，尤其易被紫外线分解。它们在有氧时可被紫外线照射转变成生物学上无活性的产物如 4-吡哆酸。这一反应可能除牛乳外在其他食品中无多大意义。

当吡哆醛的溶液与谷氨酸一道加热时可产生吡哆胺和 α-酮戊二酸的混合物，而半胱氨酸与吡哆醛在类似杀菌的条件下反应时，反应产物对大鼠无维生素 B_6 活性。类似的结果还可由吡哆醛与蛋白质的巯基直接反应得到。

R：—CHO　　吡哆醛
　　—CH₂OH　吡哆醇
　　—CH₂NH₂　吡哆胺

图 3-6　维生素 B_6 结构示意图

由于维生素 B_6 与氨基酸相互作用的主要结果似乎是吡哆醛与吡哆胺之间的相互转化，而这二者都有维生素活性，则吡哆醛与半胱氨酸的反应可能是这种维生素在食品热加工时稳定性的关键。

2. 生理作用

维生素 B_6 是体内很多酶的辅酶，其中包括转氨酶、脱羧酶、消旋酶、脱氢酶、合成酶和羟化酶等。它可帮助碳水化合物、脂肪和蛋白质的分解、利用，也帮助糖原由肝脏或肌肉中释放热能。

维生素 B_6 作为体内重要酶的组成成分，参与了体内近 100 种酶反应。它不仅在蛋白质和脂肪代谢中起着重要作用，而且催化血红素合成，促进肌肉和肝脏中的糖原转化，并参与色氨酸转变为烟酸、亚油酸合成花生四烯酸以及胆固醇的合成与转运等。此外，维生素 B_6 缺乏还会影响核酸合成，继而影响机体的免疫功能。

临床上在治疗维生素 B_1、维生素 B_2 和烟酸缺乏时，为了加强疗效，常同时补充维生素 B_6，另外还可用维生素 B_6 治疗婴儿惊厥和妊娠期呕吐。

由于维生素 B_6 功能众多，故被称为"主力维生素"。

3. 缺乏和过量

维生素 B_6 在小肠内易被吸收，经磷酸化后主要以 5-磷酸吡哆醛组成辅酶的形式分布于组织中。通常人体内含 40～150mg，每日从食物中的摄取量为 2～3mg。正常排出量为 1.5～4.0mg，其中 20%～50% 为无活性的代谢产物吡哆酸，是由吡哆醛氧化产生。当给以较大剂量的吡哆醇时，几小时后多余的部分便从尿排出，不能储存，故需每日供给。

单纯维生素 B_6 缺乏较少见，常伴有其他 B 族维生素的缺乏。临床表现为口炎、舌炎、唇干裂，个别出现神经精神症状，易激惹、抑郁及性格改变。

儿童对维生素 B_6 缺乏较敏感，可出现烦躁、抽搐和癫痫样惊厥等症状。除饮食因素外，某些药物如异烟肼也会诱发维生素 B_6 缺乏症。

食物中的维生素 B_6 一般不会引起人体中毒，但长期给予大剂量维生素 B_6（500mg/g）则有毒副作用，主要表现为神经毒性和光敏感反应。

4. 摄入量及食物来源

维生素 B_6 需要量的研究多数是根据色氨酸负荷试验，即按每公斤体重口服色氨酸 100mg 后测定尿中黄尿酸（4，8-二羟基喹啉尿酸）的排出量而定，黄尿酸结构如图 3-7 所示。这是因为色氨酸在体内转变成烟酸时需要有磷酸吡哆醛参与。当维生素 B_6 不足或缺乏时，色氨酸的代谢产物黄尿酸在尿中排出增加。通常在 6h 内排出量低于 25mg，24h 内排出量低于 75mg 者可认为正常，否则认为缺乏或不足。通常认为成人每日最低需要量为 1.25mg。低于此量可能产生缺乏症。FAO/WHO 及我国尚未制定维生素 B_6 的供给量标准。美国 1989 年规定的供给量标准为成年男子每天 2.0mg，成年女子每天 1.6mg，孕妇和乳母每天分别增加 0.6mg 和 0.5mg。中国营养学会参照国外研究资料并考虑到我国居民膳食模式与欧美的差异。中国营养学会推荐的推荐摄入量为成人 1.4mg/d，50 岁以上人群为 1.5mg/d。

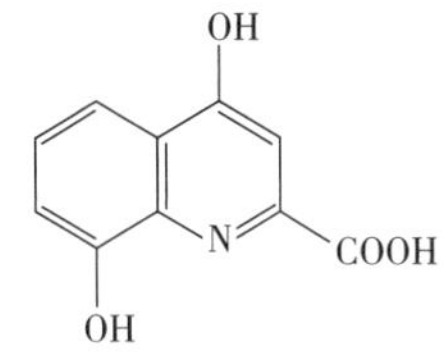

图 3-7 黄尿酸结构示意图

维生素 B_6 广泛存在于各类食品中。蛋黄、肉、鱼、乳，以及谷类、种子外皮、蔬菜等均有分布，但含量不高。通常全麦粉含量为 0.4~0.7mg/100g，精白粉为 0.08~0.16mg/100g。蔬菜中如菠菜含 0.22mg/100g，胡萝卜含 0.7mg/100g。酵母的含量较高为 2~3mg/100g。

（六）维生素 B_{12}

维生素 B_{12} 又称钴胺素，是唯一含有金属元素的维生素，因含有金属钴而呈现红色。天然存在的维生素 B_{12} 均由微生物合成。人体肠道细菌能合成维生素 B_{12}，但结肠不能吸收维生素 B_{12}。

1. 结构与稳定性

维生素 B_{12} 是化学结构最复杂的一种维生素。其结构如图 3-8 所示。

维生素 B_{12} 有两个特性成分。一个是在核苷酸样的结构中，5，6-二甲基苯并咪唑经 α-糖苷键与 D-核糖结合，此核糖在 3-位上有一个磷酸基。另一个是中间的环状结构为类似卟啉的"咕啉"环状系统。此咕啉环与四个氮原子配位的是一个钴原子。这是药用维生素 B_{12}，或称维生素 B_{12a}，它并非存在于组织中的天然形式。在组织中可分离出含羟基的钴胺素（称羟钴胺素即维生素 B_{12b}）及含亚硝基的钴胺素（称亚硝钴胺素即维生素 B_{12c}）。它们也都不是原来的存在形式，但都具有维生素 B_{12} 的活性。

维生素 B_{12} 在体内以两种辅酶形式存在，即甲基 B_{12}（甲基钴胺素）和辅酶 B_{12}（5-脱氧腺苷钴胺素）。后者即是将氰钴胺素中的氰（CN）换成 5-脱氧腺苷。

维生素 B_{12} 是目前所知唯一含有金属的维生素，而其所含金属钴也只有以维生素 B_{12} 的形式才能发挥必需微量元素的作用。

氰钴胺素的水溶液在室温下稳定，在 pH 4.5~5.0 的弱酸条件下最稳定，此时即使经高压灭菌处理也很少损失，但是在 pH 为 2 以下或 9 以上时会分解。过热可有一定程度的破坏，但快速高温消毒损失不大。遇强光或紫外线也不稳定，易受破坏。

氧化剂及还原剂对维生素 B_{12} 可有破坏作用，如抗坏血酸或亚硫酸盐都可破坏它。但是据报告，还原剂如硫醇化合物在低浓度时对它有保护作用，而量大时才引起破坏。硫胺素和烟酸并用时对溶液中的维生素 B_{12} 有缓慢的破坏作用，但单独一种并无危害。硫化氢可破坏

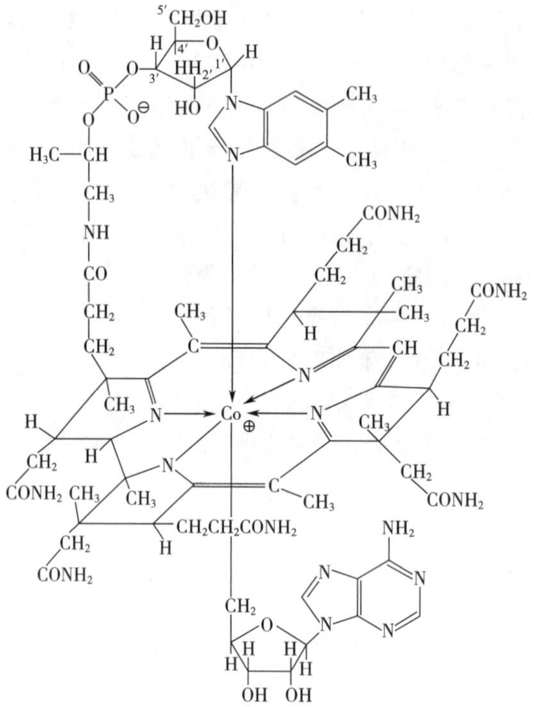

图3-8 维生素 B_{12} 结构示意图

此维生素，铁可与硫化氢结合，从而可保护维生素 B_{12} 免受破坏。

2. 生理作用

维生素 B_{12} 具有提高叶酸利用率、促进红细胞发育和成熟、参与胆碱合成，维护神经髓鞘物质代谢与功能等多种作用。

维生素 B_{12} 参与体内一碳单位的代谢。因此，它与叶酸的作用常常互相关联。例如，维生素 B_{12} 可将5-甲基四氢叶酸的甲基移去形成四氢叶酸，以利于叶酸参与嘌呤、嘧啶的合成。所以维生素 B_{12} 可以通过增加叶酸的利用率来影响核酸和蛋白质的合成，从而促进红细胞的发育和成熟。在甲基转移作用中；维生素 B_{12} 可形成甲基钴胺素，它是活泼甲基的转运者，如将甲基转移给高半胱氨酸变成甲硫氨酸以及由乙醇胺合成胆碱等。

3. 缺乏与过量

维生素 B_{12} 的吸收需要有正常的胃液分泌。这一方面是胃酸可帮助把与蛋白质结合的维生素 B_{12} 分解游离出来，另一方面更重要的是胃贲门和胃底的黏膜还分泌一种称为"内因子"的糖蛋白，只有维生素 B_{12} 与这种糖蛋白结合后才能不受肠道细菌破坏，在转到回肠时透过肠壁吸收。常见的维生素 B_{12} 障碍性恶性贫血就是由于胃黏膜变化引起内因子不足所造成的。此时需要用维生素 B_{12} 治疗，必须注射，口服无效。此外，胰液和重碳酸盐可促进其吸收。

人体内维生素 B_{12} 的总量为 $2 \sim 10 \mathrm{mg}$，肝中约有 $1.7 \mathrm{mg}$，50%以上存在于线粒体中，生成足够量红细胞所必需的维生素 B_{12} 每天的最低量为 $1 \sim 2 \mu \mathrm{g}$。在缺乏维生素 B_{12} 饮食情况下，肝中所储存的维生素 B_{12} 可维持5年以上。但胃、肠、胰及肝等有病变时易发生维生素 B_{12} 缺乏。

机体的维生素 B_{12} 含量降至 $0.5 \mathrm{mg}$ 左右便会出现贫血，即含维生素 B_{12} 的酶缺乏致使红细胞中 DNA 合成障碍诱发巨幼红细胞贫血。此外维生素 B_{12} 缺乏也可引起神经系统损害。

4. 摄入量及食物来源

人体对维生素 B_{12} 的需要量曾有过多方面的观察。单纯的维生素 B_{12} 缺乏（不合并叶酸缺乏等）可注射 $0.1\mu g$ 维生素 B_{12} 而维持最低限度的血液学正常状况。注射 $0.5\sim1.0\mu g$ 则有明显改善。怀孕后半期、胎儿每日从母体吸取 $0.2\mu g$ 维生素 B_{12}（乳母每日从乳汁中分泌约 $0.3\mu g$ 维生素 B_{12}），维持成人正常功能的每日可吸收维生素 B_{12} 的最低需要量为 $0.1\mu g$。

FAO/WHO 专家委员会建议的每日供给量为：婴儿 $0.3\mu g$，青少年及成人 $2.0\mu g$，孕妇后半期 $3.0\mu g$，乳母 $2.5\mu g$。美国 1989 年修订的每日供给量标准为：婴儿 $0.3\mu g$，青少年及成人为 $2.0\mu g$，孕妇 $2.2\mu g$，乳母 $2.5\mu g$。中国营养学会推荐成人摄入量为 $2.4\mu g/d$，孕妇 $2.9\mu g/d$，乳母 $3.2\mu g/d$。

维生素 B_{12} 的主要来源为肉类，内脏含量最多（含量可高达 $20\mu g/100g$ 以上），鱼、贝类、蛋类其次，乳类含量最少，植物性食品则一般不含此种维生素。但我国的发酵豆制品可含有一定数量。此外，若植物被细菌污染或与之共生也可有微量存在，如一些豆类的根瘤部分即可含有维生素 B_{12}。动物性食物所含维生素 B_{12} 主要由动物食入微生物合成的维生素 B_{12} 所致。

人类结肠中的微生物也可以合成维生素 B_{12}，但是它们往往与蛋白质结合而不被吸收、从粪便排出。

（七）叶酸

叶酸是 1941 年由菠菜中分离出来而命名的（最初由肝脏分离出来，随后发现绿叶中含量丰富，故得此名）。

1. 结构与稳定性

叶酸是由蝶酸和谷氨酸结合而成，而蝶酸又是由 2-氨基-4-羟基-6-甲基蝶呤啶和对氨基苯甲酸构成，故又称蝶酰谷氨酸。其结构图见 3-9。

叶酸的蝶呤环可被还原生成二氢或四氢叶酸，在 N_5 和 N_{10} 位上可有五种不同的一碳取代基。谷氨酸残基可被延长成有不同长度的多-γ-谷氨酰侧链。若假定此多谷氨酰侧链含有的谷氨酸残基不多于 6 个，则叶酸的理论数可超过 140，其中大约有 30 个已被分离鉴定。

叶酸对热、光、酸性溶液不稳定，可被阳光和高温分解，在无氧条件下对碱稳定，有氧时碱水解可裂开侧链产生对氨基苯甲酰谷氨酸和蝶呤-6-羧酸。有氧时酸水解产生 6-甲基蝶呤。叶酸的多谷氨酸衍生物在空气中可被碱水解产生叶酸和谷氨酸。叶酸溶液可被日光分解产生对氨基苯甲酰谷氨酸和蝶呤-6-羧醛，此 6-羧醛经辐射产生 6-羧酸，而后再脱羧产生蝶呤。这些反应被核黄素和黄素单核苷酸所催化。

二氢叶酸（FH_2）和四氢叶酸（FH_4）在空气中易氧化。FH_4 在中性溶液中也易氧化、同时形成对氨基苯甲酰谷氨酸和几种蝶呤，其中包括黄蝶呤、6-甲基蝶呤和蝶呤。此外，还有 FH_4 和叶酸。FH_4 在空气中的氧化作用，当有硫醇、半胱氨酸或抗坏血酸盐共存时可大大下降。FH_2 比 FH_4 更稳定一些，但也可氧化降解。FH_2 在酸性溶液中比碱性溶液中易氧化，氧化产物是对氨基苯甲酰谷氨酸和 7,8-二氢蝶呤-6-羧醛。还原剂如硫醇或抗坏血酸盐同样可阻止氧化。

2. 生理作用

四氢叶酸参与一碳单位的转移，是体内一碳单位转移酶系统中的辅酶。此一碳单位可来

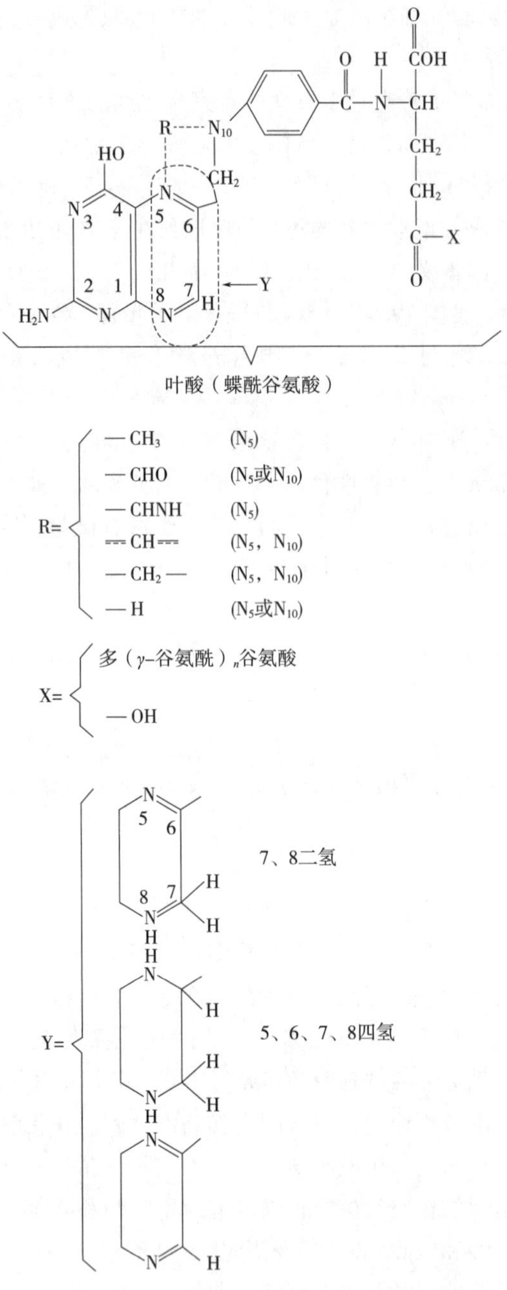

图 3 - 9　叶酸结构示意图

自氨基酸，如组氨酸（亚氨基酸）、蛋氨酸（甲基）、丝氨酸（羟甲基）和甘氨酸（甲酰基）等。叶酸（四氢叶酸）在氨基酸代谢，嘌呤、嘧啶的合成，进而对 DNA、RNA 和蛋白质的生物合成都有重要作用，故叶酸为各种细胞分裂、增殖和组织生长所必需。

食物中的叶酸约有 80% 是多谷氨酸化合物，谷氨酸分子越多则吸收率越低，但谷氨酸对叶酸的生物活性非常重要，若去掉谷氨酸则维生素作用消失。

3. 缺乏与过量

叶酸摄入后在小肠被上皮细胞分泌的 γ - L - 谷氨酸 - 羧基肽酶水解成谷氨酸和游离叶

酸，并在小肠上部被主动吸收。叶酸吸收后在维生素 C 和还原型辅酶Ⅱ参与下可转变成具有生物活性的四氢叶酸（FH_4），并多以甲基四氢叶酸的形式储存于肝脏。其储存量在 5 ~ 15mg/kg，在正常情况下有极少量的叶酸从尿及粪中排出，也有微量从各种脱落的上皮细胞中丢失。

正常情况下，除了膳食供给外，人体肠道细菌能合成部分叶酸，一般不易缺乏。但酗酒、抗癫痫药物和避孕药物等，会妨碍叶酸的吸收和利用，易导致叶酸缺乏。

叶酸缺乏使 DNA 合成受阻，导致骨髓中红细胞分裂停留在巨幼红细胞阶段而成熟受阻，细胞体积增大，不成熟的红细胞增多，同时引起血红蛋白的合成减少，表现为巨幼红细胞贫血。患巨幼红细胞贫血的孕妇易出现胎儿宫内发育迟缓、早产以及新生儿体重较轻。另外，叶酸缺乏还会导致血小板黏附和聚集，易引起动脉粥样硬化及心血管疾病。孕早期缺乏叶酸会导致胎儿神经管畸形，主要是神经管未闭和无脑儿。

叶酸缺乏在一般人群还表现为衰弱、精神萎靡、健忘、失眠、阵发性欣快症、胃肠道功能紊乱和舌炎等。儿童叶酸缺乏可见有生长发育不良状况。

大剂量服用叶酸对人体有危害，易诱发病人惊厥；导致锌缺乏，使胎儿发育迟缓、体重较轻等。

4. 摄入量及食物来源

由于叶酸的重要，特别是其与出生缺陷、心血管疾病等密切有关，故叶酸的摄入越来越引起人们的重视。人体叶酸的营养状况一般以血清或红细胞中叶酸的含量为评价指标，成人维持 DNA 正常合成的最低需要量平均为 60μg/d。食物中叶酸含量甚微，且其生物利用率仅约 50%。若以叶酸补充剂的形式添加并与膳食混合食用，则其生物利用率为 85%，是单纯来自食物中叶酸利用率的 1.7 倍。此时膳食中的叶酸当量为：

膳食叶酸当量（DFE，μg）＝膳食叶酸（μg）＋1.7×叶酸补充剂（μg）

由此，通过计算平均需要量再进而确定叶酸的推荐摄入量。又由于大剂量服用叶酸时可产生一定的毒副作用，如影响锌的吸收、导致锌缺乏以及掩盖维生素 B_{12} 缺乏的早期表现而导致神经系统受损等。故叶酸的摄入应有其安全上限值。美国规定其每日摄入量的安全上限为 1mg，并规定了叶酸强化主食的安全上限。

中国营养学会根据我国情况并参照国外研究资料提出中国居民膳食叶酸参考摄入量为 400μg DFE/d，孕妇 600μg DFE/d，乳母 550μg DFE/d，可耐受最高摄入量为 1000μg DFE/d。

叶酸广泛分布于动、植物食品中，动物肝脏、豆类、各种绿叶蔬菜含量较多，例如，猪肝含 236μg/100g，黄豆含 381μg/100g，菠菜含 347μg/100g。谷类和其他蔬菜，水果含量较少，而肉、鱼、乳等含量很少。

（八）泛酸

1. 结构与稳定性

泛酸广泛分布于自然界，又称遍多酸。它是由 β - 丙氨酸借肽键与 α、γ - 二羟 - β - β - 甲基丁酸缩合而成。在动、植物组织中全部用来构成辅酶 A 和酰基载体蛋白。泛酸可有两种异构体，但天然存在并具有生物活性的仅为 R - 对映体，通常称为 "D（＋）- 泛酸"。

泛酸在中性溶液中耐热，pH 5 ~ 7 时最稳定。它对酸和碱都很敏感，其酸性或碱性水溶液对热不稳定，碱水解产生 β - 丙氨酸和泛解酸（2，4 - 二羟基 - 3，3 - 二甲基丁酸），而酸水解可产生泛解酸的 γ - 内酯。但是，泛酸对氧化剂和还原剂极为稳定。

2. 生理作用

由于泛酸的生理活性形式是辅酶A和酰基载体蛋白，其作为乙酰基或脂酰基的载体与对于脂肪酸的合成与降解、膜磷蛋白（包括神经鞘脂蛋白）的合成、氨基酸的氧化降解都是必需的。其结构如图3－10所示。

3. 缺乏与过量

泛酸的缺乏可引起机体代谢障碍，常见的影响是脂肪合成减少和能量产生不足。虽然人类在营养上需要泛酸，但因其广泛存在于动、植物食品中、并且肠内细菌也能合成供人利用，故很少见有缺乏症。

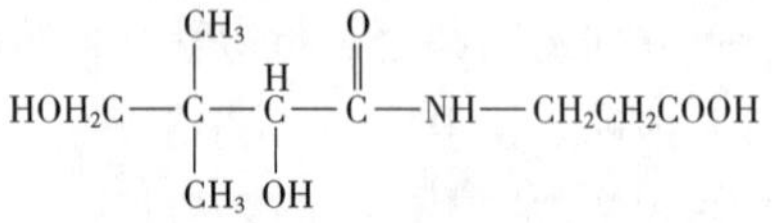
CH3
O
H
HOH2C—C—C—C—NH—CH2CH2COOH
CH3 OH

图3－10 泛酸结构示意图

目前尚未见有泛酸摄入过量引起的毒副反应的报道。

4. 摄入量及食物来源

由于缺乏足够和必要的资料，各国均未曾提出过泛酸的供给量标准。中国营养学会参考有关资料提出中国居民膳食泛酸的适宜摄入量（AI）为14岁以上人群5.0mg/d，孕妇6.0mg/d，乳母7.0mg/d。

泛酸广泛存在于各种动、植物食品中，其最主要的来源是肉类（心、肝、肾特别丰富）、蘑菇、鸡蛋、花茎甘蓝和某些酵母。其中肝、肾、酵母、鸡蛋黄和花茎甘蓝的泛酸含量，至少可达每克干重50μg以上。全谷也是泛酸的良好来源，但大部分可在加工过程中丢失。牛乳也含有丰富的泛酸。其含量类似人乳，为48～245μg/100mL。泛酸最丰富的天然来源是蜂王浆和金枪鱼、鳕鱼的鱼子酱，其中蜂王浆的含量可高达511μg/g，而两种鱼的鱼子酱为2.32mg/g。

（九）生物素

1. 结构与稳定性

生物素又称维生素B_7、维生素H或辅酶R。其化学结构中具有双环和3个手性中心，因而有8种可能的立体异构体。其结构如图3－11所示。但是，只有D－生物素是天然存在并具有生物活性的形式。通常，人们所说的生物素即D－生物素。此外，生物素的衍生物ε－N－生物素酰基赖氨酸，或称生物孢素也具有大致相同的生物素活性。

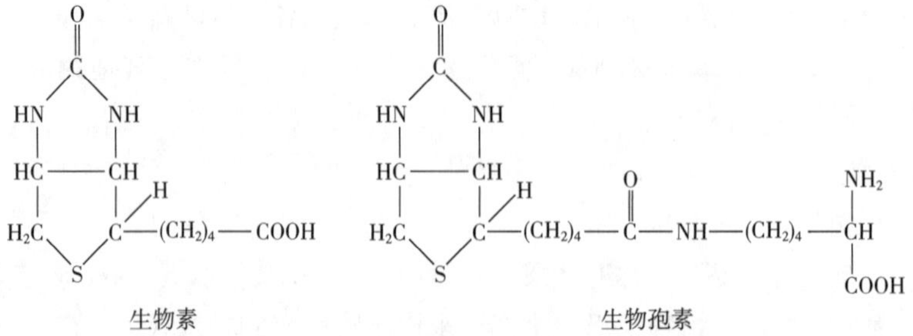
O
C
HN NH
HC CH
H
H2C C—(CH2)4—COOH
S
生物素
O
C
HN NH
HC CH
H
O
NH2
H2C C—(CH2)4—C—NH—(CH2)4—CH
S
COOH
生物孢素

图3－11 生物素与生物孢素结构示意图

生物素对热、光、空气以及中等程度的酸液都很稳定，对碱性溶液直到pH 9都还稳定（最适pH 5～8），过高或过低的pH可导致生物素失活。这可能是其酰胺键水解的结果。高锰酸钾或过氧化氢可使生物素中的硫氧化产生亚砜或砜，而亚硝酸能与生物素作用生成亚硝基衍生物，破坏其生物活性。据报告，人乳中的生物素可在室温下一周，5℃下一个月或 –20℃下一年半保持其浓度不变。从现有的资料看，生物素在食品加工和烹调期间非常稳定。

2. 生理作用

生物素是机体羧化酶和脱羧酶的辅酶，参与氨基酸、碳水化合物和脂类的代谢，并在上述物质代谢和能量代谢中有很重要的作用。

3. 缺乏和过量

人和动物罕见有生物素缺乏，这是因为肠道细菌可以合成生物素，并提供相当可观的数量。不过，长期摄食生鸡蛋的人可有缺乏。这主要是生鸡蛋中的抗生物素蛋白与生物素高度特异结合，进而阻止食物中生物素和体内肠道细菌合成生物素的吸收所致。然而，该抗生物素是一种糖蛋白，一经加热变性即可失去作用。

目前尚未发现有生物素对人体的毒副作用。

4. 摄入量及食物来源

中国营养学会新近制定的中国居民膳食生物素适宜摄入量（AI）依不同年龄而异，14岁以上人群为 $40\mu g/d$，孕妇为 $40\mu g/d$，乳母为 $50\mu g/d$。

生物素广泛存在于天然动、植物食品中。其含量相对丰富的有乳类、鸡蛋（蛋黄）、酵母、肝脏和绿叶蔬菜。其中鸡蛋的含量为 $20\mu g/100g$，酿酒酵母可高达 $80\mu g/100g$。谷物中的生物素含量不高且生物利用率低，如小麦含生物素为 $10.1\mu g/100g$，几乎完全不能利用。

（十）胆碱

1. 结构与稳定性

胆碱是卵磷脂和鞘磷脂的组成成分。卵磷脂是磷脂酰胆碱（胆碱磷脂），广泛存在于动、植物食品之中。其组成成分胆碱为（β – 羟乙基）三甲基氨的氢氧化物，为离子化合物。其化学结构如图 3 – 12 所示。

胆碱是一种强有机碱，易与酸反应生成稳定的盐如氯化胆碱和酒石酸胆碱。它们常被用于婴幼儿食品的营养强化。胆碱在强碱条件下不稳定，但它对热相当稳定，因而在食品加工和烹调过程中很少损失。它也耐储存，在干燥环境条件下即使是长期储存，其在食品中的含量几乎没有变化。

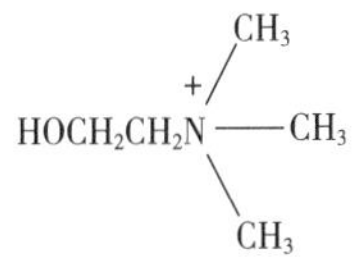

$$HOCH_2CH_2 \overset{CH_3}{\underset{CH_3}{\overset{+}{N}}} CH_3$$

图 3 –12　胆碱结构示意图

2. 生理作用

胆碱的生理作用和磷脂的作用密切相关，并通过磷脂的形式来实现，例如，作为生物膜的重要成分。它是机体甲基的来源和乙酰胆碱的前体，用以促进脂肪代谢和转甲基作用，以及促进大脑发育、提高记忆能力和保证讯息传递等。

3. 缺乏和过量

人类自身可以合成胆碱，故未在人体见有胆碱缺乏症状。但婴幼儿合成能力低，常有进行营养强化的必要。

目前尚未有观察到通过膳食摄入过量胆碱对人产生毒副作用。

4. 摄入量及食物来源

中国营养学会新近制定的膳食胆碱适宜摄入量（AI）和可耐受最高摄入量（UL）依不

同年龄组而异，14 岁以上人群男性为 500mg/d，女性为 400mg/d，孕妇为 420mg/d，乳母为 520mg/d，成人可耐受最高摄入量为 30000mg/d。

胆碱广泛存在于各种动、植物食品中、肝脏、花生、麦胚、大豆中含量丰富，蔬菜中莴苣、花菜中含量也不少。其中莴苣的含量每 100g 可达 586mg，花生为 992mg，而牛肝的含量则更高，为 1166mg。一般的蔬菜、水果则较低，如黄瓜每 100g 含量为 44mg，橘子为 40mg。

三、 脂溶性维生素

（一） 维生素 A

维生素 A 又称视黄醇，实际包括所有具有视黄醇生物活性的化合物。

1. 结构与稳定性

视黄醇是由 β - 紫罗酮环与不饱和一元醇所组成。它既可以游离醇存在，也可与脂肪酸酯化，或者以醛或酸的形式出现。此外，在 3 位上脱氢的视黄醇也有维生素活性，视黄醇为维生素 A_1，3 - 脱氢视黄醇是维生素 A_2。前者存在于哺乳动物及咸水鱼的肝脏中，后者存在于淡水鱼的肝脏内。其结构如图 3 - 13 所示。

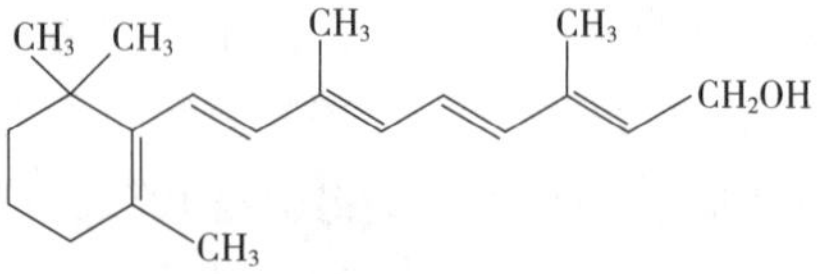

图 3 - 13　维生素 A 结构示意图

植物和真菌中有许多类胡萝卜素被动物摄食后可转变成维生素 A，并具有维生素 A 活性。它们被称为维生素 A 原。其中 β - 胡萝卜素最有效，它可产生 2 个等效的维生素 A。现将食物中常见的一些类胡萝卜素的结构及其相对的生物活性列于表 3 - 25。

表 3 - 25　　　　　　　一些类胡萝卜素的结构和维生素 A 原活性比较

名称	结构	相对活性
β - 胡萝卜素（广泛分布）	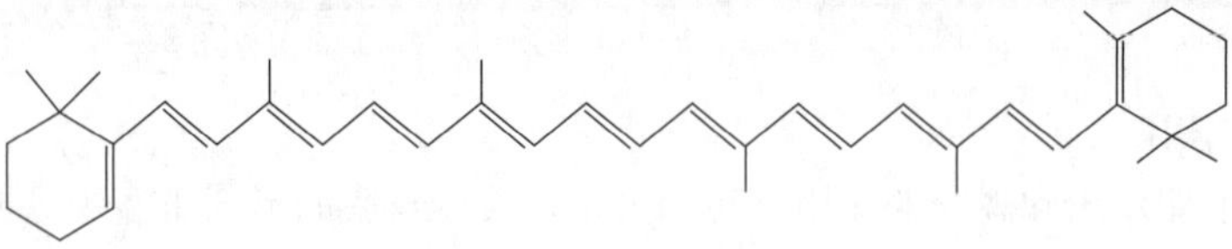	+ + + +
β - 阿朴 - 8′ - 胡萝卜素醛	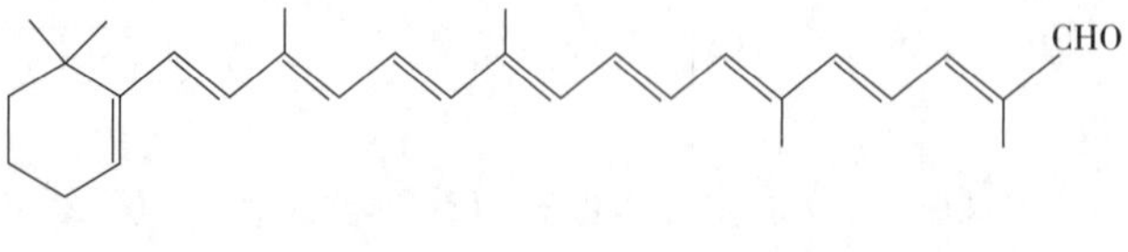	+ + +
α - 胡萝卜素（广泛分布）	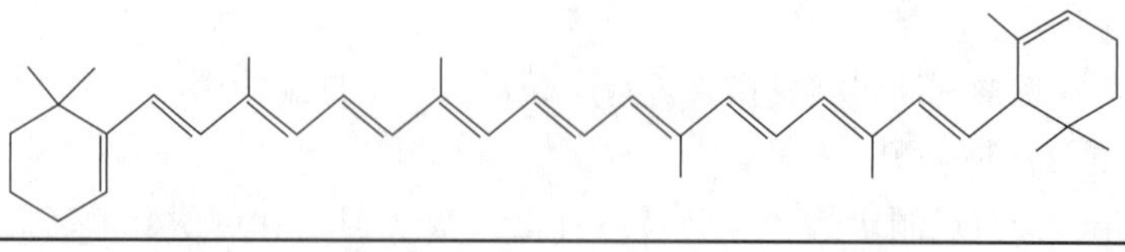	+ +

续表

名称	结构	相对活性
隐黄质（橙）		0
海胆酮(海胆)		0
虾红素（甲壳类动物）		0
番茄红素（番茄）		0

维生素 A 对空气、紫外线和氧化剂都很敏感。高温和金属离子的催化作用都可加速其分解。在低 pH 下的部分异构化作用也会损失部分维生素 A 活性，因顺式异构体的活性比反式异构体低。

人们从食品中摄取的大多数是维生素 A 原。维生素 A 原在食品加工和储存时可有许多破坏途径，这取决于其反应条件。

2. 生理作用

（1）维持正常视觉 维生素 A 与正常视觉能力有密切关系。维生素 A 在体内参与眼球视网膜细胞内视紫红质的合成与再生，维持正常视力。人从亮处进入暗处，因视紫红质消失，最初看不清楚任何物体，经过一段时间，当视紫红质再生到一定水平时才逐渐恢复视觉，这一过程称为"暗适应"。如果维生素 A 摄入充足，视网膜细胞中视紫红质容易合成，暗适应能力强；如果维生素 A 缺乏，暗适应能力差，严重时可导致夜盲症，古称"雀蒙眼"。患夜盲症时，结膜干燥角化，形成眼干燥症（干眼病），进一步可致角膜软化、溃疡、穿孔而致失明。

（2）维持上皮组织正常生长与分化 维生素 A 对上皮组织的正常形成、发育与维持非常重要，缺乏时可引起上皮组织的改变，如皮肤干燥，毛囊角化，鼻、咽、喉和其他呼吸道以及消化、泌尿、生殖系统的黏膜角质化，局部抵抗力降低，引起感染。

（3）促进生长发育 维生素 A 可促进儿童的生长发育。当维生素 A 缺乏时，儿童生长停滞、发育迟缓、骨骼发育不良。孕早期缺乏维生素 A 还会引起早产、分娩低体重儿等。

（4）抑癌作用 近年来研究证明，维生素 A、β - 胡萝卜素能防治某些肿瘤，尤其是对于上皮组织肿瘤的防治效果明显。

（5）维持机体正常免疫功能 维生素 A 通过调节细胞免疫和体液免疫来提高免疫功能，其机理可能与增强巨噬细胞和自然杀伤细胞的活力以及改变淋巴细胞的生长或分化有关。研究促进生长发育结果表明，维生素 A 缺乏会影响抗体的生成从而使机体抵抗力下降。

3. 缺乏和过量

食物中的维生素 A 由小肠吸收，在黏膜细胞内与脂肪酸结合成酯后掺入乳糜微粒，由淋巴运走，被肝脏摄取并储存。当机体需要时向血中释放。

维生素 A 缺乏是许多发展中国家的一个主要公共卫生问题，发生率相当高，甚至在非洲和亚洲许多发展中国家的部分地区呈地方性流行。

维生素 A 缺乏的早期症状是暗适应能力下降，严重者可致夜盲症；其最明显的症状是干眼病，即眼结膜和角膜上皮组织变性，泪腺分泌减少，眼睛干燥、怕光、流泪，发炎、疼痛，严重者甚至失明。

此外，维生素 A 缺乏还会引起机体不同组织上皮干燥、增生及角化等。例如，皮脂腺及汗腺角化导致皮肤干燥；毛囊周围角化过度，发生毛囊丘疹与毛发脱落；呼吸、消化、泌尿、生殖上皮细胞角化变性，易被细菌感染。维生素 A 缺乏还会导致血红蛋白合成代谢障碍、免疫功能低下、儿童生长发育迟缓。

维生素 A 缺乏好发于婴幼儿和儿童，因为孕妇血中的维生素 A 不易通过胎盘屏障进入胎儿体内，所以初生儿体内维生素 A 储存量低，易缺乏。另外，血吸虫病、饮酒以及某些消耗性疾病（如麻疹、肺结核、肺炎、猩红热等）和消化道疾病（如胆囊炎、胰腺炎、肝硬化、胆管阻塞、慢性腹泻等）也会影响维生素 A 的吸收与代谢，同样很容易伴发维生素 A 缺乏。

维生素 A 摄入过量可引起急、慢性中毒和致畸。急性中毒通常发生在一次或多次连续摄入大量的维生素 A，如大于 RDA 的 100 倍（成人）或大于 RDA 的 20 倍（儿童）。急性中毒的早期症状为恶心、呕吐、头疼、眩晕、视觉模糊、肌肉失调、婴儿囟门突起，随着摄入量的增加会出现嗜睡、厌食、少动、反复呕吐。极大剂量（12g，RDA 的 13000 倍）的维生素 A 可以致命。

慢性中毒比急性中毒常见，当维生素 A 摄入量超过 RDA 的 10 倍时即可发生，常见症状是头痛、食欲降低、脱发、肝大、长骨末端外周部分疼痛、肌肉疼痛及僵硬、皮肤干燥瘙痒、复视、出血、呕吐和昏迷等。维生素 A 摄入过量还可导致孕妇流产和胎儿畸形。在妊娠早期孕妇如果每日大剂量摄入维生素 A，娩出畸形儿的相对危险度为 25.6%。

维生素 A 中毒主要由于摄入过多的维生素 A 浓缩制剂或鲨鱼肝、狗肝、熊肝引起，一般普通食物不会导致维生素 A 中毒。类胡萝卜素因为转变为维生素 A 的速率慢且其吸收率随着类胡萝卜素的摄入量增加而逐渐减少，所以大量摄入类胡萝卜素通常不会中毒，但会出现高胡萝卜素血症，即皮肤出现类似黄疸的现象，停止食用后症状会慢慢消失，未发现其他毒性。

4. 摄入量及食物来源

血中维生素 A 的含量可评定人体维生素 A 营养状况，成人血清维生素 A 的正常含量范围为 20～50μg/100mL。一般认为若低于 10μg/100mL，即可出现维生素 A 缺乏症。我国成人维生素 A 的最低生理需要量不应低于 300μg/d，适宜的供给量应在 600～1000μg/d。1988 年我国修订的成人每日供给量标准为 $800\mu g$，比前略有减少，但此量与国际上的规定一致。

我国人民膳食中维生素 A 的主要来源为胡萝卜素。考虑到胡萝卜素的利用率不很稳定，因此，曾建议供给量中至少应有 1/3 来自视黄醇，即来自动物性食品的维生素 A 应有 $266\mu g$，而其余的 2/3 可为 β – 胡萝卜素。由于胡萝卜素的吸收和在体内的转换关系，来自植物性食品的 β – 胡萝卜素应为 $534 \times 6 = 3204\mu g$，即 $3.2mg$。

维生素 A 的活性表达方式包括国际单位（international units，IU）、视黄醇当量（retinol equivalent，RE）和视黄醇活性当量（retinol activity equivalent，RAE）。1966 年 WHO 规定：1IU 维生素 A $= 0.3\ \mu g$ 全反式视黄醇 $= 0.6\ \mu g$ 全反式 β – 胡萝卜素。但 IU 体系没有顾及一般膳食中 β – 胡萝卜素和其他维生素 A 原类胡萝卜素的低吸收和转化率影响，故 1967 年 FAO/WHO 提出 RE 的概念。

但视黄醇当量的概念可能高估了膳食维生素 A 原类胡萝卜素的维生素 A 贡献，故美国医学研究院食物与营养委员会在 2001 年提出以 RAE 代替 RE 评估膳食及补充剂中维生素 A 的生物活性。目前很多书籍和文献多应用 RE 或 RAE 的表达方式，国际单位（IU）在某些领域也仍有应用。视黄醇当量（RE）及视黄醇活性当量（RAE）的应用及比较详见表 3 – 26 所示。

表 3 – 26　　　　　　　　　　　　视黄醇当量及视黄醇活性当量的比较

视黄醇当量/RE	视黄醇活性当量/RAE
1 个视黄醇当量（μgRE）	1 个视黄醇活性当量（$\mu gRAE$）
$=1\mu g$ 全反式视黄醇	$=1\mu g$ 全反式视黄醇
$=2\mu g$ 溶于油剂的纯品全反式 β – 胡萝卜素	$=2\mu g$ 溶于油剂的纯品全反式 β – 胡萝卜素
$=6\mu g$ 膳食全反式 β – 胡萝卜素	$=12\mu g$ 膳食全反式 β – 胡萝卜素
$=12\mu g$ 其他膳食维生素 A 原类胡萝卜素	$=24\mu g$ 其他膳食维生素 A 原类胡萝卜素

膳食或食物中总视黄醇活性当量（$\mu gRAE$）= 全反式视黄醇（μg）+ 1/2 补充剂纯品全反式 β – 胡萝卜素（μg）+ 1/12 膳食全反式 β – 胡萝卜素（μg）+ 1/24 其他膳食维生素 A 原类胡萝卜素（μg）。

中国营养学会根据我国调查研究情况并参考国外有关资料，新近制定中国居民膳食维生素 A 推荐摄入量（RNI）为：男性为 $800\mu gRAE/d$，女性为 $700\mu gRAE/d$，怀孕中晚期及乳母在 $700\mu gRAE/d$ 基础上，分别再增加 70、$600\mu gRAE/d$。UL 在成人、孕妇、乳母均为 $3000\mu gRAE/d$。

维生素 A 的安全摄入量范围较小，大量摄入有明显的毒性作用；维生素 A 的毒副作用主要取决于视黄醇的摄入量，也与机体的生理及营养状况有关。β – 胡萝卜素是维生素 A 的安全来源。

维生素 A 只存在于动物性食品中，最好的来源是各种动物的肝脏、鱼肝油、奶油和蛋黄等；植物性食物中只能提供类胡萝卜素，在深色蔬菜和水果中含量较高，如冬寒菜、菠菜、苜蓿、空心菜、莴笋叶、胡萝卜、豌豆苗、红心红薯、辣椒，以及芒果、杏子、柿子等。

除了从膳食中注意维生素 A 的摄入外，还可补充维生素制剂，但要控制剂量。

（二）　维生素 D

1. 结构与稳定性

维生素 D 是类固醇的衍生物。具有维生素 D 活性的化合物约十种，主要的是维生素 D_2（麦角钙化醇）和维生素 D_3（胆钙化醇）。二者的结构十分相似，维生素 D_2 比维生素 D_3 在侧链上多一个双键和甲基。其结构如图 3 - 14 所示。

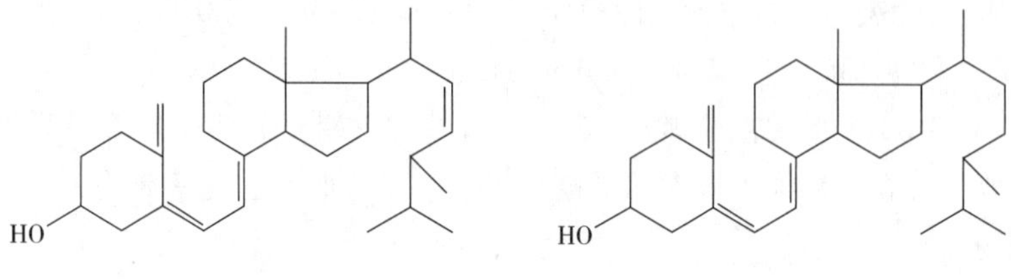

维生素D_2　　　　　　　　　　　维生素D_3

图 3 - 14　维生素 D 结构示意图

维生素 D 也存在维生素 D 原，或称前体，可由光转变成维生素 D。植物中的麦角固醇在日光或紫外线照射后可以转变成维生素 D_2，故麦角固醇可称为维生素 D_2 原；人体皮下存在有 7 - 脱氢胆固醇，在日光或紫外线照射下可以转变为维生素 D_3，故 7 - 脱氢胆固醇可称为维生素 D_3 原。由此可见多晒太阳是防止维生素 D 缺乏的方法之一。

维生素 D 很稳定，它能耐高温，且不易氧化。例如，在 130℃ 加热 90min 仍有生理活性。但是它对光敏感，易受紫外线照射而破坏，通常的储藏、加工或烹调不影响其生理活性。

2. 生理作用

（1）促进钙、磷在肠道内的吸收和肾小管内的重吸收　维生素 D 在肝脏内被氧化为25 - 羟胆钙化醇，再在肾脏中被转化为1，25 - 二羟胆钙化醇后才有生理活性。1，25 - 二羟胆钙化醇在肠黏膜上皮可诱发特异性钙结合蛋白的合成，促进钙的主动转运，促进肾脏对钙磷的重吸收，并与甲状旁腺素共同作用，调节血钙保持正常水平。

甲状旁腺存在识别钙的受体。当血钙水平降低时，甲状旁腺受到刺激分泌甲状旁腺激素，甲状旁腺激素激活肾脏 1α - 羟化酶，从 25 - 羟胆钙化醇储存池中转化更多的 1α，25 - 二羟胆钙化醇。1α，25 - 二羟胆钙化醇促进钙在肾小管的再吸收，将钙从骨中动员出来，促进小肠钙结合蛋白的合成以增加钙吸收，最终使血钙恢复正常水平。当血钙过高时，甲状旁腺激素降低，降钙素分泌增加，阻止骨骼钙的动员，尿中钙和磷的排出增加。血钙和 1α，25 - 二羟胆钙化醇达到正常值后，肾脏 1α - 羟化酶活性降低，24R - 羟化酶被激活，维生素 D 的代谢向 24R，25 - 二羟胆钙化醇转变（图 3 - 15）。

（2）促进骨骼和牙齿的正常生长与矿物化　人体中的维生素 D 能促进骨骼和牙齿的正常生长与矿物化，并不断更新以维持其正常生长。

（3）对基因表达的调节　机体内 30 种以上的组织细胞都含有维生素 D 核内受体，包括肠、肾、胰、垂体、乳房、胎盘、造血组织、皮肤及各种来源的癌细胞等。1α，25 - 二羟胆钙化醇和维生素 D 核内受体可以调节 40 多种不同蛋白质的转录，通过基因转录的调节控制细胞的分化、增殖和生长。此外，维生素 D 还具有调节免疫的作用，可以改变机体对感染的反应。

3. 缺乏与过量

（1）维生素 D 缺乏症　维生素 D 缺乏将降低钙、磷吸收，血钙水平下降，造成骨骼和

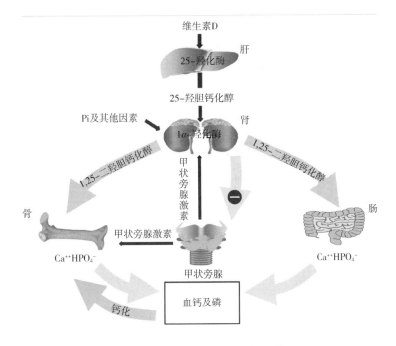

图3-15 血钙水平的调节机制

（资料来源：the Nutrition handbook for food processors，C. J. K Henry &C. Chapman，2002）

牙齿的矿物化异常。不同年龄表现症状各不相同，婴幼儿会引起佝偻病，成人发生骨质软化症，老年人发生骨质疏松症。

佝偻病是婴幼儿因严重缺乏维生素D和钙、磷而患的疾病。患者表现出以下几种症状：骨骼变软和弯曲变形，下肢呈"X"或"O"形腿；胸骨外突呈"鸡胸"，肋骨与肋软骨连接处形成"肋骨串珠"；囟门闭合延迟、骨盆变窄和脊柱弯曲；腹部膨出；牙齿萌出推迟，恒齿稀疏、凹陷，易患龋齿。

骨质软化症常见于成人，尤其是孕妇和乳母，表现为骨质软化、易变形，孕妇骨盆变形可致难产。在17世纪至19世纪，英国孕妇因维生素D缺乏致骨质软化症，使母婴死亡率增高，故一度曾流行使用剖腹产手术。

50岁以上老人，尤其是绝经后的女性，骨矿物质密度逐渐降低，易发生骨折。其病因是老年人由于肝肾功能降低、胃肠吸收欠佳、户外活动减少，故体内维生素D含量较低。

维生素D、钙缺乏，甲状旁腺功能失调等导致血清钙水平降低时可引起手足痉挛症，表现为肌肉痉挛、小腿抽筋、惊厥等。

（2）维生素D过量 不同的人群对维生素D的耐受性不同。虽然尚未确定维生素D的中毒剂量，但摄入过量的维生素D（超过2000IU/d）可使钙吸收增加，血钙过多，并在动脉、心肌、肺、肾、气管等软组织内沉积。轻度中毒为食欲不振、体重减轻、恶心、呕吐、腹泻、头痛、多尿、烦渴、发热；重度中毒可导致死亡。

妊娠期和婴儿初期过多摄入维生素D还会导致婴儿体重偏低以及智力发育不良。预防维生素D中毒最有效的方法是避免滥用。

4. 摄入量及食物来源

人体维生素D的确切需要量尚未确定。由于人类维生素D的主要来源并非食物，而是皮下7－脱氢胆固醇经紫外线照射转变而来，故一般成人若不是生活或工作在长期不能接触直射日光的环境中，则无须另外补充。据报告，在南北45°纬度之间的多数地区，手臂和面部暴露于阳光约30min便可获得人体全天所需的维生素D。但是婴幼儿因户外活动少，特别是冬天日照短，不能获得充分的日照时，易患维生素D缺乏症（佝偻病），故应有所摄入。

FAO/WHO专家委员会建议的每日供给量标准为：6岁以内儿童和孕妇、乳母10μg维生素D_3，其他人均为2.5μg维生素D_3，我国1988年修订的维生素D的每日供给量标准：儿童、孕妇、乳母和老人为10μg，其他人为5μg。目前我国制定的DRIs是：在钙、磷供给量充足的条件下，儿童、青少年、成人、孕妇、乳母维生素D的RNI及0～1岁婴儿的AI均为10μg/d，65岁以上老人为15μg/d；11岁及以上人群（包括孕妇、乳母）的UL为50μg/d，0～4岁、4～7岁、7～11岁人群的UL则分别为20、30、45μg/d。

维生素D主要存在于动物性食品中，其中以海水鱼的肝脏含量最为丰富。比目鱼肝脏每100g的含量可高达500～1000μg。通常的鱼肝油含约210μg，禽畜肝脏及蛋、乳也含少量维生素D_3，每100g的含量在1μg以下，谷物、蔬菜、水果则几乎不含维生素D。一般情况下要单从天然食物中取得足够的维生素D不很容易，尤其是婴幼儿，故应注意进行日光浴、使机体尽量多合成维生素D_3。

（三）维生素E

1. 结构与稳定性

维生素E是具有α－生育酚生物活性的生育酚和三烯生育酚及其衍生物的总称。它们都是苯并二氢吡喃的衍生物。生育酚有一个饱和的16碳侧链，并在2、4和8位有三个不对称中心，在R_1，R_2和R_3处以甲基做不同取代，故可有α－，β－，γ－，δ－生育酚的不同。三烯生育酚与生育酚不同之处，在于其16碳侧链上的3、7和11位有三个不饱和双键。它们的化学结构不同，其维生素E的生物活性也不相同。其化学结构如图3－16所示。

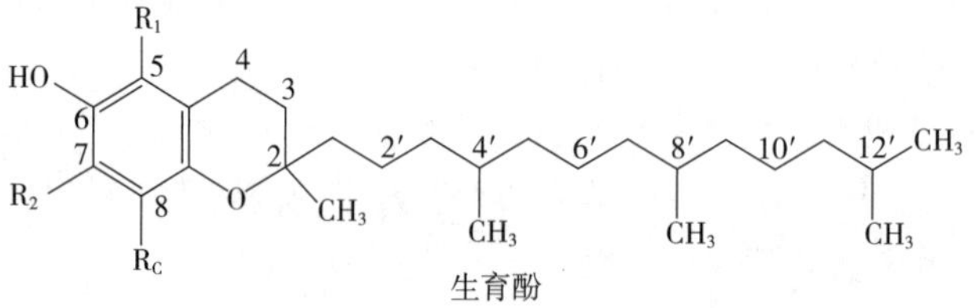

生育酚

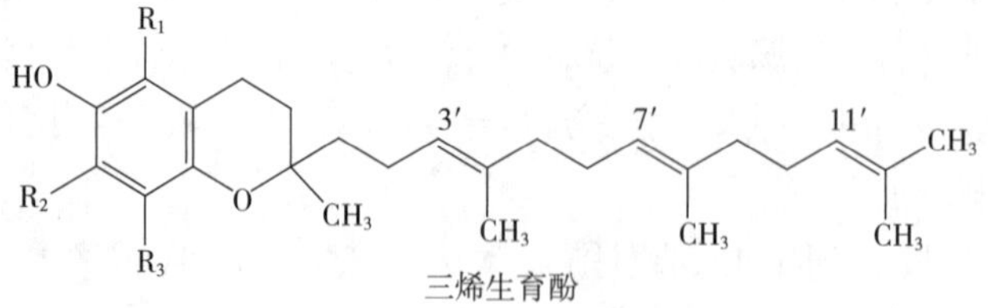

三烯生育酚

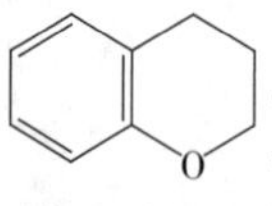

苯并二氢吡喃

	R_1	R_2	R_3	相对生物活性
α-生育酚	CH_3	CH_3	CH_3	1
β-生育酚	CH_3	H	CH_3	0.5
γ-生育酚	H	CH_3	CH_3	0.1
δ-生育酚	H	H	CH_3	很小

图3－16　维生素E结构示意图

天然存在的 α-生育酚分布最广，活性最强。其三个旋光异构位的构型均为 R 型（以 RRR 表示），活性以 RRR-α-生育酚当量（α-TEs）表示，1mg α-生育酚相当于 1mg 的 RRR-α-生育酚的活性，α-三烯生育酚的生物活性约为 α-生育酚的 30%。

人工合成的 α-生育酚是八种异构体的混合物，从其旋光特性命名为全消旋-α-生育酚。其相对生物活性为天然 α-生育酚的 74%。人们通常使用的 α-生育酚乙酸酯和 α-生育酚琥珀酸酯，其相对生物活性分别相当于 α-生育酚的 67% 和 60%。

维生素 E 的活性除可以用 RRR-α-生育酚当量（α-TEs）表示外，还可以国际单位（IU）表示，上述不同形式生育酚活性单位的换算如表 3-27 所示。

表 3-27　　　　　　　　　　　各种形式生育酚的单位换算

名称	RRR-α-生育酚当量/（α-TEs/mg）	国际单位/IU
α-生育酚	1.00	1.49
α-生育酚乙酸酯	0.91	1.36
α-生育酚琥珀酸酯	0.81	1.21
dl-α-生育酚	0.74	1.10
dl-α-生育酚乙酸酯	0.67	1.00
dl-α-生育酚琥珀酸酯	0.60	0.89
β-生育酚	0.50	0.75
γ-生育酚	0.10	0.15
α-三烯生育酚	0.30	0.45

维生素 E 在无氧条件下对热稳定，即使加热至 200℃ 也不破坏。但它对氧十分敏感，易氧化破坏。金属离子如 Fe^{2+} 等可促其氧化。此外，它对碱和紫外线也较敏感。凡引起类脂部分分离、脱除的任何加工、精制，或者脂肪氧化时都可能引起维生素 E 的损失。但罐装灭菌等无氧加工对维生素 E 的活性影响很小。

由于维生素 E 对氧敏感，易被氧化，尤其是未酯化的 α-生育酚可与过氧化自由基作用，生成氢过氧化物和 α-生育酚自由基，后者较不活泼，可通过生成二聚生育酚和三聚生育酚而终止自由基反应，在食品加工时起到很好的抗氧化作用，常作为食品抗氧化剂应用。三烯生育酚的抗氧化作用比生育酚高。此外，α-生育酚的酯类如 α-生育酚乙酸酯和琥珀酸酯对氧化作用可有较强的抵抗力，因而在油脂对烹调加工时所遇到的高温也更稳定。

2. 生理作用

维生素 E 和其他脂溶性维生素一样，随脂肪一道由肠吸收，经淋巴进入血液。吸收时也需胆汁存在，吸收后可储存于肝脏，也可存留于脂肪、肌肉组织，当膳食中缺少时可供使用。

维生素 E 具有抗氧化作用，是机体很好的抗氧化剂。它可保护维生素 A、维生素 C 以及不饱和脂肪酸等免受氧化破坏，也可保护细胞膜结构等的完整。至于维生素 E 在人体内的确切功能作用尽管尚需进一步研究，但近年来不少人认为由于其抗氧化作用可以减少氧化型低密度脂蛋白的形成、稳定细胞膜结构，抑制血小板在血管壁表面的聚集等，因而具有抗动脉粥样硬化的作用。此外，由于其可以阻断致癌的自由基反应，抵御过氧化物对细胞膜的攻击等，因而具有一定的抗癌作用。还有人认为它与机体的抗衰老作用有关。

3. 缺乏和过量

人体在正常情况下很少出现维生素 E 缺乏，原因是：①维生素 E 在食物中存在广泛；②维生素 E 几乎储存于体内各个器官组织中；③维生素 E 不易被排出体外。但是，低体重的早产儿和脂肪吸收障碍的患者可出现维生素 E 缺乏。

长期缺乏维生素 E 时可出现溶血性贫血、视网膜退变、肌无力、小脑共济失调等。

由于维生素 E 是脂溶性的，可在体内蓄积，但毒性相对较小。大剂量摄入维生素 E（每日摄入 800mg 至 3.2g）有可能出现中毒症状，表现为视觉模糊、恶心、腹泻、头痛和极度疲惫等。婴幼儿大量摄入维生素 E 还易引起坏死性小肠结肠炎。

4. 摄入量及食物来源

维生素 E 的需要量问题尚未肯定。FAO/WHO 专家委员会未制定出维生素 E 的每日供给量标准。我国成人（包括孕妇）的维生素 E 适宜摄入量（AI）是 14mg α – TE/d，乳母 AI 为 17mg α – TE/d。成人（包括孕妇、乳母）UL 为 700mgα – TE/d。有专家建议制定维生素 E 的推荐摄入量时需要考虑膳食能量或膳食多不饱和脂肪酸的摄入量，成人膳食能量为 2000 ~ 3000kcal 时，维生素 E 的适宜摄入量为 7 ~ 11mg α – TE；或每摄入 1g 多不饱和脂肪酸，应摄入 0.4mg α – TE。维生素 E 广泛分布于动、植物性食品之中。与维生素 A、维生素 D 不同，它不集中于肝脏。鱼肝油富含维生素 A、维生素 D，但不含维生素 E。人体所需维生素 E 大多来自谷类与食用油脂。各种植物油脂是维生素 E 的良好来源。肉类、水产、禽、蛋、乳、豆、水果以及几乎所有的绿叶蔬菜等都含有一定量的维生素 E（表 3 – 28）。

表 3 –28　　　　　　　各类食品维生素 E 含量代表值　　　　单位：mg/100g 食物

食物组	总生育酚	α – 生育酚	β + γ 生育酚	δ – 生育酚
谷类	0.96	0.495	0.180	0.154
豆类	4.92	0.717	2.631	1.303
蔬菜	0.75	0.466	0.102	0.156
水果	0.56	0.381	0.130	0.030
肉类	0.42	0.308	0.097	0.010
乳类	0.26	0.087	0.112	0.021
蛋类	2.05	1.637	0.409	0
水产类	1.25	0.817	0.190	0.248
食用油脂	72.37	8.17	28.33	9.739

（四）维生素 K

1. 结构与稳定性

维生素 K 是所有具有叶绿醌生物活性的 α – 甲基 –1，4 – 萘醌衍生物的统称。天然维生素 K 有两种：维生素 K_1 存在于绿叶植物中，称为叶绿醌；维生素 K_2 存在于发酵食品中是由细菌所合成，同时也可由包括人类肠道细菌在内的许多微生物合成。此外，还有两种人工合成的具有维生素 K 活性的物质。一种是 α – 甲基 –1，4 – 萘醌，它是天然维生素 K 的基础结构，称为维生素 K_3。另一种是二乙酰甲萘醌，称为维生素 K_4。维生素 K_4 在体内可转变成维

生素 K_2，其功效是维生素 K_1 和维生素 K_2 的 2~3 倍。其结构式如图 3-17 所示。

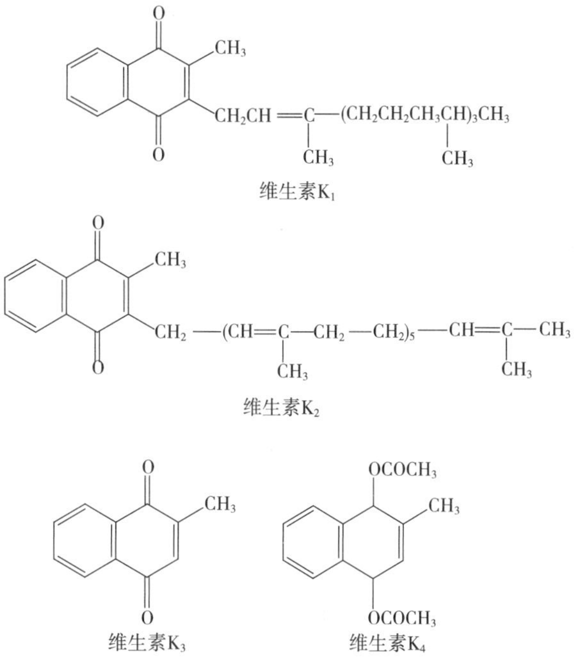

维生素K_1

维生素K_2

维生素K_3　　　　维生素K_4

图 3-17　维生素 k 结构示意图

维生素 K 对热、空气和水分都很稳定。但易被光和碱所破坏。由于它不是水溶性物质，在一般的食品加工中也很少损失。目前关于维生素 K 在食品加工、保藏等过程中的研究报告很少。已知某些还原剂可将维生素 K 的醌式结构还原为氢醌结构，但这并不影响其维生素活性。

2. 生理作用

维生素 K 的作用主要是促进肝脏生成凝血酶原，从而具有促进凝血的作用。现已查明肝脏中存在凝血酶原前体，它并无凝血作用，维生素 K 的作用在于将此凝血酶原前体转变成凝血酶原，此即凝血酶原前体在维生素 K 的影响下将末端氨基酸残基中的谷氨酸全部羧化为 γ-羧基谷氨酸残基并最终进行凝血作用。当缺少维生素 K 时，骨钙蛋白未羧化率增加，对钙的亲和力明显降低。流行病学调查显示，老年妇女的骨折发生率与血液维生素 K 水平呈负相关，骨矿物质密度与维生素 K 水平呈正相关，与血浆为羧化骨钙蛋白水平呈负相关。近年来一些大规模人群流行病学研究的结果支持膳食摄入维生素 K_2 有利于心血管健康，可降低冠心病的发病率。

3. 缺乏和过量

维生素 K 的吸收需要胆汁和胰液。用标记的叶绿醌实验证明，正常人维生素 K 的吸收率约为 80%。脂肪吸收不良的患者，其吸收率为 20%~30%，被吸收的维生素 K 经淋巴进入血液，摄入后 1~2h 在肝内大量出现，其他组织如肾、心、皮肤及肌肉内也有增加，24h 后下降。人体肠道细菌可合成维生素 K，并部分被人体利用。

缺乏维生素 K 会减少机体中凝血酶原的合成，导致凝血时间延长，出血不止，即便是轻微的创伤或挫伤也可能引起血管破裂。出现皮下出血以及肌肉及内脏器官或组织的出血、尿血、贫血甚至死亡。维生素 K 缺乏可能出现骨质疏松症。骨折治疗中如果大量使用抗生素，因为对维生素 K 的拮抗作用和对肠道细菌的杀灭作用，也会发生维生素 K 二次缺乏，抑制骨新生，延缓骨折的治愈。

天然形式的维生素 K_1 和维生素 K_2 不产生毒性，食物来源的甲萘醌毒性很低，但其与巯基反应后可具有毒性，能引起婴儿溶血性贫血、高胆红素血症和核黄疸症。

4. 摄入量及食物来源

人体对维生素 K 的需要量约为 $1\mu g/$（kg 体重·d）。FAO/WHO 专家委员会未提出维生素 K 的供给量标准。美国 1989 年提出的标准为成年男子 $80\mu g/d$，成年女子 $65\mu g/d$。中国营养学会考虑到我国尚缺乏有关中国居民维生素 K 的人群摄入量资料和营养状况的实验数据，而维生素 K 的安全摄入范围较宽（至今尚未见有长期大剂量摄入叶绿醌会引起任何中毒症状，动物摄入相当于每日需要量的 1000 倍剂量时也未见不良反应）。又由于叶绿醌广泛存在于绿叶蔬菜和植物油中。从我国现在的膳食结构来看，推测中国人的维生素 K 摄入量应高于美国人水平，故中国营养学会 2013 年提出的成人维生素 K 的适宜摄入量为 $80\mu g/d$，可耐受最高摄入量未定。

维生素 K 在食物中分布很广，以绿叶蔬菜的含量最为丰富，每 100g 可提供 $50\sim800\mu g$ 的维生素 K，是最好的食物来源。一些植物油和蛋黄等也是维生素 K 的良好来源，而肉、鱼、乳等含量较少。至于人体肠道细菌合成的维生素 K，目前认为并非人体需要的主要来源。

第六节　矿　物　质

一、概　　述

（一）矿物质的概念

矿物质又称无机盐。人体所有各种元素中，除碳、氢、氧、氮主要以有机化合物形式存在外，其他各种元素无论含量多少统称为矿物质。

矿物质可以认为是结晶、均匀的无机化学元素，它们来自土壤。植物从土壤中获得矿物质并储存于根、茎、叶等中，动物可由吃食植物等得到矿物质，人体内的矿物质则一部分来自作为食物的动、植物组织，一部分来自饮水、食盐和食品添加剂。人体是一个有机生命体，几乎含有自然界存在的各种元素。人体在所有的生命活动过程中，需要有各种物质的参与，这些物质的种类和数量同地球表层的元素组成基本一致。

（二）矿物质的分类

矿物质与有机营养素不同，它们既不能在人体内合成，除排泄外也不能在体内代谢过程中消失。基于在体内的含量和膳食中的需要量不同，它可分成两类。钙、磷、钾、钠、镁、氯与硫 7 种元素，含量在体重的 0.01% 以上，人体需要量在 100mg/d 以上，称为常量元素或宏量元素，而低于以上数值的其他元素则称为微量元素或痕量元素。

微量元素即使存在数量很少，但却很重要。微量元素中 1973 年有 14 种必需微量元素为：铁、锌、铜、碘、锰、钼、钴、硒、铬、镍、锡、硅、氟、矾。其中后五种是在 1970 年前后才确定的。1995 年 FAO/WHO 等国际组织的专家委员会再次界定人体必需微量元素的定义，①人体内的生理活性物质、有机结构中的必需成分；②这种元素必须通过食物摄入，当从饮食中摄入的量减少到某一低限值时，即将导致某一种或某些重要生理功能的损伤，并按其生物学作用分为三类。

（1）人体必需的微量元素共 10 种，包括铜、钴、铬、铁、氟、碘、锰、钼、硒和锌；

（2）人体可能的必需微量元素共 4 种，即硅、镍、硼、矾；

（3）具有潜在毒性，但在低剂量时可能具有人体必需功能的元素为铅、镉、汞、砷、铝、锡和锂。

值得注意的是所有必需元素在摄入过量时都会中毒，必需微量元素的生理作用浓度和中毒剂量间距很小。至于像铅、镉、汞等重金属元素在正常情况下分布比较恒定，通常并不对人体构成威胁。但是，当食物受到"三废"污染，或者在食品加工过程中因设备和食品添加剂的滥用等受到污染而进入食品后可引起人体中毒。

关于矿物质的研究是许多营养学家和其他科学家非常感兴趣的课题，尤其是关于矿物质在体内的作用、需要量以及食品加工对它们的影响等更需要进一步深入研究。许多科学家相信，对矿物质的研究是当代营养学有待征服、也是很吸引人的一个重要方面。

（三）矿物质的功能

矿物质摄食后与水一道吸收，人体矿物质的总量不超过体重的 4% ~ 5%，各种常量元素和微量元素在体内的分布很不均匀，如钙、磷绝大部分在骨、牙和硬组织中，碘 90% 集中在甲状腺，铁 85% 集中在红细胞，锌集中在肌肉组织等。在人体每天的新陈代谢过程中，通过粪、尿、胆汁、头发、指甲、脱屑等途径都会排出一定量的常量元素和微量元素，因此必须通过膳食和饮水来予以补充。

矿物质是机体及现代食品加工不可缺少的成分，其主要功能如下。

1. 机体的重要组成成分

体内矿物质主要存在于骨骼中，并起着维持骨骼刚性的作用。它集中了 99% 的钙与大量的磷和镁。硫和磷还是蛋白质的组成成分。细胞中普遍含有钾，体液中普遍含有钠。

2. 细胞内外液的重要成分

如钾、钠、氯与蛋白质一起共同维持细胞内、外液的渗透压，使组织能储存一定量的水分，并维持细胞的渗透压，对体液的储留和移动起重要作用。

3. 维持机体的酸碱平衡

矿物质中由酸性、碱性离子的适当配合，和碳酸盐、磷酸盐以及蛋白质组成一定的缓冲体系可维持机体的酸碱平衡。

4. 保持神经、肌肉的兴奋性

组织液中的矿物质，特别是具有一定比例的 K^+、Na^+、Ca^{2+}、Mg^{2+} 等离子对保持神经、肌肉的兴奋性、细胞膜的通透性，以及所有细胞的正常功能有很重要的作用。如 K^+ 和 Na^+ 可提高神经肌肉的兴奋性，而 Ca^{2+} 和 Mg^{2+} 则可降低其兴奋性。

5. 具有机体的某些特殊生理功能

某些矿物质元素作为酶系统中的催化剂、辅基、核酸、蛋白质的组成成分，对机体的特殊生理功能有重要作用，如血红蛋白和细胞色素中的铁分别参与氧的运送和组织呼吸、生物氧化；甲状腺中的碘用于合成甲状腺激素促进分解代谢等。

6. 改善食品的感官性状与营养价值

矿物质中有很多是重要的食品添加剂，它们对改善食品的感官质量和营养价值具有很重要的意义。例如，多种磷酸盐对增加肉制品的持水性和黏着性，从而对改善其感官性状有利。氯化钙是豆腐的凝固剂，同时还可防止果蔬制品软化。此外，儿童、老人和孕妇容易缺钙，同时儿童和孕妇还普遍容易缺铁，故常将一定的钙盐和铁盐用于食品的强化，借以提高食品的营养价值。

（四）矿物质的食物来源

不同食品中矿物质的含量变化很大。这主要取决于生产食品的原料品种的遗传特性，农业生产的土壤、水分或动物饲料等。其他因素也很重要。据报告，影响食品中铜含量的环境因素就有：土壤中的铜含量、地理位置、季节、水源、化肥、农药、杀虫剂和杀真菌剂等。经测定，我国不同食物中每100g食部的铜含量为：大米0.30mg，小米0.54mg，马铃薯0.12mg，黄豆1.35mg，油菜0.06mg，菠菜0.10mg，桃0.05mg，梨0.06mg，猪肉（肥瘦）0.06mg，鸡肉0.07mg，带鱼0.08mg。值得特别提出的是，不同食物受前述因素影响，其每100g食部铜含量变化很大，如一般苹果的铜含量为0.06mg，而红香蕉苹果为0.22mg，可是安徽砀山县香玉苹果的每100g食部铜含量仅为0.01mg，彼此相差数倍乃至数十倍。对于动物不同部位的铜含量也不相同，如前述猪肉每100g食部的铜含量为0.06mg，而猪舌为0.18mg，猪心为0.37mg，猪肝则为0.65mg，彼此差别也很大。

（五）食品中矿物质的生物有效性

矿物质的生物有效性即矿物质的生物利用率，是指食品中矿物质被机体吸收、利用的比例。机体对食品中矿物质的吸收利用，依赖于食品提供的矿物质总量及可吸收程度，并与机体的机能状态等有关。某一食品中总的矿物质含量尚不足以评价该食品的矿物质的营养价值，因为食品中矿物质元素的含量并不能决定人体的吸收、利用情况，而在较大程度上取决于促进和抑制其吸收的因素。正因为矿物质的生物有效性并非是被检物质的固有特性，所以它可以受诸如矿物质的化学形式，颗粒大小、食品的组成成分、食品加工以及机体的机能状态等因素所影响。

1. 测定方法

测定矿物质生物有效性的方法有化学平衡法，实验动物的生物检验法、离体试验及放射性同位素示踪法等。目前人们广泛应用放射性同位素来测定家畜饲料中矿物质的真实消化率，从而确定其生物有效性。对于人类的矿物质营养问题则大多致力于铁和锌的有效性研究。

在放射性同位素示踪法中尚有内标法与外标法的不同。最初对人类受试者多采用在含放射性铁的介质中生长的植物来制作生物合成的标记食品，或者用放射性示踪物（如 ^{55}Fe 和 ^{59}Fe）在屠宰之前注入动物体内并制备食品，经人体摄食后测定此示踪物的吸收，此即所谓内标法。外标法是新近在研究铁和锌的吸收时所用的方法，即在摄食前将放射性元素加到食品中，而后再测定其生物有效性。后一方法已经扩展到用来测定人体中影响食品生物有效性的因素。

2. 影响因素

影响矿物质生物有效性的因素很多。例如铁的生物有效性可受下述因素所影响。

（1）化学形式　二价铁盐或亚铁盐（Fe^{2+}）比三价铁盐（Fe^{3+}）更容易被机体利用。

（2）颗粒大小　颗粒小或溶解度高的铁盐，其生物有效性更高。

（3）食品组成　不同食品成分中的铁，其生物有效性不同，例如动物性食品中的铁（血红素铁）就比植物性食品所含铁（非血红素铁）的生物有效性高。此外，不同的食品组分对铁的吸收、利用有不同的促进或抑制作用。例如维生素 C 可将三价铁还原成二价铁，且可与之形成可溶性络合物而促进铁的吸收。某些配位体如乳酸盐、柠檬酸、氨基酸、肌苷等能与铁螯合形成小相对分子质量的可溶性单体，阻止铁沉淀，形成多聚体，有利并促进铁的吸收。而磷酸盐、草酸盐和植酸盐等可与铁结合，降低其溶解度，从而降低铁的吸收。蛋黄铁含量虽高（每 100g 约含 7mg），但由于其中存在有较高的卵黄磷蛋白而明显抑制铁的吸收，从而降低其铁的生物有效性。钙盐或乳制品中的钙也可明显降低铁的吸收及其生物有效性。

（4）食品加工　食品加工对铁的生物有效性可有一定影响，例如饼干在焙烤后可使在面粉中强化的二价铁盐变成三价铁盐，从而降低铁的生物有效性。在食品加工中去除植酸盐或添加维生素 C 均对铁的生物有效性有利。据报告，食品中添加维生素 C 可使铁的生物利用率提高 5 ~ 10 倍。

（5）生理因素　人体的机能状态对铁的吸收、利用影响很大。缺铁性贫血患者或缺铁的受试者对食品中铁的吸收增加，用放射性铁的试验研究表明，正常成年男女的膳食铁吸收为 1% ~ 12%，缺铁受试者的铁吸收可达 45% ~ 64%。妇女的铁吸收可能比男子更大，而小孩随着年龄的增长，其铁吸收下降。

二、　重要的矿物质元素

（一）钙

1. 含量与分布

钙是人体中含量最丰富的矿物质元素，其量仅次于氧、碳、氢、氮，而居体内元素的第五位，但却是以元素起作用的第一位。成人体内含钙总量约为 1200g，占体重的 1.5% ~ 2%。

2. 生理功能

（1）形成与维持骨骼和牙齿的结构　钙是骨骼和牙齿的重要成分，人体中的钙 99% 存在于骨骼和牙齿等硬组织中，主要为羟基磷灰石 $[3Ca_3(PO_4)_6 \cdot Ca(OH)_2]$，在正常情况下，1% 的钙与柠檬酸和蛋白质结合或以离子状态存在于软组织、细胞外液及血液中，称为混溶钙池。骨骼通过成骨作用（即新骨不断生成）和溶骨作用（即旧骨不断吸收），使其各种组分与血液间保持动态平衡，这一过程称为骨的重建（remodeling），即骨中的钙不断从破骨细胞中释出进入混溶钙池，而混溶钙池中的钙又不断沉积于成骨细胞中。

（2）维持神经和肌肉活动　分布在体液和其他组织中的钙，虽然还不到体内总钙量的 1%，但在机体内多方面的生理活动和生物化学过程中起着重要的调节作用。Ca^{2+} 同神经肌肉的兴奋、神经冲动的传导、心脏的正常搏动等生理活动都有非常密切的关系。红细胞、心肌、肝和神经等细胞膜上有钙的结合部分，当 Ca^{2+} 从这些部位释放时，细胞膜的结构与功能发生变化，如对钾、钠等离子的通透性改变。血清 Ca^{2+} 浓度降低时，神经肌肉兴奋性增加，可引起手足抽搐，而 Ca^{2+} 浓度过高时，则可损害肌肉的收缩功能，引起心脏和呼吸衰竭。也有研究表明高血压同钙不足有关。

（3）参与凝血功能　已知有 4 种维生素 K 与钙结合并参与血液凝固过程，即在钙离子存在下，使可溶性纤维蛋白原转变成纤维蛋白形成凝血。

（4）其他生理功能　Ca^{2+}在体内还参与调节和激活多种酶的活性作用，如 ATP 酶、脂肪氧化酶、蛋白质分解酶、钙调蛋白等。此外，钙对细胞功能的维持、细胞的吞噬、激素的分泌也有影响。

3. 缺乏与过量

钙的摄入量过低可导致钙缺乏症，主要表现为骨骼的病变，即儿童时期的佝偻病和成年人的骨质疏松症。

钙过量对机体可产生不利的影响，包括以下几种。

（1）增加肾结石的危险

（2）奶碱综合征　典型症候群包括高血钙症、碱中毒和肾功能障碍。急性发作呈现为高钙血症和碱中毒，特征是易兴奋、头疼、眩晕、恶心和呕吐、虚弱、肌痛和冷漠，严重者出现记忆丧失、嗜睡和昏迷。

（3）干扰其他矿物质的吸收和利用　钙和铁、锌、镁、磷等元素存在相互作用。如钙可以明显抑制铁的吸收；高钙膳食会降低锌的生物利用率；钙镁比大于 5 时可导致镁缺乏。

4. 吸收与排泄

当钙的摄入量多时，人体对钙的吸收大部分通过被动的离子扩散方式。而当机体的需要量大或摄入量少时，肠道对钙的吸收是逆浓度梯度主动进行的。但钙的摄入与吸收并不成比例。通常摄入量增大时钙吸收率降低，且吸收还很不完全，有 70% ～ 80% 不被吸收而由粪便排出。

钙的吸收还与年龄、个体机能状态有关。年龄大，钙吸收率低；胃酸缺乏、腹泻等降低钙的吸收，但若机体缺钙，则吸收率较大。

此外，尚有许多因素可促进钙的吸收。维生素 D 可促进钙的吸收，从而使血钙升高并促进骨中钙的沉积。能降低肠道 pH 或增加钙溶解度的膳食，均能促进钙吸收，如乳糖可降低 pH 或同钙结合而促进钙的吸收；赖氨酸、色氨酸、精氨酸等也可与钙形成可溶性钙盐而有利于其吸收。而在肠道中与钙形成不可溶性物质则会干扰钙的吸收，如谷类中的植酸，菠菜、苋菜、竹笋中的草酸都会同钙形成植酸钙和草酸钙而不能吸收；脂肪摄入过高，可因大量脂肪酸与钙结合成不溶性皂化物从粪便排出，此过程可引起脂溶性维生素（如维生素 D）的丧失。此外，膳食纤维也可影响钙的吸收，这可能是膳食纤维中的糖醛酸残基与钙结合所致。使胃肠道 pH 升高的药物如抗酸药、四环素、肝素等都会使钙吸收减少。膳食成分对钙吸收利用的影响见表 3 – 29。

表 3 – 29　　　　　　　　　膳食成分对钙吸收利用的影响

提高吸收利用	降低吸收利用	无作用
乳糖	植酸盐	磷
蛋白质	膳食纤维	蛋白质
赖氨酸、色氨酸等氨基酸	草酸盐	维生素 C
维生素 D	脂肪	柠檬酸
	乙醇	果胶

钙的排泄主要通过肠道与泌尿系统，少量也可从汗液中排出，一般为每天200mg，高温时可达1g，每天可排出150～300mg。肠道排出的钙，每天为100～150mg，一部分是未被吸收的膳食钙；另一部分为由消化液分泌至肠道而未被重吸收的钙，称为内源性钙。肾是钙排出的主要器官，每天从肾小球滤过的钙总量可达10g，正常人每天从尿中排出160～200mg，最多能达500mg。乳母平均每日可在泌乳时排出钙100～300mg。补液、酸中毒、高蛋白膳食以及甲状腺素、肾上腺皮质激素、甲状腺素或维生素D过多等，均可使钙排出增多。

5. 需要量与食物来源

中国营养学会新近提出的我国居民膳食钙适宜摄入量（AI）：成年男女为800mg/d，50岁以上人群、孕妇（早期）为1000mg/d、孕妇（中期）、孕妇（晚期）和乳母为1200mg/d。钙的可耐受最高摄入量在参考美国资料的基础上定为2000mg/d。

食物中钙的来源以乳及乳制品为最好，它不但含量丰富，而且吸收率高，是婴幼儿最理想的钙源。发酵酸乳则更有利钙的吸收。虾皮、小鱼、海带发菜等含钙丰富。蔬菜、豆类和油料种子含钙也较多，至于谷类、肉类、水果等食物含钙较少，且谷类等植物性食品含植酸较多，其钙不易吸收（应注意消除其不利吸收的因素，如进行烫漂等）。蛋类的钙主要存在于蛋黄中，因有卵黄磷蛋白之故，吸收不好。

（二）磷

1. 含量与分布

磷在成人体内的总量为600～900g，约占体重的1%。大约85%的磷与钙一起成为骨骼和牙齿的重要组成成分，其中钙/磷比值约为2:1。此外，磷也是软组织结构的重要组分，很多结构蛋白质含磷，细胞膜的脂质含磷，RNA和DNA也含磷。

2. 生理功能

磷在机体的能量代谢（如形成高能磷酸键等）中具有很重要的作用。磷参与酶的组成，是很多酶系统的辅酶或辅基（如硫胺素焦磷酸酯、黄素腺嘌呤二核苷酸等）的组成成分。磷还可使物质活化，以利体内代谢反应的进行，某些B族维生素只有经过磷酸化才具有活性，发挥辅酶作用。另外，磷作为多种磷酸盐的形式组成机体的缓冲系统，参与调节机体的酸碱平衡等。

3. 缺乏与过量

通常，磷的摄入大于钙，如果食物中钙和蛋白质的含量充足，则磷也能满足需要。一岁以下婴儿只要喂养合理、钙能满足需要，则磷也能满足需要。一岁以上的幼儿以至成人，由于所吃食物种类广泛，磷的来源不成问题。在考虑磷需要量时，过去常用的一个指标是钙磷比值，并认为在1:1～1:1.5较好。婴儿则以母乳中的钙磷比例为宜，为1.5:1～2:1。近期成人平衡研究观察结果，发现钙磷比值从0.08:1～2.40:1对钙平衡或钙吸收均无影响。故认为不必过分强调二者的适宜比例。但应强调，关键问题是钙要足量。

磷的缺乏只有在一些特殊情况下才会出现。如早产儿仅喂以母乳，而人乳中磷含量较低，不能满足早产儿骨磷沉积的需要，而可发生磷缺乏。

4. 吸收与排泄

磷的吸收与排泄大致与钙相同。通常磷的吸收比钙高，学龄儿童或成人的吸收率为50%～70%。婴儿对牛乳中磷的吸收可高达65%～75%，母乳中磷的吸收率更高，可达85%～90%。

食物中的磷大多以有机化合物（如磷蛋白和磷脂等）的形式存在。摄入后在肠道磷酸酶的作用下游离出磷酸盐，磷以无机盐的形式吸收，但植酸形式的磷不能被机体充分吸收、利用。谷类种子中主要是植酸形式的磷，利用率很低，若经酵母发面或预先将谷粒浸泡于热水中，则可大大降低植酸盐含量，从而提高其利用率。此外，维生素 D 不仅可促进磷的吸收，而且还增加肾小管对磷的重吸收，减少尿磷的排泄。

5. 需要量与食物来源

中国营养学会提出成人磷的推荐摄入量（RNI），11～18 岁为 1000mg/d，18 岁以上成人为 720mg/d，65 岁以上人群为 700mg/d，80 岁以上人群为 670mg/d，孕妇、乳母均为 720mg/d，可耐受最高摄入量（UL），成人、孕妇和乳母为 3500mg/d，65 岁以上人群为 3000mg/d。

磷普遍存在于各种动、植物食品中。尽管谷类种子中的磷因植酸的存在而难以利用，蔬菜和水果含磷较少，但肉、鱼、禽、蛋、乳及乳制品含磷丰富（磷与蛋白质并存），是磷的重要食物来源。故只要食物蛋白质和钙的含量充足，也将有足够的磷。

（三）镁

1. 含量与分布

成人体内含镁 20～30g，约占人体质量的 0.05%。其中 60%～65% 以磷酸盐和碳酸盐的形式存在于骨骼和牙齿中。27% 的镁存在于软组织中。肌肉、心、肝、胰的含量相近，约为 200mg/kg（湿重）。镁主要存在于细胞内，细胞外液中的镁不超过 1%。

2. 生理功能

（1）多种酶的激活剂　镁作为多种酶的激活剂，参与 300 余种酶促反应。镁能与细胞内许多重要成分，如三磷酸腺苷等形成复合物而激活酶系，或直接作为酶的激活剂激活酶系。

（2）维持骨骼生长和神经肌肉的兴奋性　镁可以维护骨骼生长和神经肌肉的兴奋性，也是维持骨细胞结构和功能所必需的元素，对促进骨骼生长和维持骨骼的正常功能具有重要作用。镁使神经肌肉兴奋和抑制作用与钙相同，血中镁或钙过低时，神经肌肉兴奋性均增高；反之，则有镇静作用。但是，镁和钙又有拮抗作用，由于某些酶的结合竞争作用，在神经肌肉功能方面表现出相反的作用。由镁引起的中枢神经和肌肉接点处的传导阻滞可被钙拮抗。

（3）抑制钾、钙通道　镁可封闭不同的钾通道，阻止钾外流。镁也可抑制钙通过膜通道内流。当镁耗竭时，这种抑制作用减弱，导致钙经过钙通道进入细胞增多。

（4）影响胃肠道功能　低度硫酸镁溶液经十二指肠时，可促胆囊排空，具有利胆作用。碱性镁盐可中和胃酸，镁离子在肠道中吸收缓慢，促使水分滞留，具有导泻作用。

（5）影响甲状旁腺激素分泌　血浆镁的变化直接影响甲状旁腺激素（PTH）的分泌，但其作用效果仅为钙的 30%～40%。在正常情况下，当血浆镁增加时，可抑制 PTH 分泌。血浆镁水平下降时可兴奋甲状旁腺，促使镁自骨骼、肾脏、肠道转移至血中，但其量甚微。当镁水平极端低下时，可使甲状旁腺功能反而低下，经补充镁后即可恢复。甲状腺激素过多可引起血清镁降低、尿镁增加，镁呈负平衡。甲状腺激素又可提高镁的需要量，故可引起相对缺镁，因此对甲亢患者应适当地补充镁盐。

3. 缺乏与过量

（1）缺乏　引起镁缺乏的原因很多，主要有：镁摄入不足、吸收障碍、丢失过多，以及多种临床疾病等。镁缺乏可致血清钙下降、神经肌肉兴奋性亢进；对血管功能可能有潜在的影响，有报道低镁血症患者可有房室性早搏、房颤以及室速与室颤，半数有血压升高；镁对骨矿物质的内稳态有重要作用，镁缺乏可能是绝经后骨质疏松症的一种危险因素；少数研究表明镁耗竭可以导致胰岛素抵抗。

（2）过量 在正常情况下，肠、肾及甲状旁腺等能调节镁代谢，一般不易发生镁中毒。用镁盐抗酸、导泻、利胆、抗惊厥或治疗高血压脑病，也不至于发生镁中毒。只有在肾功能不全者、糖尿病酮症的早期、肾上腺皮质功能不全、黏液水肿、骨体瘤、草酸中毒、肺部疾患及关节炎等发生血镁升高时方可见镁中毒。

4. 吸收与排泄

食物中的镁主要在空肠末端和回肠吸收，吸收率一般为 30% ~50% 。镁被机体吸收、代谢后可有大量从胆汁、胰液、肠液分泌到肠道，其中 60% 从肠道排出。有些从汗液和脱落的皮肤细胞丢失，其余从尿排出。每天排出 50 ~120mg，占摄入量的 1/3 ~1/2。肾脏是维持体内镁稳定的重要器官。当镁摄入过多、血镁过高时，肾滤过的镁增加，肾小管重吸收差，尿镁增加。反之则少。

人体对镁的吸收可受多种因素影响。例如它受食物中镁含量的影响显著。当摄入量少时吸收率增加，而摄入量多时则吸收率下降。此外，氨基酸、乳糖等可促进镁的吸收，而磷、草酸、植酸、长链饱和脂肪酸和膳食纤维等可抑制镁的吸收。

由于镁和钙的吸收途径相同，它们会因竞争吸收而相互干扰。

5. 摄入量与食物来源

关于人体对镁的需要量，因其受多种因素影响，目前难以确定。中国营养学会根据我国实际情况，同时参照国外资料提出中国居民膳食镁 RNI：18 岁为 330mg/d，65 ~79 岁为 320mg/d，80 岁以上为 310mg/d，孕妇为 370mg/d，乳母为 330mg/d。

镁广泛存在于各种食物之中。通常均可满足机体对镁的需要，但食物中镁含量差异甚大。绿叶蔬菜中的叶绿素含镁，是镁的丰富来源。此外，粗粮、坚果、大豆和海产品也是镁的良好来源。乳、肉、蛋等则含量较低，至于精制的糖、酒、油脂等则不含镁。

（四）铁

1. 含量与分布

铁是人体必需的微量元素，也是体内含量最多的微量元素。成人体内含铁量为 3 ~4g，男子平均为 3.8g（75kg 体重），女子平均为 2.3g（60kg 体重）。人体内的铁可分为功能性铁和储存铁。储存铁以铁蛋白和含铁血黄素的形式存在于肝、脾与骨髓中，占体内总铁量的 25% ~30%。功能性铁是铁的主要存在形式，其中血红蛋白含铁量占总体量的 60% ~75%，3% 在肌红蛋白，1% 为含铁酶类（细胞色素、细胞色素氧化酶、过氧化物酶与过氧化氢酶等），这些铁参与氧的转运和利用。表 3 -30 所列各种形式的铁都与蛋白质结合在一起，没有游离的铁离子存在，这是生物体内铁存在的特点。

表 3 -30 成人体内铁的分布

项目	男子		女子	
	总量/mg	含量/（mg/kg 体重）	总量	含量/（mg/kg 体重）
血红蛋白	2300	31	1700	28
肌红蛋白	320	4	180	3
含血红素铁酶	80	1	60	1

续表

项目	男子		女子	
	总量/mg	含量/（mg/kg 体重）	总量	含量/（mg/kg 体重）
非血红素铁酶	100	1	76	1
铁蛋白	540	7	200	3
血黄素铁	235	3	100	2
合计	3575	47	2316	38

2. 生理功能

铁在机体中参与氧的运送、交换和组织呼吸过程，作为过氧化氢酶的组成成分，可清除体内的过氧化氢，有利机体健康。铁与红细胞形成与成熟有关，铁在骨髓造血组织中进入幼红细胞内，与卟啉结合形成正铁血红素，后者再与珠蛋白合成血红蛋白。

铁与免疫系统关系密切，铁可提高机体免疫力，增加中性粒细胞和吞噬细胞的功能。铁还有许多重要功能，如催化 β - 胡萝卜素转化为维生素 A、参与嘌呤与胶原蛋白的合成、抗体的产生、脂类从血液中转运以及药物在肝脏的解毒等。

3. 缺乏与过量

（1）铁缺乏　铁缺乏症是一种全身性营养缺乏疾病，临床上典型表现为缺铁性贫血，其次生长发育障碍，食欲消化吸收功能下降，抵抗力降低。尤其婴幼儿贫血所致脑损害不可逆转是铁缺乏造成的最大危害。

铁缺乏常见于 4 个月以上的婴儿和儿童，对铁的需要量很大，而乳中所含的铁往往不能满足需要，尤其牛乳和米粉人工喂养的孩子，铁的吸收率显著低于母乳，易发生铁缺乏。

铁缺乏还常见于青年妇女和妊娠妇女，月经失血和妊娠引起铁的需要量增加而摄入量未相应提高，致缺铁。各种显性和隐性的出血，如创伤、痔疮、消化性溃疡、肠道寄生虫等疾病中的出血，也会引起缺铁。

铁缺乏可分为三个阶段：第一阶段为铁减少期（ID），此期主要是体内储存铁减少，血清铁蛋白浓度下降；第二阶段为缺铁性红细胞生成期（IDE），此期除血清铁蛋白浓度下降外，血清铁也下降，同时铁结合力上升（运铁蛋白饱和度下降），游离原卟啉（FEP）浓度上升；第三阶段为缺铁性贫血期（IDA），血红蛋白和红细胞压积下降，有了临床表现。

缺铁性贫血的临床表现为食欲减退、烦躁、乏力、面色苍白、心悸、头晕、眼花、免疫功能降低、指甲脆薄、反甲等。

（2）铁过量　口服铁剂和输血可导致铁过量。急性铁中毒的局部影响为胃肠出血性坏死，全身性影响包括凝血不良、代谢性酸中毒和休克。机体内铁储存过多还可引起慢性铁中毒，表现为器官纤维化。

4. 吸收与排泄

人体对食物铁的吸收率依血红素铁和非血红素铁有所不同，对主要来自肉、禽、鱼类血红蛋白和肌红蛋白中的血红素铁，机体的吸收率一般为 10%。当有肉存在时平均为 25%，对主要存在于植物和乳制品等中的非血红素铁的吸收率很低，且只有二价铁才可被吸收。蛋类中的铁因有卵黄磷蛋白干扰，其铁的吸收率约为 3%。

摄入机体后，食物铁首先被胃酸和酶作用释放出铁，然后与肠道中的维生素 C 等结合，保持溶解状态，以利吸收，而后经过一系列的代谢、利用，最后将部分铁排泄（图 3 - 18、图 3 - 19）。

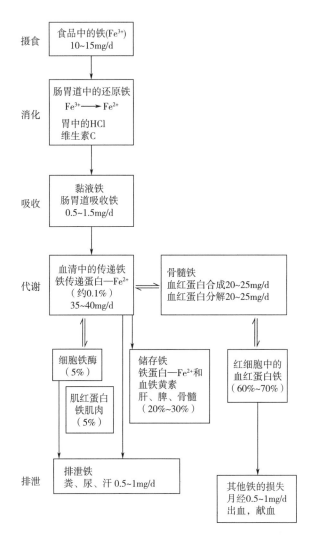

图 3 - 18　体内铁通路示意图

（括号内数字表示占铁量的百分数）

机体对铁的利用非常有效，例如红细胞衰老解体后所释放的血红蛋白铁，可反复利用，消耗很小。人体每天实际利用的铁远远超过同一时期内由食物供给的铁，例如人体每天参加转换的铁为 27 ~ 28mg。其中由食物吸收来的仅有 0.5 ~ 1.5mg，即仅占 5%。机体损耗的铁主要来自消化道、泌尿道上皮细胞脱落的铁。妇女因月经的关系，铁损失比男性大。

5. 摄入量与食物来源

人体一生中有三个时期最需要铁，也最易缺铁：①0 ~ 4 岁；②青少年，特别是女孩；③育龄期妇女。对于铁的摄入量则应按不同的膳食类型而有所不同。通常发展中国家多以植物性食品为食，铁的生物利用率较低，其膳食铁的摄入量应相对较高。而发达国家膳食中含

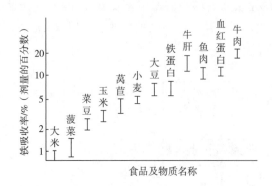

图 3 –19 成人对食品中铁的吸收范围

有较丰富的肉、鱼等动物性食品，其膳食铁的摄入则可相对较低。为此，FAO/WHO 建议以 5%、10% 和 15% 三种利用水平分别对待。发展中国家为 5% 或 10%，发达国家为 15%。我国以素食为主，但近来随着人民生活水平的提高，膳食结构发生了很大变化，平均膳食中铁的生物利用率也有所提高，估计为 8%。

中国营养学会新近提出的中国居民膳食铁适宜摄入量（AI），成年男性为 12mg/d，成年女性为 20mg/d，50 岁以后则均为 12mg/d。成人铁的可耐受最高摄入量（UL）约为 42mg/d。

食物含铁量通常不高，尤其是植物性食品中的铁，因有植酸盐等的影响较难吸收、利用。但是，动物血、肝脏、鸡胗、大豆、黑木耳、芝麻酱等含量丰富，瘦肉、蛋黄、鱼类等含量较多，而乳类和蔬菜、水果等含量较少。

一般说，膳食中不同食品很少单独食用，为了提高铁的生物利用率，最好同时食用一定量的动物性食品。但应注意，并非所有动物性食品都同样促进非血红素铁的吸收，当用畜肉、鸡或鱼代替鸡卵蛋白时，可见其铁吸收增加 2~4 倍。而用乳、蛋、干酪代替鸡卵蛋白时并不增加。此外，可在食品加工时适当添加一定的铁强化剂，制成铁强化食品应用。

（五）锌

1. 含量与分布

成人体内含锌量为 1.5~2.5g，约为铁含量的一半，也是含量仅次于铁的微量元素。所有人体组织均可有痕量的锌，主要集中于肝脏、肌肉、骨骼、皮肤和毛发中。血液中的锌有 75%~85% 分布在红细胞中，主要以酶的组分形式存在。血浆中的锌则往往与蛋白质结合。至于头发中的锌含量通常认为可反映食物中锌的长期供给水平。

2. 生理功能

锌是很多酶的组成成分，人体内有 200 多种酶含锌，并为酶的活性所必需。例如，乙醇脱氢酶、碱性磷酸酶、羧肽酶等均依赖于锌的存在而起作用。此外，锌与蛋白质的合成，以及 DNA 和 RNA 的代谢有关，例如，缺锌时实验动物的 DNA 与 RNA 合成受阻。锌还是胰岛素的组成成分（每分子胰岛素中有 2 个锌原子），因而与胰岛素的活性有关。

尤其是锌还与一种与味觉有关的蛋白质味觉素（gustin）有关。该蛋白质相对分子质量 37000，每分子含 2 个锌原子。锌是其结构成分，具有支持营养和分化味蕾的作用，并进一步影响味觉和食欲。锌对呈味物质结合到味蕾特异膜受体上也是必需的。缺锌患者的味蕾结构发生改变。同时发现味觉改变的患者，其唾液组分中含锌蛋白质的组分也有改变。

3. 缺乏与过量

（1）锌缺乏　缺锌会导致食欲不振、味觉迟钝，甚至异食癖、生长发育停滞等。儿童长期缺锌可导致侏儒症，成人长期缺锌可导致第二性征发育障碍、性功能减退、精子数量减少、胎儿畸形、皮肤粗糙、免疫力降低等。

动物性食物摄入过少或偏食，机体需要量增加（如孕妇、乳母和婴幼儿特殊生理时期对锌的需要量较大），腹泻、急性感染、肾病、糖尿病、创伤以及某些利尿药物使锌的分解和排出量增加等方面是导致锌缺乏的主要因素。

（2）锌过量　成人一次摄入 2g 以上锌可导致锌中毒，表现为急性腹痛、腹泻、恶心、呕吐等临床症状。盲目过量补锌或食用因镀锌罐头污染的食物和饮料等均有可能引起锌过量或锌中毒。过量的锌还可干扰铜、铁及其他微量元素的吸收和利用，影响免疫功能。

4. 吸收与排泄

锌的吸收受多种因素影响，简单锌盐的吸收率平均为 65%，但当与膳食一起食用时，其吸收率都很低。锌的生物利用率依不同膳食类型而异，为 10%～40%，这主要受植酸所影响。植酸严重妨碍锌的吸收。此外，当食品中有大量钙存在时，因形成不溶解的锌、钙植酸盐复合物，对锌的吸收干扰更大。但维生素 D_3、葡萄糖、乳糖、半乳糖、柠檬酸以及肉类等可促进锌的吸收。

5. 摄入量与食物来源

关于锌的每日需要量，据报告，成人每日进食 11～15mg 锌即可处于零平衡或微弱的正平衡状态。中国营养学会根据国内大量调查研究资料并参考国外有关资料提出中国居民膳食锌平均需要量（EAR），成年男性为 11.23mg/d，成年女性 8.26mg/d，推荐摄入量（RNI），成年男性为 12.5mg/d，成年女性 7.5mg/d。关于锌的可耐受最高摄入量（UL），根据每天补充锌 150mg 以上可见有临床观察指标的改变，而锌作为膳食补充剂达到 60mg/d 时，也会影响其他营养素的吸收和代谢，在假定 20% 的变异情况下建议成人不超过 40mg/d，并以此通过基础代谢率推断于其他人。

锌的食物来源很广，普遍存在于动、植物中，但它们的含量差别很大，吸收利用率也不相同。许多植物性食品，如豆类、小麦含量可达 15～20mg/kg，但因其可与植酸结合而不易吸收。谷类碾磨后，可食部分含锌量显著减少（可高达 80%），蔬菜、水果含锌很少（约 2mg/kg）。

动物性食品是锌的良好来源，如猪肉、牛肉、羊肉等含锌 20～60mg/kg，鱼类和其他海产品含锌也在 15mg/kg 以上，且吸收利用率高。通常，动物蛋白供给充足时，也将能提供足够的锌，但素食者可有欠缺，除采取适当的加工（如豆类发芽、面粉发酵等）外，可按规定进行适当的营养强化。

（六）碘

1. 含量与分布

成人体内含碘总量为 20～50mg，相当于 0.5mg/kg 体重。其中约 30% 存在于甲状腺中，甲状腺的聚碘能力很高，其碘浓度可比血浆高 25 倍，而当甲状腺机能亢进时甚至可比之高数百倍。此碘在甲状腺中以甲状腺激素存在。它包括三碘甲腺原氨酸（T_3）和四碘甲腺原氨酸（T_4）。至于血浆中的碘则主要为蛋白质结合碘。

2. 生理功能

碘的功能是参与甲状腺激素的合成，并调节机体的代谢。其主要活性形式为 T_3。它主要促进儿童身高、体重、骨骼、肌肉的增长和性发育，以及调节基础代谢，特别是通过对能量和物质代谢进一步影响脑和神经系统的发育。

3. 吸收与排泄

食物中的碘分为无机碘和有机碘。前者如碘化物，可在胃和小肠中几乎100%被吸收；后者则通常需要在消化道消化脱碘后，以无机碘的形式被吸收。与氨基酸结合的碘可直接被吸收。只有与脂肪酸结合的有机碘可不经肝脏而由乳糜管吸收。胃肠道内的钙、氟、镁可阻碍碘的吸收。人体蛋白质、能量摄入不足时也可妨碍碘的吸收。

碘在正常情况下主要通过肾脏被排出。尿碘占碘总排出量的80%以上。粪中也可有部分排出，主要是未被吸收的有机碘。此外，肺及皮肤也可排出少量（大量出汗时排出量可显著增加）。

4. 缺乏与过量

（1）碘缺乏　机体缺碘可产生一系列障碍，统称为碘缺乏病。其缺乏表现主要取决于缺碘程度及所处生长发育阶段。成人缺碘易产生甲状腺肿，胎儿缺碘除可造成流产、死胎、先天畸形外，还可造成痴呆、聋哑、瘫痪等终生残疾，儿童缺碘可发生生长发育迟缓、体格矮小等。

（2）碘过量　碘摄入过量可引起高碘性甲状腺肿、碘性甲状腺功能亢进、乔本氏甲状腺炎等。碘过量通常发生于摄入碘含量高的食物以及在治疗甲状腺肿等疾病中，使用过量碘制剂等。在我国某些地区，曾因饮用深层高碘水或高碘食物出现高碘性甲状腺肿。在普遍食用含碘盐后，不宜再给儿童补充碘强化食品或碘化剂。对于碘过量引起的疾病，只要限制高碘食物，即可防治。

5. 摄入量和食物来源

碘的需要量取决于机体对甲状腺激素的需要。成人通常用以维持生命活动所需的甲状腺激素，其含碘量为50～75μg，故碘的每日最低生理需要量为60μg。在考虑碘的吸收、分布以及包括甲状腺在内的各组织器官对碘的需要后，其平均需要量一般应为最低生理需要量的2倍，即每日120μg。

值得指出的是缺碘可导致碘缺乏病，但若长时间（3个月以上）碘摄入量过高，也可产生高碘性甲状腺肿。若为新生儿则可压迫气管，甚至窒息死亡。关于碘的每日摄入量上限值，从全世界食盐加碘的经验来看，1000μg是安全的（WHO等国际组织建议正常人每日摄入碘在1000μg以下是安全的）。根据我国高碘性甲状腺肿的发病率来看，当人群尿碘水平达800μg，则可造成高碘性甲状腺肿流行。因此碘摄入量的安全范围应当是150～800μg。

中国营养学会新近提出的中国居民膳食碘推荐摄入量（RNI），14岁以上为120μg，孕妇为230μg和乳母为240μg。其可耐量最高摄入量（UL），14岁以上人群均为600μg。

大海是自然界的碘库。海产品是含碘最丰富的食物来源。其他食品中的碘含量则主要取决于该动、植物生长地区的地质化学状况。通常远离海洋的内陆山区，其水、土和空气中含碘少，该地区生长的动、植物中碘含量也不高，因而易成为缺碘的地方性甲状腺肿高发区。含碘量最多的是海带，干海带中可高达240mg/kg以上，其次为海贝类（表3-31），鲜海鱼中含量也高，约为800μg。但是，海盐中的含碘量极微，而且，越是精制盐，其含碘量越低。一般海盐含碘量在30μg/kg以上，精制海盐可低达5μg/kg以下。

表 3 - 31　　　　　　　　　　　　　某些海产品的含碘量

名称	含碘量/（μg/kg）	名称	含碘量/（μg/kg）	名称	含碘量/（μg/kg）
海带（干）	240000	蛤（干）	2400	海参（干）	6000
紫菜（干）	18000	蛏子（干）	1900	海蜇（干）	1320
发菜（干）	11000	干贝	1200	龙虾（干）	600
蚶（干）	2400	淡菜	1200		

　　动物性食品的含碘量高于植物性食品。陆地食品以蛋、乳含碘量较高，为 40 ~ 90μg/kg。其次为肉类、淡水鱼的碘含量低于肉类。植物的含碘量最低，特别是水果和蔬菜。

（七）硒

1. 含量与分布

　　人体含硒总量数据不多，且差别很大。美国为 13. 0 ~ 20. 3mg，德国为 6. 6mg，新西兰为 3. 0 ~ 6. 1mg。硒几乎广泛分布于所有组织器官中，肝和肾中浓度最高，肌肉中总量最多，约占人体总硒量的一半。硒半胱氨酸和硒蛋氨酸是体内硒的主要存在形式，并结合进入到蛋白质中，其他形式还有硒代磷酸盐等。

2. 生理功能

　　进入体内的硒绝大部分与蛋白质结合，称为"含硒蛋白"，而由硒半胱氨酸掺入的蛋白质又称"硒蛋白"。目前认为只有硒蛋白有生物功能，并为机体硒营养状态所调节。硒可具有抗氧化作用，例如，硒是谷胱甘肽过氧化物酶的必需组分，该酶可将氢过氧化物或过氧化氢还原成无害的醇或水等，从而起到保护细胞和细胞膜免受氧化损伤的作用。硒也可调节甲状腺激素代谢，如碘甲腺原氨酸脱碘酶含硒，它可在甲状腺激素分子上催化脱碘，从而起到调节甲状腺激素来影响全身的代谢作用。此外，硒还具有提高机体免疫、抑制癌细胞生长和拮抗重金属毒性等作用。硒半胱氨酸和硒蛋氨酸结构如图 3 - 20 所示。

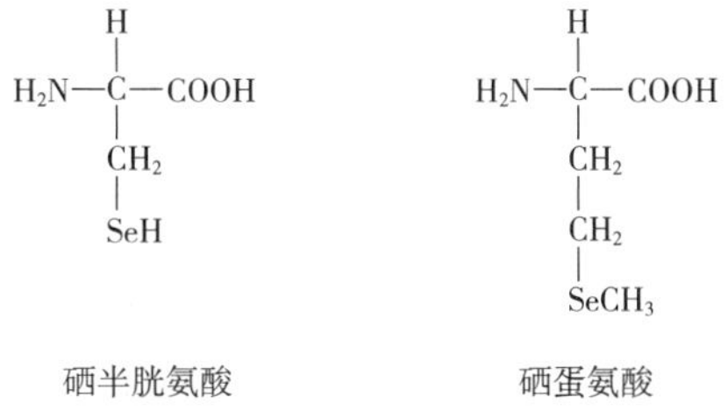

图 3 - 20　硒半胱氨酸与硒蛋氨酸的结构示意图

3. 缺乏与过量

　　（1）硒缺乏　硒缺乏已被证实是导致克山病的重要原因。克山病因最初发生在我国黑龙江省克山地区而得名。克山病是一种以多发性灶状坏死为主要病变的心肌病，临床特征为心肌凝固性坏死，伴有明显心脏扩大、心功能不全和心律失常，重者发生心源性休克或心力衰竭，死亡率高达85%，其易感人群为 2 ~ 6 岁的儿童和育龄妇女，发病原因是当地水土等环境中严重缺硒导致体内谷胱甘肽过氧化酶（GSH - Px）活力较低，用亚硒酸钠进行干预能较好地预防克山病。

另外，硒缺乏还会发生大骨节病，大骨节病是地方性、变形性骨关节疾病，易发生在青少年期。

（2）硒过量　值得特别提出的是过量摄食硒可引起中毒，表现为头发和指甲脱落，皮肤损伤及神经系统异常，如肢端麻木、抽搐等，严重者可致死亡。我国湖北恩施地区和陕西紫阳县是高硒地区。20 世纪 60 年代曾发生过人吃高硒玉米致急性中毒的病例。其摄入的硒量可高达 38mg/d，3～4d 内头发全部脱落，指甲变形。慢性中毒者平均摄入硒 4.99mg/d，必须引起注意。

4. 吸收与排泄

硒的吸收可受多种因素影响。食物中硒的化学形式和数量，以及其中是否存在硫、重金属、维生素等均可有不同程度的影响。一般说，硒化合物极易被人体吸收，如亚硒酸钠的吸收率大于 80%，而硒蛋氨酸和硒酸钠的吸收率可大于 90%。其吸收率似乎不受机体硒营养状态的影响。

硒经尿的排出量占总排出量的 50%～60%。当摄入量高时尿硒排出量增加，反之减少。硒粪的排出量则为 40%～50%。呼气和汗液中排出的硒很少。只有在摄入量很高时才形成具有浓烈大蒜气味的二甲基硒，经呼吸排出。

5. 摄入量与食物来源

人体对硒的需要量尽管可有不同研究方法，但仍以比较硒缺乏病地区和正常对照地区膳食硒摄入的方法较好，并以避免发生克山病的最低膳食硒摄入量作为人体膳食硒的最低需要量。中国营养学会新近提出的中国居民膳食硒参考摄入量（DRIs），成人的平均需要量（EAR）为 41μg/d，推荐摄入量（RNI）为 60μg/d，可耐受最高摄入量（UL）为 400μg/d。

硒的食物来源受地球化学构造影响，即使是同一品种的谷物或蔬菜，可因产地不同而含硒量差别很大。例如：低硒地区的大米含硒量可少于 0.2μg/100g，而高硒地区大米的含硒量可高达 2000μg/100g，二者相差达万倍。动物性食品的含硒量也受产地影响，但差别比植物性食品小。这是因为动物机体有"缓和作用"，即在缺硒时可储留硒，过多时则排出增多。通常食物中的含硒量大致如下（以鲜重计）：内脏和海产产品为 40～150μg/100g，肌肉为 10～40μg/100g，谷物为 10～80μg/100g，乳制品为 10～30μg/100g，水果、蔬菜为 10μg/100g。

（八）铜

1. 含量与分布

成人体内含铜总量为 50～120mg，存在于各种器官、组织中。其中有 50%～70% 存在于肌肉和骨骼中，20% 在肝脏中，5%～10% 在血液中。所含浓度最高的是肝、肾、心、头发和脑，脾、肺、肌肉和骨骼次之，脑垂体、甲状腺和胸腔最低。人血液中的铜主要分布于细胞和血浆之中，红细胞的铜约有 60% 存在于铜－锌金属酶（超氧化物歧化酶）中，其余 40% 与其他蛋白质、氨基酸松弛结合；血浆中的铜约有 93% 与铜蓝蛋白结合，其余 7% 与白蛋白、氨基酸结合。

2. 生理功能

铜在体内作为包括多种酶在内的许多蛋白质的一部分具有很重要的功能作用。例如，铜参与铁的代谢和红细胞生成而维持正常的造血功能；铜通过赖氨酰氧化酶促进胶原蛋白和弹性蛋白的交联，从而促进结缔组织的形成；铜通过超氧化物歧化酶等的抗氧化作用，保护机体免受超氧阴离子的损伤，以及铜在神经系统中维护中枢神经系统的健康等。

3. 缺乏与过量

（1）铜缺乏　正常膳食可满足人体对铜的需要，一般不易缺乏。但在某些情况下，如长期腹泻、长期完全肠外营养、铜代谢障碍以及早产儿，特别是人工喂养早产儿等易发生铜缺乏。表现为贫血、白细胞减少以及心律不齐、神经变性、胆固醇升高、皮肤毛发脱色和骨质疏松等症状。

（2）铜过量　铜摄入过量可引起急、慢性中毒，通常发生在长期使用铜制炊具或容器，尤其是用铜制器具盛装酸性食物或误服大量铜盐引起，表现为恶心呕吐、上腹部疼痛、腹泻、头痛、眩晕及口中有金属味等临床病状，严重者可出现黄疸、溶血性贫血、血尿、尿毒症，甚至死亡。

4. 吸收与排泄

铜主要在小肠吸收，胃几乎不吸收铜。通常随食物一起摄入的铜大约可吸收40%。吸收率受食物中铜含量影响显著。食物铜含量增加，吸收率下降，但总吸收量仍有所增加。膳食中其他营养素的摄入量对铜的吸收利用可有影响，但所需的量都比较高。这包括锌、铁、钼、维生素C、蔗糖和果糖等。人体和动物试验均已证明，锌摄入过高可干扰铜的吸收，但当锌铜比为15:1或更少时似乎影响很小。

铜的排泄主要通过胆汁到胃肠道，再与随唾液、胃液、肠液进入胃肠道的铜，以及少量来自细菌的铜一起由粪便排出（其中可有少量被重吸收）。通常，健康人可有少量铜经尿和汗排出。

5. 摄入量与食物来源

WHO 1996年提出人体对铜的基础需要量，平均男性为0.7mg/d，女性为0.6mg/d，即男女均为11μg/kg。随后考虑到个体之间及各种环境影响因素，建议人群每天安全摄入量下限为1.25mg接近平均需要量。按此估算成人对铜的需要量，由于体重的差别，男性为1.3mg/d，女性为1.2mg/d。中国营养学会结合我国居民膳食中铜摄入量的调查研究，提出中国居民膳食中铜的推荐摄入量（RNI），成人为0.8mg/d，可耐受最高摄入量（UL），成人为8.0mg/d。

铜的食物来源很广，一般的动、植物食品均含有铜。其含量也随所生长的土壤地质化学情况等而有所差异。通常，牡蛎、贝类食物以及坚果含量最高，是铜的良好来源（含量为0.3～2mg/100g），其次是动物的肝、肾组织和谷类发芽部分，豆类等（含量为0.1～0.3mg/100g）。乳类和蔬菜等含铜最少（≤0.1mg/100g），但人乳可稍高。由于牛乳含铜量低，故对长期用牛乳喂养的婴幼儿应注意进行一定的营养强化。

长期大量食用含铜量高的食品，如牡蛎、肝脏、蘑菇、坚果和巧克力等，每天的铜摄入量为正常时的10倍以上也未见有慢性中毒。

（九）铬

1. 含量与分布

铬可有二价、三价和六价铬之分。二价铬不稳定，可很快氧化为三价铬，六价铬有毒、机体不能利用，需将其转变为三价铬后方能利用。人体内正常的含铬总量目前尚无可靠数据。有人估计成人体内三价铬含量为5～10mg。铬在体内分布很广，但含量都很低，如人体肝脏含铬 5 ~ 71ng/g 湿重，而脾脏含铬 14 ~ 23ng/g，肾脏含铬 3 ~ 11ng/g，骨骼含铬 101 ~ 324ng/g，脑含铬 43ng/g。

2. 生理功能

铬的功能可能主要是三价铬作为体内葡萄糖耐量因子的组成成分，加强胰岛素的作用以增加机体对葡萄糖的耐受和利用。此外，铬还可能对稳定血清胆固醇的内环境、促进蛋白质代谢和生长发育等有一定的作用。

3. 缺乏与过量

铬缺乏会出现生长停滞、血脂增高、葡萄糖耐量异常，并伴有高血糖及尿糖等症状。铬缺乏多见于老年人、糖尿病患者、蛋白质 – 能量营养不良的婴儿以及长期接受肠外营养的病人。

由于食物中铬含量较少且吸收利用率低，以及 Cr^{3+} 的毒性小且安全剂量范围较宽等原因，至今尚未发现膳食摄入过量铬而引起中毒的报道。但某些特殊职业接触铬化物的人群易引起过敏性皮炎、鼻中隔损伤、肺癌等。

4. 吸收与排泄

机体对三价铬的吸收率很低。有报告称在代谢平衡研究中成人铬的平均表观吸收率约为 1.8%，青岛医学院用同位素法测定成人三价铬 24h 净吸收率为 3.2%。不同膳食成分可影响铬的吸收。例如，高糖膳食（总能量的 35% 来源于单纯糖类，15% 来自复合碳水化合物）可增加铬的丢失，而抗坏血酸能促进铬的吸收。

铬多自粪便中排出，有人通过平衡试验发现粪便中平均含有 98.1% 的膳食铬。尿中也可有少量排出。

5. 摄入量与食物来源

由于铬的营养状况评价缺乏可靠的指标，且血铬浓度太低难以检测。目前尚无确切的平均需要量资料，也无推荐摄入量。中国营养学会 1988 年提出的成人铬安全和适宜摄入量和美国 1980 年及 1989 年建议的成人铬安全和适宜摄入量相同，均为 50 ~ 200μg/d。因各国大量健康人群的铬摄入量调查均低于 50μg，且已经满足了机体的正常需要。中国营养学会结合我国情况新近提出的中国居民膳食铬适宜摄入量（AI），成人为 30μg/d，儿童按体重折算相应降低。

铬的食物来源很广，但含量甚微。主要的食物来源为谷类、肉类及鱼贝类。海产品含量较高，为 458μg/kg，谷类含 340μg/kg，肉类 187μg/kg。薯类及蔬菜含量较低，约为 140μg/kg。但谷类加工后其含量可大为下降，而红糖的含铬量可比精制砂糖高数倍。

（十）氟

1. 含量与分布

成人体内含氟约 0.007%，其中大约 99% 以无机盐的形式存在于骨骼和牙齿等钙化组织中。其余少量氟则广泛分布于各种软组织中。通常人体血液中的氟含量为 0.13 ~ 0.40mg/kg。

2. 生理功能

氟具有防治龋齿的作用。这主要是氟可取代牙釉质表面羟磷灰石中的羟基，形成一层更为坚硬、并具有抗酸性腐蚀的氟磷灰石保护层。此外，氟与骨盐（主要是羟磷灰石）结晶表面的离子进行交换，形成氟磷灰石而成为骨盐的组成部分，可使骨质坚硬。

适量的氟有利于钙和磷的利用及其在骨中的沉积，可加速骨骼成长，促进生长和维护骨骼的健康。

3. 缺乏与过量

（1）氟缺乏 氟缺乏对骨骼和牙齿的正常生长发育影响很大且易患龋齿。实验证明，用0.2%的氟化钠每隔两周刷牙或涂抹牙齿，龋齿发病率可降低40%～50%。

（2）氟过量 摄入过量氟可导致中毒，其形式有氟斑牙和氟骨症两种。氟斑牙的临床症状为牙齿失去光泽，出现白垩色、黄色、棕褐色或黑色斑点，牙面凹陷剥落，牙齿变脆等，造成氟斑牙或称斑釉牙。氟骨症的临床症状为腰腿及关节疼痛、脊柱畸形、骨软化或骨质疏松等。

氟斑牙和氟骨症多发生于高氟地区，这主要是居住在高氟地区的人长期摄入含氟量过高的饮水和食物所致的慢性中毒。我国高氟水、高氟土壤地区很多，是氟病高发地区，必须对此予以重视。其有效防治措施是改善饮水，使高氟地区饮水中氟含量在0.7～1.0mg/L。

4. 吸收与排泄

氟通过食物和饮水摄入后主要在胃部吸收。其吸收很快，吸收率也很高，尤其是饮水中的氟可完全吸收。食物中的氟一般吸收75%～90%。骨料（如骨泥、骨粉）中的氟则较难吸收。食物中大量的钙、铝等可抑制氟的吸收。而脂肪可促进氟的吸收。

摄入的氟经代谢后约有75%通过肾脏由尿排出，另有13%～19%由粪便排出。其余少量由汗液排出。由于尿氟的排泄量与氟的摄入量呈显著性正相关，故尿氟是地方性氟中毒的特异性指标。

5. 摄入量与食物来源

有人认为，成人对氟的最低需要量为1mg/d，平均摄入量为2.4mg/d。美国1980年制定和1989年修订的每日膳食中氟的安全和适宜摄入量均为成人1.5～4.0mg/d。我国1988年建议的安全和适宜摄入量与之相同。1997年美国在制定氟的膳食营养素参考摄入量时，定出氟的适宜摄入量（AI）为：成年男子3.8mg/d，成年女子3.1mg/d。中国营养学会根据我国实际情况（尤其是针对我国氟病高发的具体研究情况），结合国外有关资料，新近提出中国居民膳食氟适宜摄入量（AI），成人为1.5mg/d，可耐受最高摄入量（UL）为3.5mg/d。其他不同年龄组按体重推定。

氟的食物来源很广。由于生物的富集作用，通常，动物性食品的氟含量高于植物性食品，而海洋动物中的氟又高于淡水及陆地的动、植物食品。但茶叶中的氟含量很高，可达37.5～178.0mg/kg。对于非高氟区常见食物中的氟含量，大米为0.19mg/kg，小麦0.72mg/kg，大豆0.21mg/kg，菠菜1.23mg/kg，苹果0.64mg/kg，猪肉1.67mg/kg，鸡蛋1.20mg/kg。

第七节 水

水是一切生命所必需的物质，尽管它常不被认为是营养素，但由于它对生命活动的重要性，以及必须从饮食中获得，故也应是一种营养素，并被称为蛋白质、脂肪、碳水化合物、维生素、矿物质五类营养素以外的第六类营养素。

一、 人体内水分的分布

水在体内的分布并不均匀，它主要分布于细胞内和细胞外。细胞内的含水量约占体内总量的 2/3，细胞外约 1/3，各组织器官的含水量相差很大，肌肉和薄壁组织器官如肝、脑、肺、肾等含水 70%～80%，皮肤含水约 70%，骨骼约为 20%，脂肪组织含水较少，仅约 10%，而以血液中含量最多，约为 85%。因此，成人中肌肉发达而体型消瘦者，其水含量所占比例高于体脂多而体型肥胖者。人体水含量随年龄、性别而异，随着年龄增长逐渐降低，如 3 个月的胎儿水含量为 98%，新生儿水含量为 75%～80%，成年男子水含量约为 60%，成年女子水含量约为 60%，老年人水含量为 50%。

二、 水 的 功 能

1. 机体的重要组成成分

水是人体内最重要的物质，体内储存的碳水化合物耗尽，蛋白质失去一半时，人体尚可维持生命，在绝食时只要不缺水，可维持生命十数天。人若缺水，仅能维持几天生命，当人体内失水 10% 时，即无法生存。

2. 促进体内物质代谢

人体内所有的物质代谢都有水的参与。水的溶解能力很强，并有很强的电解力，可使水溶性物质以溶解状态和电解质状态存在，并具有较大的流动性。水是许多有机与无机物质的良好溶剂。即使是不溶于水的物质如脂肪等也能在适当条件下分散于水中，成为乳浊液或者胶体溶液，以利于营养素的吸收。水可以作为代谢产物的溶剂，有利于将其及时排出体外。所以水在消化、吸收、循环、排泄过程中，能促进营养物质的运送和废物的排泄，使人体内新陈代谢和生理化学反应得以顺利进行。另外，水还直接参与氧化还原反应，是水解反应的必需组成成分。

3. 维持体温恒定

水的比热容高，热容量大。能吸收体内分解代谢活动不断产生的热量，以使体温保持不变。当外界温度较高时或者体内产热过多时，通过蒸发或者出汗使体温保持恒定；环境温度降低时，则人体可通过减少蒸发量来维持体温恒定。

4. 润滑作用

水是人体内的润滑剂。能减少关节和体内脏器的摩擦，防止机体损伤，使机体灵活运动。如关节腔内的滑液能减少活动时的摩擦，口腔内的唾液可使食物容易吞咽，泪液防止眼球干燥。

5. 防治疾病

水在治疗疾病方面有一定的作用。如当胃液分泌过多时饮水可以稀释胃液而减少胃酸对胃黏膜的损坏，感染时水能促进细菌和病毒排出体外，血液稠度高时多饮水可以防治血栓形成，大便干燥时多饮水可以通便等。

6. 食品的组成成分

食品中都含有一定量的水，故食品在一定范围内可以看成是水的体系。其中饮料含水量最多，有的高达 90% 以上。至于食品含水量的多少与其感官质量等密切相关。例如油炸食品的含水量较少，且口感酥脆，而低水分活度的食品耐储藏等。

三、水 的 来 源

人体水分的来源大致可分为饮料水、食物水和代谢水（生物氧化水）三类。

1. 饮料水

饮料水包括茶、咖啡、汤、乳和其他各种饮料，它们含水量大。

2. 食物水

食物水指来自半固体和固体食物的水，食物不同其含水量也不相同。

3. 代谢水

代谢水指来自体内氧化或代谢过程的水，每100g营养物在体内的产水量为：碳水化合物60mL、蛋白质41mL、脂肪107mL。

以上1、2两项也可统称为食物水。通常，水分的摄入在温带每人每日平均1000～2500mL，其中来自食物的水1000～2000mL，来自代谢过程的水为200～400mL。

四、水 的 排 泄

人体每日通过各种方式排出体内的水分为2000～2500mL。

1. 皮肤排泄

通过蒸发和汗腺分泌，每日从皮肤中排出的水大约有550mL。其中"蒸发"随时在进行，即使在寒冷环境中也不例外，每日蒸发的水分为300～400mL。另一种"出汗"则与环境温度、相对湿度、活动强度有关，人体通过出汗散热来降低体温，汗腺排水的同时还丢失一定量的电解质。

2. 肺排泄

呼吸作用也会丢失掉一部分水分，快而浅的呼吸丢失水分少，慢而深的呼吸丢失水分多。正常人每日通过呼吸作用排出300mL水。在空气干燥地区，排水量还要增加。

3. 消化道排泄

每日由消化道分泌的各种消化液约8000mL。正常情况下，消化液在完成消化作用后几乎全部在回肠和结肠近端回收，流入结肠的水分很少，所以每日仅有150～200mL的水随粪便排出。但在呕吐、腹泻等病态时，由于大量消化液不能正常吸收，将会丢失大量水分，从而造成机体脱水。

4. 肾脏排泄

肾脏是主要的排水器官，在保持体内水分平衡方面发挥了重大作用。肾脏的排水量不定，一般随体内水分多少而定，从而保持机体内水分平衡，每日肾脏的排水量一般为1000～1500mL。

五、水的需要量

人体对水的需要量随个体年龄、体重、气候及劳动条件等而异。年龄越大每千克体重需要的水量相对较小，婴幼儿及青少年的需水量在不同阶段也可有不同（表3－32）。到成年后相对稳定。通常一个体重60kg的成人，每天与外界交换的水量约为2.5kg，即相当于每千克体重约40g水。婴儿所需的水量是成人的3～4倍。

表 3 – 32   人体每日水的需要量

年龄	需水量/（mL/kg）	年龄	需水量/（mL/kg）
1 周 ~ 1 岁	120 ~ 160	8 ~ 9 岁	70 ~ 100
2 ~ 3 岁	100 ~ 140	10 ~ 14 岁	50 ~ 80
4 ~ 7 岁	90 ~ 110	成年人	40

此外，人体每日所需水量也可按能量摄取的情况估计。一般说，成人每日摄取 4.184kJ（1kcal）能量约需水 1mL。考虑到水在代谢和排泄废物等方面的作用。以及发生水中毒的危险性极小。水的需要量也可增至 1.5mL/kcal。至于婴儿和儿童身体中水分的百分比较大，代谢率较高。肾脏对调节因生长所需摄入高蛋白时的溶质负荷能力有限，易发生失水。因而以 1.5mL/kcal 为宜。夏季天热，或在高温条件下劳动、运动时都可大量出汗，有时甚至可高达 5000mL/d 以上。此时则需大量饮水。我国目前尚未提出水的需要量标准，但在我国的膳食宝塔中建议轻体力活动的成年人每天至少饮水 1500 ~ 1700mL。在高温或强体力活动的条件下，应适当增加。饮水不足或过多都会对人体健康带来危害。膳食中水分约占 1/3，推荐一天中饮水和整体膳食（包括食物中的水，如汤、粥、乳等）水摄入共计在 2700 ~ 3000mL。

六、 水的缺乏与过量

1. 水的缺乏

水摄入不足或丢失过多，可引起机体失水。机体缺水可使细胞外液电解质浓度增加，形成高渗；细胞内水分外流，引起脱水，可使血液变得黏稠；机体组织中的蛋白质和脂肪分解加强，氮、钠和钾离子排出增加；因黏膜干燥而降低对传染病的抵抗力。

一般情况下，失水达体重的 2% 时，可感到烦躁、食欲降低，消化功能减弱，出现少尿；失水达体重 10% 时，可出现烦躁、眼球内陷、皮肤失去弹性、全身无力、体温脉搏增加、血压下降；失水超过 20% 时，会引起死亡。

缺水比饥饿更难维持生命，饥饿时消耗体内绝大部分的脂肪和一半以上的蛋白质仍可生存，但体内损失 10% 的水分就能导致严重的代谢紊乱。高温季节时缺水的后果比低温时严重得多。

2. 水的过量

如果水摄入量超过水排出的能力，可出现体内水过量或引起水中毒。这种情况多见于疾病（如肾、肝、心脏疾病），当严重脱水且补水方法不当时也可发生。水摄入和排出均受中枢神经系统控制，水排出经肾、肺、皮肤及肠等多种途径调节，正常人一般不会出现水中毒。

七、 常见的饮用水

1. 普通饮用水

自然界可以饮用的水为"淡水"，即河流、湖泊、泉水或地下水。日常饮用的水均来自这些水源，经过过滤、消毒后通过管道输送到用户，即为"自来水"。白开水是最普通、最廉价也是最重要的日常饮品，且含有人体需要的部分矿物质。

2. 矿泉水

矿泉水是从地下深处自然涌出的或经钻井采集的，含有一定量的矿物质、微量元素或其他成分，在一定区域未受污染并采取预防措施避免污染的水；在通常情况下，其化学成分、流量、水温等动态指标在天然周期波动范围内相对稳定。

此外，使天然地下水流经人为的矿石层，或加入元素级的矿物质，使之达到天然矿泉水的饮用标准，被称为人工矿化水或人工矿泉水。

3. 纯净水

纯净水是以直接来源于地表、地下或公共供水系统的水为水源，经适当的水净化加工方法，制成的不含任何食品添加剂的制品，是在符合生活饮用水卫生标准的基础上，采用蒸馏法、电渗析法、离子交换法、反渗透法及其他适当的加工方法制成，成本较高，可有效去除水中杂质、微生物、细菌、有机物、重金属等有害物质，对水质进行高效净化，几乎不含有其他成分。

第八节　膳食纤维

一、概　述

膳食纤维在 1970 年以前的营养学中尚不曾出现，当时只有"粗纤维"一说，用以描述不能被消化、吸收的食物残渣，且仅包括部分纤维素和木质素。通常认为粗纤维对人体不具有营养作用，甚至吃多了还会影响人体对食物中营养，尤其是对微量元素的吸收，对身体不利，一直不受重视。然而通过近几十年的研究与调查，发现并认识到这种"非营养素"与人体健康密切相关，它在预防人体的某些疾病方面起着重要的作用，同时也认识到"粗纤维"的概念已不适用，因而将其废弃，改为膳食纤维。

膳食纤维被定义为"植物中天然存在的、提取或合成的碳水化合物的聚合物，其聚合度 $DP \geqslant 3$，不能被人体小肠消化吸收、对人体有健康意义（GB/Z 21922—2008）"。食品中的大量组成成分，如纤维素、半纤维素、木质素、胶质、改性纤维素、黏质、寡糖、果胶及少量组成成分，如蜡质、角质、软木脂都属于膳食纤维。尽管如此，目前膳食纤维的定义与测定方法之间有一定的差距，包含所有膳食纤维组成成分的测定方法有待进一步确立。

二、膳食纤维的分类

1. 根据溶解性分类

根据膳食纤维（dietary fiber，DF）的溶解性可以把 DF 分成可溶性膳食纤维（soluble dietary fiber，SDF）和不溶性膳食纤维（insoluble dietary fiber，IDF）。IDF 是指不被人体消化道酶消化且不溶于热水的那部分膳食纤维，它主要是细胞壁的组成成分，包括纤维素（CEL）、半纤维素（HC）、木质素和植物蜡（wax）等。SDF 是指不被人体消化道酶消化，但可以溶于温水或热水且其水溶液又能被 4 倍体积的乙醇再沉淀的那部分膳食纤维，它主要指植物细胞内的储存物质和分泌物，还包括部分微生物多糖和合成类多糖，如果胶（pectin）、瓜尔豆胶、海藻酸盐、葡聚糖和真菌多糖。

2. 根据在大肠中的发酵程度分类

DF 可以被人体大肠内的菌群发酵，但不同的 DF 被发酵的程度不一样，可分为部分发酵类纤维和完全发酵类纤维。部分发酵类纤维包括：纤维素（CEL）、半纤维素（HC）、木质素、植物蜡和角质；完全发酵类纤维包括：葡聚糖、果胶、瓜尔豆胶、阿拉伯胶、海藻胶和菊粉。一般来说完全发酵类纤维多属于 SDF，而部分发酵类纤维多属于 IDF。但也有些例外，如羧甲基纤维素（CMC），它虽然易溶于水，但几乎不被大肠内的菌群所发酵。

3. 根据来源的不同分类

根据来源的不同，可以将膳食纤维分为植物性来源、动物性来源、微生物性来源、海藻多糖类和合成类膳食纤维。植物性来源膳食纤维包括：纤维素、半纤维素、木质素、果胶、阿拉伯胶、愈创胶、半乳甘露聚糖、明胶、甘露聚酸等。动物性来源的包括：甲壳质、壳聚糖、胶原等。微生物性来源的包括：黄原胶等。海藻多糖类的包括：海藻酸盐、卡拉胶、琼脂等。合成类的包括：羧甲基纤维素、甲基纤维素等。其中，植物体是膳食纤维的主要来源，也是研究和应用最多的一类。

4. 根据定义分类

2001 年 1 月，膳食纤维定义委员会提交给 AACC 一份名为"The Definition of Dietary Fiber"的报告，报告中根据定义将 DF 分为：非淀粉多糖和抗消化的低聚糖类，包括 CEL、HC（阿拉伯木聚糖、阿拉伯半乳聚糖）、果聚糖（菊粉、低聚果糖）、树胶、黏浆和果胶；相似的碳水化合物类，包括抗消化糊精（抗消化的麦芽糊精和土豆淀粉糊精）、合成的碳水化合物类（葡聚糖、甲基纤维素）；木质素；相关植物次生物质类，包括蜡质、肌醇六磷酸、角质、皂角苷、软木脂和单宁。

5. 根据品质分类

根据膳食纤维的品质可以将膳食纤维分成两类，即普通膳食纤维和高品质膳食纤维。

普通膳食纤维只是一种无能量填充剂，其中可溶性成分很低，一般在 3% 以下，这也是其生理活性较低的原因所在。普通的玉米皮不经任何改性处理即为这种膳食纤维，因此不具备较好的加工特性、生理活性和保健功能。

高品质膳食纤维的可溶性成分含量应该达到 10% 以上，膨胀力大于 10mL/g，持水力不小于 7g/g，结合力不低于 5g/g。因此，其生理活性较强，具有明显的保健作用，可以作为各种食品的添加剂以及用于生产保健食品。

三、 膳食纤维的特性

1. 具有很高的持水性

膳食纤维的这一物化特性，使其具有吸水功能与预防肠道疾病的作用，水溶性膳食纤维持水性高于非水溶性膳食纤维。麦麸纤维可以吸收本身质量 2~3 倍的水，而果胶则可以吸收其质量 4~5 倍的水。由此可见，富含膳食纤维的食物进入消化道后，在胃中吸水膨胀，并形成高黏度的溶胶或凝胶，这样将产生饱腹感，减少了进食量和热量的吸收，不仅对肥胖患者是很好的食品，而且增加了胃肠道的蠕动，从而抑制了营养物质在肠道的扩散速度，缩短了食物在肠道内的停滞时间，使食物不能充分被消化酶分解便继续向肠道下部移动，结果增加了排便速度和体积乃至排便次数，由此减低了肠内压，产生通便作用，减少了有害成分在肠道的滞留时间。所以，膳食纤维可以用于预防便秘、肠憩室症、横膈膜症及痔疮等肠道疾病，降低了肠癌的发病率。

2. 对有机化合物有螯合作用

对有机化合物有螯合作用使膳食纤维具有吸附有机物的功能与预防心血管疾病的作用。因为膳食纤维具有吸附胆汁酸、胆固醇、变异原等有机分子的功能，所以膳食纤维对降低人体和动物血浆和肝脏组织胆固醇水平有着显著作用。有实验证实，食用膳食纤维后，能显著抑制血清总胆固醇（TC）浓度的升高，明显增加粪便排出量。另外，膳食纤维能螯合胆固醇、降低胆酸及其盐类的合成与吸收，从而阻碍了中性脂肪和胆固醇的再吸收，也抑制了胆酸的肝肠循环，进而加速了脂质物质的排泄，可以直接抑制和预防胆石症、高血脂、肥胖症、冠状动脉硬化等心血管系统的疾病。

3. 对阳离子有结合和交换能力

膳食纤维对阳离子有结合和交换能力，使它具有离子交换功能和降血压作用。据有关资料报道，膳食纤维尤其是酸性多糖类，具有较强的阳离子交换功能，膳食纤维可以与钙、锌、铜、铅等阳离子进行交换，且此类交换为可逆性的，并优先交换铅等有害离子。所以，吸附在膳食纤维上的有害离子可以随粪便排出，从而产生解毒作用。据医学研究表明，血液中的 Na^+、K^+ 比值的大小直接影响血压的高低。当食用膳食纤维食品后，在进行离子交换时，改变了阳离子的瞬间浓度，起到了稀释作用，故可以对消化道 pH、渗透压以及氧化还原电位产生影响，营造了一个理想的缓冲环境。更为重要的是一些膳食纤维能与胃肠道中的 Na^+、K^+ 进行交换，使尿中的 K^+ 和粪便中的 Na^+ 大量排出体外，血液中的 Na^+、K^+ 比值随之降低，可使血压降低。

四、 膳食纤维的生理学功能

1. 控制体重

膳食纤维以在大肠内发酵的方式代谢，提供的能量低于普通碳水化合物，它具有较强的吸水功能和膨胀功能，在食物吸水膨胀并形成高黏度的溶胶或凝胶，容易产生饱腹感。膳食纤维能抑制进食，降低人体对淀粉、蛋白质和脂肪的吸收，减少食物的消化率，减慢了胃排空时间。

2. 防止便秘

长期便秘对人体危害很大，大量毒性物质在人体内积聚，如果超出肝脏的解毒能力，就会引起直肠脱垂、乙状结肠扭转、肠梗阻、尿潴留等并发症，产生口苦、口臭、恶心、腹痛、腹胀等不适感。膳食纤维能在肠道内促进肠壁的有效蠕动，使肠的内容物迅速通过肠道并排出体外，减少了食物在肠道中的停留时间。同时，膳食纤维在大肠内经过细菌发酵，可以直接增加纤维中所含的水分，大便变软变稀，从而起到了通便的作用。

3. 防治结肠癌

结肠中的一些腐生菌能产生致癌物质，而肠道中的一些有益微生物能够利用膳食纤维产生短链脂肪酸，这类脂肪酸特别是乙酸能抑制腐生菌的生长。胆汁中的胆酸和鹅胆酸可以被细菌代谢为次生胆汁酸——石胆酸和脱氧胆酸，两者都是致癌的突变剂。膳食纤维能束缚胆酸和次生胆汁酸，将其排出体外，因此可以大大降低结肠中次生胆汁酸的含量。膳食纤维能促进肠道蠕动，增加粪便体积，缩短排空时间，从而减少致癌物与结肠的接触机会。膳食纤维还能为肠道的有益微生物分解产生丁酸，而丁酸能抑制肿瘤细胞的生长增殖，诱导肿瘤细胞向正常细胞转化，并控制致癌基因的表达。

4. 降低血浆胆固醇，预防心血管疾病

大多数可溶性纤维可降低血浆胆固醇，主要是低密度脂蛋白胆固醇，大多数报道可降低 5% ~ 10% 。其作用机制可能是：①纤维引起胆酸排泄增加而需要增加胆酸的合成，从而增加了胆固醇到胆酸的转换率。若胆固醇合成速度不足以补偿其转变为胆酸的损失，则胆固醇浓度下降。纤维与胆酸特异结合，改变胆酸的模式，导致胆固醇吸收或合成减少。②纤维能改变胆固醇的合成，即胆固醇合成的减少、胆酸排出增加。

具有这类作用的膳食纤维有果胶、欧车前（psyllium）及树胶（如瓜尔豆胶、洋槐豆胶、变性纤维如羧甲基纤维素）。食物来源有燕麦麸、大麦、荚豆类、蔬菜等。不溶性纤维则很少能改变血浆胆固醇水平。这类纤维包括纤维素、木质素、玉米麸、小麦麸。

5. 改善血糖生成反应，预防糖尿病

膳食纤维能抑制糖尿病患者餐后血糖浓度的急剧上升和日平均血糖浓度的升高，但对空腹患者效果不明显。此外，膳食纤维还能改善外周组织对胰岛素的敏感性，进一步增强血糖作用。其作用机制可能是延缓胃排空速率、延缓了淀粉在小肠内的消化、减慢了葡萄糖在小肠内的吸收。该功能可能与纤维的来源与类别（比如可溶性纤维，如瓜尔豆胶）、水合率及纤维黏度有关。

6. 可改变肠道系统中微生物群系的组成

膳食纤维可改变肠道系统中微生物群系的组成，因而它具有改善肠内菌群功能及加速有毒物质的排泄和解毒作用。由非淀粉多糖组成的膳食纤维经过食道到达小肠后，由于它不被人体消化酶分解吸收而直接进入大肠，在大肠内繁殖有 100 ~ 200 种总量约为 1×10^8 个细菌，其中相当一部分是有益菌，在提高机体免疫力和抗病变方面有着显著的功效。如双歧杆菌，不仅能抑制腐生细菌生长，维持维生素的供应，而且对肝脏有保护作用。这些细菌能以部分膳食纤维为营养代谢，于是，这些被吸收的膳食纤维不仅为菌群提供了繁殖所需的能量，并产生大量的短链脂肪酸，它们也发挥着重要的生理功能。

7. 清除外源有害物质

膳食纤维对矿物质的束缚吸附作用的研究一直是食品工作者所关注的研究领域之一。最近采用离体实验发现，膳食纤维对汞、铅、镉和高浓度的铜、锌都具有清除能力，可以使它们的浓度由中毒水平达到安全水平。最近的科学研究表明，女性容颜衰老的一个重要原因是由于肠原性毒素进入了血液，这些肠原性毒素多数是由于大肠杆菌分解食物中的某些成分造成，被称为美容大敌。膳食纤维具有超强吸附毒素和水分的功能，帮助人体每天正常代谢杂质和废物，保持肠胃清新干净。

8. 降低营养素的利用率

体外试验表明：各种纤维均能抑制消化碳水化合物、脂肪、蛋白质的胰酶的活性。有报道，豆类含有淀粉酶抑制因子；小麦麸、木聚糖、纤维素、瓜尔豆胶和车前草对人胰液、十二指肠液中的淀粉酶有抑制作用；许多豆类、谷类含能降低蛋白质消化率的胰蛋白酶抑制因子。这些抑制因子通常可加热失活。

食物中植物细胞壁成分，除了直接抑制消化酶，还可成为消化作用的物理屏障。但对维生素的吸收几乎没有影响。

天然食物纤维，如谷类、水果中的纤维可抑制某些元素的吸收，如抑制 Ca、Fe、Zn、Cu 等无机盐的吸收。但其作用至少部分是由食物中的植酸引起，因为已知植酸可干扰元素的吸收。用分离的各类纤维（如纤维素、果胶、树胶等）做实验，研究大多未发现对矿物质的吸收或平衡有不利作用（表3-33）。

表3-33　　　　　　　　　　　膳食纤维对无机盐吸收的影响

无机盐	低膳食纤维饲料		高膳食纤维饲料	
	摄入量/g	吸收率/%	摄入量/g	吸收率/%
钠	5.1	99	5.6	98
钾	4.6	97	4.3	86
钙	13.5	74	13.2	63
磷	9.9	81	10.2	74
镁	1.1	73	1.4	59
锌	0.62	60	0.13	56

资料来源：顾景范等，临床营养学，1990。

9. 其他作用

膳食纤维可刺激消化液分泌，增加咀嚼、刺激唾液甚至胃液和胆汁的分泌、增加缓冲酸碱的能力；减少附着在牙齿上的食物残渣，有利于口腔卫生。膳食纤维还可以缓解痔疮和肛裂的症状，有类似括约肌扩张的效果。木质素可与金属结合，对抗化学药物中的有害物质。

五、 参考摄入量与来源

1. 膳食纤维的推荐摄入量

膳食纤维是国内外十分活跃的研究课题，被列为继蛋白质、可利用碳水化合物、蛋白质、脂肪、维生素、矿物质和水之后的第七大营养素，它对人体正常的代谢是必不可少的。由于膳食纤维对人类的某些慢性非传染性疾病具有预防和保健作用，一些国家根据各自调查研究的情况提出了膳食中的摄入量标准。世界卫生组织建议总膳食纤维的摄入量的下限每人27.0g/d，上限为每人40.0g/d。在不同经济发展程度的国家，其实际摄入量可能较推荐量低很多。

英国国家顾问委员会建议每人膳食纤维的摄入量为 25～30g/d，此推荐量的低限是可以保证纤维对肠功能起到作用的量，上限为不致因纤维的摄入量过多而起有害作用的量。澳大利亚人平均摄入量为 25g/d，可以明显地减少冠心病的发病率和死亡率。加拿大的一份调查结果为每人膳食纤维的摄入量 22～24g/d，但对患病者来说剂量一般都有所加大。

美国食品药品监督管理局建议 2000kcal（8.2MJ）的饮食中总膳食纤维（TDF）的含量应为 25g，2500kcal（10.3MJ）的饮食中应为 30g，该推荐量适用于整个人群，其并未对儿童和青少年做出特别的规定。美国儿科研究所建议儿童的摄入量为 0.5gTDF/kg 体重。

我国 2016 版《中国居民膳食指南》中建议成年人膳食纤维的摄入量为 25～30g/d。但我国居民成年男性的摄入量为 13g/d，女性 12.5g/d。

2. 膳食纤维的食物来源

膳食纤维主要存在于谷物、薯类豆类及蔬菜、水果等植物性食品中。植物成熟度越高，其纤维含量也越多。这通常是人们膳食纤维的主要来源。值得注意的是由于人们生活水平的提高。作为主食的谷类食品加工越来越精细，致使其膳食纤维的含量显著降低。为此，西方国家提倡吃黑面包（全麦面包），并多吃蔬菜、水果。一些食物中膳食纤维的含量如表 3-34 所示。

表 3-34 部分代表性食物中膳食纤维的含量 单位：g/100g 可食部分

食物名称	总膳食纤维	不可溶膳食纤维	食物名称	总膳食纤维	不可溶膳食纤维
稻米（粳）	0.6③	0.4	玉米面	11.0①	5.6
稻米（山）	10① 0.5③	0.4	黄豆	12.5①	15.5
稻米（糙米）	3.5① 2.2③	2.0	绿豆	9.6①	6.4
糯米	2.8①	0.6	红豆		7.7
小麦粉（全麦）	12.6① 11③	10.2	芸豆	19.0①	10.5 3.4①
小麦粉（标准）	3.9③	2.1	蚕豆	14.5①	2.5
小麦粉（精白）	2.7① 3.9③	0.6	豌豆	5.6①	10.4 3.4①
麦麸	42.2①	31.3	豆腐	0.5①	0.4
大麦米	17.3①	9.9	甘薯	3.0①	1.0
燕麦片	10.3①	5.3	马铃薯	1.6①	0.7 0.4①
芋头	0.82①	1.0	花椰菜（菜花）	2.4① 1.8③	1.2 0.85①
胡萝卜	3.2① 2.2③	1.3 1.5①	青椒（甜）	1.6①	1.4 1.1①
白萝卜	1.8①	1 0.64①	橙、橘	2.4① 2.6③	0.6 0.43①
甘蓝（球茎）		3.5 1.5①	苹果	1.9① 2.2①②	1.2 2.27①
大白菜	1.0①	0.6	梨	2.6① 4.7②③	2.0 2.46①
小白菜	0.6①	1.1	桃	1.6① 2.6③	1.3 0.62①
包心菜（圆白菜）	1.5①	1.0 1.1①	柿子	1.48①	1.4
芥菜（雪里蕻）	1.1①	1.6 0.6①	葡萄	0.7① 0.3③	0.4
菠菜	2.6①	1.7	西瓜	0.4① 1.1③	0.2 0.2①
苋菜		1.8 0.98①	黄瓜	1.0① 0.9③	0.5 0.5①

注：①美国食物成分表数据；

②带皮，其余未注明者为中国食物；

③加拿大食物成分数据。

资料来源：中国营养学会，中国居民膳食营养参考摄入量，2000。

各类食品的营养价值

第一节　食物营养价值的评价与意义

食物是人类赖以生存的物质基础，是各种营养素和生物活性物质的主要来源。食物种类繁多，按其来源可分为两大类，即植物性食物（及其制品）和动物性食物（及其制品）。

食物的营养价值（nutritional value）是指食物中所含的能量和营养素能满足人体需要的程度以及在膳食整体中对促进人体健康状态的贡献。它包括营养素的种类、数量和比例、被人体消化吸收和利用的效率、所含营养素之间的相互作用、与其他食物成分的配合等几个方面。一些非营养素成分往往也对人体健康起着重要的作用，因此营养价值与健康价值往往并不完全一致。

一、　食物营养价值的评价

（一）　食物营养价值评价

食物的营养价值不是绝对的，而是相对的。在评价食物的营养价值时必须注意以下几个问题。

1. 食物在膳食中对营养平衡的贡献

食物的营养价值不能以一种或两种营养素的含量来决定，而必须看它在膳食整体中对营养平衡的贡献。一种食物，无论其中某些营养素含量如何丰富，也不能代替由多种食品组成的营养平衡的膳食。通常称为"营养价值高"的食物往往是指多数人容易缺乏的那些营养素含量较高，或多种营养素都比较丰富的食物。因而，对食物营养的评价因膳食模式的变迁而变化。

2. 同一种食物的个体间差异

不同的食物中能量和营养素的含量不同，但同一种食物的不同品种、不同部位、不同产地、不同成熟程度、不同栽培方式之间也有相当大的差别。因此，食物成分表中的营养素含量只是这种食物的一个代表值。

3. 食物的营养价值受储存、加工和烹调的影响

有些食物经加工精制后会损失原有的营养成分，也有些食物经过加工烹调提高了营养素的吸收利用率，或经过营养强化、营养调配而改善了营养价值。

4. 食品的安全性

食品的安全性是首要的，如果食品受到来自微生物或化学毒物的污染，其污染程度达到

对人体造成明显可察觉的危害，则无法考虑其营养价值。

5. 食物的感官功能与营养价值没有必然联系

食物的感官功能可以促进食欲，并带来饮食的享受，但加工食品的风味与其营养价值没有必然的联系，可以通过添加各种风味改良成分而达到吸引感官的效果。因此，片面追求感官享受往往不能获得营养平衡的膳食。食物的生理调节功能不仅与营养价值相关，还取决于一些非营养素的生理活性成分，与其营养价值的概念并非完全一致。

6. 食物的社会文化等意义

食物除了满足人的营养需要之外，尚有社会、经济、文化、心理等方面的意义。食物的购买和选择取决于价格高低、口味嗜好、传统观念和心理需要等多种因素。因此，正确的食物选择需要充分的知识和明智的理性。

（二） 食物营养价值评价常用指标

食物营养价值的评价主要从食物所含的能量、营养素的种类和含量、营养素的质量、营养素的生物利用率等几个方面考虑。另外，食物中植物化学物的含量和种类也可以作为食物营养价值评价的依据。

1. 营养素的种类及含量

当评定食物的营养价值时，应对其所含营养素的种类及含量进行分析确定。食物所提供的营养素的种类和营养素的相对含量越接近于人体需要或组成，该食物的营养价值就越高。食物所含营养素不全或某些营养素含量很低，或者营养素相互之间的比例不当，或者不易被人体消化吸收，均影响食物的营养价值，如谷类食物蛋白质中缺乏赖氨酸，使谷类蛋白质的营养价值比肉类低。另外，食物品种、部位、产地、成熟程度会影响食物中营养素的种类和含量。

2. 营养素质量

在评价某种食物的营养价值时，所含营养素的质与量同样重要。食物质的优劣可体现在所含营养素被人体消化吸收利用的程度，消化吸收率和利用率越高，其营养价值就越高。如同等重量的蛋白质，因其所含必需氨基酸的种类、数量、比例不同，其促进机体生长发育的效果就会有差别。

在评价各种食物的营养特点时，可以采用"营养素密度（nutrient density）"这个概念，即食物中某营养素满足人体需要的程度与其能量满足人体需要程度之比值。也可以表述为食物中相应于 1000kcal 热能含量的某营养素含量。其计算公式为：

营养素密度 =（一定数量某食物中的某营养素含量/同量该食物中的所含能量）×1000

另一个有关营养素密度的概念是食物营养指数（index of nutrient quality，INQ）。其计算方法为：

食物营养指数 =（100g 某种食物中某营养素的含量/某营养素的日推荐摄入量）/
（100g 该食物中所含能量/能量的日推荐摄入量）

食物营养指数是某种食物中的某一种营养素满足一日所需程度与能量满足一日所需程度的比值。INQ = 1，表示该食物营养素与能量的供给能力平衡；INQ > 1，表示该食物营养素的供给能力高于能量；INQ < 1 表示该食物中该营养素的供给能力低于能量的供给能力，长期摄入 INQ ≠ 1 食物会发生该营养素不足或能量过剩。一般认为属于 INQ > 1 和 INQ = 1 的食物营养价值高，INQ < 1 的食物营养价值低。INQ 的优点在于它可以根据不同人群的需求来分别

进行计算，同一食物对不同人的营养价值是不同的。

评价食物营养质量时要注意的问题是食物中营养素的含量与其营养素密度并非等同。例如，以维生素 B_2 含量而论，炒葵花籽的含量为 0.26mg/100g，而全脂牛乳的含量为 0.16mg/100g，前者比较高。然而若以维生素 B_2 的营养素密度而论，炒葵花籽为 0.43，而全脂牛乳为 2.96，显然后者更高。这就意味着，安排平衡膳食的时候，如果不希望增加很多能量而希望供应较多的维生素 B_2，选择牛乳作为这种维生素的供应来源更为适当。

人体对膳食中能量的需要是有限的，而且膳食能量的供应必须与体力活动相平衡。由于机械化、自动化、电气化和现代交通工具的应用，现代人的体力活动不断减少，同时食物极大丰富，人们非常容易获得高能量膳食，膳食能量超过身体需求导致的超重和肥胖已经成为普遍的社会问题。因此，获得充足的营养素而不会造成能量过剩是合理膳食的重要要求之一。从这个角度来说，在用食物补充某些维生素或矿物质时，营养素密度是比营养素含量更为重要的参考数据。如果选择同类食物中脂肪含量比较低或者糖分含量比较低的品种，通常可以有效地提高膳食中食品的营养素密度，如选择鱼肉代替猪肉，选择水果代替甜食等。反之，在食物中加入脂肪、糖、淀粉水解物等成分，便会大大降低食物的营养素密度。对于食量有限的幼儿、老人、缺乏锻炼的脑力劳动者、需要控制体重者以及营养素需求极其旺盛的孕妇、乳母来说，都要特别注意膳食中食物的营养素密度。

3. 营养素的生物利用率

食物中所存在的营养素往往并非人体直接可以利用的形式，而必须先经过消化、吸收和转化才能发挥其营养作用。所谓营养素的"生物利用率"（bioavailability），是指食品中所含的营养素能够在多大程度上真正在人体代谢中被利用。不同的食品、不同的加工烹调方式、不同的食物成分，其营养素的生物利用率会有很大差别。

影响营养素生物利用率的因素主要包括以下几个方面。

（1）食品的消化率 例如，虾皮中富含钙、铁、锌等元素，然而由于很难将它彻底嚼碎，其消化率较低，因此其中营养素的生物利用率受到影响。

（2）食物中营养素的存在形式 例如，在海带当中，铁主要以不溶性的三价铁复合物存在，其生物利用率较低；而鸡心当中的铁为血红素铁，其生物利用率较高。

（3）食物中营养素与其他食物成分共存的状态 例如，在菠菜中，由于草酸的存在使钙和铁的生物利用率降低，而牛乳中由于维生素 D 和乳糖的存在促进了钙的吸收，这些干扰或促进吸收的因素都能很大程度影响营养素的生物利用率。

（4）人体的需要状况与营养素的供应充足程度 在人体生理需求急迫或是食物供应不足时，许多营养素的生物利用率提高，反之在供应过量时便降低。例如，乳母的钙吸收率比正常人提高，而每天大量服用钙片会导致钙吸收率下降。

因此，评价一种食物中的营养素在膳食中的意义时，不能仅仅看其营养素的绝对含量，而要看其在体内可利用的数量。否则，就可能做出错误的食物评价，从而影响膳食选择。

需要注意的是，由于每个人的体质差异甚大，食物的营养作用也会有所不同。对于需要经过加工和烹调的食品来说，食物营养价值的评价也应当考虑到加工烹调过程中带来的各种变化，而不能简单地用原料的营养价值来推断最终产品的营养价值。

二、 食物营养价值评价的意义

人类的食物是多种多样的，各种食物所含有的营养成分不完全相同。除母乳外，任何一种天然食物都不能在质和量上满足人体对营养的需要。评价食物营养价值对于食品品质的鉴定、新资源食品的研究与开发、指导人群膳食等许多方面都是十分必要的。对食物的营养价值进行评价的意义如下。

（1）全面了解各种食物的天然组成成分，包括所含营养素种类、生物活性成分、抗营养因子等；发现各种食物的主要缺陷，并指出改造或开发新食品的方向，解决抗营养因子问题，充分利用食物资源。

（2）了解在食物加工过程中食物营养素的变化和损失，采取相应的有效措施，最大限度保存食物中的营养素。

（3）指导人们科学选购食物及合理搭配平衡膳食，以达到促进健康、增强体质、延年益寿及预防疾病的目的。

三、 食品营养标签

食品营养标签是指在食品的外包装上标注营养成分并显示营养信息，以及适当的营养声称和健康声明。营养标签对于引导消费者合理选择预包装食品，促进公众膳食营养平衡和身体健康，保护消费者知情权、选择权和监督权具有重要的意义。

一般来说，食品营养标签包括营养成分（营养信息）、营养声称和健康声明三大部分。只标明营养成分的为一般性食品标签，而食品营养标签必须标明营养成分的含量及其占日摄入量的百分比，也就是营养信息。

（一）营养成分

营养标签中标注的通常是食品中存在的与人体健康密切相关，具有重要公共卫生意义的营养素，摄入不足可引起营养不良，影响儿童和青少年生长发育和健康，摄入过量则可导致肥胖和慢性病发生，又称核心营养素，一般包括蛋白质、脂肪、碳水化合物和钠。营养成分的表达方式应以每100g和（或）每100mL和（或）每份食品可食部中的具体数值来标示。当用份标示时，应标明每份食品的量。份的大小可根据食品的特点或推荐量规定。

（二）营养成分表

营养成分表是指标有食品营养成分名称、含量和占营养素参考值（nutrition reference values，NRV）百分比的规范性表格。如表4-1所示。

表4-1　　　　　　　　　　　营养成分表示例

项目	每100g	NRV%
能量	1823kJ	22%
蛋白质	9.0g	15%
脂肪	12.7g	21%
碳水化合物	70.6g	24%
钠	204mg	10%
维生素 A	72mgRE	9%
维生素 B$_1$	0.09mg	6%

表4-1中的NRV是用于比较食品营养成分含量高低的参考值，专用于食品营养标签。

营养成分含量与 NRV 进行比较，能使消费者更好地理解营养成分含量的高低。在《预包装食品营养标签通则》附录中规定了能量和 32 种营养成分参考数值，部分 NRV 见表 4 - 2 所示。规定的能量参考值相当于 2000kcal（8400kJ）；蛋白质、脂肪、碳水化合物供能分别占总能量的 13 %、27 % 与 60 %。

表 4 - 2　　　　　　　　　　　　　　能量及核心营养素参考值

营养成分	NRV	营养成分	NRV
能量	8400kJ	碳水化合物	300g
蛋白质	60g	钠	2000mg
脂肪	≤60g		

（三）营养声称

营养声称是对食品营养特性的描述和声明，如能量水平、蛋白质含量水平。营养声称包括含量声称和比较声称。

（1）含量声称　描述食品中能量或营养成分含量水平的声称。声称用语包括"含有""高""低"或"无"等。

（2）比较声称　与消费者熟知的同类食品的营养成分含量或能量值进行比较以后的声称。声称用语包括"增加"或"减少"等。比较声称的条件是能量值或营养成分含量与参考食品的差异≥25%。

（四）营养成分功能声称

营养成分功能声称是指某营养成分可以维持人体正常生长、发育和正常生理功能等作用的声称。

使用营养成分功能声称用语，必须同时在营养成分表中标示该营养成分的含量及占 NRV 的百分比，并满足营养声称的条件和要求。

在《预包装食品营养标签通则》中同时对强制标示内容和可选择标示内容也做出了详细说明。

第二节　植物性食品的营养价值

一、谷类食品的营养价值

谷类主要是指单子叶禾本科植物的种子，包括稻谷、小麦、大麦、小米、高粱、玉米、糜子、燕麦等，也包括少数虽然不属于禾本科，但是习惯于作为主食的植物种子，如属于双子叶蓼科植物的荞麦。谷类中储备有丰富的养分，以便供第二代植物萌发时使用。其中最重要的养分是淀粉，也含有蛋白质等其他营养成分。

谷类在我国人民的膳食中占有突出的重要地位，每日摄入量在 250 ~ 500g。在正常情况下，主食为我国人民提供了膳食中50% ~ 70%的能量、40% ~ 60%的蛋白质和50%以上的维生素 B₁，故而在营养供应当中占有特别重要的地位。

（一） 谷类结构及营养素分布

谷粒结构的共同特点是具有谷皮、糊粉层、谷胚和胚乳 4 个主要部分。谷皮包括植物学上的果皮和种皮，糊粉层紧贴谷皮，处于胚乳的外层；胚则处于种子下端的一侧边缘。小麦籽粒和稻米籽粒的结构如图 4 - 1 和图 4 - 2 所示。

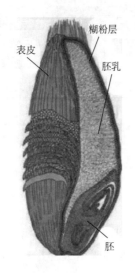

图 4 - 1　小麦籽粒的结构

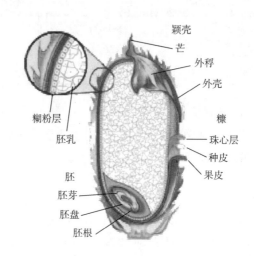

图 4 - 2　稻米籽粒的结构

稻米和小麦是世界上最重要的两种谷类作物，因为它们可以被"精磨"或"碾白"。稻米和小麦在除去外壳之后称为糙米和全麦，再经过碾白，除去外层较为粗硬的部分，保留中间颜色较白的胚乳部分，便成为日常食用的精白米和精白面粉。此时种皮、糊粉层和大部分胚随着糠麸被除去。在糙米各成分中，糠层占稻米重量的 5% ~ 6%，胚和胚乳分别占 2% ~ 3% 和 91% ~ 92%。

除了稻米和小麦之外，玉米、小米、燕麦等其他谷类没有经过精白处理，完整地保留了外层部分，因而口感较粗，被称为"粗粮"，或与豆类一起并称为"杂粮"。

谷粒最外层的谷皮主要由纤维素、半纤维素构成，含较多的矿物质、脂肪和维生素。谷皮不含淀粉，其中纤维和植酸含量高，因而在加工中作为糠麸除去。在加工精度不高的谷物中，允许保留少量谷皮成分。

糊粉层介于胚乳淀粉细胞和皮层之间，含蛋白质、脂类、矿物质和维生素，营养价值高。但糊粉层细胞的细胞壁较厚，不易消化，而且含有较多酶类，影响产品的储藏性能，因而在精加工中常和谷皮一起磨去。

谷胚是种子中生理活性最强、营养价值最高的部分，含有丰富的脂肪、维生素 B₁ 和矿物质，蛋白质和可溶性糖也较多。谷胚蛋白质与胚乳蛋白质的成分不同，其中富含赖氨酸，生物价值很高。在食品加工当中，谷胚常被作为食品的营养补充剂添加到多种主食当中。在精白处理中，谷胚大部分被除去，降低了产品的营养价值，但可提高产品的储藏性，因为胚的吸湿性较强，其中的脂肪还可能在储藏当中发生氧化酸败，产生不良的气味。

胚乳是种子的储藏组织，含有大量淀粉和一定量的蛋白质，靠近胚的部分蛋白质含量较高。谷胚容易消化，适口性好，耐储藏，但是维生素和矿物质等营养素的含量很低。日常消费的精白米和富强粉中以胚乳为主要成分（表4-3）。

表4-3	小麦粒各部位的重量和营养素占全粒的比例						单位:%
	重量	蛋白质	硫胺素	核黄素	烟酸	泛酸	吡哆醇
谷皮	13~15	19	33	42	86	50	73
谷胚	2~3	8	64	26	2	7	21
胚乳	83	70~75	3	32	12	43	6

资料来源：周世英，钟丽玉，粮食学与粮食化学，1986。

（二）谷类的营养价值

1. 碳水化合物

谷类是碳水化合物的丰富来源，其中淀粉含量达70%以上。一般来说，每100g谷类中所含能量达1250kJ以上，是人体能量的良好来源。各种谷物的口感不同，在很大程度上取决于其中淀粉的特性差异。一般来说，谷物中直链淀粉比例较低，以支链淀粉为主，在品种间差异较大。不同谷类和品种之间淀粉的性质差异影响谷类的消化速度，以及摄入后血糖上升的速度。

除淀粉之外，谷类中尚含有少量可溶性糖和糊精。一般来说，可溶性糖的含量低于3%；可溶性糖包括葡萄糖、果糖、麦芽糖和蔗糖。含可溶性糖最多的部分是谷胚。例如，小麦胚芽的含糖量高达24%，其中蔗糖占60%左右，还有较多的棉籽糖等。

2. 蛋白质

谷类的蛋白质含量为7%~16%，品种间有较大差异。例如，稻米的蛋白质含量为6%~9%，其中优质米的蛋白质含量为6%~7%；小麦则为8%~13%。谷类中以燕麦的蛋白质含量最高，可达15%~17%。

按照溶解特性，谷类中的蛋白质可以划分为谷蛋白、醇溶谷蛋白、球蛋白和清蛋白4个组分。多数谷类中醇溶谷蛋白（又称麦胶蛋白）和谷蛋白两种储藏蛋白质所占比例较大，清蛋白和球蛋白含量相对较低。由于醇溶谷蛋白中赖氨酸、色氨酸和蛋氨酸的含量均低于清蛋白和球蛋白，使得谷类蛋白质的生物价值较低。谷蛋白的氨基酸组成变化较大。在小麦中，谷蛋白与醇溶谷蛋白的组成相似，而在玉米当中，谷蛋白中的赖氨酸含量远高于醇溶谷蛋白。在谷类当中，以玉米和小米的蛋白质最为缺乏赖氨酸，而燕麦蛋白质中赖氨酸含量较高，因为燕麦中的醇溶谷蛋白仅占总蛋白的10%~15%。

多数谷类的第一限制性氨基酸是赖氨酸，第二限制性氨基酸往往是色氨酸或苏氨酸。如与少量豆类、乳类、蛋类或肉类同食，则可以通过蛋白质互补作用有效提高谷类蛋白质的生物价。燕麦和荞麦的蛋白质是例外，其中赖氨酸含量充足，生物价值较高。

3. 脂类

谷类的脂肪含量较低，多数品种仅有2%~3%，主要集中于外层的胚、糊粉层和谷皮部分。这一部分被称为非淀粉脂类。其中含有丰富的亚油酸等多不饱和脂肪酸（表4-4），含有磷脂和谷固醇等成分，并富含维生素E。例如，稻谷80%以上的脂肪分布在外层部分，总脂肪含量为2.6%~3.9%，而精制大米仅为0.3%~0.5%。燕麦是个例外，其脂肪含量为

5% ~9%，大部分存在于胚乳中而不是胚部。

某些谷类品种或组分是食用油脂的来源。如高油玉米的胚中脂肪含量可达 10% 以上，可榨取玉米胚油；大米胚芽油中含 6% ~7% 的磷脂，主要是卵磷脂和脑磷脂；小麦胚芽油中的不饱和脂肪酸占 80% 以上，亚油酸含量达 60%，维生素 E 的含量达 250 ~520mg/100g。胚乳部分脂肪含量很低，且多以与淀粉结合的形式存在，称为淀粉脂类，又称淀粉 – 脂肪复合物。此复合物十分稳定，常温下难以分离，其中磷脂约占总淀粉脂类的 85%。

表 4 – 4   谷类及其组分的脂肪和脂肪酸构成

谷类来源	脂肪含量/%	占总脂肪的比例/%		
		饱和脂肪酸	单不饱和脂肪酸	多不饱和脂肪酸
小麦富强粉	1.1	30.3	24.1	44.8
黑米	2.5	35.1	48.0	16.3
玉米面	4.5	15.3	28.4	56.3
小米面	2.1	35.6	14.6	49.8
荞麦	2.3	33.2	51.6	14.6

资料来源：杨月欣，中国食物成分表，2002。

4. 维生素

黄色籽粒的谷类含有一定量的类胡萝卜素，但 β – 胡萝卜素含量比较低；黄色主要来源于叶黄素类，如玉米黄素。它们不能转化为维生素 A，但具有较强的抗氧化作用，对于预防视网膜黄斑变性等疾病有一定作用。

谷类中不含有维生素 D，只含有少量维生素 D 的前体麦角固醇。其中维生素 K 的含量也很低，例如小麦籽粒中的维生素 K 含量仅有 10 ~100μg/100g。然而，谷胚油中的维生素 E 含量较高，以小麦胚芽含量较高，达 30 ~50mg/100g，玉米胚芽中含量次之。而且，胚芽中的维生素 E 以生物活性最高的 α – 生育酚为主，还含有一部分生育三烯酚。故而，全谷类食品也是维生素 E 的来源之一，而精白处理后的米面维生素 E 含量极低。

谷类中不含有维生素 C，但 B 族维生素比较丰富，特别是维生素 B_1（表 4 – 5）和烟酸含量较高，是膳食中这两种维生素的最重要来源。此外，尚含一定数量的维生素 B_2、泛酸和维生素 B_6。

表 4 –5   粮食中维生素 B_1 的含量   单位：mg/100g

粮食名称	维生素 B_1	粮食名称	维生素 B_1
小麦	0.37 ~0.61	糙米	0.3 ~0.45
小麦麸皮	0.7 ~2.8	米皮层	1.5 ~3.0
麦胚	1.56 ~3.0	米胚	3.0 ~8.0
面粉（出粉率85%）	0.3 ~0.4	米胚乳	0.03
面粉（出粉率73%）	0.07 ~0.1	玉米	0.3 ~0.45
面粉（出粉率60%）	0.07 ~0.08		

资料来源：周世英，钟丽玉，粮食学与粮食化学，1986。

5. 矿物质

谷类中含有 30 多种矿物质，但各元素的含量，特别是微量元素的含量与品种、气候、土壤、肥水等栽培环境条件关系极大。谷粒中以磷的含量最为丰富，占矿物质总量的 50% 左右；其次是钾，占总量的 1/4 ~ 1/3；镁的含量也较高，但多数谷类钙含量低。锰的含量在各类食物中是比较高的。

在籽粒中，矿物质主要集中在外层的胚、糊粉层和谷皮部分，胚乳中心部分的含量比较低。在谷类的精制加工中，外层的胚、糊粉层和谷皮部分基本被除去，因此，加工精度越高，其矿物质的含量就越低。

谷类中矿物质的化合状态并非人类直接可以利用的形式，主要以不溶性形态存在，而且籽粒中的植酸常与钙、铁、锌等形成不溶性的盐类，对这些元素的吸收有不利影响。例如，稻米的矿物质中，90% 以植酸盐的形式存在。植酸是磷元素的储藏形式，在种子发芽时被植酸酶水解，可以被幼芽利用。植酸和矿物质的分布类似，在谷粒的外层较多，胚乳中几乎不含植酸。所以，加工精度过低时，谷物的钙、铁、锌等矿物质利用率降低。

在各种谷物当中，小米、荞麦、燕麦的铁含量较高，燕麦的钙含量较高。稻米的矿物质含量在各种粮食当中最低。黑色、紫色、红色等有色品种中的矿物质含量高于白色品种。

总体而言，粗粮的钾、镁含量远远高于精白米和精白面粉（表 4-6）。

表 4-6　　　　　　　　　　几种谷类的维生素和矿物质含量　　　　　　　　单位：mg/100g

粮食名称	维生素 B_1	维生素 B_2	钙	钾	铁	锌
小麦富强粉	0.20	0.04	27	128	2.7	0.97
特级粳米	0.08	0.04	24	58	0.9	1.07
黄玉米面	0.26	0.09	22	249	3.2	1.42
小米	0.33	0.10	41	284	5.1	1.87
燕麦片	0.30	0.13	186	214	7.0	2.59

资料来源：杨月欣，中国食物成分表，2002。

6. 膳食纤维和其他成分

谷类含有较多的非淀粉多糖（NSP），包括纤维素、半纤维素、戊聚糖等，果胶物质比较少。谷粒中的膳食纤维含量在 2% ~ 12%，主要存在于谷壳、谷皮和糊粉层中。其中纤维素主要存在于谷皮部分，往往损失于精磨时的糠麸之中。胚乳部分的纤维素含量不足 0.3%，故而长期偏食精米白面容易引起膳食纤维不足的问题。反之，各种未精制的谷类都是纤维素的良好来源。全谷类的膳食纤维含量丰富，使其具有较低的血糖反应，而经过精白处理的谷物及其加工品血糖反应较高。

半纤维素的化学成分较为复杂，包括 β - 葡聚糖和戊糖、己糖、糖醛酸、蛋白质和酚类的复杂多聚体。大麦和燕麦中富含 β - 葡聚糖，例如，大麦细胞壁中含有 70% 的 β - 葡聚糖以及 20% 的戊聚糖；燕麦中半纤维素的 70% ~ 87% 为 β - 1 - 4 和 β - 1 - 3 糖苷键连接而成的 β - 葡聚糖，含量可达燕麦总重的 4% ~ 6%，且分布于整个谷粒当中，而大麦中的 β - 葡聚糖主要存在于籽粒外层。β - 葡聚糖近年来受到营养界的特别重视，经功能研究认为它具有降低血糖、降低血清胆固醇和提高饱腹感的效应。

黑色、紫色、红色等有色谷物中富含花青素、类黄酮等多酚类抗氧化成分。

二、 薯类食品的营养价值

薯类包括各种含淀粉的根茎类食品，如马铃薯、甘薯、芋头、山药、木薯等。在我国，木薯很少用于人类食品，但其他几种薯类都是膳食中常见的品种，其中最为广泛食用的是马铃薯和甘薯。薯类水分在60%～90%，在营养上介于谷类和蔬菜之间，既可以充当主食，部分替代粮食类食品，也可以部分替代蔬菜。薯类营养成分与大米、面粉的比较见表4－7所示。

表4－7　　　　薯类营养成分与大米、 面粉的比较 （每100g 中含量）

食物	红心甘薯	马铃薯	山药	芋头	炸薯片	特级粳米	富强面粉
能量/kcal	99	76	56	79	568	334	350
蛋白质/g	1.1	2	1.9	2.2	5.3	7.3	10.3
碳水化合物/g	24.7	17.2	12.4	18.1	50	75.7	75.2
纤维/g	1.6	0.7	0.8	1	1.6	0.4	0.6
维生素 B_1/mg	0.04	0.08	0.05	0.06	0.07	0.08	0.17
维生素 B_2/mg	0.04	0.04	0.02	0.05	0.18	0.04	0.06
维生素 C/mg	26	27	5	6	16	0	0
胡萝卜素/mg	0.75	0.03	0.02	0.16	—	0	0
钾/mg	39	40	213	378	1130	58	18
钙/mg	23	8	16	36	40	24	27
铁/mg	0.5	0.8	0.3	1	1.8	0.9	2.7

资料来源：杨月欣，中国食物成分表，2002。

（一） 蛋白质

薯类的蛋白质含量通常在1%～2%。以鲜重进行比较时，薯类食品的蛋白质含量较谷类低；但按干重计算时，薯类食品的蛋白质含量可与粮食相媲美。从氨基酸组成来看，薯类蛋白质的质量相当于或优于粮食蛋白质。马铃薯蛋白质的氨基酸平衡良好，其中富含赖氨酸和色氨酸，可以与粮食蛋白质发生营养互补。甘薯蛋白质的质量与大米相近，而赖氨酸含量高于大米。此外，甘薯、山药和芋头中均含有黏蛋白，对提高免疫力和预防慢性疾病有一定作用。

（二） 脂类

薯类脂肪主要由不饱和脂肪酸组成，脂肪含量通常低于0.2%，按干重计算也低于糙米和全麦。但经油炸的薯类加工品往往含有较高的脂肪，如炸薯条、炸薯片等。

（三） 碳水化合物

薯类的淀粉含量达鲜重的8%～30%，达干重的85%以上，超过粮食中的碳水化合物含量，可用作主食。薯类淀粉容易被人体消化吸收，且血糖反应较低。薯类中的膳食纤维质地细腻，对肠胃刺激小，可有效预防便秘。

薯类淀粉粒颗粒大，容易分离，常用来提取淀粉或者制作各种淀粉制品。马铃薯和甘薯均为我国重要的淀粉原料。其中马铃薯淀粉中富含磷酸基团，具有良好的持水性和柔软的口感；甘薯中含有较多可溶性糖，使其具有甜味。

（四） 矿物质

薯类富含矿物质，其中以钾含量最高，其次为磷、钙、镁、硫等。每 100g 马铃薯干粉中含钾可达 1000mg 以上，山药和芋头含钾更为丰富。薯类中的镁含量也较高。按干重计算，其铁含量与谷类相当，钙含量则高于谷类。马铃薯中磷含量较高，而甘薯中含量较低。

用薯类部分替代精白米和精白面粉作为主食，有利于增加膳食中钾、镁元素的供应。

三、 豆类及坚果类食品的营养价值

豆类和坚果等含油种子类在营养上有一些共同之处，常放在一起介绍。它们都富含植物蛋白以及较多的 B 族维生素和矿物质。

（一） 豆类及豆制品的营养价值

豆类包括各种豆科栽培植物的可食种子，包括各种颜色的大豆，也包括红豆、绿豆、豌豆、蚕豆等各种富含淀粉的杂豆。豆类与谷类结构不同，其营养成分主要在籽粒内部的子叶中，因此在加工中除去种皮不影响营养价值。

1. 大豆的营养特点

大豆包括黄、青、黑等不同皮色的品种，以黄大豆最为常见。其蛋白质含量达 35% ~ 45%，是植物中蛋白质质量和数量最佳的作物之一。大豆蛋白质的赖氨酸含量较高，但蛋氨酸为其限制性氨基酸。如与缺乏赖氨酸的谷类配合食用，能够实现蛋白质的互补作用，使混合后的蛋白质生物价达 70 以上。这一特点，对于因各种原因不能摄入足够动物性食品的人群具有重要意义。因此，在以谷类为主食的我国应大力提倡食用大豆及其制品。

大豆的脂肪含量为 15% ~20%，传统用来生产豆油。大豆油中的不饱和脂肪酸含量高达 85%，亚油酸含量达 50% 以上。大豆油中的亚麻酸含量因品种不同而有所差异，多在 2% ~ 15%。大豆含有较多磷脂，占脂肪含量的 2% ~3%。豆油精制过程中分离的磷脂可用来制作食品乳化剂。

大豆含碳水化合物 25% ~30%，其中含少量蔗糖，大部分是人体所不能消化的棉籽糖和水苏糖以及由阿拉伯糖和半乳糖所构成的多糖。它们在大肠中能被微生物发酵产生气体，引起腹胀，但同时也是肠内双歧杆菌的生长促进因子。豆制品加工过程中，这些糖类溶于水而基本上被除去，因此食用豆制品不会引起严重的腹胀。

大豆中各种 B 族维生素含量较高，如维生素 B_1、维生素 B_2 的含量是面粉的 2 倍以上。黄大豆含有少量胡萝卜素，是豆油呈黄色的原因。大豆及大豆油中维生素 E 含量很高。干大豆中不含维生素 C 和维生素 D。

大豆中含有丰富的矿物质，可达干重的 4.5% ~5.0%。其中钙和磷的含量高于普通谷类食品，矿物质呈现高钾、高镁、低钠的特点，铁、锰、锌、铜、硒等微量元素的含量也较高。需要注意的是，因含有大量植酸和含磷蛋白质，大豆中的矿物质生物利用率较低，如铁的生物利用率仅有 3%。

除营养物质之外，大豆还含有多种有益于预防慢性疾病的物质，如大豆皂苷、大豆异黄酮、大豆固醇、大豆低聚糖等。

2. 其他豆类的营养价值

除大豆之外，其他各种豆类也具有较高营养价值，包括红豆、绿豆、蚕豆、豌豆、豇豆、芸豆、扁豆等（表4-8）。它们的脂肪含量低而淀粉含量高，被称为淀粉类干豆。

表4-8　　　　　　　　　　几种豆类的部分营养素含量

名称	蛋白质 g/100g	脂肪 g/100g	硫胺素 mg/100g	核黄素 mg/100g	钙 mg/100g	铁 mg/100g	锌 mg/100g
大豆	35.1	16.0	0.41	0.20	191	8.2	3.3
红豆	20.2	0.6	0.16	0.11	74	7.4	2.2
绿豆	21.6	0.8	0.25	0.11	81	6.5	2.2
扁豆	25.3	0.4	0.26	0.45	137	19.2	1.9
豌豆	20.3	1.1	0.49	0.14	97	4.9	2.4

资料来源：杨月欣，中国食物成分表，2002。

淀粉类干豆类的淀粉含量达55%~60%，而脂肪含量低于2%，所以常被称为"杂粮"，往往和谷类食品共同作为主食。它们的蛋白质含量在20%左右，富含赖氨酸，但蛋氨酸不足；与大豆一样，可与谷类食品发挥蛋白质营养互补作用。淀粉类干豆的B族维生素和矿物质含量也高于谷类食品。

鲜豆类和豆芽中除含有丰富的蛋白质和矿物质外，其维生素 B1 和维生素 C 的含量较高，常被列入蔬菜类中。

3. 豆类中的抗营养因素

多种豆类中含有蛋白酶抑制剂。蛋白酶抑制剂能够抑制人体内胰蛋白酶、胃蛋白酶、糜蛋白酶等蛋白酶的活性。由于存在这类物质，生大豆的蛋白质消化吸收率很低。红细胞凝集素也存在于多种豆类中。它是一类糖蛋白，能够特异性地与人体的红细胞结合，使红细胞发生凝聚作用，对人体有一定毒性。适当的湿热处理可使以上因素失活。

豆类中所含的大量植酸会妨碍钙和铁的吸收。大豆中还含有丰富的脂氧合酶，它不仅是豆腥味的起因之一，而且在储藏中容易造成不饱和脂肪酸的氧化酸败和胡萝卜素的损失。

豆类中所含有的低聚糖经大肠细菌的发酵，产生气体，使人腹胀不适，过去也作为抗营养因素对待，实际上它们对营养吸收并无妨碍。

4. 大豆制品的营养价值

传统大豆制品以豆腐为代表，食用更为方便，而且去除了大部分抗营养因素。豆制品富含蛋白质，其含量与动物性食品相当。例如，豆腐干的蛋白质含量相当于牛肉，达20%左右；豆浆和豆乳的蛋白质含量在2%左右，与牛乳大致相当；水豆腐的蛋白质含量在5%~8%，腐竹的蛋白质含量达45%~50%。同时，豆制品中含有一定量的脂肪，其中富含必需脂肪酸和磷脂，不含胆固醇，是肉类食品的良好替代物。部分传统豆制品的营养素含量见4-9所示。

豆腐制品加工中，往往带来矿物质含量的提高。大豆本身含钙较多，而豆腐常以钙盐（石膏）或镁盐（卤水）作为凝固剂，因此豆腐是膳食中钙镁元素的重要来源。大豆中的微量元素基本上都保留在豆制品中。但是，豆腐加工中也有一部分 B 族维生素溶于水而损失，其中部分原因是加热降解，而大部分是凝固时随析出的水分流失。

表 4 -9　　　　　　　　　　　　一些传统豆制品的部分营养素含量

名称	蛋白质 g/100g	脂肪 g/100g	硫胺素 mg/100g	核黄素 mg/100g	钙 mg/100g	铁 mg/100g	锌 mg/100g
内酯豆腐	5.0	1.9	0.06	0.03	17	0.8	0.55
北豆腐	12.2	4.8	0.05	0.03	138	2.5	0.63
油豆腐丝	24.2	17.1	0.02	0.09	152	5.0	2.98
素什锦	14.0	10.2	0.07	0.04	174	6.0	1.25
腐竹	44.6	21.7	0.13	0.07	77	16.5	3.69

资料来源：杨月欣，中国食物成分表，2002。

（二）坚果类的营养价值

坚果类包括了油脂含量很高的坚果、果仁以及传统上用来榨油的各种植物种子，即被称为油籽的食物。大部分坚果具有很高的油脂含量，既包括核桃、榛子、杏仁、阿月浑子（开心果）、松子、香榧、腰果、澳洲坚果等木本植物的有硬壳种子或果核，也包括花生、向日葵、西瓜子、南瓜子、芝麻、胡麻籽等油籽。

1. 蛋白质

含油坚果类的蛋白质含量多在 12%～22%。油籽类的蛋白质含量更高，如西瓜子和南瓜子蛋白质含量达 30% 以上，花生为 25%、葵花籽为 24%、西瓜子仁为 32%。坚果类蛋白质的第一限制性氨基酸因品种而异。例如，澳洲坚果不含色氨酸而富含蛋氨酸，花生、榛子和杏仁含硫氨基酸不足，葵花籽的含硫氨基酸丰富但赖氨酸不足，核桃则同时缺乏蛋氨酸和赖氨酸。

总的来说，坚果类是植物性蛋白质的补充来源，但其生物效价较低，需要与其他食品营养互补后方能发挥最佳作用。

2. 脂类

坚果类食品富含油脂，脂肪含量多在 40%～70%，故而能量很高，可达 500～700kcal/100g。例如，花生含脂肪 40%，葵花籽和核桃的含油量达 50% 以上，松子仁和澳洲坚果的含油量更高达 70%，其中卵磷脂含量丰富。

坚果类所含的脂肪酸中以亚油酸和油酸等不饱和脂肪酸为主（表 4 -10）。温带所产坚果的不饱和脂肪酸比例普遍高于热带所产坚果，通常达 80% 以上。葵花籽、核桃和西瓜子的脂肪中特别富含亚油酸，在总脂肪酸中占 60%～70%。

表 4 -10　　　　　　　　　　几种坚果果仁的脂肪酸构成　　　　　　　　　单位：g/100g

名称	总脂肪	棕榈酸	硬脂酸	油酸	亚油酸	亚麻酸
核桃	58.8	5.3	2.7	14.3	64.0	12.2
花生	44.3	12.4	3.7	38.4	37.7	0.9
葵花籽	52.8	8.3	4.3	19.9	65.2	0.2
南瓜子	46.1	12.4	5.2	37.4	44.7	0.3
松子	58.5	7.8	2.9	37.7	34.7	11.0
西瓜子	44.8	9.7	6.9	11.0	71.6	0.4
榛子	50.3	4.6	1.9	23.5	49.9	3.5

资料来源：杨月欣，中国食物成分表，2002。

一些坚果脂肪中单不饱和脂肪酸的比例较大，如榛子、澳洲坚果、杏仁及美洲山核桃和开心果中所含的脂肪酸当中，57%~83%为单不饱和脂肪酸。花生、松子和南瓜子所含脂肪酸中，约有40%来自单不饱和脂肪酸。巴西坚果、腰果和榛子中约有1/4的脂肪酸为单不饱和脂肪酸。核桃和松子含有较多的ω-亚麻酸，对改善膳食中的ω-3和ω-6脂肪酸比例有一定贡献。

3. 碳水化合物

富含油脂的坚果中可消化碳水化合物含量较少，多在15%以下，如花生为5.2%、榛子为4.9%。其中膳食纤维含量较高，如花生膳食纤维含量达6.3%，榛子为9.6%，中国杏仁更高达19.2%。膳食纤维中除纤维素、半纤维素等成分外，还包括少量不能为人体吸收的低聚糖。

4. 维生素

与高油脂含量相伴，富含油脂的坚果含有大量的维生素E，也富含B族维生素，包括维生素 B_1、维生素 B_2、烟酸和叶酸。其中杏仁中的维生素 B_2 含量特别突出。

部分坚果品种含少量胡萝卜素，如榛子、核桃、花生、葵花籽、松子的胡萝卜素含量为0.03~0.07mg/100g，鲜板栗和开心果达0.1mg/100g以上。一些坚果中含有维生素C，如欧榛中含维生素C为22mg/100g，栗子、杏仁为25mg/100g左右。表4-11列出了几种坚果的维生素含量。

表4-11　　　　　　　　　几种坚果的维生素含量

坚果名称	维生素E mg/100g	硫胺素 mg/100g	核黄素 mg/100g	烟酸 mg/100g	维生素 B_6 mg/100g	叶酸 μg/100g
美国大杏仁	24.0	0.21	0.78	3.36	0.11	58.5
榛子	23.9	0.50	0.11	1.14	0.61	71.9
美洲山核桃	3.1	0.85	0.13	0.89	0.19	38.9
松子	3.5	1.25	0.21	4.36	0.11	57.1
南瓜子仁	1.0	0.21	0.32	1.75	0.21	57.1
葵花籽仁	50.3	2.28	0.25	4.50	0.78	227.8
栗子	1.2	0.24	0.17	1.34	0.50	69.9

5. 矿物质

含油坚果类的钾、镁、磷、铁、锌、铜、锰、硒等各种矿物质的含量相当突出，是多种微量元素的良好补充来源（表4-12）。例如，美国杏仁和榛子富含钙。一些坚果具有富集某些元素的特点。如巴西坚果富含硒，而开心果富含碘。

表4-12　　　　　　几种坚果（未加盐）的矿物质含量　　　　　　单位：mg/100g

坚果名称	钙	铁	镁	钾	钠	锌
美国大杏仁	266	3.71	296	732	11	2.92
榛子	188	3.27	285	445	3	2.40
美洲山核桃	36	2.13	128	392	1	5.47

续表

坚果名称	钙	铁	镁	钾	钠	锌
松子	7	3.07	232	629	71	4.29
南瓜子仁	43	15.00	536	807	18	7.46
葵花籽仁	117	6.78	353	689	3	5.06
栗子	29	0.88	33	592	2	0.57

四、　蔬菜的营养价值

蔬菜的特点是含水量高而蛋白质和脂肪含量低，含有维生素 C 和胡萝卜素，含有各种有机酸、芳香物、色素和膳食纤维等。它们不仅为人体提供了重要的营养物质，也可以增进食欲，帮助消化。按照不同的来源和植物学部位，通常将蔬菜分为根菜类、嫩茎叶和花苔类、茄果类、鲜豆类、瓜类、水生蔬菜类、薯类、食用菌类和藻类等。薯类的营养成分介于谷类和蔬菜之间，在本节第二部分已经介绍，在此不再赘述。

（一）　碳水化合物

蔬菜中的碳水化合物包括可溶性糖、淀粉和膳食纤维。

大部分蔬菜的碳水化合物含量较低，仅为 2% ~6%，几乎不含有淀粉。然而，根和地下茎之类储藏器官的碳水化合物含量比较高，如藕为 15.2%，其中大部分是淀粉。含较多糖分的胡萝卜和某些品种的萝卜介于两者之间，为 7% ~8%。

蔬菜中纤维素、半纤维素等膳食纤维含量较高，鲜豆类在 1.5% ~4.0%，叶菜类通常为1.0% ~2.2%，瓜类较低，为 0.2% ~1.0%。有些蔬菜富含果胶，如菜花。

菌类蔬菜中的碳水化合物主要是菌类多糖，如香菇多糖、银耳多糖等。它们具有多种保健作用。海藻类中的碳水化合物则主要是属于可溶性膳食纤维的海藻多糖，如褐藻胶、红藻胶、卡拉胶等，能够促进人体排出多余的胆固醇和体内的某些有毒、致癌物质，对人体有益。一些蔬菜中还含有少量菊糖，如菊苣、洋葱、芦笋、牛蒡等。

鲜豆类中含有少量低聚糖，如棉籽糖、水苏糖和毛蕊花糖等。蔬菜中还有少部分碳水化合物以糖苷形式与类黄酮等成分结合而存在。

（二）　蛋白质和脂肪

新鲜蔬菜的蛋白质含量通常在 3% 以下。在各种蔬菜中，以鲜豆类、菌类和深绿色叶菜的蛋白质含量较高，如鲜豇豆的蛋白质含量为 2.9%，金针菇为 2.4%，苋菜为 2.8%。瓜类蔬菜的蛋白质含量较低。蔬菜蛋白质质量较佳，如菠菜、豌豆苗、豇豆、韭菜等的限制性氨基酸均是含硫氨基酸，赖氨酸则比较丰富，可与谷类发生蛋白质营养互补。菌类蔬菜中的赖氨酸特别丰富，蛋白质含量通常可达 2% 以上。如每日摄入 400g 绿叶蔬菜、豆类蔬菜和菌类蔬菜，按照 2% 的蛋白质含量计算，可获 8g 蛋白质，达成人每日需要量的 13%，是不可忽视的蛋白质来源。

蔬菜中往往含有一些非蛋白质氨基酸，其中有的是蔬菜风味物质的重要来源，如 S - 烷基半胱氨酸亚砜是洋葱风味的主要来源，而蒜氨酸是大蒜风味的前体物质。

蔬菜中的脂肪低于 1%，属于低能量食品。例如，100g 黄瓜所含能量仅为 63kJ（15kcal）。

（三）维生素

蔬菜在膳食中的重要意义之一，是含有谷类、豆类、动物性食品中所缺乏的维生素 C 以及能在体内转化为维生素 A 的胡萝卜素。此外，蔬菜中含有除维生素 D 和维生素 B_{12} 之外的各种维生素，包括维生素 B_1、维生素 B_2、维生素 B_6、烟酸、泛酸、生物素、叶酸、维生素 E 和维生素 K，其中绿叶蔬菜是维生素 B_2、叶酸和维生素 K 的重要膳食来源。菌类蔬菜中还含有维生素 B_{12}。

蔬菜中胡萝卜素的含量与颜色有明显的相关关系。深绿色叶菜和橙黄色蔬菜的含量最高，每 100g 中含量达 2 ~ 4mg。例如，每 100g 西蓝花含胡萝卜素 7.2mg，芥蓝为 3.5mg，甘薯叶为 5.9mg，胡萝卜为 4.1mg。浅色蔬菜中胡萝卜素含量较低，如 100g 冬瓜中仅含胡萝卜素 0.08mg。蔬菜中同时还含有不能转变成维生素 A 的番茄红素、玉米黄素等其他类胡萝卜素，也具有重要的健康意义。

维生素 C 含量与颜色无关，每 100g 中含量多在 10 ~ 90mg。维生素 C 含量较高的蔬菜有青椒和辣椒、油菜薹、菜花、苦瓜、芥蓝等。胡萝卜素含量较高的有菠菜、空心菜、苋菜、落葵（木耳菜）、绿菜花、胡萝卜等。深绿色叶菜和花类蔬菜的维生素 B_2 含量较高，一般为 0.10mg/100g 左右。维生素的具体含量受品种、栽培、储存和季节等因素的影响而变动很大。

菌类和海藻类蔬菜的维生素 C 含量不高，但维生素 B_2、烟酸和泛酸等 B 族维生素的含量较高。例如，鲜蘑菇的维生素 B_2 和烟酸含量分别为 0.35mg/100g 和 4.0mg/100g，鲜草菇为 0.34mg/100g 和 8.0mg/100g。许多菌类和海藻类都以干制品形式出售，按重量计的营养素含量很高；但是它们在日常生活中食用量不大，而且烹调前需经水发，水溶性营养素的损失较大。

由于我国人民消费乳类、柑橘类水果和果汁较少，蔬菜是膳食中维生素 A 和维生素 C 的主要来源，也是维生素 B_2 的重要来源（表 4 – 13）。如每天摄入 400g 绿叶蔬菜，约可获得 0.4g 维生素 B_2，相当于每日推荐供给量的 1/3 左右。

蔬菜是膳食当中维生素 K 的主要来源，其含量与叶绿素含量具有正相关关系，故而绿叶蔬菜是维生素 K 的最好来源。例如，菠菜中维生素 K 含量为 380mg/100g，生菜为 315mg/100g，圆白菜为 145mg/100g，黄瓜为 20mg/100g。近来认为，维生素 K 不仅具有凝血功能，而且在骨骼生长和更新中具有重要的作用。因此每日摄入绿叶蔬菜是维护骨骼健康的重要饮食措施之一。此外，蔬菜中含有少量维生素 E。野菜中的维生素含量普遍高于栽培蔬菜。

表 4 – 13　　　　　部分蔬菜中的维生素 C 和胡萝卜素含量　　　　单位：mg/100g

蔬菜名称	红胡萝卜	小红辣椒	绿菜花	白菜花	番茄	菠菜	绿苋菜	芥蓝	小白菜	黄瓜
维生素 C	13	144	51	61	19	32	47	76	28	9
胡萝卜素	4.13	1.39	7.21	0.03	0.55	2.92	2.11	3.45	1.68	0.09

（四）矿物质

蔬菜富含矿物质，对人体调节膳食酸碱平衡十分重要。蔬菜为高钾低钠食品，也是钙、铁和镁的重要膳食来源。不少蔬菜中的钙含量超过 100mg/100g，如油菜和油菜薹、苋菜、萝卜缨、落葵、茴香、芹菜等。绿叶蔬菜铁含量较高，含量在 2 ~ 3mg/100g。部分菌类蔬菜富含铁、锰、锌等微量元素。因叶绿素中含有镁，故绿叶蔬菜也是镁元素的最佳来源之一。

蔬菜中的铁为非血红素铁，其吸收利用率受膳食中其他多种因素的影响，生物利用率比动物性食品低。蔬菜中的维生素 C 可促进其吸收，但是一些蔬菜如菠菜、空心菜、茭白等含有较多草酸，会影响钙、铁等矿物质的吸收和利用。

一些蔬菜可富集某些微量元素，如大蒜中含有较多的硒，菠菜中含有较多的钼，卷心菜中含有较多的锰，豆类蔬菜则含有较多的锌。各微量元素的含量受到土壤、肥料、气候等因素的强烈影响。施用微量元素肥料可以有效地改变蔬菜中的微量元素含量。

（五） 其他与健康相关的成分

蔬菜中普遍含有有机酸，包括苹果酸、柠檬酸、草酸等。其中草酸可与多种矿物质形成沉淀，对钙、铁、锌等营养成分的吸收利用具有阻碍作用，在菠菜、苋菜、空心菜、木耳菜、牛皮菜、竹笋等蔬菜及各种野菜中含量较高。这些蔬菜经沸水焯烫后食用，可以除去大部分草酸，从而提高矿物质的吸收利用率。

除去营养素之外，蔬菜中还含有多种保健物质，特别是具有抗氧化作用的成分。大量研究证实，水果蔬菜的摄入量与多种慢性疾病特别是心血管疾病的发生呈现负相关。其中除去膳食纤维、钾、叶酸、维生素 C 和 β - 胡萝卜素等因素的作用，不能转变成维生素 A 的叶黄素、番茄红素、类黄酮、花青素、硫苷类和其他健康成分也均有贡献。

五、 水果的营养价值

水果是味甜多汁的植物性食物的总称。除果实之外，广义的水果包括少数茎、根等其他植物学部位，如甘蔗等。水果的特点是富含水分、有甜味，并可以不经烹调直接食用。

多数水果含水分达85% ~90%，可食部分的主要成分是水、碳水化合物和矿物质以及少量的含氮物和微量的脂肪。此外，还含有维生素、有机酸、多酚类物质、芳香物质、天然色素等成分。

（一） 碳水化合物

水果中的碳水化合物包括淀粉、蔗糖、果糖和葡萄糖。鲜果中蔗糖和还原糖含量在5% ~20%，多在10%左右，但柠檬可低达 0.5%。水果干制品的糖含量可高达 60% 以上。蔷薇科水果中山梨糖醇较为丰富，如苹果汁中 D - 山梨醇的含量达 300 ~800mg/100mL。柿子等水果还含有甘露糖醇。

未成熟果实中淀粉含量较高，但随着果实的成熟，其中淀粉分解，糖分含量提高，淀粉含量降至可忽略的水平。香蕉是个例外，成熟香蕉中的淀粉含量高达 3% 以上。由于含有糖分，水果是膳食中能量的补充来源之一。

水果中含有较丰富的膳食纤维，包括纤维素、半纤维素和果胶，其中以果胶最为突出，是膳食纤维的重要来源。如葡萄柚中果胶含量为 1.6% ~4.5%，柠檬果胶含量为 1.1%，梨和苹果中果胶含量为 0.5% ~1.8%，山楂中果胶含量 3.0% ~6.4%，柑橘皮中果胶含量高达 20%。随着成熟度的提高，水果中的总果胶含量下降，果胶当中的不溶性组分下降，而可溶性组分增加。果胶也是水果加工品的重要成分。

（二） 蛋白质和脂肪

水果中含有 0.1% ～1.5% 的含氮物，其中35% ～75% 是蛋白质，部分是游离氨基酸，有的还含有微量活性胺类，如多巴胺、去甲肾上腺素、脱氧肾上腺素等。

水果中蛋白质含量多在 0.5% ～1.0%，不是膳食中蛋白质的重要来源，也不宜作为主食。其蛋白质主要为酶蛋白，包括果胶酶类和酚氧化酶。某些水果中含有较丰富的蛋白酶类，如菠萝、木瓜、无花果、猕猴桃等。

水果的脂肪含量多在 0.3% 以下，只有鳄梨、榴莲、余甘等少数水果脂肪含量达到引起注意的程度，如鳄梨含脂肪达 10% 以上。但这些水果均未成为我国居民经常食用的水果。

（三） 维生素

水果和蔬菜一样，含有除维生素 D 和维生素 B_{12} 之外的所有维生素，但其 B 族维生素含量普遍较低，硫胺素和核黄素的含量通常低于 0.05mg/100g。水果是膳食中维生素 C 和胡萝卜素的较重要来源。在各类水果中，柑橘类是维生素 C 的四季良好来源，包括橘、橙、柑、柚、柠檬等。草莓、山楂、酸枣、鲜枣、猕猴桃、龙眼等也是某些季节中维生素 C 的优良来源，如鲜枣维生素含量可达 243mg/100g。热带水果多含有较为丰富的维生素 C，半野生水果的维生素 C 含量普遍超过普通栽培水果。然而，苹果、梨、桃等消费量最大的温带水果在提供维生素 C 方面意义不大。在同类水果中，不同栽培品种和栽培条件对其维生素 C 含量影响很大。

具有黄色和橙色的水果可提供类胡萝卜素，包括 α-胡萝卜素、β-胡萝卜素、番茄红素、玉米黄素和隐黄素等。西瓜和粉红色葡萄柚的主要类胡萝卜素是番茄红素。除了柑橘类和杏、黄桃之外，其他富含类胡萝卜素的水果包括芒果、木瓜、黄肉甜瓜、西番莲和柿子，其中芒果含有胡萝卜素达 8.05mg/100g。在胡萝卜素供应方面，大多数水果不及绿叶蔬菜和橙黄色蔬菜重要。

水果中维生素的含量受到种类、品种的影响，也受到成熟度、栽培地域、肥水管理、气候条件、采收成熟度、储藏时间等的影响，因此即使同一品种，也可能有较大的差异。此外，水果不同部位的维生素 C 含量有所差异。对于苹果来说，靠近外皮的果肉部分维生素 C 含量较高，而甜瓜则以靠近种子的部位维生素 C 含量较高。

有些水果还可以提供叶酸、维生素 K 和维生素 B_6。总体而言，水果中的维生素含量低于绿叶蔬菜。

（四） 矿物质

水果的矿物质含量在 0.4% 左右，主要是钾、镁、钙等元素，钠含量较低，是膳食钾的主要来源。如山楂、葡萄、鲜枣、龙眼、香蕉、橙等含钾较多。一些水果含有较为丰富的镁和铁，如草莓、大枣和山楂的铁含量较高，而且因富含维生素 C 和有机酸，其中铁的生物利用率较高。微量元素的含量则因栽培地区的土壤微量元素含量和微肥施用情况不同，有较大差异。

经过脱水处理后，水果干中的矿物质含量得到浓缩而大幅度提高。杏干、葡萄干、干枣、桂圆、无花果干等均为钾、铁、钙等矿物质的膳食补充来源。

总的来说，水果的营养价值较蔬菜逊色，但是因其食用前不经烹调，营养素不会受损失，不添加油和盐，而且富含有机酸、芳香物质等，是健康膳食的重要组成部分。

野生水果和野生蔬菜的营养素含量往往高于栽培水果和蔬菜，特别是胡萝卜素、核黄素、维生素 C 和钙、铁等营养素。野果的维生素 C 含量一般达每 100g 鲜重数百到数千毫克，如酸枣、刺梨、沙棘和野生猕猴桃等。

（五）　水果中的其他有益成分

水果中有机酸含量为 0.2%～3.0%。其中主要种类为柠檬酸、苹果酸、酒石酸和抗坏血酸，仁果、核果、浆果和热带水果以柠檬酸为主，蔷薇科水果则以苹果酸为主，而葡萄中含有酒石酸。一些水果中还含有少量的草酸、水杨酸、琥珀酸和奎宁酸等。

从营养上来说，多数有机酸可以提供能量，如每克柠檬酸和苹果酸所含能量分别为 2.47kcal 和 2.39kcal。有机酸具有开胃和促进消化的作用，还能起到螯合和还原的作用，促进多种矿物质的吸收。

水果中的酚类物质对果品的色泽和风味都有很大的影响，包括酚酸类、类黄酮、花青素类、原花青素类、单宁类等。其中黄酮类物质的摄入量与心血管疾病的死亡率之间有着肯定的负相关关系。人体所摄入的类黄酮物质约有 10% 来自水果，其他则来自蔬菜和茶。部分水果中的花青素也具有高度的抗氧化活性。总体而言，水果是多酚类物质的良好来源，特别是花青素类（表 4－14）。

表 4－14　　　　　　　　　　部分水果的花青素类物质含量　　　　　　　单位：mg/100g

水果名称	李子	草莓	樱桃	红提子	黑加仑	黑莓
花青素含量	2～25	15～75	35～450	30～750	130～400	100～400

水果类食品的涩味主要来自其中所含有的单宁物质，包括（＋）－儿茶素、（－）－表儿茶素、没食子儿茶素、表没食子儿茶素等。不同品种之间的单宁物质含量差异甚大，含量高的品种具有明显的涩味。

六、　植物化学素

植物中除了六大营养素外，还有一些具有生物活性的物质，即植物化学素。它是指植物的次生代谢产物，这些物质赋予植物颜色、香味、防止植物患病，人食用后有助于维持身体健康。多年来，科学家们发现谷物、果蔬、豆类等食物可以防治一些常见慢性疾病，如肿瘤、心脏病、中风、糖尿病与高血压。研究表明，预防这些疾病的因素，部分是由于植物中所含的维生素、微量元素及酶的抗氧化和清除自由基作用，还有一部分是植物中植物化学物的促进作用。主要包括酚类、三萜类、类胡萝卜素、硫化物及甾醇等。

在水果如柑橘与浆果中的生物黄酮能防止致癌激素进入细胞。十字花科植物如抱子甘蓝、甘蓝、花椰菜中的吲哚，能增加人体免疫力，使机体排出毒素；洋白菜和萝卜中的苯乙异硫氰酸酯（PEITC）能抑制肺癌的生长。

各种杂豆（绿豆、小豆、芸豆、豌豆、蚕豆、扁豆、鹰嘴豆、饭豆等）中也含有丰富的植物化学素，主要有类胡萝卜素、生物碱、蛋白酶抑制剂、植酸、皂苷、植物固醇、酚酸、类黄酮、花色苷/花青素、植物甾醇类、植物雌激素、维生素 E 和维生素 C 等。研究表明，杂豆中的植物化学素具有较强的抗氧化活性，可延缓衰老、预防癌症，能使血液流动畅通并可以保护视力等，有些活性物质还能提高人体免疫力，促进脂肪代谢。

植物中的黄色、红色与橙色物质是类胡萝卜素，蓝色、紫色与艳绿色是生物黄酮。类胡萝卜素有 600 多种，生物黄酮有 5000 多种。这些植物化学素除了赋予植物颜色和口味外，还有抗氧化、清除自由基、防治癌症、抗炎症、抗过敏、抗肿瘤、防治肝病、防治血管疾病、防治心脑血管疾病、抑制细菌、病毒和寄生虫的作用。

植物化学物不像维生素那样，加热烹调容易被氧化破坏。植物化学物有的已做成保健食品供消费者选用。但是植物化学物的种类繁多，服用植物化学物不如直接吃新鲜的植物性食物经济、有效和安全。

第三节　动物性食品的营养价值

日常食物中的动物性食品包括肉类、水产、乳类和蛋类。肉类因来源和营养特点的不同，可分为畜肉和禽肉。水产品包括淡水和海水鱼、虾、甲壳类等。它们的营养价值各具特点。

一、　畜禽肉类的营养价值

畜肉是指猪、牛、羊、马等牲畜的肌肉、内脏及其制品，而禽肉包括鸡、鸭、鹅等的肌肉、内脏及其制品。畜禽肉类主要提供优质蛋白质、脂肪、矿物质和维生素。营养素的分布因动物的种类、年龄、肥瘦程度及部位的不同而差异较大。

（一）蛋白质

畜禽肉蛋白质大部分存在于肌肉组织中，含量为 10% ~20% ，属于优质蛋白质。因动物的品种、年龄、肥瘦程度及部位不同，蛋白质含量有较大差异，如猪肉蛋白质平均含量为 13.2% ，猪里脊肉为 20.2% ，而猪五花肉为 7.7% ，牛肉和鸡肉为 20% ，鸭肉为 16% 。

畜禽的内脏器官如肝、心等蛋白质含量较高；皮肤和筋腱主要为结缔组织，主要含胶原蛋白和弹性蛋白，因为缺乏色氨酸、蛋氨酸等必需氨基酸，所以蛋白质的利用率低，其营养价值也低。

畜禽肉中含有能溶于水的含氮浸出物，包括肌凝蛋白原、肌肽、肌酸、肌酐、嘌呤、尿素和游离氨基酸等非蛋白含氮浸出物以及无氮浸出物，使肉汤具有鲜味，成年动物含氮浸出物含量高于幼年动物。禽肉的质地较畜肉细嫩且含氮浸出物多，故禽肉炖汤的味道较畜肉更鲜美。

（二）脂肪

畜禽肉中脂肪含量同样因牲畜的品种、年龄、肥瘦程度以及部位不同有较大差异，如猪肥肉脂肪含量高达 90% ，猪前肘为 31.5% ，猪里脊肉为 7.9% ，牛五花肉为 5.4% ，瘦牛肉为 2.3% 。畜肉中脂肪含量以猪肉最高，其次是羊肉，牛肉和兔肉较低；在禽类中鸭和鹅肉的脂肪含量较高，鸡和鸽子次之。畜禽内脏、脑组织的脂肪含量最高。

畜肉类脂肪以饱和脂肪酸为主，其主要成分是甘油三酯，还含有少量卵磷脂、胆固醇和游离脂肪酸。动物内脏含较高胆固醇，每 100g 猪脑中含量为 2571mg，猪肝 288mg，猪肾 354mg，牛脑 2447mg，牛肝 297mg。与畜肉不同的是禽肉类脂肪含量相对较少，而且熔点低（23℃~40℃），并含有 20% 的亚油酸，易于消化吸收。

（三） 碳水化合物

畜禽肉中的碳水化合物以糖原形式存在于肌肉和肝脏中，含量极少。

（四） 矿物质

畜禽肉矿物质含量为 0.8% ~1.2%，瘦肉中的含量高于肥肉，内脏高于瘦肉。畜禽肉和动物血中铁含量丰富，且主要以血红素铁的形式存在，其吸收受食物其他因素的影响较小，生物利用率高，是膳食铁的良好来源。牛肾和猪肾中硒的含量较高，是其他一般食物的数十倍。此外，畜肉还含有较多的磷、硫、钾、钠、铜等。禽肉中也含钾、钙、钠、镁、磷、铁、锰、硒、硫等，其中硒的含量高于畜肉。

（五） 维生素

畜禽肉可提供多种维生素，其中主要以 B 族维生素和维生素 A 为主，尤其内脏含量较高，其中肝脏的含量最为丰富，特别富含维生素 A 和核黄素。维生素 A 的含量以牛肝和羊肝最高，维生素 B_2 则以猪肝含量最丰富。

二、 水产品的营养价值

水产品可分为鱼类、甲壳类和软体类。鱼类有海水鱼和淡水鱼之分，海水鱼又分为深海鱼和浅海鱼。

（一） 蛋白质

鱼类中蛋白质含量因鱼的种类、年龄、肥瘦程度及捕获季节等不同而有较大的区别，一般为 15% ~25%。鱼类蛋白质中含有人体必需的各种氨基酸，尤其富含亮氨酸和赖氨酸，属于优质蛋白质。鱼类肌肉组织中肌纤维细短，间质蛋白少，水分含量多，组织柔软细嫩，较畜、禽肉更易消化，其营养价值与畜、禽肉相近。存在于鱼类结缔组织和软骨中的蛋白质主要是胶原蛋白和黏蛋白，煮沸后成为溶胶，是鱼汤冷却后形成凝胶的主要物质。鱼类还含有较多的其他含氮物质，如游离氨基酸、肽、胺类等化合物、嘌呤类等，是鱼汤的呈味物质。

其他水产品中河蟹、对虾、章鱼的蛋白质含量约为 17%，软体动物的蛋白质含量约为 15%，酪氨酸和色氨酸的含量比牛肉和鱼肉高。

（二） 脂肪

鱼类脂肪含量低，一般为 1% ~10%，主要分布在皮下和内脏周围，肌肉组织中含量很少。鱼的种类不同，脂肪含量差别也较大，如鲤鱼含脂肪可高达 12.8%，而鳕鱼仅为 0.5%。

鱼类脂肪多由不饱和脂肪酸组成（占 80%），熔点低，消化吸收率可达 95%。一些深海鱼类脂肪含长链多不饱和脂肪酸，其中含量较高的有二十碳五烯酸（EPA）和二十二碳六烯酸（DHA），具有调节血脂、防治动脉粥样硬化和辅助抗肿瘤等作用。鱼类胆固醇含量一般约为 100mg/100g，但鱼子中含量较高，如鲳鱼子胆固醇含量为 1070mg/100g。蟹、河虾等脂肪含量约 2%，软体动物的脂肪含量平均为 1%。

（三） 碳水化合物

鱼类碳水化合物的含量低，约为 1.5%，主要以糖原形式存在。有些鱼不含碳水化合物，如草鱼、青鱼、鳜鱼、鲈鱼等。其他水产品中海蜇、牡蛎和螺蛳等含量较高，可达 6% ~7%。

（四） 矿物质

鱼类矿物质含量为 1% ~2%，磷的含量占总灰分的 40%，钙、钠、氯、钾、镁含量丰富。钙的含量较畜、禽肉高，为钙的良好来源。海水鱼类含碘丰富，有的海水鱼含碘 $0.05 \sim$ $0.1mg/100g$。此外，鱼类含锌、铁、硒也较丰富，如白条鱼、鲤鱼、泥鳅、鲑鱼、鲈鱼、带鱼、鳗鱼、沙丁鱼中锌含量均超过 $2.0mg/100g$。

河虾的钙含量高达 $325mg/100g$，虾类锌含量也较高；河蚌中锰的含量高达 $59.6mg/$ $100g$，鲍鱼、河蚌和田螺铁含量较高。软体动物中矿物质含量为 $1.0\% \sim 1.5\%$，其中钙、钾、铁、锌、硒和锰含量丰富，如生蚝锌含量高达 $71.2mg/100g$，蛏子 $13.6mg/100g$，螺蛳 $10.2mg/100g$，海蟹、牡蛎和海参等的硒含量都超过 $50\mu g/100g$。

（五）维生素

鱼类肝脏是维生素 A 和维生素 D 的重要来源。鱼类是维生素 B_2 的良好来源，维生素 E、维生素 B_1 和烟酸的含量也较高，但几乎不含维生素 C。黄鳝中维生素 B_2 含量较高，为 $0.98mg/100g$，河蟹和海蟹分别为 $0.28mg/100g$ 和 $0.39mg/100g$。一些生鱼中含有硫胺素酶，当生鱼存放或生吃时可破坏维生素 B_1，但加热可破坏此酶。

软体动物维生素的含量与鱼类相似，但维生素 B_1 较低。另外贝类食物中维生素 E 含量较高。

三、乳的营养价值

乳类包括牛乳、羊乳、马乳、驴乳、骆驼乳等，其中人们食用最多的是牛乳。乳类是一种营养素齐全、容易消化吸收的优质食品，能满足初生幼仔迅速生长发育的全部需要，也是各年龄组健康人群及特殊人群（如婴幼儿、老年人、病人等）的理想食品。

（一）乳类的营养价值

鲜乳主要是由水、脂肪、蛋白质、乳糖、矿物质、维生素等组成的一种复杂乳胶体，水分含量占 $86\% \sim 90\%$，因此其营养素含量与其他食物比较相对较低。牛乳的比重平均为 1.032，比重大小与乳中固体物质含量有关，乳的各种成分除脂肪含量变动相对较大外，其他成分基本上稳定。故比重可作为评定鲜乳质量的简易指标。

1. 蛋白质

牛乳中蛋白质含量为 $2.8\% \sim 3.3\%$，主要由酪蛋白（79.6%）、乳清蛋白（11.5%）和乳球蛋白（3.3%）组成。酪蛋白属于结合蛋白，与钙、磷等结合，形成酪蛋白胶粒，并以胶体悬浮液的状态存于牛乳中。乳清蛋白对热不稳定，加热时发生凝固并沉淀。乳球蛋白与机体免疫有关。乳类蛋白质消化吸收率为 $87\% \sim 89\%$，属优质蛋白质。

牛乳、羊乳与人乳的营养成分比较见表 $4-15$ 所示，人乳较牛乳蛋白质含量低，且酪蛋白比例低于牛乳，以乳清蛋白为主。利用乳清蛋白改变牛乳中酪蛋白与乳清蛋白的构成比，使之近似母乳的蛋白质构成，可生产出适合婴幼儿生长发育需要的配方乳粉。

表 4-15　　　　　不同乳中主要营养素含量比较　（每100g）

乳类	人乳	牛乳	羊乳
水分/g	87.6	89.8	88.9
蛋白质/g	1.3	3.0	1.5
脂肪/g	3.4	3.2	3.5

续表

乳类	人乳	牛乳	羊乳
碳水化合物/g	7.4	3.4	5.4
热能/kJ	272	226	247
钙/mg	30	104	82
磷/mg	13	73	98
铁/mg	0.1	0.3	0.5
视黄醇当量/μg	11	24	84
硫胺素/mg	0.01	0.03	0.04
核黄素/mg	0.05	0.14	0.12
烟酸/mg	0.2	0.1	2.1
抗坏血酸/mg	5.0	1.0	—

2. 脂类

乳中脂肪含量一般为3.0%~5.0%，主要为甘油三酯，少量磷脂和胆固醇。乳脂肪以微粒分散在乳浆中，呈高度乳化状态，容易消化吸收，吸收率高达97%。乳脂肪中脂肪酸组成复杂，油酸占30%，亚油酸和亚麻酸分别占5.3%和2.1%，短链脂肪酸（如丁酸、己酸、辛酸）含量也较高，这是乳脂肪风味良好及易于消化的原因。

3. 碳水化合物

乳中碳水化合物含量为3.4%~7.4%，主要形式为乳糖。人乳中含乳糖最高，羊乳居中，牛乳最少。乳糖有调节胃酸、促进胃肠蠕动和促进消化液分泌作用，还能促进钙的吸收和促进肠道乳酸杆菌繁殖，对肠道健康具有重要意义。

4. 矿物质

乳中矿物质含量丰富，富含钙、磷、钾、镁、钠、硫、锌、锰等，牛乳中含钙104mg/100mL，且吸收率高，是钙的良好来源。乳中铁含量很低，喂养婴儿时应注意铁的补充。

5. 维生素

牛乳中含有人体所需的各种维生素，其含量与饲养方式和季节有关，如放牧期牛乳中维生素A、维生素D、胡萝卜素和维生素C含量，较冬春季在棚内饲养明显增多。

牛乳中维生素D含量较低，但夏季日照多时，其含量有一定的增加。牛乳是B族维生素的良好来源，特别是维生素B_2。

（二）乳中其他成分

1. 酶类

牛乳中含多种酶类，主要是氧化还原酶、转移酶和水解酶。水解酶包括淀粉酶、蛋白酶和脂肪酶等，可促进营养物质的消化。牛乳还含有具有抗菌作用的成分如溶菌酶和过氧化物酶。牛乳中的转移酶主要有γ-谷氨酰转移酶和黄素单核苷酸腺苷转移酶。

2. 有机酸

主要是枸橼酸，还有微量的乳酸、丙酮酸及马尿酸等。乳中枸橼酸的含量约为0.18%，除以酪蛋白胶粒的形式存在外，还存在离子态及分子态的柠檬酸盐，主要是柠檬酸钙。乳类腐败变质时，乳酸的含量会增高。

3. 生理活性物质

较为重要的有生物活性肽、乳铁蛋白、免疫球蛋白、激素和生长因子等。生物活性肽类是乳蛋白质在消化过程中经蛋白酶水解产生的，包括镇静安神肽、抗高血压肽、免疫调节肽和抗菌肽等。牛乳中乳铁蛋白的含量为 $20 \sim 200 \mu g/mL$，具有调节铁代谢、促生长和抗氧化等作用，经蛋白酶水解形成的肽片段具有一定的免疫调节作用。

4. 细胞成分

乳类含有白细胞、红细胞和上皮细胞等。牛乳的体细胞数是衡量牛乳卫生品质的指标之一，体细胞数越低，生鲜乳质量越高；体细胞数越高，对生鲜乳的质量影响越大，并对下游其他乳制品如酸奶、奶酪等的产量、质量、风味等产生极大的不利影响。

另外，乳味温和，稍有甜味，具有特有的乳香味，其特有的香味是由低分子化合物如丙酮、乙醛、二甲硫、短链脂肪酸和内酯形成的。

四、 蛋类的营养价值

蛋类主要包括鸡蛋、鸭蛋、鹅蛋、鹌鹑蛋、鸽蛋等，食用最普遍、销量最大的是鸡蛋。各种蛋类大小不一，但结构相似，由蛋壳、蛋清、蛋黄三部分组成。蛋壳在最外层，壳上布满细孔，占全蛋重量的 $11\% \sim 13\%$，主要由碳酸钙构成。蛋壳表面附着有霜状水溶性胶状黏蛋白，对微生物进入蛋内和蛋内水分及二氧化碳过度向外蒸发起保护作用。蛋壳的颜色从白色到棕色，由蛋壳中的原卟啉色素决定，该色素的合成能力因鸡的品种而异，与蛋的营养价值关系不大。蛋清为白色半透明黏性胶状物质；蛋黄是由无数富含脂肪的球形微胞所组成，为浓稠、不透明、半流动黏稠物，其表面包围有蛋黄膜，由两条韧带固定在蛋中央。蛋黄的颜色受禽类饲料成分的影响，如饲料中添加 β – 胡萝卜素可以增加蛋黄中的水平，而使蛋黄呈现黄色至橙色的鲜艳颜色。

蛋类的宏量营养素含量稳定，微量营养素含量受品种、饲料、季节等多方面的影响。蛋类各部分的主要营养素含量见表 4 – 16 所示。

表 4 – 16　　　　　　　蛋类各部分的主要营养素含量 （每 100g）

蛋类	全蛋	蛋清	蛋黄
水分/g	74.1	84.4	51.5
蛋白质/g	51.5	11.6	15.2
脂肪/g	8.8	0.1	28.2
碳水化合物/g	2.8	3.1	3.4
钙/mg	56	9	112
铁/mg	2.0	1.6	6.5
锌/mg	1.10	0.02	3.79
硒/μg	14.34	6.97	27.01
视黄醇当量/μg	234	—	438
硫胺素/mg	0.11	0.04	0.33
核黄素/mg	0.27	0.31	0.29
烟酸/mg	0.2	0.2	0.1

1. 蛋白质

蛋类含蛋白质一般在10%以上。蛋清中较低，蛋黄中较高，加工成咸蛋或皮蛋后，蛋白质含量变化不大。蛋清中主要含卵清蛋白、卵伴清蛋白、卵黏蛋白、卵胶黏蛋白、卵类黏蛋白、卵球蛋白等。蛋黄中蛋白质主要是卵黄磷蛋白和卵黄球蛋白。鸡蛋蛋白的必需氨基酸组成与人体接近，是蛋白质生物学价值最高的食物，常被用作参考蛋白。

2. 脂肪

蛋清中含脂肪极少，98%的脂肪集中在蛋黄中，呈乳化状，分散成细小颗粒，故易消化吸收。甘油三酯占蛋黄中脂肪的62%～65%（其中油酸约占50%，亚油酸约占10%），磷脂占30%～33%，固醇占4%～5%，还有微量脑苷脂类。蛋黄是磷脂的良好食物来源，蛋黄中的磷脂主要是卵磷脂和脑磷脂，除此之外还有神经鞘磷脂。卵磷脂具有降低血胆固醇的作用，并能促进脂溶性维生素的吸收。蛋类胆固醇含量较高，主要集中在蛋黄，如鸡蛋中胆固醇含量为585mg/100g，而鸡蛋黄中胆固醇含量为1510mg/100g。

3. 碳水化合物

蛋类含碳水化合物较少，蛋清中主要是甘露糖和半乳糖，蛋黄中主要是葡萄糖，多与蛋白质结合形式存在。

4. 矿物质

蛋类的矿物质主要存在于蛋黄内，蛋清中含量极低。其中以磷、钙、钾、钠含量较多，如磷为240mg/100g，钙为112mg/100g。此外还含有丰富的铁、镁、锌、硒等矿物质。蛋黄中的铁含量虽然较高，但由于是非血红素铁，并与卵黄高磷蛋白结合，生物利用率仅为3%左右。

5. 维生素

蛋类维生素含量较为丰富，主要集中在蛋黄中，蛋清中的维生素含量较少。蛋类的维生素含量受到品种、季节和饲料的影响，以维生素 A、维生素 E、维生素 B_2、维生素 B_6、泛酸为主，也含有一定量的维生素 D、维生素 K 等，维生素种类相对齐全。

第四节　常见的加工过程对原料营养价值的影响

一、　加工过程对谷类营养价值的影响

（一）精制谷物对营养价值的影响

稻米和小麦通常需要经过一定程度的精制方用于日常饮食和食品加工。稻米和小麦在精制过程中造成 B 族维生素、维生素 E 和钾、镁、铁、锌等矿物质的损失，平均损失率可达50%～80%。精制后膳食纤维含量也大幅度降低。

碾磨是谷类所特有的加工。碾磨本身对整个谷类颗粒和随后的面粉的营养成分影响很小，如全麦粉的营养成分与原粮基本相同。面粉与全麦粒之间的差别主要由糠和胚芽等的分离所引起，并取决于其分离程度。糠和胚芽的分离不但降低产量，而且与某些营养成分的损失密切相关。

小麦磨粉的出粉率在我国主要有两种：富强粉约70%，标准粉约80%。后者去除的糠和胚芽较少，故出粉率高；出粉率低的富强粉，其脂类、矿物质、纤维和维生素含量显著下降，下降40%~60%。这是因为小麦的糠和胚芽中维生素等含量丰富。小麦磨粉时出粉率与营养素和各种维生素保留率之间的关系如图4-3和图4-4所示。

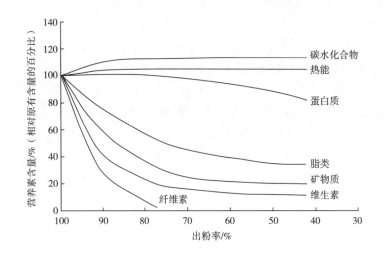

图4-3 小麦出粉率与营养素保留率的关系

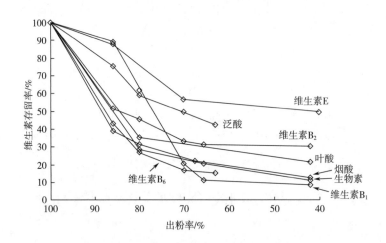

图4-4 小麦出粉率与维生素保留率的关系

稻谷的加工程度与维生素的存留率也密切相关。加工程度越精，维生素的含量越低。例如稻谷的出米率以糙米为100%，其余两种出米率为94.3%和90.2%时，其维生素B_1的含量分别为4.02μg/g、2.46μg/g和1.42μg/g。谷类碾磨时硫胺素损失见表4-17所示。

碾磨对米粒中蛋白质、氨基酸的含量也有影响。果种皮，糊粉层、胚和吸收层虽只占米粒重量的7.27%~8.42%，但其蛋白质、赖氨酸、蛋氨酸、缬氨酸和苏氨酸分别占总量的14.05%~15.77%，29.0%~30.5%，11.83%，16.75%和18.4%。碾磨后各成分含量改变，其中赖氨酸含量下降最大。蛋白质中的含量较砻谷机脱壳米下降11.8%；出糠量为7.74%时赖氨酸下降14.1%；出糠量为11.38%时，赖氨酸下降达16.7%。

表 4 – 17　　　　　　　　　　　　　　硫胺素在谷类碾磨时的损失

名　　称	保存率/%	名　　称	保存率/%
小麦（出粉率）		大米	
85%	89	标准米	59
80%	63	九二米	52
70%	20	中白米	42
		上白米	37

　　在经过碾磨的大米中，蒸谷米是营养价值较高的一种。蒸谷米是稻谷经过浸泡、汽蒸、干燥和冷却等处理之后再碾磨制成的米，稻谷中的维生素和矿物质等营养素向内部转移，因此碾磨后营养素损失少，而且容易消化吸收。"含胚精米"可以保留米胚达 80% 以上，从而保存了较多的营养成分。营养强化米是在普通大米中添加营养素的成品米，通常用造粒方式将营养素混入免淘米等中，以强化维生素 B_1、维生素 B_2、烟酸、叶酸、赖氨酸和苏氨酸、铁和钙等营养素，无须淘洗即可直接烹调，从而减少了淘洗过程中营养成分的流失。

　　谷类中的矿物质主要分布在其糊粉层和胚组织中，所以碾磨可使其矿物质的含量减少，而且碾磨越精，其矿物质的损失越多。矿物质不同，其损失率也可有不同。关于小麦磨粉后某些微量元素的损失如表 4 – 18 所示。

表 4 – 18　　　　　　　　　　　　　碾磨对小麦微量元素的影响

名称	小麦/（mg/kg）	白面粉/（mg/kg）	损失率/%
锰	46	6.5	85.8
铁	43	10.5	75.6
钴	0.026	0.003	88.5
铜	5.3	1.7	67.9
锌	35	7.8	77.7
钼	0.48	0.25	48.0
铬	0.05	0.03	40.0
硒	0.63	0.53	15.9
镉	0.26	0.38	—

（二）　发酵对谷类营养价值的影响

　　发酵谷类加工品包括馒头、面包、发糕、包子等食品。它们用蛋白质含量高的面粉品种制成，在制作过程中经过酵母发酵，增加了多种 B 族维生素的含量，使大部分植酸被酵母菌所产生的植酸酶水解，从而使钙、铁、锌等各种微量元素的生物利用性提高。发酵后，其蛋白质、脂肪和碳水化合物的含量基本没有变化，但由于物理结构松软，更有利于人体的消化吸收。

　　自发面粉中加入了磷酸氢钙和碳酸氢钠等膨发剂，使钙含量得到提高，但矿物质的生物利用率不能如酵母发酵一样有所改善，而且其中维生素 B_1 受到一定程度的破坏。

（三）　面条类和淀粉类食品制作对谷类营养价值的影响

　　制作面条类食品需要有较强的韧性，其原料面粉的蛋白质含量较高。为提高耐煮性，挂面产品中往往加入氯化钠和钙盐，可能提高钙含量，同时也增加了钠含量，故而需要控制盐分的人群需要注意挂面的调味方式。如果向其中添加鸡蛋、豆粉、杂粮、蔬菜汁、海藻等成分，可使其营养价值有所提高。

粉皮、粉丝、凉粉、酿皮等食品是由谷类或薯类提取淀粉制成的。在加工过程中，绝大部分的蛋白质、维生素和矿物质伴随多次的洗涤水而损失殆尽，剩下的几乎是纯粹的淀粉，仅存少量矿物质，营养价值很低。除此之外，在这类食品中添加明矾可能带来铝污染。

（四）　烹调对谷类食品营养价值的影响

谷物食品必须经过烹调方可食用，主要是其中淀粉粒必须经过糊化才能被人体所消化吸收。烹调之后，淀粉和蛋白质含量并无明显变化，但脂肪含量可能因加入油脂而产生很大的变化。例如，制作起酥面包可使脂肪含量上升到30%以上；油炸、油煎处理也会大大提高油脂含量，如方便面油炸后的油脂含量为16%~20%。

不同烹调方法时，谷类食物的维生素和矿物质损失差异较大。矿物质主要是溶水流失，如制作捞面、捞蒸饭时，如果弃去米汤或面汤，钾等可溶性矿物质损失达30%以上，而钙、铁等不溶性元素损失很小。

谷物食品中维生素 B_1 在烹调中的损失来自溶水流失、加热损失、氧化损失、碱处理损失等多种途径，损失率最高的是维生素 B_1。在米饭的烹调当中，维生素 B_1 的损失通常在20%~30%，而加碱烹调可以使其破坏率大大上升。添加于早餐谷物中的维生素 B_{12} 在加工中约损失17%，常温储存一年可再损失17%。在面包焙烤过程中，维生素 B_1 损失10%~20%，维生素 B_2 损失3%~10%，烟酸的损失低于10%。加工和精制的谷类食品损失51%~94%的维生素 B_6。

在焙烤烹调当中，蛋白质的生物利用率可能有轻度下降。这是由于蛋白质中赖氨酸的 ε - 氨基在烘烤的高温下可以与羰基化合物（主要是还原糖）发生美拉德反应产生褐色物质。例如烤面包时会损失10%~15%的赖氨酸。这个过程中产生烘烤的特有香气，但是会加剧谷类食品中赖氨酸的不足。如果能够从牛乳、麦胚、鸡蛋等辅料中获得外加的赖氨酸，则对营养价值不会有明显影响。

二、　加工过程对豆类及坚果类营养价值的影响

豆类中存在蛋白酶抑制剂和其他抗营养因素，适当的加工对于提高其营养价值是十分必要的（表4-19）。大豆加工成豆制品，能够将蛋白质的消化吸收率从40%提高到90%以上，并能除去豆中的抗营养因素和一部分不能消化的低聚糖。例如，100℃蒸煮10min后，胰蛋白酶抑制物活性可降低85%。

表4-19　　　　　　　　　　　　加工对豆乳蛋白质利用率的影响

加工方法	加工条件	胰蛋白酶抑制剂灭活率/%	有效赖氨酸/（g/16g N）	蛋白质功效比
蒸煮	121℃，0min	0	6.0	0.65
	121℃，8min	84	5.7	2.20
	121℃，32min	95	5.6	1.97

续表

加工方法	加工条件	胰蛋白酶抑制剂灭活率/%	有效赖氨酸/（g/16g N）	蛋白质功效比
喷雾干燥	166℃	90	5.4	2.22
	277℃	96	4.9	1.99
	316℃	97	1.9	0.16

资料来源：里切尔 M，加工食品的营养价值手册，1989。

传统的豆腐加工中，需要进行浸泡、碾磨、过滤、加热、凝固等处理，除去了豆中的大部分纤维素和低聚糖，钝化了胰蛋白酶抑制剂，降低了植酸等抗营养因素的含量，因此，豆腐蛋白质的消化吸收率可达90%以上，而炒豆的蛋白质吸收率仅50%。但是，豆腐加工中也有一部分 B 族维生素溶水而损失，这些营养成分部分是在加热时损失，大部分是凝固时随析出的水分流失。大豆异黄酮也有一部分随水流失。

豆类进行发酵是一种非常合理的加工方式。由于微生物的作用，分解了部分植酸，使矿物质的消化吸收率大大提高；由于蛋白酶和菌体蛋白的参与，蛋白质的生物利用率也有所提高；由于微生物糖苷酶的作用，大豆异黄酮等活性成分的利用率提高；由于霉菌的作用，B族维生素含量有所增加，特别是发酵后产生了植物性食品中不存在的维生素 B_{12}。例如，在豆豉中，维生素 B_{12} 的含量为 $0.05 \sim 0.18\mu g/100g$，而在红腐乳中含量为 $0.4 \sim 0.7\mu g/100g$，臭豆腐中的含量甚至达到 $1.88 \sim 9.8\mu g/100g$。故而，发酵豆制品对素食者尤为重要。

大豆可加工成脱脂大豆蛋白粉，并进一步制成大豆浓缩蛋白与大豆分离蛋白。在上述加工过程中，大豆和大豆制品中的微量元素会有变化（表 4-20）。其微量元素除硅外无明显损失，而铁、锌、铝、锶等元素反而都浓缩了。这可能是大豆深加工后提高了蛋白质的含量，上述元素与蛋白质组分相结合，因而受到浓缩。

表 4-20　　　　　　　　　大豆及大豆制品中矿物质的含量　　　　　　　单位：mg/kg

名称	大豆	脱脂大豆蛋白粉	大豆浓缩蛋白	大豆分离蛋白
铁	80	65	100	167
锰	28	25	30	25
硼	19	40	25	22
锌	18	73	46	110
铜	12	14	16	14
钡	8	6.5	3.5	5.7
硅	—	140	150	7
钼	—	3.9	4.5	3.8
碘	—	0.09	0.17	0.10
铝	—	7.7	7.7	18
锶	—	0.85	0.85	2.3

三、 加工过程对蔬菜营养价值的影响

部分蔬菜用来腌制、干制、速冻和罐藏，加工过程通常会引起维生素和矿物质含量的明显变化。

脱水蔬菜的水分含量通常在8%以下，其中的矿物质、碳水化合物、膳食纤维等成分得到浓缩。在脱水过程中，维生素C有部分损失，损失程度因干制方法的不同而异。一般来说，真空冷冻干燥法的营养素损失最小，而且由于浓缩效应，干制后的营养素含量升高。长时间的晾晒或烘烤则带来较大的损失，维生素C损失率最高可达100%，胡萝卜素大部分被氧化。

热烫是蔬菜加工品的关键工艺步骤，食品在烫漂或蒸煮时，若与水接触，则食品中的矿物质损失可能很大，这主要是因烫漂后沥滤的结果，矿物质损失程度的差别则与它们的溶解度有关。烫漂也可导致维生素C、叶酸等维生素的分解损失和溶水损失，应严格控制时间并提高冷却效率。烫漂时维生素的损失主要由食物的切口或对敏感表面的抽提、沥滤，以及水溶性维生素的氧化和加热破坏所引起，这包括水洗、水流槽输送、烫漂、冷却和沥滤等过程。一般说，烫漂期间水溶性维生素的损失为0%～60%，主要由沥滤和热破坏所致。当用蒸汽或微波烫漂、随后在空气中冷却时可使这一损失减到最小（5%～10%）。

尽管烫漂可引起维生素损失，但是热烫可钝化氧化酶和水解酶类，有助于在以后的加工和储藏过程中减少营养素的损失，并帮助保存多酚类等有益健康的成分（表4-21）。热烫可除去2/3以上的草酸、硝酸盐、亚硝酸盐和有机磷农药，因而对于提高营养素的利用率、提高食品安全性均有帮助。同时，在预防酶促褐变的护色处理中使用抗坏血酸盐-柠檬酸溶液、半胱氨酸溶液或亚硫酸盐溶液处理，可以减轻加工过程中维生素C含量的下降程度。

表4-21　　　　　　　　烫漂与未烫漂青豆储存时维生素的损失　　　　　　　单位:%

项目	维生素C	维生素B$_1$	维生素B$_2$
未烫漂	90	70	40
烫　漂	50	20	30

蔬菜腌制前往往要经过反复的洗、晒或热烫，其水溶性维生素和矿物质损失严重。因此腌制蔬菜不是良好的维生素C来源。传统酱菜的盐含量可达10%以上。低盐酱菜的盐含量在7%左右。由于一些腌菜的生产过程中会产生亚硝酸盐，会进一步降低维生素C的含量。

速冻蔬菜经过清洗、热烫、包冰衣、装袋、深冻几步处理后，水溶性维生素有部分损失，但胡萝卜素、矿物质和膳食纤维损失不大。整个冷冻加工维生素的损失依食品原料和食品冷冻不同而有所不同。新鲜蔬菜经烫漂、冷冻和在-18℃储存6～12个月后维生素C的损失如表4-22所示。其中除芦笋损失少、菠菜损失多之外，平均损失约50%。这些损失多半来自烫漂（特别是沸水烫漂）和长期冻藏。

表4-22　　　　　　　　　　某些蔬菜冷冻期间[2]维生素C的损失

名称	鲜品中的代表值/（mg/100g）	损失率[1]/%
芦笋	33	12（12~13）
青豆	19	45（30~68）
青豌豆	27	43（32~67）
菜豆	29	51（39~64）
嫩茎花椰菜	113	49（35~68）
花椰菜	78	50（40~60）
菠菜	51	65（54~80）

注：①损失率为平均损失率，括号内为损失率范围。

②条件为-18℃储存6~12个月。

资料来源：CRC，Handbook of nutritive value of processed food，Vol. I，1982。

罐藏蔬菜经过热烫、热排气、灭菌等工艺后，水溶性维生素和矿物质可能受热降解和随水流失。一些蔬菜的罐头制造期间的维生素损失如表4-23所示。这些数值是整个罐头生产期间的损失，包括原料的清洗、整理和烫漂。其中维生素C和维生素B₁损失最大。不过上述两种维生素在酸性食品番茄中的损失很少。由于蔬菜的pH比水果高，酸性较低，维生素C的加工稳定性较差。但罐藏蔬菜仍是膳食纤维和矿物质的良好来源。

表4-23　　　　　　　　某些蔬菜罐头制造期间维生素的损失　　　　　　　单位:%

产品名称	维生素C	维生素B₁	维生素B₂	维生素B₆	烟酸	泛酸	叶酸	生物素	维生素A
芦笋	54.5	66.7	55.0	64.0	46.6	—	75.2	0	43.3
菜豆	75.9	83.3	66.7	47.1	64.2	72.3	61.8	—	55.2
青豆	78.9	62.5	63.6	50.0	40.0	60.5	57.1	—	51.7
青豌豆	66.7	74.2	64.3	68.8	69.0	80.0	58.8	77.7	29.7
甜菜	70.0	66.7	60.0	9.1	75.0	33.3	80.0	—	50.0
胡萝卜	75.0	66.7	60.0	80.0	33.3	53.6	58.8	40.0	9.1
玉米	58.3	80.0	58.3	0	47.1	59.2	72.5	63.3	32.5
蘑菇	33.3	80.0	45.6	—	52.3	54.5	83.8	54.4	—
菠菜	72.5	80.0	50.0	75.0	50.0	78.3	34.7	66.7	32.1
番茄	26.1	16.7	25.0	—	0	30.3	53.8	65.0	0

蔬菜汁是混浊汁，通常由多种蔬菜调配而成，包含了蔬菜中的主要矿物质营养成分和胡萝卜素，但制汁过程除去了蔬菜中的大部分不可溶性膳食纤维。

蔬菜加工过程虽然往往造成维生素的损失，但也可能带来矿物质含量的增加。例如，为了保持蔬菜的脆度，腌制和罐藏工艺中往往采用氯化钙溶液浸泡方法。又如，为保持蔬菜的绿色，往往采用硫酸锌真空渗透的方法，可使锌含量显著提高。护色时采用碱处理的方法可能会增加钠的含量，却会带来维生素C的损失。

四、 加工过程对水果营养价值的影响

水果的加工品保存了水果的特有风味，但维生素 C 和叶酸损失最大，胡萝卜素损失不大。

水果罐头、果酱、果脯、果汁、果糕等的维生素 C 保存率与原料特点、加工工艺水平和储藏条件有很大关系。在适当的加工条件下，柑橘汁等酸性果汁中的维生素 C 可以得到较好的保存，成为维生素 C 的日常来源，但多数市售加工品中维生素 C 含量较低。

纯果汁分为两类。一类是带果肉的混浊汁，其中含有除部分纤维素之外水果中的全部养分，如柑橘汁等。另一类是澄清汁，经过过滤或超滤，除去了水果中的膳食纤维、各种大分子物质和脂类物质，只留下糖分、矿物质和部分水溶性维生素，如苹果汁。市售"果汁饮料"中原果汁的含量在 10% 以下，有的在 2.5% 以下，仅能提供水分和部分热能。

果酱和果脯加工中需要加大量蔗糖长时间熬煮或浸渍，一般含糖量可达 50%～70%。因此，大量消费这类产品可能带来精制糖摄入过量的问题。部分果酱加工中添加果胶，带来可溶性膳食纤维的增加。

水果干制可导致 10%～50% 的维生素 C 损失，在酸性条件下损失少。其中的矿物质得到浓缩。例如，杏干、葡萄干、干枣等均为多种矿物质的良好来源。

水果在制作果脯、果干过程中往往用盐类进行处理，带来某些矿物元素含量的上升。例如，用 100mg/kg 的氯化钙溶液进行真空渗透处理，可使桃果块的钙含量从 28mg/100g 上升到 43mg/100g。用明矾处理也可改善口感，却会使其中的铝含量上升。为预防褐变，用二氧化硫熏制可带来硫含量的大幅度上升。

水果可以加工成多种果酒。与蒸馏酒相比，果酒中的酒精度低，含有较丰富的糖类、氨基酸、矿物质和维生素，并含有水果中有益健康的一些有机酸类、多酚类物质和风味物质等。

五、 加工过程对肉禽蛋类营养价值的影响

肉、禽、鱼等食物在加工中，主要损失水溶性维生素，而蛋白质和矿物质的损失不大。脂肪含量可能因处理方式而有较大的变化。

动物性食品加工的第一步往往是整形和腌制。腌制中的亚硝酸盐具有氧化性，可以使维生素 C 和维生素 E 损失，然而这两种营养素并非肉类的重要营养素。腌制使肌肉中的蛋白质溶出，改善了产品的持水能力，对蛋白质的生物效价没有影响。但腌制和调味可大大提高产品的钠含量。添加肥肉、肥肉糜可使产品的脂肪含量上升。

动物性食品的加工以加热为主。一般加工温度的加热对蛋白质的影响不大，但温度高于 200℃时蛋白质会发生交联、脱硫、脱氨基等变化，使生物效价降低。温度过高时蛋白质会焦煳，产生有毒物质，并失去营养价值。

在罐藏时，各种 B 族维生素均有明显损失。由于靠近罐头表面的部分受热时间较长，其维生素 B_1 损失比中心部分大。长时间受热过程中，可能发生羰氨褐变反应和蛋白质的交联作用，使一些必需氨基酸的利用率降低，导致蛋白质生物价的下降。长期室温储藏的罐头肉制品可能继续发生某些营养素的损失，如赖氨酸、胱氨酸和蛋氨酸等氨基酸的降低以及 B 族维生素含量的下降。

罐藏中，蛋白质分解产生的含硫氨基酸可能与罐头壁中的金属发生反应，生成硫化铁、硫化锌等产物，降低矿物质的利用率。鹌鹑蛋罐头盖子内壁的黑色即是这个原因。然而，在带骨肉罐头和鱼罐头中，由于长时间的加热使骨头酥软，其中的矿物质溶入汤汁中，增加了钙、磷、锌等元素的含量。传统的干燥方法使肉类和鱼类表层的必需脂肪酸受到氧化，并可能受到微生物的作用使蛋白质分解。但这也是肉干和鱼干产生特殊风味的原因之一。

蛋类食品烹调中的营养素损失较小，制作咸蛋对营养素的含量影响也不大，但增加了钠盐的含量。制作松花蛋使维生素 B_1 受到一定程度的破坏，因为松花蛋的加工中需要加入氢氧化钠等碱性物质，而且传统的松花蛋腌制中加入黄丹粉，即氧化铅，使产品的铅含量提高。目前已有多种"无铅皮蛋"问世，用铜或锌盐代替氧化铅，使得这些微量元素含量相应上升。

制作蛋粉对蛋白质的利用率无影响，B 族维生素有少量损失，但维生素 A 和维生素 D 含量不受影响。

六、 加工过程对乳类营养价值的影响

乳制品是一类营养丰富的食品。总的来说，合理加工对乳类蛋白质的影响不大，但是其中的维生素、矿物质等会发生不同程度的损失（表4–24）。

（一） 加热处理

乳制品的加工中最普遍的工艺是均质、杀菌和灭菌，有的产品甚至要经过加工前和加工后两次杀菌处理。这些处理都需要加热。例如，市售的消毒乳是经均质化和巴氏杀菌处理的。牛乳的杀菌可以采取多种方式：60℃～70℃的传统巴氏杀菌，即低温长时杀菌；80～90℃的高温短时杀菌；90～120℃的超高温瞬时杀菌。由于微生物菌体蛋白失活反应的温度系数大于维生素破坏反应的温度系数，高温瞬时的方法对保存营养素最为有利。

表4–24　　　　　　　　　不同热加工时牛乳维生素的损失　　　　　　　　　单位:%

名称	维生素 B_1	维生素 B_2	维生素 B_6	烟酸	泛酸	叶酸	生物素	维生素 B_{12}	维生素 C	维生素 A	维生素 D
低温巴氏消毒	10	0	20	0	0	10	0	10?	20	0	0
高温巴氏消毒	10	0	0	0	0	10	0	10	10	0	0
超高温杀菌	10	10	20	0	?	<10	0	20	10	0	0
瓶装杀菌	35	0	—*	0	?	50	0	90	50	0	0
浓缩	40	0	—*	?	?	?	10	90	60	0	0
加糖浓缩	10	0	0	0	?	?	10	30	15	0	0
滚筒干燥	15	0	0	?	?	?	10	30	30	0	0
喷雾干燥	10	0	0	?	?	?	10	20	20	0	0

注：①? 表示可能有某些光引起的损失。

②*表示生物可利用性有显著损失。

③低温巴氏消毒（63℃，30min）；高温巴氏消毒（HTST）（72℃，15s）。

资料来源：Packard，V. S.，Human milk and infant formula，1982。

通常，热处理温度越高、加热时间越长，某些维生素如 B_1、维生素 B_{12} 和维生素 C 的损失也越大。其他的维生素如 B_2、维生素 B_6、烟酸、生物素、维生素 A 和维生素 D 等在一般加工条件下影响较小。至于瓶装乳杀菌和浓缩时维生素的损失大得多，主要因为热加工时间长。乳在喷雾干燥时维生素的损失比滚筒干燥小，也是由于热加工的温度和时间的关系影响所致。

总的来说，维生素 A、维生素 D、维生素 B_2、烟酸和生物素等维生素在各种处理中损失均很小。考虑到牛乳并非叶酸和维生素 C 的重要膳食来源，其原有含量较低，因此加热中维生素损失的问题不足为虑。同时，在加工当中，普遍进行维生素 A 和维生素 D 的强化，因此加工后这两种营养素的含量不仅不会下降，反而有大幅度上升。

牛乳超高温杀菌对蛋白质的生物价无显著影响，但对消化率的影响似乎是有利的。已有多份报告表明，经高温处理后的牛乳蛋白消化率提高，因为它们在胃中的凝乳颗粒较小，也因为人体蛋白酶分解加热后的蛋白质速度较高。同时，经高温加热后的蛋白质抗原性降低，有利于减少过敏风险。

长时间的加热或高温储藏可能导致乳制品发生羰氨反应，引起赖氨酸的损失，并产生果糖胺类美拉德反应中间产物以及异赖氨酰丙氨酸等蛋白质异常交联产物。然而，对于消毒乳来说，可利用赖氨酸的损失仅为 1% ~ 10%，可以被忽略，因为牛乳本来就富含赖氨酸。在乳粉加工中，有约 20% 的赖氨酸损失，形成的异常交联产物可使蛋白质利用率轻微下降。

家庭烹调牛乳时，如果长时间煮沸，则会在容器壁上留下"乳垢"，或称"乳石"。其中的成分主要是钙和蛋白质，以及少量脂类、乳糖等。因此，加热牛乳时应注意避免长时间的沸腾，加热到 85℃ 左右已经足以杀灭活菌体，保证饮用安全性。

（二）发酵处理

酸奶、乳酪均为发酵的产品，其中酸奶为乳酸菌发酵，而乳酪中还有霉菌参与发酵。发酵对食物的营养价值没有不良影响，而且有益。首先，发酵处理可以降低食品内有害细菌繁殖的速度，延长保存期；其次，发酵处理可显著增加某些 B 族维生素的含量，因为微生物可以合成所有的 B 族维生素，特别是植物性食品中几乎没有的维生素 B_{12}；第三，有益菌可以在发酵过程中提高食品蛋白质的吸收利用率；第四，有益菌可提高多种矿物质的生物利用率；第五，乳酸菌等有益菌具有"整肠作用"，可抑制肠内的腐败细菌，促进双歧杆菌和乳酸菌的繁殖，预防肠道感染，提高免疫系统功能；最后，发酵乳制品可以预防乳糖不耐反应，促进乳制品的消化吸收。酸奶和牛乳均是维生素 B_2 的良好来源。但是，维生素 B_2 见光后容易损失。

（三）脱水处理

为了延长牛乳的食用期限，常用脱水方法制成炼乳或乳粉。乳制品主要的脱水方法有喷雾干燥、滚筒干燥和真空冷冻浓缩几种。喷雾干燥方法营养损失较小，产品的蛋白质生物价和风味与鲜乳差别不大，但水溶性维生素有 20% ~ 30% 受到破坏。滚筒干燥会使赖氨酸和维生素受到较严重的损失，蛋白质的水合能力也大大降低，因而速溶性不佳。真空冷冻浓缩对产品品质影响较小。

不同人群的营养与膳食

第一节　特殊年龄人群的营养与膳食

一、婴幼儿的营养与膳食

（一）婴幼儿的生长发育特点

婴幼儿指从出生至满2周岁前，从完全依赖母体内的营养到依赖母乳外食物的过渡时期。该时期具有如下生长发育特点。

1. 出生后生长发育的第一高峰期

该时期是脑细胞增殖的高峰期，出生时脑重量约为370g，6个月时脑重量为600~700g，至1周岁时脑重量达900~1000g，接近成人的脑重量的2/3，主要是神经细胞体积的增大，突触的数量和长度增加及神经纤维的髓鞘逐步完成。1周岁时婴儿体重约增加至出生时的3倍，身高约为出生时的1.5倍。新生儿无自控能力，而出生后一年的婴儿不仅可以自己站立，且能用精确的钳形动作抓取小物体。身高第二年增加11~13cm，生长发育虽不及第一年迅猛，但与成人相比也非常旺盛。

2. 生理发育不全

此阶段生理发育尚不完全，尤其是消化器官尚未发育成熟。唾液腺的分泌机能较低，咀嚼肌虽然已较早发育，有利于吮吸，但舌和牙齿不能完成口腔消化食物的第一步。胃的容量很小，2周岁时约为300mL，是成人胃容量的1/5，黏液腺和肌层很薄，胃的幽门括约肌比较健全，但贲门却往往仍未能紧闭。各种消化酶活性较低，特别是胰淀粉酶要到出生4个月后才达到成人水平；胰脂肪酶的活性也较低，肝脏分泌的胆盐较少，因此，脂肪的消化与吸收较差。胃液虽然含盐酸、蛋白酶、凝乳酶等，但其分泌能力距离成人的消化功能还很远。同时乳牙开始萌出。

3. 体内营养素的储备量相对较小，适应能力低

此阶段对某些物质也容易发生过敏，而这种不耐受性又往往不易察觉，有时误以为是肠道感染。其最基本的表现之一是腹泻，易导致营养素的丢失。

基于婴幼儿的生理发育不全，限制了可摄入食物的种类，又因为其较快的生长率、体型

小，故对婴幼儿的饮食有以下要求：频繁饮食、流态食物、高能量、高营养素。

（二）婴幼儿的营养需要特点

1. 能量

以单位体重表示，0～6个月的婴幼儿参考摄入量为90kcal/（kg·d），7～12个月为80kcal/（kg·d）（非母乳喂养应增加20%），是成人的3倍多，1～2岁的参考摄入量为900kcal/d（男）和800kcal/d（女）。婴幼儿需要较多的能量，主要是由于婴幼儿的基础代谢率较高以及对生长和发育的特殊需要。婴幼儿生长发育对能量的需要量与生长速度成正比，在最初几个月内，这部分能量占总能量摄入的1/4～1/3。

通常情况下，随着婴幼儿的生长，用于活动的能量需求也相应增大，睡眠平静的婴幼儿较睡前哭闹的婴儿能量消耗少。估算婴儿的能量需求是基于对健康婴儿摄入量的观察，当然也可依据对基础代谢、活动以及生长所需要能量计算。

婴幼儿出生后的4～6个月主要是通过脂肪、糖（乳糖）来满足其对能量的需求，包括母乳和母乳替代品（通常是牛乳、羊乳）。之后将逐渐由多样化的食物，如各种常量营养素来替代脂肪和乳糖。

2. 蛋白质

因为体内器官的生长发育，需要优质、足量的蛋白质，正常婴幼儿的蛋白质需求量，按每单位体重计要大于成年人，所需的必需氨基酸的比例也大。除成人所必需的8种必需氨基酸以外，组氨酸也是婴幼儿的必需氨基酸，还需要半必需氨基酸（包括半胱氨酸和酪氨酸）。正常情况下，人乳蛋白质和婴幼儿配方乳粉中的蛋白质都含有婴幼儿所需的各种必需氨基酸（包括半必需氨基酸）。

蛋白质长期供给不足，会影响婴幼儿的生长发育，但供给过多，不仅造成浪费，而且过多的蛋白质代谢会增加肾脏的负担。中国营养会学推荐：0～6个月婴幼儿适宜摄入量为9g/d，7～12个月参考摄入量为20g/d，1～2岁参考摄入量为25g/d。

3. 脂肪

婴幼儿的胃容积小，新陈代谢速度快，生长发育迅速，因而需要高热量的营养素，脂肪正符合此条件，而且脂肪在提供能量的同时，不增加肾溶质负荷（蛋白质），也不降低小肠中水的高渗效应（二糖类）。脂肪除供能外，还可促进脂溶性维生素的吸收，避免必需脂肪酸的缺乏。1岁之前脂肪主要来源于乳类及合理的代乳食品。母乳中脂质供能占总热量的40%～55%，其中不饱和脂肪酸的含量高达55%以上，且含有软脂酸易被消化。中国营养会学推荐：0～6个月婴幼儿摄入量占总能量的48%，7～12个月摄入量占总能量的40%，1～2岁摄入量占总能量的35%。多不饱和脂肪酸二十二碳六烯酸、二十碳五烯酸虽然总量仅为总脂肪酸的很小一部分，但对促进生长、神经发育以及心血管功能均有重要作用，如二十二碳六烯酸是大脑和视网膜中一种具有重要功能的长链多不饱和脂肪酸，在视觉和神经发育中发挥重要作用。缺乏二十二碳六烯酸，一方面可能影响神经纤维和神经连接处突触的发育，导致注意力受损和认知障碍；另一方面可导致视力异常，对明暗辨别能力降低，视物模糊。早产儿和人工喂养儿需要补充二十二碳六烯酸。因为早产儿脑中二十二碳六烯酸含量低，其体内催化α-亚麻酸转变成二十二碳六烯酸的去饱和酶活力较低，同时婴幼儿生长较快对二十二碳六烯酸的需要量相对较大；而人工喂养儿的主要食物来源是牛乳和其他代乳品，牛乳中的二十二碳六烯酸含量较低，不能满足需要。

4. 碳水化合物。

碳水化合物的功能是供给机体热能和构成人体组织，促进生长发育，并有助于完成脂肪氧化和节约蛋白质作用。婴幼儿的乳糖酶活性较成年人高，有利于对乳中乳糖的消化吸收。不过4个月以内的婴幼儿消化淀粉的能力尚未成熟，故淀粉类食物应在4~6个月后添加。

推荐婴幼儿碳水化合物供能占总能量的40%~50%，随着年龄增长，比例逐渐上升至50%~60%。母乳的组成中乳糖占37%~38%的热量，而牛乳中仅占26%~30%。若以牛乳代替母乳喂养婴儿，需添加乳糖来增加其营养价值，但添加量不宜超过母乳的含量。婴幼儿活动量大，对碳水化合物的需要量多。尽管幼儿已能产生消化各种碳水化合物的酶类，但富含碳水化合物的食物占体积较大，同样体积的碳水化合物相对于脂肪供能低，故2岁以下婴幼儿不宜用过多的碳水化合物提供能量。

5. 水

婴幼儿需要摄入足够的水，用于皮肤和肺的蒸发、尿液、粪便、组织生长，由于婴幼儿体表面积大，基础代谢率高，蒸发损失量较多。早产儿肾功能较足月婴幼儿更不成熟，需水量更大，健康母乳喂养的婴幼儿，在母乳喂量足的情况下，母乳能够满足婴幼儿对水的需求，配方乳粉喂养的婴幼儿，当气温明显升高时还需要额外补充一定量的水。

6. 维生素

正常母乳中含有婴幼儿所需要的各种维生素。母乳中的维生素基本上能满足婴幼儿的需要，只是维生素D稍低。婴儿维生素D的推荐摄入量为10 μg/d。婴幼儿是容易缺乏维生素D的人群，维生素D的膳食来源相对较少，主要来源是户外活动时通过紫外光照射皮肤，在皮下由7-脱氢胆固醇合成维生素D。

水溶性维生素在体内储存量很少，需要每天由膳食供给。脂溶性维生素一般在体内可以储存，过量时可能发生中毒现象，故需在医生指导下补充。

7. 矿物质

母乳中的各种矿物质含量是婴儿矿物质需要量的主要依据之一。

婴幼儿钙的推荐的摄入量为200~600mg/d，母乳和牛乳中钙的含量及吸收率均较高，6个月内可基本满足婴儿需要。

1岁以内的婴幼儿铁的适宜摄入量为0.3~10mg/d。正常新生儿有足够的铁储存，可以满足4~6个月的需要。虽然母乳中的铁易被婴幼儿有效地吸收，但乳中铁含量较低，母乳喂养的婴儿在4~6个月后应添加含铁辅助食品。

婴幼儿缺锌可导致食欲不振、味觉异常、生长发育迟缓、性发育不全、大脑和智力发育受损等。《中国居民膳食营养素参考摄入量》中婴幼儿锌的推荐摄入量为2.0~4.0mg/d。

（三）膳食指南

1.0~6个月的婴幼儿喂养

（1）母乳喂养　6月龄内婴儿需要完成从宫内母体营养到宫外依赖食物营养的过渡，来自母体的乳汁是完成这一过渡最好的食物，基于任何其他食物的喂养方式都不能与母乳喂养相媲美。母乳喂养需满足婴儿6月龄内全部液体、能量和营养素的需要，母乳中的营养素和多种生物活性物质构成一个特殊的生物系统，为婴儿提供全方位呵护，助其在离开母体保护后，能顺利适应大自然的生态环境健康生长。

6月龄内婴幼儿处于1000天"机遇窗口期"的第二阶段，营养作为最主要的环境因素对其生长发育和后续健康持续生长产生至关重要的影响。母乳中适宜水平的营养既能提供婴儿充足而适量的能量，又能避免过度喂养，使婴儿获得最佳的、健康的生长速率，为一生的健康奠定基础。因此对 6 月龄内的婴儿应给予纯母乳喂养。

针对我国 6 月龄内婴儿的喂养需求和可能出现的问题，基于目前已有的科学证据，同时参考世界卫生组织（WHO）、联合国儿童基金会（UNICEF）和其他国际组织的相关建议，提出 6 月龄内婴儿母乳喂养指南。核心推荐如下 6 条：产后尽早开奶，坚持新生儿第一口食物是母乳；坚持 6 月龄内进行纯母乳喂养；顺应喂养，建立良好的生活规律；生后数日开始补充维生素 D；婴儿配方乳粉是不能母乳喂养时的无奈选择；监测体格指标、保持健康生长。

母乳喂养的优点如下。

①母乳营养齐全，母乳中的营养素能全面满足婴儿生长发育的需要，且适合于婴儿的消化能力。

母乳含优质蛋白质。与牛乳相比，母乳蛋白质的含量虽低于牛乳，但人乳以乳清蛋白为主，酪蛋白含量相对较少，乳清蛋白和酪蛋白的比例为 8:2，在婴幼儿胃内能形成柔软的絮状凝块，易于消化吸收。母乳蛋白质中必需氨基酸的组成被认为是最理想的，与婴幼儿体内必需氨基酸的构成极为一致，能被婴儿最大程度利用。此外，母乳中的牛磺酸含量也多，能满足婴儿脑组织发育的需要。

母乳含丰富的必需脂肪酸。每 100mL 母乳含脂肪 4.5g，在构成上以不饱和脂肪酸为主，其中尤以亚油酸含量高。母乳中花生四烯酸和二十二碳六烯酸的含量也很高，对脑发育有重要作用。

母乳含丰富的乳糖。乳糖是母乳中唯一的碳水化合物，含量为 6.8%。乳糖在肠道中可促进钙的吸收，并能诱导肠道正常菌群的生长，从而有效地抑制致病菌或病毒在肠道中的生长繁殖，有利于肠道健康。

母乳中钙磷比例适宜，加上乳糖的作用，可满足婴儿对钙的需求。母乳中其他矿物质和微量元素齐全，含量既能满足婴儿生长发育需要又不会增加婴儿肾脏的负担。在乳母膳食营养供给充足时，母乳中的维生素可基本满足 6 个月内婴幼儿所需（维生素 D 例外）。

母乳中含有丰富的免疫物质，可增加婴幼儿的抗感染能力。初生婴儿免疫系统处于生长和发育阶段，免疫功能不完善，而且婴儿血中免疫分子水平较低，因此婴儿期易患消化道和呼吸道感染。母乳尤其是初乳含多种免疫物质，可以保护并健全消化道黏膜、诱导双歧杆菌的生长并抑制致病菌的生长、破坏有害菌、保护婴幼儿消化道及呼吸道抵抗细菌及病毒的侵袭，从而增加婴幼儿对疾病的抵抗能力。

②不容易发生过敏。

③以母乳喂养婴儿，经济、方便、温度适宜、不易污染，而且哺乳行为可增进母子间情感交流，促进婴儿的智能发育，也利于母亲健康和产后康复。近年的许多研究还表明，母乳喂养比人工喂养的孩子较少发生肥胖症。

婴儿配方乳粉不能与母乳媲美的原因在于：虽然婴儿配方乳粉都经过一定配方设计和工艺加工，保证了部分营养素的数量和比例接近母乳，但却无法模拟母乳中一整套完美独特的营养和生物活性成分体系，如低聚糖、乳铁蛋白和免疫球蛋白等，以及很多未知的活性成分。母乳喂养的婴儿可以随母乳体验母亲膳食中各种食物的味道，对婴儿饮食心理及接受各种天然食物有很大帮助，这也是天然乳粉无法比拟的。此外，母乳喂养过程和奶瓶喂养过程给婴儿的心理和智力体验完全不同。

（2）混合喂养 在婴幼儿 0 ~ 6 个月内因各种原因母乳不足或不能按时给婴儿哺乳时，在坚持用母乳喂养的同时，用婴儿代乳品喂养以补充母乳的不足。母乳不足，也应坚持按时给婴儿喂乳，让婴儿吸空乳汁，这样有利于刺激乳汁的分泌；如母亲因故不能按时喂乳时，可用代乳品或收集的母乳代替一次。混合喂养时代乳品补充量应以婴儿吃饱为止，具体用量应根据婴儿体重、母乳缺少的程度而定。

（3）人工喂养 因各种原因不能用母乳喂养婴儿时，可采用牛乳、羊乳等动物乳或其他代乳品喂养婴儿。这种非母乳喂养婴儿的方法即为人工喂养。严格来讲，不同种动物的乳只能适合相应种类的动物幼子，并不适宜人类婴儿的生长发育，因此不适宜直接喂养婴儿，尤其是 0 ~ 6 个月婴儿。因此只有实在无法用母乳喂养时才采用人工喂养。完全人工喂养的婴儿最好选择母乳化的配方乳粉。

婴儿配方乳粉是调整牛乳中营养成分使之接近母乳后制成的乳粉。人乳和牛乳在成分构成上有较大的差别（图 5 - 1、图 5 - 2）。需要调配为尽量接近母乳的水平。调配的方法是在牛乳中加入乳清蛋白，降低酪蛋白含量，使乳清蛋白：酪蛋白 = 8 : 2；提高乳糖含量使其接近母乳（7%）；去除牛乳中的脂肪，添加顺式亚油酸和 α - 亚麻酸，并添加有助于大脑发育的长链多不饱和脂肪酸，如二十二碳六烯酸；增加铁、锌等矿物质及维生素 A 和维生素 D。婴儿配方乳粉的营养成分与母乳比较接近，较易消化吸收，是人工喂养婴儿良好的营养来源。随着婴儿配方乳粉的不断发展和完善，目前，市售的配方乳粉中往往添加多种母乳中的免疫因子和生物活性物质，使其在成分和功能上与母乳越来越接近，如强化低聚糖、牛磺酸、核酸或肉碱。

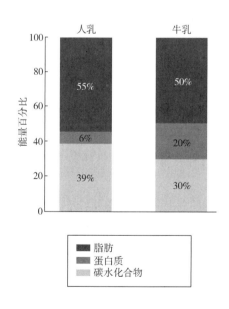

图 5 - 1 人乳和牛乳的能量营养素分布

（资料来源：Paul Insel et al.，Nutrition，2002）

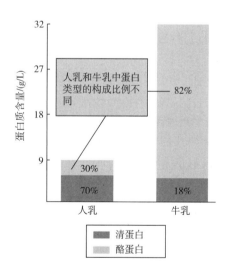

图 5 - 2 人乳和牛乳的蛋白质构成

（资料来源：Paul Insel et al. Nutrition，2002）

2. 7 ~ 24 月龄婴幼儿

（1）引入其他营养丰富的食物 对于 7 ~ 24 月龄婴幼儿，母乳仍然是重要的营养来源，但单一的母乳喂养已经不能完全满足其对能量以及营养素的需求，必须引入其他营养丰富的食物。与此同时，7~24月龄婴幼儿胃肠道等消化器官的发育、感觉以及认知行为能力的发展，也需要其有机会通过接触、感受和尝试，逐步体验和适应多样化的食物，从被动接受喂养转变到自主进食。这一过程从婴儿7月龄开始，到24月龄时完成。这一年龄段婴幼儿的特殊性还在于父母及喂养者的喂养行为对其营养和饮食行为有显著的影响。顺应婴幼儿需求喂养，有助于健康意识习惯的形成，并具有长期而深远的影响。

（2）婴幼儿喂养指南　针对我国7~24月龄婴幼儿营养和喂养的需求，以及可能出现的问题，基于目前已有的证据，同时参考WHO等的相关建议，提出7~24月龄婴幼儿的喂养指南。推荐以下6条：继续母乳喂养，满6月龄起添加辅食；从富含铁的泥糊状食物开始，逐步添加达到食物多样；提倡顺应喂养，鼓励但不强迫进食；辅食不加调味品，尽量减少糖和盐的摄入；注重饮食卫生和进食安全；定期监测体格指标，追求健康生长。

（3）选择合适的辅食　普通鲜乳、酸乳、奶酪等蛋白质和矿物质含量远高于母乳，增加婴幼儿肾脏负担，故不宜喂给7~12月龄婴儿，13~24月龄幼儿可以将其作为食物多样化的一部分而逐渐尝试。但建议少量进食为宜，不能以此完全替代母乳和（或）配方乳粉。普通豆乳粉、蛋白粉的营养成分不同于配方乳，也与鲜乳等乳制品有较大差异，不建议作为婴幼儿食品。

婴幼儿辅食应单独制作，制作辅食的餐具、场所应保持清洁，辅食应煮熟、煮透，制作的辅食应及时食用或妥善保存。辅食应保持原味，不加盐、糖以及刺激性调味品，保持口味清淡。口味清淡有利于提高婴幼儿对不同天然食物口味的接受度，减少偏食、挑食的风险。淡口味食物也可减少婴幼儿盐和糖的摄入量，降低儿童期及成年期肥胖、糖尿病、高血压、心血管疾病的风险。1岁以后逐渐尝试淡口味到家庭膳食。

二、 学龄前儿童的营养与膳食

（一） 学龄前儿童的生长发育特点

学龄前儿童是指2~6岁的儿童。学龄前期是人的一生中体格和智力发育的关键时期。在此期间营养和发育状况决定了人的一生的体质和智力的发展水平。

与婴幼儿相比，学龄前期儿童的体格发育速度相对减慢，但仍保持稳步增长。这一时期体重每年增长约2kg，身高每年增长5~7cm。学龄前期儿童神经系统发育逐渐完善，4~6岁时，脑组织进一步发育，达成人脑重的86%~90%；3岁时神经细胞的分化已基本完成，但脑细胞体积的增大和神经纤维的髓鞘化仍在继续，神经冲动的传导速度明显快于婴幼儿时期。

尽管3岁时儿童乳牙已出齐，但学前儿童消化器官尚未完全发育成熟，特别是咀嚼和消化能力远不如成人，易发生消化不良，尤其是对固体食物需要较长时间适应，不能过早进食家庭成人膳食。

5~6岁儿童具有短暂地控制注意力的能力，时间约15min，但注意力分散仍然是学龄前儿童的行为表现特征之一。这一行为特征在饮食行为上的反应是不专心进餐，吃饭时边吃边玩，使进餐时间延长，食物摄入不足而致营养素缺乏。

（二） 学龄前儿童的营养需要

1. 能量

学龄前儿童基础代谢率高，生长发育迅速，活动量比较大，故所需要的能量（按每千克体重计）接近或高于成人。男孩能量需要量为1250~1400kcal/d，女孩能量需要量为1200~

1300kcal/d（1kcal＝4.18kJ）。

2. 蛋白质

学龄前儿童膳食中蛋白质的参考摄入量平均为 30～35g/d。其中 50% 应来源于动物性蛋白质、豆类蛋白质、乳类蛋白质等优质蛋白质。

3. 脂类

2～6 岁学龄前儿童每日膳食总脂肪摄入量应占总热量的 20%～35%。这一数量的脂肪不仅能满足儿童所需的必需脂肪酸，而且有利于脂溶性维生素的吸收。

4. 碳水化合物

2～6 岁学龄前儿童每日膳食中碳水化合物推荐的热能摄入量应占总热能的 50%～65%。碳水化合物中的膳食纤维，可促进肠蠕动，防止幼儿便秘。但是蔗糖等纯糖摄取后被迅速吸收，易于以脂肪的形式储存，从而引起肥胖、龋齿和行为问题，因此，学龄前儿童不宜食用过多糖和甜食。

5. 水

儿童新陈代谢旺盛，活动量大，水分需要量相对较多，建议 2～6 岁儿童水的总摄入量（即饮水和膳食中汤水、牛乳等的总和）1300～1600mL/d，以白开水为主。

6. 矿物质和维生素

儿童处于生长发育阶段，骨骼增长迅速。在这一过程中需要大量的钙质。2～6 岁学前儿童钙的适宜摄入量为 600～800mg/d。铁供给不足，可引起缺铁性贫血，严重的可损害神经、消化和免疫等系统的功能，影响儿童的智力发育。2～6 岁学前儿童铁的适宜摄入量为 9～12mg/d。此外，还要注意碘、锌等矿物质的摄入，如 2～6 岁学前儿童碘、锌的推荐摄入量分别为 90mg/d、4.0～7.0mg/d。

中国营养学会建议学龄前儿童维生素 A 的推荐摄入量为 310～500μg RAE/d，维生素 D 的推荐摄入量为 10μg/d，维生素 B_1、维生素 B_2、维生素 C 和维生素 E 的推荐摄入量分别为 0.8～1.0mg/d、0.6～1.0mg/d、40～65mg/d、6～9mg α－TE/d。

（三）学龄前儿童的合理膳食原则

1. 食物种类要多样，合理搭配

每日膳食应由适宜数量的谷类、乳类、肉类（或蛋类，或鱼类）、蔬菜和水果类四大类食物组成，在各类食物的数量相对恒定的前提下，同类中的各种食物可轮流选用，做到膳食多样化，从而发挥各种食物在营养上的互补作用，使其营养全面平衡，培养儿童摄入多样化食物的良好饮食习惯。

2. 专门烹调，易于消化

食物应合理烹调，少油炸，学龄前期儿童食物要专门制作，蔬菜切碎，瘦肉加工成肉末，尽量减少食盐和调味品的使用，烹调成质地细软、容易消化的膳食；随着年龄的增长逐渐增加食物的种类和数量，烹调方式向成人膳食过渡。

3. 制订合理膳食制度

学龄前儿童胃的容量小，肝脏中糖原储存量少，又活泼好动，容易饥饿，要适当增加餐次以适应学龄前期儿童的消化能力。因此，学龄前期儿童以一日"三餐两点"制为宜，不随意改变进餐时间、环境和进食量，纠正挑食、偏食等不良饮食行为。各餐营养素和能量适宜分配，早、中、晚正餐之间加适量点心。保证营养需要，又不增加胃肠道过多的负担。一日三餐的能量分配为：早餐30%、午餐35%、晚餐25%，加餐10%左右。

4. 培养良好的饮食习惯

要使儿童养成不偏食、不挑食、少零食，细嚼慢咽，不暴饮暴食，口味清淡的健康饮食习惯，以保证足够的营养摄入，正常的生长发育，预防成年后肥胖和慢性病的发生。

5. 每天饮乳，足量饮水，正确选择零食

目前，我国儿童钙摄入量普遍偏低，对于快速生长的发育的儿童，应鼓励多饮乳，建议饮乳300~400mL/d 或相当量的乳制品，零食应尽可能与加餐相结合，以不影响正餐为前提，多选用营养密度高的食物如乳制品、水果、蛋类及坚果类等食物，学龄前儿童各类食物每天建议摄入量见表5-1所示，推荐和限制的零食见表5-2所示。

表5-1　　　　　　　　　　学龄前儿童各类食物每天建议摄入量　　　　　　　单位：g/d

食物	2~3岁	4~5岁
谷类	85~100	100~150
薯类	适量	适量
蔬菜	200~250	250~300
水果	100~150	150
畜禽肉类	—	—
蛋类	50~70	70~105
水产品	—	—
大豆	5~15	15
坚果	—	适量
乳制品	500	350~500
食用油	15~20	20~25
食盐	<2	<3

表5-2　　　　　　　　　　　　　　推荐和限制的零食

推荐	限制
新鲜水果、蔬菜	果脯、果汁、果干、水果罐头
乳制品（液态乳、酸奶、乳酪等）	乳饮料、冷冻甜品类食物（冰淇淋、雪糕等）、奶油、含糖饮料（碳酸饮料、果味饮料等）
馒头、面包	膨化食品（薯片、爆米花、虾条等）、油炸食品（油条、麻花、油炸马铃薯）、含人造奶油甜点
鲜鱼肉制品	咸鱼、香肠、腊肉、鱼肉罐头等
鸡蛋（煮鸡蛋、蒸蛋羹）	
豆制品（豆腐干、豆浆）	烧烤类食品
坚果类（磨碎食用）	高盐坚果、糖浸坚果

鼓励儿童体验和认识各种食物的天然味道和质地，了解食物特性，增进对食物的喜爱。鼓励儿童经常参加户外游戏与活动，实现对其体能、智能的锻炼培养，维持能量平衡，促进

皮肤中维生素 D 的合成和钙的吸收利用。此外，增加户外活动时间可有效减少儿童近视的发生。2 ~ 5 岁儿童生长发育速度较快，身高、体重可反映儿童膳食营养摄入状况，家长可通过定期监测儿童的身高、体重，调整其膳食和身体活动，来保证健康成长。

三、 学龄儿童的营养与膳食

（一） 学龄儿童的生长发育特点

学龄儿童是指从 6 岁到不满 18 岁的未成年人。学龄儿童正处于在校学习阶段，生长发育迅速，对能量和营养素的需要量相对高于成年人。充足的营养是学龄儿童智力和体格正常发育，乃至一生健康的物质保障，因此，更需要强调合理膳食、均衡营养。

此期间儿童体格仍维持稳步的增长。身体各器官逐步发育，独立生活能力逐步增强、可以接受成人的大部分饮食。

（二） 学龄儿童的营养需要

学龄期儿童处于生长发育阶段，基础代谢率高，活泼爱动，体力、脑力活动量大，故他们需要的能量（按每千克体重计）接近或超过成人。由于学龄儿童学习任务繁重，思维活跃，认识新事物多，必须保证供给充足的蛋白质。学龄儿童脂肪的适宜摄入量占总能量的 20% ~ 30%。学龄儿童膳食中碳水化合物适宜摄入量占总能量的 50% ~ 65% 为宜。由于学龄儿童骨骼生长发育快，各种矿物质需要量明显增加，为使各组织器官达到正常的生长发育水平，必须保证供给充足的矿物质。由于学龄儿童体内三大营养物质代谢反应十分活跃，学习任务重，用眼时间长，因此有关能量代谢、蛋白质代谢和维持正常视力、智力的维生素必须保证充足供给，尤其要重视维生素 A 和维生素 B_2 的供给。

（三） 学龄儿童的合理膳食原则

《中国居民膳食指南》中关于学龄儿童的膳食指南特别强调饮用清淡饮料，控制食糖摄入；重视室外活动。学龄儿童的合理膳食原则如下。

1. 膳食多样化，力争做到平衡膳食

平衡膳食应摄入粗细搭配的多种食物，保证鱼、禽、蛋、瘦肉、豆制品等富含优质蛋白质食物的摄入，经常食用乳及乳制品，每天吃新鲜的蔬菜和水果。学龄儿童机体器官尚未完全发育成熟，咀嚼和消化功能不如成人，肠道对粗糙食物比较敏感，易发生消化不良，因此，食物要比较容易消化，数量和种类应逐渐增加。

2. 注意三餐合理的能量分配，特别是早餐

一日三餐的时间应相对固定，做到定时定量，进餐时细嚼慢咽。早餐提供的能量应占全天总能量的 25% ~ 30%，午餐占 30% ~ 40%，晚餐占 30% ~ 35% 为宜。午餐在一天中起着承上启下的作用，要吃饱吃好，在有条件的地区，提倡吃 "营养午餐"。晚餐要适量。要少吃高盐、高糖或高脂肪的快餐，如果要吃快餐，尽量选择搭配蔬菜、水果的快餐。

3. 培养良好的饮食习惯和卫生习惯

选择卫生、营养丰富的食物做零食。水果和能生吃的新鲜蔬菜含有丰富的维生素、矿物质和膳食纤维；乳类、大豆及其制品可提供丰富的蛋白质和钙；坚果，如花生、瓜子、核桃等富含蛋白质、多不饱和脂肪酸、矿物质和维生素 E。谷类和薯类，如全麦面包、麦片、煮红薯等也可做零食。油炸、高盐或高糖的食品不宜做零食。吃零食的量以不影响正餐为宜，两餐之间可以少吃零食，不能用零食代替正餐。吃饭前、后 30min 内不宜吃零食，不要看电

视时吃零食，也不要边玩边吃零食，睡觉前 30min 不吃零食，吃零食后要及时刷牙或漱口。学龄儿童应养成饭前便后洗手的习惯，以防止病从口入；进食场所必须清洁卫生，食品本身及餐具、饮具也应保证清洁，防止肠道感染。

4. 加强学生考试期间的营养

应加强营养素的质和量，多供给优质蛋白质和脂肪，特别是卵磷脂和维生素 A、维生素 B_1、维生素 B_2、维生素 C 等，以补充在考试期间学生高级神经系统紧张活动时的特殊消耗。

5. 积极开展身体活动

应每天累计至少 60min 中等到高强度的身体活动，以有氧运动为主，每次最好 10min 以上。每周至少进行 3 次高强度身体活动（如长跑、游泳、打篮球等），3 次抗阻力运动（如俯卧撑、仰卧起坐及引体向上等）和骨质增强型运动。做到运动强度、形式以及部位的多样化，合理安排有氧和无氧运动，关节柔韧性活动、躯干和四肢肌肉群的抗阻力训练、身体平衡和协调性练习等。同时，注意运动姿势的正确性，以及低、中和高强度身体活动之间的过渡环节。运动前做好充分的准备活动，避免空腹运动，饭后 1h 再进行运动，运动中和运动后注意补充水分。

制订符合学龄儿童生理特点的作息时间表和运动计划，保证学习、运动和睡眠时间。鼓励家长与孩子一起进行形式多样的运动，为其提供必要的运动服装和器具等，培养运动兴趣。将运动生活化，如上下学步行、参加家务劳动等。充分利用在校期间的课间活动或体育课等时间，在户外阳光下活动。学校要改善户外活动场地和设施，为学生提供运动指导，提高运动技能。雾霾天气或空气污染严重时，可在室内进行不明显增加呼吸和心率的运动、进行协调性和平衡性练习等（如仰卧起坐、瑜伽等），适当延长运动间隔，降低运动强度。

让学龄儿童了解久坐不动和长时间视屏带来的危害，提醒他们每坐 1h，都要进行身体活动。不在卧室摆放电视机、电脑，减少使用手机、电脑和看电视的时间，每天不超过 2h，越少越好。保证充足的睡眠时间，小学生每天 10h、初中生 9h、高中生 8h。

6. 保持适宜的体重增长

适宜的身高和体重增长是营养均衡的体现。采用分性别和年龄的身高来判断学龄儿童的营养状况（表 5-3）。

表 5-3　　　　　　　　我国 7~18 岁学龄儿童生长迟缓判别标准

年龄/岁	男生/cm	女生/cm	年龄/岁	男生/cm	女生/cm
7~	≤111.3	≤110.1	13~	≤136.9	≤138.8
8~	≤115.4	≤114.5	14~	≤141.9	≤142.9
9~	≤120.6	≤119.5	15~	≤149.6	≤145.4
10~	≤125.2	≤123.9	16~	≤155.1	≤146.8
11~	≤129.1	≤128.6	17~	≤156.8	≤147.3
12~	≤133.1	≤133.6			

要树立科学的健康观念和体型认知，正确认识体重的合理增长以及青春期体型变化。通过合理饮食和积极运动，预防营养不良或超重肥胖。

四、 老年人的营养与膳食

（一） 老年人的生理特点

体内成分的变化是老年化最显著的特征，如脂肪的增加、肌肉的减少、体质水分的减少等，不仅与年龄有关也与运动有关。具体表现如下。

1. 基础代谢率下降

老年人机体的合成与分解代谢失去平衡，表现为合成代谢降低，分解代谢增强，因而引起细胞功能下降。由于代谢功能改变，使营养素的消化、吸收、利用和排泄均受到不同程度影响。

2. 体内成分的改变

老年人体脂肪组织随年龄增长而增加，肌肉组织随着年龄的增加而减少，另外组织再生能力相对较低，功能性的实质细胞不断减少，突出表现为肌肉组织的重量减少而出现肌肉萎缩；细胞内液减少而使体水分降低；由于骨组织中矿物质减少（尤其是钙减少），且矿物质的吸收率下降，进而出现骨密度降低，导致老年人易发生骨质疏松症及骨折。

3. 感觉器官功能的改变

老年人视力降低，味觉、嗅觉、触觉等感觉器官较不灵敏，会影响对食物的喜好程度而减少摄取量，口味也因此加重，容易摄入过多调味太重的食物。

4. 消化系统功能的改变

由于牙齿松动或脱落，唾液分泌减少，使得咀嚼和吞咽较为困难，并影响食物的选择和烹调方式。由于消化液、消化酶及胃酸分泌量减少，致使食物的消化吸收受影响，常发生消化不良症状。由于胃肠蠕动减慢，易造成便秘。由于胆汁及胰腺分泌量减少，使老年人对脂肪的消化吸收能力下降并伴有脂溶性维生素吸收不良。

5. 心血管系统功能的改变

由于老化导致血管壁逐渐增厚变狭窄而失去弹性，使得心脏输出血量减少、血流阻力增加、血流速度减慢，致使血压逐渐升高，增加心脏的负荷。老年人脂质代谢能力降低，易出现甘油三酯、总胆固醇和低密度脂蛋白胆固醇升高而高密脂蛋白胆固醇下降的现象。

6. 其他方面的改变

肾功能、抗氧化功能及免疫功能发生改变。老年人胰岛素分泌能力减弱，组织对胰岛素作用的反应能力降低，使老年人空腹血糖明显上升，葡萄糖耐量下降。此外，老年人的脑功能及肝脏代谢能力均随着年龄增加也有不同程度下降。

（二） 老年人的营养需要

人类的衰老过程是一个客观规律，受到遗传、环境、营养、运动等多方面的影响。营养是决定老年人健康的重要因素之一。正常老年人按照其机体的生理状态，同样需要平衡和合理的膳食来达到营养的目的。

1. 能量

随着年龄的增加，人体组织细胞逐渐减少，基础代谢率降低，体力活动减少以及体脂肪增多和肌肉组织减少等，使老年人对能量的消耗也随之降低。总体对能量的需要量下降，膳食能量的摄入主要以体重来衡量，能维持能量平衡，维持理想体重为宜。身体活动水平为轻度时，50～64 岁男性、女性老年人膳食能量需要量分别为 2100kcal/d、1750kcal/d；65～79

岁男性、女性老年人膳食能量需要量分别为 2050kcal/d、1700kcal/d；80 岁以上男性、女性老年人膳食能量需要量分别为 1900kcal/d、1500kcal/d（1kcal＝4.18kJ）。

2. 蛋白质

由于消化系统功能减弱，使摄入蛋白质的生物有效性降低。对食物蛋白质利用率下降，对蛋白质的需要量应比正常成人略高，特别应保证生理价值高的优质蛋白质占总蛋白质的 1/3～1/2。在人体衰老过程中，体内蛋白质的分解代谢超过了合成代谢，当膳食蛋白质不足时，老年人易出现负氮平衡。但老年人蛋白质的摄入量不宜过多，以免加重肝脏和肾脏负荷。中国营养学会推荐的摄入量为 65g/d（男），55g/d（女）。

3. 脂类

老年人由于胆汁酸分泌减少，脂酶活性降低，对脂肪的消化吸收功能下降；由于体内脂质分解排泄迟缓，血浆脂质也升高，因而老年人脂肪的摄入不宜过多，特别要限制高胆固醇、高饱和脂肪酸的动物性脂肪及肝、蛋黄等的摄入。膳食脂肪来源应以含多不饱和脂肪酸的植物油为主，摄入脂肪的供热比占总热能的 20%～30% 为宜。饱和脂肪酸、单不饱和脂肪酸、多不饱和脂肪酸的比例应为 1:1:1。

4. 碳水化合物

碳水化合物适宜摄入量为在总能量中占 50%～65%。老年人的糖耐量降低，血糖的调节作用减弱，容易发生血糖升高。摄入过多的糖在体内可转变为脂肪，引起肥胖、高脂血症等疾病。老年人应避免纯糖或甜食，应选择多糖类的食物。在食物供应中还应增加富含膳食纤维的食物，增加全谷物、蔬菜、菌藻类和水果摄入，以促进胃肠蠕动，进而促进消化及预防慢性病的发生。

5. 水

老年人应主动饮用足量的水，正确的饮水方法是主动少量多次饮水，每次 50～100mL。清晨一杯温开水，睡前 1～2h 饮 1 杯水，不应在感到口渴时才饮水。老年人饮水量应不低于 1200mL/d，以 1500～1700mL/d 为宜。饮水首选温热的白开水；根据个人情况，也可选择饮用淡茶水。

6. 矿物质和维生素

老年人胃酸分泌降低，影响对钙的吸收和利用；户外活动的减少和缺乏日照又使皮下 7-脱氢胆固醇转变成维生素 D 的来源减少；肝肾功能降低，不利于钙的吸收和利用。老年人对钙的吸收率一般在 20% 以下。对钙的利用率和储存能力下降，但代谢排出量并不因吸收少而降低，反而有所增加，供应不足易使老年人出现钙代谢负平衡，常导致骨质疏松，易发生骨折。我国营养学会建议老年人钙的适宜摄入量为 1000mg/d，磷 670～720mg/d，钠 1300～1400mg/d 为宜。老年人对铁的吸收利用能力下降，造血功能减退，血红蛋白含量减少，易出现缺铁性贫血；为保证老年人机体铁代谢平衡，老年人铁的摄入应在 12mg/d 为宜。老年人硒的摄入应在 60μg/d 为宜。老年人因食量减少以及控制高胆固醇、高脂肪食物的摄入，而影响到维生素 A 的摄入量；同时，又由于生理功能减退，使维生素 A 的吸收和利用降低，易出现维生素 A 缺乏，因此，应适当补充足量的维生素 A；我国营养学会推荐的老年人膳食维生素 A 摄入量为 800μg/d 视黄醇活性当量（男）和 700μg/d 视黄醇活性当量（女）。根据老年人的饮食特点，其中 2/3 应来自绿叶蔬菜中的胡萝卜素，其余由动物性食物提供。

维生素 D 可以促进机体对钙、磷的吸收并调节体内钙、磷的代谢。维生素 D 缺乏会影响钙、磷吸收及骨盐沉积，导致钙、磷代谢紊乱，因而老年人常出现腰腿痛及骨质疏松。我国老年人每日膳食中维生素 D 的适宜摄入量为：50～64 岁人群 10μg/d，65 岁以上人群 15 μg/d。

维生素 E 的抗衰老作用已得到肯定。因为老年人体内自由基倾向于增加和积聚，故保证维生素 E 的供给是有益的。我国营养学会建议老年人维生素 E 的适宜摄入量为 14mgα-TE/d。当膳食多不饱和脂肪酸摄入量增高时，应相应增加维生素 E 的摄入量。维生素 C 可促进组织胶原蛋白的合成，保持毛细血管弹性，防止老年人血管硬化，并可扩张冠状动脉，降低血浆胆固醇增强机体免疫功能及预防营养性贫血。同时维生素 C 又具有抗氧化作用，可防止自由基对机体的损害。我国老年人膳食维生素 C 的推荐摄入量为 100mg/d。

（三）老年人的膳食指南

老年人身体功能可出现不同程度的衰退，如咀嚼和消化能力下降，酶活性和激素水平异常，心脑功能衰退，视觉、嗅觉、味觉等感官反应迟钝，肌肉萎缩、瘦体组织量减少等。这些变化可明显影响老年人食物摄入、消化和吸收的能力，使得老年人营养缺乏和慢性非传染性疾病发生的风险增加，因此有必要针对这些问题对老年人的膳食提出指导。

老年人除了身体功能有不同程度的衰退，大多数营养需求与成年人相似。《中国居民膳食指南》中关于老年人的膳食指南特别强调：少量多餐细饮，预防营养缺乏；主动足量饮水，积极户外活动；延缓肌肉衰减，维持适宜体重；摄入充足食物，鼓励陪伴进餐。老年人的饮食计划应以成人均衡饮食为基础，注意食物的种类与烹调方式，以配合老年人现有的生理状况、生活环境及营养需要。

老年人的平衡膳食原则如下。

（1）食物组成要多样化　保证食物摄入量充足，膳食中的食物多样化，既可使营养素之间起互补作用，又可消除某些食物对机体产生的不利影响。

（2）食物烹调加工要适合老年人消化系统的特点　消化能力明显降低的老年人，应制作细软食物，同时要注意清淡、少盐。老年人的食物宜偏于细致、清淡、易于咀嚼和消化，食物制作时宜选用蒸、炖、熏、煮和炒等方式烹调。要经常改变不同的烹调方式，并注意食品的色、香、味、形状，促进食欲。老年人机体的抵抗力差，故烹调食物时，还应注意清洁卫生、饮食温度适中，不能过热或过冷。但要注意老年人食物不宜过精，应强调粗细搭配。

（3）合理餐次安排　老年人饮食要讲究少量多餐，定时定量，不宜过饱，促进对食物的吸收及避免胃肠不适。进餐次数可采用三餐两点制或三餐三点制，每次正餐占全天总能量 20%～25%，每次加餐的能量占 5%～10%。睡前 1h 内不建议用餐喝水，以免影响睡眠。一些食量小的老年人，应注意在餐前和进餐时少喝汤水，少吃汤泡饭。

（4）避免摄入过多的淀粉性食物及甜食　防止热能过多及其他营养素缺乏；多吃新鲜的蔬菜、水果，以提供足够的维生素、矿物质和膳食纤维。

（5）多摄取含优质蛋白质的食物并注重来源　优质蛋白质的来源以牛乳、鱼类为好，适当摄入其他动物性蛋白。

（6）避免太多的油煎、油炸、油腻等含脂肪较多的食物　特别是含饱和脂肪酸和胆固醇高的食物。

（7）维持适宜体重　保持适度的体力活动，保持食物量与营养物质及其活动量取得平衡，维持适宜体重。注意多饮开水帮助体内废物排泄及排便。户外活动能够更好地接受紫外线照射，有利于体内维生素 D 合成，延缓骨质疏松和肌肉衰减的发展。老年人的运动量应根据自己的体能和健康状况随时调整，量力而行，循序渐进。对于成人来说，BMI < 18.5kg/m² 是营养不良的判别标准。随着年龄增加，老年人骨质疏松发生率增加，脊柱弯曲变形，身高较年轻时缩短，而体内脂肪组织增加，使得 BMI 相应升高，65 岁以上老年人对体重的要求应给予个体化评价和指导。

（8）合理选择高钙食物，预防骨质疏松　乳类不仅钙含量高，而且钙与磷的比例比较合适，还含有维生素 D、乳糖、氨基酸等促进钙吸收的因子，吸收利用率高，是膳食优质钙的主要来源。钙摄入不足与骨质疏松的发生和发展有着密切的关系。我国老年人膳食钙的摄入量不到推荐量的一半，因此更应特别注意摄入含钙高的食物。除了乳类外，还可选用豆制品（豆腐、豆腐干等）、海产类（海带、虾、螺、贝）、高钙低草酸蔬菜（芹菜、油菜、紫皮洋葱、苜蓿等）、黑木耳、芝麻等天然含钙高的食物。

第二节　孕妇、乳母的营养与膳食

一、孕妇的营养与膳食

妊娠是个复杂的生理过程，为了妊娠的成功，孕期妇女的生理状态及代谢发生了较大的适应性改变，以满足孕期母体生殖器官和胎儿的生长发育，并为产后泌乳进行营养储备。孕期营养状况的优劣对胎儿生长发育直至成年后的健康可产生至关重要的影响。分娩后的哺乳期妇女要分泌乳汁、哺育婴儿，还要逐步补偿妊娠、分娩时营养的消耗，恢复各器官、系统功能。对能量及营养素的需要甚至超过妊娠期。母乳营养的好坏直接关系到母乳喂养的成功和婴儿的生长发育。

预产期计算，由于每一位孕妇都难以准确地判断受孕的时间，所以，医学上规定，以末次月经的第一天起计算预产期，其整个孕期共 280d，10 个妊娠月（每个妊娠月为 28d、即 40 周）。

妊娠期合计 280d，孕早期（0 ~ 3 个月），胎龄 1 ~ 12 周；孕中期（4 ~ 6 个月），胎龄 13 ~ 28 周；孕晚期（7 ~ 10 个月），胎龄 29 ~ 40 周。

（一）孕妇的生理特点

从妊娠开始到产后哺乳，母体要经历一系列的生理调整过程。这些因生理负荷增加所产生的功能性调节，是为了给胎儿提供一个最佳的生长环境，并维持母亲的健康。

1. 内分泌及代谢的改变

孕期内分泌的主要改变是与妊娠有关的激素水平的相关变化，随着妊娠时间的增加，胎盘增大，母体内雌激素、孕激素及胎盘激素的水平也相应地升高，尤其是胎盘生乳素，其分泌增加的速率与胎盘增大的速率相平行。最重要的是孕酮和雌激素，孕酮可松弛平滑肌组织，有助于子宫扩张；降低胃肠道活性，有利于营养的吸收；蓄积脂肪。雌激素对甲状腺激素的合成及基础代谢的调节有重要作用。另外还有一些激素，可提高血糖浓度和持氮能力，促进孕期钙的吸收。

2. 消化系统功能的改变

妊娠期由于雌激素增加，孕妇可出现牙龈充血肿胀、易出血症状，即为妊娠期牙龈炎。孕期激素的变化可引起平滑肌张力降低，胃肠蠕动减慢，胃排空时间延长，加之胃酸及消化液分泌减少，因而影响了食物消化，孕妇常出现胃肠胀气及便秘；由于贲门括约肌松弛，导致胃内酸性内容物反流至食管下部产生"烧心感"，在妊娠早期约有一半以上的孕妇有恶心、呕吐等妊娠反应。但也因为食物在消化道内停留时间加长而增加了某些营养素如钙、铁、维生素 B_{12}、叶酸等的吸收。

3. 肾功能的改变

妊娠期间，为了有利于清除胎儿和母亲自身的代谢废物，母体肾功能发生显著变化。肾小球滤过能力增强，但肾小管的再吸收能力不能相应增加，蛋白质代谢产物尿酸、尿素、肌酐排出量增多；同时，由于肾小球滤过量超过了肾小管的再吸收能力，故有时出现妊娠期糖尿病，尿中氨基酸、水溶性维生素的排出量也明显增加。

4. 血液容积及血液成分的改变

孕期妇女血浆容积随妊娠时间的增加而逐渐增加，血流量最大增加量约为50%。同时，红细胞和血红蛋白的量也增加，至分娩时约增加20%，虽然血容量的增加有个体差异，但平均增加1500mL，由于血容量增加的幅度较红细胞增加的幅度大，致使血液相对稀释，血红蛋白浓度下降，可出现生理性贫血。母体在妊娠期血容量增加以支持胎盘分泌调节代谢的激素以及将营养素与氧气运送给胎儿，同时排出代谢物。

5. 体重的变化

妊娠初期体重增加非常缓慢，随后则逐渐加快。孕期一般增加体重9～13kg，个体差异较大。一般孕前消瘦者孕期体重增长值应高于正常体重的妇女，而矮小并超重或肥胖的妇女则较低。

体重的增长包括两大部分，一是胎儿、胎盘和羊水。二是孕妇自身组织的增长，包括血容量、细胞外液和间质液的增加，以及子宫、乳房的发育和为泌乳而储备的脂肪组织和其他营养物质。

（二）孕妇的营养需要特点

健康的身体状况、合理膳食、均衡营养是孕育生命必需的物质基础。胎儿生长发育所需的各种营养主要来自母体，孕妇本身还需要为分娩和泌乳储存一定的营养素，所以，孕妇需要比平时更多的营养素。在妊娠的不同时期，由于胎儿的生长速度及母体对营养的储备不同，则营养的需求也不同。

1. 能量

妊娠期间对能量需求是基于母体和胎儿的组织发育所需的能量与代谢的消耗。孕早期孕妇的基础代谢无明显变化，妊娠中期开始逐渐升高，至妊娠晚期增加15%～25%。由于不同地区、不同民族以及气候、生活习惯、劳动强度等的不同，对能量的供给可主要根据体重增减来调整，预防低体重出生儿和巨大儿的形成。

2. 蛋白质

中国营养学会建议，孕妇膳食中优质蛋白质应占蛋白质总量的一半以上，在孕早期、孕中期、孕晚期，蛋白质的参考摄入量分别为55g/d、70g/d 和85g/d。

3. 脂类

妊娠期间脂类的生理变化量最多，脂类是脑及神经系统的重要成分，是构成其固体物质的 50%~60%，1/3 的脑脂肪酸是长链的亚油酸、亚麻酸。脑发育过程中如无适量的必需脂肪酸，则推迟脑细胞的分裂增殖。膳食中应有适量的脂肪，并包括饱和脂肪酸与不饱和脂肪酸，以保证神经系统的形成与成熟以及脂溶性维生素的吸收。

中国营养学会建议，孕妇平均需要储存脂肪 2~4 kg，胎儿储存的脂肪占其体重的 5%~15%。脂类是胎儿神经系统的重要组成部分，在脑细胞在增殖、生长过程中，需要一定量的必需脂肪酸。孕妇膳食中应含有适量脂肪，包括饱和脂肪酸、多不饱和脂肪酸，以保证胎儿和母体自身的需要。但孕妇血脂较平时升高，脂肪摄入总量不宜过多。中国营养学会推荐妊娠期妇女脂肪提供的能量占总能量的 20%~30%。

4. 碳水化合物

葡萄糖为胎儿代谢所必需，多用于胎儿呼吸。胎儿耗用母体葡萄糖较多，孕妇饥饿时易患酮症，尤其是孕期体重增加很少者更为敏感。为保持血糖的正常水平，碳水化合物每日摄入量应至少占总能量的 50%~65%。

5. 矿物质

（1）钙　妊娠全过程均需补钙，母体对钙的需要除了维持自身各项生理功能外，还应满足胎儿构造骨骼对钙的需求。当妊娠妇女钙摄入量轻度或短暂性不足时，母体血清钙浓度降低，继而甲状旁腺激素的合成和分泌增加，加速母体骨和牙齿中钙的溶出，维持正常的血钙浓度，满足胎儿对钙的需要量。除胎儿需要外，母体尚需要储存部分钙以备泌乳需要。在孕早期、孕中期、孕晚期日推荐量分别为 800mg/d、1000mg/d 和 1000mg/d。

（2）铁　对于妊娠营养正常的孕妇，孕期铁的吸收率会增加，以满足胎儿和母体的需要。估计在孕期孕妇体内铁的储留量为 1g，其中胎儿体内 300mg（除制造血液和肌肉组织外，胎儿还必须在肝脏内储存一部分铁，以供婴儿出生后 6 个月对铁的需要量），红细胞增加约需 450mg，其余储留在胎盘中。妊娠期间膳食铁摄入不足，易导致孕妇缺铁性贫血，且影响胎儿铁的储备，使婴儿较早出现缺铁和缺铁性贫血。在孕早期、孕中期、孕晚期日推荐量分别为 20mg/d、24mg/d 和 29mg/d。膳食中影响铁吸收的因素较多，且我国膳食中铁的来源多数为植物性食物所含的非血红素铁。完全由膳食来供给孕妇铁，难于满足需要，应适当补充铁强化食品或铁制剂。

（3）锌　母体锌摄入量充足促进胎儿生长发育和预防先天畸形，孕期应适当增加锌的摄入量。中国营养学会建议，孕妇锌的推荐摄入量为 9.5mg/d。

6. 维生素

（1）维生素 A　妊娠期除了维持母体本身的健康和正常生理功能的需要外，胎儿还要在肝脏中储存一定量的维生素 A，但大剂量维生素 A 可能导致自发性流产和胎儿先天畸形。维生素 A 原在体内可转变成维生素 A，且无此不良作用。因此，中国营养学会和世界卫生组织均建议孕妇通过摄取富含类胡萝卜素的食物来补充维生素 A。我国妇女孕期维生素 A 的推荐摄入量为：孕早期 700μg RAE/d，孕中期、孕晚期均为 770 μg RAE/d。

（2）维生素 D　维生素 D 可促进钙的吸收和在骨骼中沉积，因而妊娠期维生素 D 的需要量增加。与维生素 A 一样，维生素 D 同为脂溶性维生素，摄入量过多可导致不良作用，我国妇女孕期维生素 D 的推荐摄入量为 10μg/d。

（3）叶酸　孕妇对叶酸的需要量大大增加。叶酸参与嘌呤和胸腺嘧啶的合成，进一步合成 DNA 和 RNA。可以预防神经管畸形、巨幼红细胞贫血。叶酸的需要量为 600μg DFE/d。

由于畸形的发生是在妊娠期头 28d 内，而此时多数妇女并未意识到自己怀孕。因此，叶酸的补充时间应从计划怀孕或可能怀孕前开始。

（三）孕期营养不良对母体及胎儿的影响

1. 孕期营养不良影响母体健康

（1）贫血 包括营养性贫血和生理性贫血两种。营养性贫血包括缺铁性贫血、缺乏叶酸和（或）维生素 B_{12} 引起的巨幼红细胞贫血。生理性贫血是由于血容量增加的幅度大于红细胞增加的幅度，导致血液相对稀释，血中血红蛋白浓度下降造成的，孕期结束则会恢复正常。

（2）骨质软化症 维生素 D 缺乏可影响钙的吸收，导致血钙浓度下降。为了满足胎儿生长发育所需要的钙，必须动用母体骨骼中的钙，结果使母体骨钙不足，引起脊柱、骨盆骨质软化，骨盆变形，重者甚至造成难产。孕妇生育年龄多集中在 25～32 岁，该时期正值骨密度峰值形成期，妊娠期若钙摄入量低，可能对母体峰值骨密度造成影响。

（3）营养不良性水肿 妊娠期蛋白质严重摄入不足、维生素 B_1 严重缺乏可导致营养不良性水肿。

（4）妊娠高血压综合征 此症是威胁孕妇健康的主要疾病之一，以高血压、水肿、蛋白尿、抽搐、昏迷、心肾功能衰竭，甚至发生母子死亡为临床特点。妊娠高血压综合征的发病原因尚不清楚，但已知涉及多种营养因素，包括母亲的肥胖、高钠摄入及维生素 B_6、锌、钙、镁和蛋白质等的摄入量不足。

2. 孕期营养不良对胎儿的影响

（1）胎儿和新生儿死亡率增高 营养不良的胎儿和新生儿的生命力较差，不能经受外界环境中各种不利因素的冲击。近些年，随着医学技术越来越发达，胎儿和新生儿死亡率逐渐减少。

（2）低出生体重 指新生儿出生体重低于 2500g，与母亲的营养状况有密切关系，如孕期热能及蛋白质摄入量不足、贫血等，孕期的母体体重增长与胎儿出生体重呈高度正相关，孕期母亲低体重或低增重不仅增加宫内胎儿的危险性，出生后低体重的发生率也较高。

（3）早产儿及小于胎龄儿 早产儿指妊娠期少于 37 周即出生的婴儿，小于胎龄儿是指出生体重在同胎龄儿平均体重的第 10 百分点以下或低于平均体重 2 个标准差的新生儿。

（4）脑发育受损及出生缺陷 人类脑细胞的发育最旺盛时期为妊娠最后 3 个月至出生后 1 年左右，在此期间最易受母体营养状况的影响。孕期若营养不良，胎儿脑细胞的发育迟缓，DNA 合成速度减慢，影响了脑细胞的增殖，并影响到以后的智力发育。

（四）孕妇的膳食指南

1. 备孕妇女的膳食指南

备孕是指育龄妇女有计划地怀孕并对优孕进行必要的前期准备，是优孕与优生优育的重要前提。备孕妇女的营养状况直接关系着孕育和哺乳新生命的质量，并对妇女及其下一代健康产生长期影响。健康的身体状况、合理膳食、均衡营养是孕育生命必需的物质基础。中国营养学会建议备孕妇女应做到以下几点：调整孕前体重至适宜水平。肥胖或低体重备孕妇女应该调整体重，使 BMI 达到 18.5～23.9kg/m^2，并维持适宜体重。常吃含铁丰富的食物，选用碘盐，孕前 3 个月开始补充叶酸。动物血、肝脏及红肉中铁含量及铁的吸收率均较高，一日三餐应该有瘦肉 50～100g，每周 1 次动物血或禽畜肝、肾 25～50g，在摄入富含铁的畜肉或动物血和肝脏时，应同时摄入含维生素 C 较多的蔬菜水果，以提高膳食铁中吸收与利用。准备怀孕前 3 个月开始补充叶酸，预防胎儿神经管畸形。禁烟酒，保持健康生活方式。

2. 孕妇的膳食指南

妊娠期是生命早期 1000 天"机遇窗口期"的起始阶段，营养作为最重要的环境因素，对母子双方的健康都将产生至关重要的影响。

妊娠期应根据胎儿生长速率及母体生理和代谢的变化进行适当的调整。孕早期胎儿生长发育速度相对缓慢，所需营养与孕前无太大差别。孕中期开始，胎儿生长发育逐渐加速，母体生殖器官的发育也相应加快，对营养的需要增大，应合理增加食物的摄入量。孕期妇女的膳食仍是由多样化的食物组成的营养均衡的膳食，除保证孕期的营养需要外，还潜移默化地影响较大婴儿对辅食的接受和后续多样化膳食结构的建立。

孕期妇女膳食指南应在一般人群指南的基础上补充以下几点：补充叶酸，常吃含铁丰富的食物，选用碘盐；孕吐严重者，可少量多餐，保证摄入含必要量碳水化合物的食物；孕中晚期适量增加乳、鱼、禽、蛋、瘦肉的摄入；禁烟酒。

孕期合理膳食的基本原则：不同孕期的膳食应有所不同；充足的能量；较高的蛋白质；丰富的无机盐、维生素和膳食纤维；食物多样化；注意饮食卫生；少食过咸、过甜和油腻食物；不吃刺激性食物；各餐食物合理分配；养成良好的饮食习惯。

二、 乳母的营养与膳食

（一） 乳母的生理特点

人类哺乳的开始及维持受到复杂的神经内分泌机制控制。无论是否采用母乳喂养，孕期卵巢和胎盘分泌的激素使产妇的乳房（乳腺）做好了泌乳的准备。乳腺由泌乳细胞小叶（腺泡）组成，由乳管引导，乳汁流向乳头附近的腔（乳窦）并在这里汇集。分娩后，雌激素和孕激素水平突然下降，同时垂体分泌的催乳素水平增加，乳汁开始分泌。

乳汁分泌的建立及维持并不代表成功的母乳喂养，为了成功地进行母乳喂养，乳汁需从腺泡中释放出来。刺激乳汁释放的是垂体后叶分泌的催产素，其受吮吸的刺激。催产素使乳腺腺泡周围的肌肉组织（肌上皮细胞）收缩，推动乳汁流向乳管。整个过程为泌乳反射。乳汁的分泌受两个反射的控制。其一是产乳反射，婴儿吸吮乳头可刺激乳母垂体产生催乳素，引起乳腺腺泡分泌乳汁，并储存在乳腺导管内。另一个反射是下乳反射，婴儿吸吮乳头时，可反射性地引起乳母垂体后叶释放催产素，引起乳腺周围肌肉收缩而出现泌乳。当乳汁分泌反射形成时，90% 的新生儿在吸吮乳头 3~5min 后可以得到母乳。若产后婴儿不吸乳，泌乳作用在 3~4d 后就不能维持。

母乳分为三期。产后第一周分泌的乳汁为初乳，呈淡黄色，质地较稠，富含免疫球蛋白和乳铁蛋白等，但乳糖和脂肪较成熟乳少，易消化。第二周分泌的乳汁为过渡期乳，过渡期乳的乳糖和脂肪含量逐渐增多。第三周分泌的乳汁为成熟期乳，呈乳白色，富含蛋白质、乳糖、脂肪等。

泌乳量在不同个体之间变化较大，即使是营养良好的人群也是如此。一般泌乳量在 500~1000mL/d，其主要取决于婴儿的需求、喂养方式以及乳母的营养状况。催产素的分泌量直接影响母乳量，而催产素的分泌会受焦虑、抑郁以及情绪失常等情感因素的控制，所以乳母在泌乳期间需要控制自己的感情，保持愉悦心情，以备进行正常的母乳喂养。

产褥期（坐月子）：产后一个月特称产褥期，此期是母体生理变化最明显的时期。皮肤排泄功能旺盛，出汗量多，尤以睡眠时更明显；由于产后卧床较多，腹肌和盆底肌松弛，易发生便秘；又因为活动较少，进食高蛋白、高脂肪的食物较多，故易发生产后肥胖。

哺乳期妇女基础代谢率增高，一般基础代谢比未哺乳妇女高20%。以保证自身机体的恢复和哺乳的顺利完成，为了保证分泌优质的乳汁，母体对能量、优质蛋白质、脂肪、矿物质、维生素和水的需求均相应增加。

（二）乳母的营养需要

乳汁形成的物质基础是母体的营养，包括哺乳期母体通过食物摄入、动用母体的储备或分解母体组织（如脂肪组织分解）。如果乳母膳食量小，营养素摄入不足，则将动用母体中的营养素储备来维持乳汁营养成分的恒定，甚至牺牲母体组织来保证乳汁的质与量。如果母体长期营养不良，乳汁的分泌量将减少。

1. 能量

乳母一方面要满足母体自身对能量的需要包括产后恢复等，另一方面要供给乳汁所含热能和乳汁分泌活动本身所消耗的能量。乳母在妊娠期积累的脂肪（约4kg，个体差异较大）可在哺乳期被消耗提供热能。中国营养学会对轻体力活动乳母的能量推荐量为2300kcal/d，中体力活动乳母为2600kcal/d，重体力活动为2900kcal/d（1kcal＝4.18kJ）。

2. 蛋白质

母乳蛋白质含量较牛乳低，为1.1%～1.3%，若泌乳800mL/d，所含蛋白质为8.8～10.4g。以母体膳食蛋白质转变为乳汁蛋白质的有效率为70%，如果膳食蛋白质的生理价值不高，则转变率可能更低。因此，除满足母体正常需要外，每日需额外增加一定数量的蛋白质以保证泌乳之需。我国营养学会推荐，乳母膳食中蛋白质摄入量80g/d。

3. 脂类

我国营养学会推荐乳母膳食脂肪的摄入量以其能量占总热能的20%～30%为宜。

4. 矿物质

（1）钙　正常母乳含钙量约为34mg/100mL。不论乳母膳食中钙含量是否充足，乳汁中钙含量相对稳定。当膳食钙摄入不足时，为了维持乳汁中钙含量的恒定，将动用母体骨骼中的钙，则会引起乳母常因缺钙而出现腰腿酸痛、抽搐，甚至发生骨质软化症。为保证乳汁中正常的钙含量并维持母体钙平衡，乳母应增加钙的摄入量。我国营养学会推荐乳母钙的摄入量为1000mg/d。

（2）铁　由于铁几乎不能通过乳腺输送到乳汁，因此人乳中铁含量很少。我国营养学会建议乳母膳食铁的推荐摄入量为24mg/d。

（3）碘和锌　乳汁中碘和锌的含量受乳母膳食的影响，且这两种微量元素与婴儿神经的生长发育和免疫功能关系较为密切。中国营养学会提出的乳母碘和锌的推荐摄入量分别为240μg/d和12mg/d。

5. 维生素

人乳中维生素的含量依赖于母亲现时的维生素摄入量及其在体内的储存，但其相关性强度因维生素的种类而异。当乳母膳食维生素较长时间供给不足时，将导致乳汁中的含量下降。

（1）维生素 A　能少量通过乳腺进入乳汁，如果乳母膳食维生素 A 含量丰富，则乳汁中维生素 A 的含量也高。我国推荐的乳母膳食中维生素 A 摄入量为 1300μg RAE/d。

（2）B 族维生素　多数水溶性维生素均可通过乳腺进入乳汁，但乳腺可控制调节其含量达一定程度后即不再增加。维生素 B_1 是乳母膳食中极为重要的一种维生素，能增进食欲，促进乳汁分泌，若乳母维生素 B_1 严重摄入不足则婴儿易患脚气病，其推荐摄入量为 1.5mg/d。维生素 B_2 也能自由通过乳腺进入乳汁，乳汁中的浓度可反映乳母膳食的摄入情况，其推荐摄入量为 1.5mg/d。

（3）维生素 C　乳中维生素 C 含量水平，随母体摄入的维生素 C 量而有所波动，推荐摄入量为 150mg/d。

（4）维生素 D　为增加钙的吸收和利用，乳母应补充维生素 D 或多做户外活动，推荐摄入量为 10μg/d。

（5）维生素 E　具有促进乳汁分泌的作用，推荐的摄入量为 17mg α-TE/d。

（三）乳母的膳食指南

坚持哺乳、科学活动和锻炼，有利于机体复原和体重恢复。吸烟、饮酒会影响乳汁分泌，烟草中的尼古丁和酒精也可通过乳汁进入婴儿体内，影响婴儿睡眠及精神运动发育。茶和咖啡中的咖啡因有可能造成婴儿兴奋，乳母应避免饮用浓茶和咖啡。

（1）摄入充足的能量　充足的能量是保证母体健康和乳汁分泌的必要条件。能量主要来自主食。包括大米、面粉、小米、玉米面和杂粮等。

（2）保证供给充足的优质蛋白质　乳母对蛋白质的需要量较高，动物性食物如蛋类、肉类、鱼类等蛋白质含量高且质量优良，宜多食用。大豆及其制品也能提供优质蛋白质并含丰富的钙质，乳母需从膳食中摄入蛋白质 80g/d。

（3）多食含钙丰富的食物　乳及乳制品含钙量高，且易于吸收利用，乳母应保证饮乳 250mL/d 以上。鱼、虾类及各种海产品等含钙丰富，应多选用。深绿色蔬菜、大豆类也可提供一定量的钙。

（4）重视蔬菜和水果的摄入　新鲜的蔬菜、水果含有多种维生素、矿物质、膳食纤维等成分，还可增进食欲，补充水分，促进泌乳，防止便秘。

（5）少吃盐、腌制品和刺激性食物　避免这些食物通过乳汁进入婴儿体内，对婴儿产生不利影响。

（6）注意烹调方式　烹调方法应多用炖、煮、炒，少用油煎、油炸。

（7）膳食多样化　粗细粮搭配。

第三节　特殊环境人群的营养与膳食

一、素食人群的营养与膳食指南

素食人群是指以不食用肉、家禽、海鲜等动物性食物为饮食方式的人群。按照所戒食物种类不同，可分为全素、蛋素、乳素、蛋乳素人群等。完全戒食动物性食物及其产品的为全素人群；不戒食蛋乳类及其相关产品的为蛋乳素人群。素食是一种饮食习惯或饮食文化，实践这种饮食文化的人称为素食主义者。素食人群需认真设计自己的膳食，合理利用食物，以确保满足营养需要和促进健康。

（一）素食人群的营养

素食人群不食用肉、家禽、海鲜等富含蛋白质、脂肪、矿物质等营养素的动物性食物，容易造成蛋白质、维生素 B_{12}、多不饱和脂肪酸、铁、锌等营养的缺乏。故为了满足营养的需要，素食人群需要认真对待和设计膳食。如果膳食组成不合理，将会增加营养素缺乏的危险。

（二）素食人群的膳食指南

1. 食物多样化

全素和蛋乳素人群膳食应以谷类为主，食物多样化；每天摄入的食物种类至少为 12 种，每周至少为 25 种。

谷类食物是素食者膳食能量的主要来源。谷类可提供碳水化合物、B 族维生素、矿物质和膳食纤维等；全谷物保留了天然谷物的全部成分，营养素含量更为丰富，因此应适量增加谷类食物摄入，特别是全谷物的摄入量。

大豆是素食者的重要食物，大豆含有丰富的优质蛋白、不饱和脂肪酸、B 族维生素以及其他多种有益健康的物质，如大豆异黄酮、大豆甾醇以及大豆卵磷脂等；发酵豆制品中含有一定量的维生素 B_{12}，因此素食者应比一般人群增加大豆及其制品的摄入量，并适当选用发酵豆制品。坚果中富含蛋白质、不饱和脂肪酸、维生素 E、B 族维生素、钙、铁等；蔬菜水果和菌菇类含有丰富的维生素和矿物质；藻类中含有较多的二十碳和二十二碳 $n-3$ 多不饱和脂肪酸。因此素食者应摄取充足的蔬菜、坚果、海藻和菌菇类食物。食用油中的主要成分为脂肪，可为人体提供必需脂肪酸。推荐素食人群使用大豆油和（或）菜籽油烹饪，用亚麻籽油和（或）紫苏油拌凉菜。合理搭配膳食，避免因缺少动物性食物而引起蛋白质、维生素 B_{12}、$n-3$ 多不饱和脂肪酸、铁、锌等营养素缺乏的风险。

2. 合理烹调

不同加工和烹饪方法，对食物中蛋白质的消化率有显著影响。如整粒熟大豆的蛋白质消化率仅为 65%，但加工成豆浆或豆腐脑后，消化率可达 80% 以上。

3. 合理选择食用油

人体对脂肪酸的需求是多样化的，特别是需满足必需脂肪酸的需要。因此建议人们经常变更不同种类的食用油，如豆油、油菜籽、亚麻籽油、紫苏油、花生油等。不同食用油其不饱和脂肪酸的含量不同。不饱和脂肪酸的含量越高，食用油越不耐热，也就越易氧化。烹饪时根据所需温度和耐热性来正确选择食用油，可很好地避免食用油的氧化。素食人群易缺乏多不饱和脂肪酸，因此建议其在选择食用油时，应注意选择富含多不饱和脂肪酸的食用油。

4. 菌菇、海藻和新鲜蔬菜水果必不可少

新鲜蔬菜水果对素食者尤为重要，其富含各种营养成分。海藻类和菌菇类食物，也应该尽量多食用。海藻类的碳水化合物中海藻多糖和膳食纤维各约占 50%，海藻富集微量元素的能力极强，因而含有十分丰富的矿物质。

菌菇类含有丰富的营养成分和有益于人体健康的植物化学物，这些成分大大提升了菌菇的食用价值，如蛋白质、糖类、膳食纤维、维生素、矿物质以及菌多糖等。菌菇中丰富的维生素与矿物质，可作为素食人群维生素（尤其维生素 B_{12}）和矿物质（如铁、锌）的重要来源。

二、 高温作业环境人群的营养与膳食

高温环境通常指 35℃以上的生活环境和 32℃以上或气温在 30℃以上、相对湿度超过 80％的工作环境。与机体处于一般温度下不同，在高温环境下，人体很难通过传导、对流和辐射散热，只能依赖大量出汗蒸发散热，以调节和维持正常体温。由于大量出汗加上机体处于应激状态，可引起机体代谢及生理状况发生适应性改变，进而导致机体对营养的特殊需求。

1. 高温作业环境人群的营养

高温环境下机体营养素的丢失增多，尤其是水、矿物质、水溶性维生素及氮元素的丢失；高温条件下机体的消化功能减退且食欲下降，机体的热能消耗增加，体温上升引起机体基础代谢率增高，耗氧量加大，热能消耗也增加。

2. 高温作业环境人群的膳食指南

水分的补充以能补偿出汗丢失的水量、保持机体内水的平衡为原则；矿物质的补充以食盐为主，随汗液流失的其他矿物质可通过食用富含矿物质的蔬菜、水果、豆类及饮料来补充；建议维生素 C 的摄入量为 150～200mg/d；蛋白质的摄入量需适当增加，但不宜过多，以免加重肾脏负担。

第六章 CHAPTER

公共营养

公共营养（public nutrition）是通过营养监测、营养调查发现人群中存在的营养问题及其影响因素，并将营养科学理论应用于改善人群中营养问题的综合性学科。公共营养对提高国民体质和预防营养相关疾病具有不可替代的作用。

第一节 概　　述

一、 公共营养的特点

1. 实践性

公共营养具有极强的社会实践性，只有在人群层面上开展调查研究和营养干预，才能达到改善公众健康的目的，将营养学研究成果转化为社会效益。

2. 宏观性

公共营养的研究对象是特定的社会群体，是在宏观层面上研究人群的营养状况与经济、食品生产与消费结构、政府组织对营养与健康关系的重视程度之间关系。

3. 社会性

公共营养涉及社会、经济、法律、文化、行为习惯和宗教信仰等，解决公共营养问题时需要研究与食物相关的公共政策，需要全社会共同参与和各部门紧密协作。

4. 多学科性

公共营养是营养学的一部分，整合了基础医学、临床医学、预防医学、社会与行为科学、经济学和政治科学等相关内容，并形成该学科鲜明的特色。

二、 公共营养的目标和工作内容

（一） 公共营养的目标

公共营养的核心目标是追求更高的健康水平，包括延长寿命和提高生命质量。在不同社会发展阶段，提出切实可行的具体目标，通过各项措施有重点地改善人群的营养状况。

（二） 公共营养的工作内容

公共营养工作涉及以下内容：①开展人群健康和营养状况评估；②分析公众营养问题解

决的途径、机遇和制约因素；③研制针对公众营养问题的解决方案，并实施技术指导；④为国家或地区制定营养政策和规划提供咨询；⑤为多部门协调全面解决公众营养问题提供技术咨询；⑥评估营养项目的干预效果；⑦培训营养专业人才；⑧开展膳食营养科普宣教等。

三、 公共营养政策

（一） 我国的主要营养政策

我国针对不同时期全民营养实际情况，制定了相应的营养政策和营养行动计划。

1. 中国食物与营养发展纲要（2014—2020 年）

这是我国的第三部关于食物与营养发展的纲领性文件。更加强调优先对孕产妇与婴幼儿、儿童青少年、老年人实施营养干预。首要任务是基本消除贫困地区、农村地区人群营养不良现象。以期到 2020 年，全国 5 岁以下儿童生长迟缓率控制在 7% 以下，贫血率控制在 12% 以下。同时关注控制营养性疾病的增长，急需降低居民超重、肥胖和血脂异常率的增长速度。

2. "健康中国 2030" 规划纲要

该纲要把健康中国建设上升为国家战略，确认了健康作为优先战略，逐步解决居民营养不均衡问题。以期到 2030 年，营养缺乏疾病发生率显著下降，全国人均每日食盐摄入量降低 20%，超重、肥胖人口增长速度明显放缓。

3. 全民健康生活方式行动方案（2017—2025 年）

该行动方案提出深入开展"三减三健（减盐、减油、减糖，健康口腔、健康体重、健康骨骼）"、适量运动、控烟限酒和心理健康等 4 个专项活动。

4. 我国其他营养政策和行动计划

1953 年的"粮食计划收购与供应"政策；纲领性文件《九十年代中国食物结构改革与发展纲要》和《中国食物与营养发展纲要（2001—2010 年)》；1996 年启动的"国家大豆行动计划"；1997 年的"中国营养改善行动计划"；1999 年的"国家学生饮用奶计划"；90 年代初开始发展的"学生营养餐计划"等。

（二） 近期国际营养政策及行动计划

1. 联合国"营养问题行动十年"

联合国确立 2016—2025 年为"营养问题行动十年"。到 2025 年，要实现全球营养目标：①减少 40% 的 5 岁以下发育迟缓儿童的数量；②减少并将 5 岁以下儿童的消瘦率至少保持在 5% 以内；③5 岁以下超重儿童的数量保持零增长；④减少 50% 的育龄妇女的贫血症；⑤减少 30% 的低出生体重；⑥将前 6 个月纯母乳喂养率至少提高到 50%；⑦阻止成人超重、成人肥胖及成人 2 型糖尿病患病率的增长。

2. 联合国可持续发展目标

2000 年，联合国发布了 8 项千年发展目标，2015 年 9 月联合国通过了 17 项可持续发展目标，其中包括消除贫困、消除饥饿、良好健康和福祉等。

3. 终止儿童期肥胖症委员会

2014 年 WHO 成立"终止儿童期肥胖症委员会"，并于 2016 年出版终止儿童期肥胖症委员会的报告，主要负责为世界上不同情况的儿童和青少年的肥胖问题提出一系列建议。

4. "SUN（Scaling Up Nutrition）运动"

2010 年 9 月正式启动，WHO 和世界银行等机构参与其中，2011 年起开展生命早期

"1000 天计划"，着眼于从孕期到儿童出生后 2 岁的营养保障，增加 1000 天营养干预措施的覆盖率，如母乳喂养、辅食喂养及主要维生素和矿物质的提供等。

第二节 膳食营养素参考摄入量

一、 膳食营养素参考摄入量的制定

（一） 资料来源

1. 动物实验研究资料

利用动物模型获得准确数据后将结果外推到人群。但动物与人体的营养需求有差异，不易确定由动物实验得到的数据外推后是否适用于人体。

2. 人体代谢研究资料

严格控制受试者营养素的摄入量和排出量，并重复测定血或组织中的营养素以及生物标记物的含量，以研究营养素摄入量与营养状态之间的关系。但试验一般只有几天或几周，期限较短，不一定能代表长期代谢状态且费用较高；此外，受试者数量也有限，代表性有限。

3. 人群观测研究资料

用流行病学方法观察特定人群营养改善现状以及改进后的效果，以研究营养素摄入量和疾病风险间的相关性。由于各种混杂因素难以控制，因果关系较弱。

（二） 制定方法

膳食营养素参考摄入量的制定，有的指标是通过人体直接测定而确定的，有的是间接推测而来。主要的方法如下。

（1）收集健康人群食物消费种类、数量、营养素摄入量的资料数据。

（2）通过生物化学方法研究特定营养素在组织中的浓度及饱和度，分析相应功能状况，观察增加或减少营养供应后的改变。

（3）通过平衡试验确定某种营养物质的营养状态与摄入量间的关系。

（4）对营养缺乏病例进行研究，通过耗空和补充试验观察改善效果。

（5）用流行病学方法观察特点人群营养状态和改善后效果。

（6）通过动物试验外推到人体需要量。

（7）通过毒理学试验获得最大无作用剂量，并观察强化食品和膳食补充剂的效果，作为提出可耐受最高摄入量的基础。

（8）根据影响营养素吸收利用和活性形式转变的因素，提出 DRIs 的有效性。

二、 膳食营养素需要量

1. 营养（生理）需要量（nutritional requirement）

维持人体正常生理功能所需要的营养素数量。摄入量低于生理需要量将会对身体产生不利影响。营养素的需要量因膳食种类、体重、身高、年龄、性别、生理状态和体力活动而存在个体差异。

2. 推荐每日营养素供给量（recommended daily allowance，RDA）

为预防发生缺乏病而建议平均每日膳食必须供给的营养素量。相当于"推荐摄入量"。RDA 以正常生理需要量为参考，考虑了人群间的个体差异、饮食习惯、应激状态等特殊情况下需要量的波动、食物的消化率、烹调损失及各种食物因素和营养素之间的相互影响等而制定，略高于生理需要量（能量除外），以保证群体中绝大多数人都能获得所需的营养素。

3. 膳食营养素参考摄入量（dietary reference intakes，DRIs）

DRIs 是评价膳食营养素供给量能否满足人体需要、是否存在过量摄入风险以及有利于预防某些慢性非传染性疾病的一组参考值。初期主要包括四个指标：平均需要量、推荐摄入量、适宜摄入量、可耐受最高摄入量。《中国居民膳食营养素参考摄入量（2013 版）》增加了与非传染性慢性病有关的三个指标：宏量营养素可接受范围、预防非传染性慢性病的建议摄入量和特定建议值。

（1）平均需要量（estimated average requirement，EAR） EAR 是指某一特定性别、年龄及生理状况群体中的所有个体对某种营养素需要量的平均值。按照 EAR 水平摄入营养素，根据某些指标判断可以满足这一群体中 50% 个体需要量的水平，但不能满足另外 50% 个体对该营养素的需要。

EAR 是制定推荐摄入量（RNI）的基础，由于某些营养素的研究尚缺乏足够的人体需要量资料，因此并非所有营养素都能制定出 EAR。

（2）推荐摄入量（recommended nutrient intake，RNI） RNI 是指可以满足某一特定性别、年龄及生理状况群体中绝大多数个体（97% ~ 98%）需要量的某种营养素摄入水平。长期摄入 RNI 水平，可以满足机体对该营养素的需要，维持组织中有适当的营养素储备和机体的健康。RNI 相当于传统意义的 RDA。RNI 的主要用途是作为个体每日摄入该营养素的目标值。

RNI 是根据某一特定人群中体重在正常范围内的个体需要量而设定的。对个别身高、体重超过此参考范围较多的个体，可能需要按每千克体重的需要量调整其 RNI。

（3）能量需要量（estimated energy requirement，EER） EER 是指能长期保持良好的健康状态、维持良好的机体构成以及理想活动水平的个体或群体，达到能量平衡时所需要的膳食能量摄入量。

群体的能量推荐摄入量直接等同于该群体的能量 EAR，而不是像蛋白质等其他营养素等于 EAR 加 2 倍标准差。所以能量的推荐摄入量不用 RNI 表示，而直接使用 EER 来描述。

EER 的制定需考虑性别、年龄、体重、身高和体力活动的不同。成人 EER 的定义为：一定性别、年龄、体重、身高和体力活动的健康群体中，维持能量平衡所需要的膳食能量摄入量。儿童 EER 的定义为：一定性别、年龄、体重、身高（3 岁以上儿童）的个体、维持能量平衡和正常生长发育所需要的膳食能量摄入量。孕妇的 EER 包括胎儿组织增长所需要的能量。对于乳母，EER 还需要加上泌乳的能量需要量。

（4）适宜摄入量（adequate intake，AI） 在个体需要量的研究资料不足而不能计算 EAR，从而无法推算出 RNI 时，可通过设定 AI 来提出这种营养素的摄入量目标。AI 是通过观察或实验获得的健康群体某种营养素的摄入量，是营养素的一个安全摄入水平。例如，纯母乳喂养的足月产健康婴儿，从出生到 6 个月，他们的营养素全部来自母乳，故摄入的母乳中的营养素数量就是婴儿所需各种营养素的 AI。

（5）可耐受最高摄入量（tolerable upper level，UL） UL 是营养素或食物成分的每日摄入量的安全上限,是一个健康人群中几乎所有个体都不会产生毒副作用的最高摄入水平。对一般群体来说,摄入量达到 UL 水平对几乎所有个体均不致损害健康,但不表示达到此摄入水平对健康是有益的。对大多数营养素而言,健康个体的摄入量超过 RNI 或 AI 水平并不会产生益处。因此,UL 并不是一个建议摄入水平。目前有些营养素还没有足够的资料来制定UL,并不意味着过多摄入这些营养素没有潜在的危险。

(6)宏量营养素可接受范围(acceptable macronutrient distribution range,AMDR) AM-DR 是指为了预防产能营养素缺乏,同时又降低慢性病风险而提出的蛋白质、脂肪和碳水化合物每日摄入量的下限和上限,常用占能量摄入量的百分比表示。如果一个个体的摄入量高于或低于推荐的范围,罹患慢性病的风险可能增加,或必需营养素缺乏的可能性增加。

(7)预防非传染性慢性病的建议摄入量(proposed intakes for preventing non – communicable chronic diseases,PI – NCD) 简称建议摄入量(PI)。膳食营养素摄入量过高或过低导致的慢性病一般涉及肥胖症、糖尿病、高血压、血脂异常、脑中风、心肌梗死以及某些癌症。PI – NCD是以非传染性慢性病(NCD)的一级预防为目标,提出的必需营养素的每日摄入量。当 NCD 易感人群某些营养素摄入量接近或达到 PI 时,可以降低他们发生 NCD 的风险。

(8)特定建议值(specific proposed levels,SPL) 指为维持人体健康而对必需营养素以外的食物成分建议的每日摄入量。近几十年的研究证明了营养素以外的某些膳食成分(其中多数属于植物化学物)具有改善人体生理功能、预防慢性疾病的生物学作用。某些疾病易感人群膳食中这些成分的摄入量达到或接近这个建议水平时,有利于维护人体健康。

(1)、(2)、(4)、(5)的区别如图 6 – 1 所示。

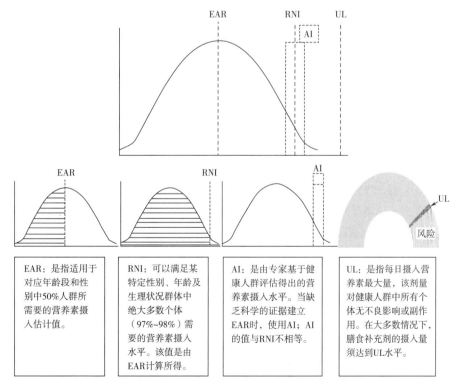

图 6 –1 主要膳食营养素需要量指标的含义和区别

(资料来源:Paul Insel et al.,Nutrition,2002)

三、 膳食营养素参考摄入量的应用

（一） 在膳食营养状况评价和制定膳食计划中的应用

评价膳食营养状况时，DRIs 可衡量人们实际摄入营养素的量是否合适；制定膳食计划时，DRIs 可作为适宜的营养目标。

1. 平均需要量（EAR）

EAR 可以用于评价或制定群体的膳食营养素摄入量，或判断个体某营养素摄入量不足的可能性。EAR 不是制定个体膳食的目标和推荐量，当用 EAR 评价个体摄入量时，如某个体的摄入量远高于 EAR，则此个体的摄入量有可能是充足的；如某个体的摄入量远低于 EAR，则此个体的摄入量很可能是不足的。

2. 推荐摄入量（RNI）

RNI 是个体适宜膳食营养素摄入水平的参考值，是健康个体膳食摄入营养素的目标。

RNI 在评价个体营养素摄入量方面的用处有限。如果某个体的平均摄入量达到或超过了 RNI，可以认为该个体没有摄入不足的风险。但是当某个体的营养素摄入量低于其 RNI 时，并不一定表明该个体未达到适宜营养状态。只是提示有摄入不足的危险。摄入量经常低于 RNI 可能提示需要进一步用生化试验或临床检查来评价其营养状况。

3. 适宜摄入量（AI）

AI 是某个健康人群能够维持良好营养状态的平均营养素摄入量。它是通过对群体而不是个体的观察或实验研究得到的数据。AI 与真正的平均需要量之间的关系不能肯定，只能为营养素摄入量的评价提供一种不精确的参考值。AI 的主要用途是作为个体营养素摄入量的目标。当健康个体摄入量达到 AI 时，出现营养缺乏的危险性较小。

AI 和 RNI 的相似之处是两者都可以作为群体中个体营养素摄入量的目标，可以满足该群体中几乎所有个体的需要。但值得注意的是，AI 的准确性远不如 RNI，且可能高于 RNI，因此，使用 AI 作为推荐标准时要比使用 RNI 更加小心。

4. 可耐受最高摄入量（UL）

UL 的主要用途是检查个体摄入量过高的可能，避免发生中毒。在大多数情况下 UL 包括膳食、强化剂和添加剂等各种来源的营养素之和。当摄入量低于 UL 时，可以肯定不会产生毒副作用；当摄入量超过 UL 时发生毒副作用的危险性增加；但达到 UL 水平对健康人群中最敏感的成员也不至于造成危险。在制订个体和群体膳食计划时，应使营养素摄入量低于 UL，以避免营养素摄入过量可能造成的危害。

5. 宏量营养素可接受范围（AMDR）

摄入量达到 AMDR 的下限可以保证人体对营养素和能量的生理需要，而低于其上限则有利于降低慢性病的发生危险。

6. 建议摄入量（PI）和特定建议值（SPL）

PI 的主要用途是 NCD 的一级预防，对于 NCD 危险人群而言，某些营养素的摄入量应该超过身体的基本需要量，即 PI 高于 RNI 或 AI，例如维生素 C、钾等；而另一些营养素则需要限制其摄入量，使其低于目前居民的平均摄入水平，例如钠。SPL 的提出主要考虑植物化学物的生物学作用，当 NCD 易感人群通过膳食途径摄入的植物化学物接近或达到 SPL 时，有利于维护人体健康、降低某些 NCD 的发生概率。

将 DRIs 实际应用到 NCD 预防时，需要几年或更长的实施时间。并且不应该局限于以一种营养素或膳食成分的计划实现慢性病的预防，而要充分考虑与此慢性病相关联的其他危险因素，综合制定一份措施。

（二）　膳食营养素参考摄入量在其他领域的应用

1. 在制定营养政策中的应用

制定营养政策时都会直接或间接地应用《中国居民膳食营养素参考摄入量（DRIs）》。如《中国食物与营养发展纲要》的起草就是根据《中国居民膳食营养素参考摄入量（DRIs）》的有关数据，结合我国居民目前食物的消费模式，推算出各种食物的需求量，以便指导食物生产和加工的合理发展。

2. 在制定《中国居民膳食指南》中的应用

《中国居民膳食指南》是以食物为基础制定的文件，其中包括了具有中国特色的"平衡膳食宝塔"。宝塔中各类食物的推荐摄入量，是根据 DRIs 推荐的营养素摄入量推算而来。

3. 在制定食品营养标准中的应用

许多国家食品标准涉及人体每日需要摄入的营养素，这些标准要求各种营养素的含量既要满足人体的营养需求，又不能超过可耐受最高摄入量，在制定中均以《中国居民膳食营养素参考摄入量（DRIs）》作为科学依据。

4. 在临床营养中的应用

DRIs 的适用对象主要是健康的个体及以健康人为主构成的人群。另外，也适用于那些患有轻度高血压、脂质异常、糖尿病等疾病，但还能正常生活，没有必要实施特定的膳食限制或膳食治疗的病人。其中 AMDR、PI 和 SPL 对于某些疾病危险人群的膳食指导尤为重要。

5. 在研发和评审营养食品中的应用

满足不同人群的营养素需要已成为食品企业的重要目标，因此《中国居民膳食营养素参考摄入量（DRIs）》也成为食品企业的研发依据，以及国家有关部门对于营养食品研发成果进行审批的依据。

第三节　居民的饮食结构和膳食指南

一、　膳食模式与居民健康

膳食模式，又称膳食结构，是指膳食中各类食物的品种、数量、比例和消费的频率。一个国家或区域的膳食模式是长期形成的结果，受到食物的资源、文化、经济等多种因素的影响。可根据膳食提供的能量及营养素的数量满足人体需要的程度来衡量膳食模式的组成是否合理。

（一）　世界膳食模式

1. 植物性食物为主的膳食模式

大多数发展中国家如印度、巴基斯坦、孟加拉等亚洲国家和非洲一些国家等属于此类型。其特点是谷物食物消费量大，动物性食物消费量小。植物性食物提供的能量占总能量近90%；动物性蛋白质一般少于蛋白质总量的 10% ~ 20%。每日平均能量摄入为 2000 ~

2400kcal（1kcal = 4.18kJ），蛋白质仅 50g 左右，脂肪仅 30 ~ 40g，膳食纤维充足，铁、钙、维生素 A 的摄入量常会出现不足。这类膳食容易出现蛋白质 - 能量营养不良，以致体质较弱，健康状况不良，劳动能力降低，但有利于血脂异常和冠心病等营养相关慢性病的预防。

2. 动物性食物为主的膳食模式

此模式是多数欧美发达国家如美国、西欧、北欧诸国的典型膳食结构。食物摄入特点是粮谷类食物消费量小，动物性食物及食糖的消费量大。人均日摄入能量高达 3300 ~ 3500kcal，蛋白质 100g 以上，脂肪 130 ~ 150g，以提供高能量、高脂肪、高蛋白质、低膳食纤维为主要特点。这种膳食模式的优点是蛋白质、矿物质、维生素等丰富，缺陷是人群发生肥胖症、高血压、冠心病、2 型糖尿病、代谢综合征等疾病的风险显著增加。

3. 动植物性食物平衡的膳食模式

该膳食模式以日本为代表。膳食中动物性食物与植物性食物比例比较适当。能量和脂肪的摄入量低于欧美发达国家，平均每天能量摄入为 2000kcal 左右，蛋白质为 70 ~ 80g，动物蛋白质占总蛋白的 50% 左右，脂肪 50 ~ 60g。该膳食模式既保留了东方膳食的特点，又吸取了西方膳食的长处。少油、少盐、多海产品，蛋白质、脂肪和碳水化合物的供能比合适，膳食结构基本合理。

4. 地中海膳食模式

该模式为地中海地区居民特有，以意大利、希腊为代表。膳食结构的主要特点为富含植物性食物，包括谷类、水果、蔬菜、豆类、果仁等；每天食用适量的鱼、禽，少量蛋、奶酪和酸奶；每月食用畜肉（猪、牛和羊肉及其产品）的次数不多，主要的食用油是橄榄油；大部分成年人有饮用葡萄酒的习惯。脂肪提供能量占膳食总能量的 25% ~ 35%，饱和脂肪酸所占比例较低，在 7% ~ 8%。此膳食结构的突出特点是高膳食纤维、高维生素、饱和脂肪酸摄入量低、不饱和脂肪酸摄入量高，可以减少心脑血管疾病、2 型糖尿病、代谢综合征、认知障碍（如阿尔茨海默病）和某些肿瘤的发病风险。许多西方国家开始参照这种膳食模式改进自己国家的膳食结构。

（二） 我国的膳食模式与居民健康状况

1. 膳食模式与营养素摄入

我国居民的传统膳食模式是以植物性食物为主，谷类、薯类和蔬菜的摄入量较高，肉类的摄入量比较低，大豆及其制品的消费因地区而不同，乳类消费在大多数地区不多。随着社会经济的变化，我国居民的膳食模式也发生了变化。从 1992 年到 2012 年，我国居民膳食结构中植物性食物的比例减少，动物性食物的比例不断增加，膳食能量密度也逐渐增高，城乡居民谷类食物提供的能量减少，动物性食物和纯能量食物提供的能量比例增加。2010—2012 年脂肪提供的能量比例为 32.9%，其中城市为 36.1%，农村为 29.7%。全国城乡平均膳食脂肪供能比已经超过合理范围 30% 的高限。

据《中国居民营养与慢性病状况报告（2015 年）》，我国居民膳食营养状况总体改善，2002—2012 年，我国城乡居民粮谷类食物摄入量保持稳定；总蛋白质摄入量基本持平，优质蛋白质摄入量有所增加，豆类和乳类消费量依然偏低；脂肪摄入量过多，平均膳食脂肪供能比超过 30%。蔬菜、水果摄入量略有下降，钙、铁、维生素 A、维生素 D 等部分营养素缺乏依然存在，居民平均每天烹调用盐 10.5g。2012 年居民每人每天平均能量摄入量为 2172kcal（1kcal = 4.18kJ），蛋白质摄入量为 65g，脂肪摄入量为 80g，碳水化合物摄入量为 301g，三大营养素供能充足，能量需要得到满足。

2. 营养与健康状况

2012 年全国成年男性和女性的平均身高分别为 167.1cm 和 155.8cm，平均体重分别为 66.2kg 和 57.3kg，与 2002 年相比，居民身高、体重均有所增长，尤其是 6 ~ 17 岁儿童青少年生长发育水平稳步提高，身高、体重增幅更为显著。人群营养不良率进一步降低，成人营养不良率为 6.0%。儿童青少年生长迟缓率和消瘦率分别为 3.2% 和 9.0%。6 岁及以上居民贫血率为 9.7%，其中 6 ~ 11 岁儿童和孕妇贫血率分别为 5.0% 和 17.2%。成年居民贫血患病率显著下降，但育龄妇女、孕妇和老年人贫血患病率依然较高（＞10%），值得关注。

由于膳食模式的变化，城市居民超重和肥胖率均明显增加，营养失衡带来的慢性疾病的发病率快速上升。2012 年全国 18 岁及以上成人超重率为 30.1%，肥胖率为 11.9%；6 ~ 17 岁儿童青少年超重率为 9.6%，肥胖率为 6.4%。全国 18 岁及以上成人高血压患病率为 25.2%，糖尿病患病率为 9.7%，患病率呈上升趋势。40 岁及以上人群慢性阻塞性肺病患病率为 9.9%。根据 2013 年全国肿瘤登记结果分析，我国癌症发病率为 235/10 万，肺癌和乳腺癌分别位居男、女性发病首位，十年来我国癌症发病率呈上升趋势。

2012 年全国 18 岁及以上成人的人均年酒精摄入量为 3L，饮酒者中有害饮酒率为 9.3%，其中男性为 11.1%。成人经常锻炼率为 18.7%。吸烟、过量饮酒、身体活动不足和高盐、高脂等不健康饮食是慢性病发生、发展的主要行为危险因素。

二、 中国居民膳食指南

膳食指南（dietary guideline，DG）是政府部门或学术团体为了引导国民合理饮食、维持健康而提出的饮食建议，是根据营养科学原则和百姓健康需要，结合当地食物生产供应情况及人群生活实践，给出的食物选择和身体活动的指导意见。

随着时代发展，我国居民膳食消费和营养状况发生了变化，中国居民膳食指南也随之相应调整和修订。最新版本是第 5 版膳食指南——《中国居民膳食指南（2022）》，包括一般人群膳食指南、特定人群膳食指南和中国居民平衡膳食实践。

一般人群膳食指南适用于 2 岁以上健康人群，由原来的 6 条核心推荐条目修订为 8 条平衡膳食准则，新增关于规律进餐、会选会烹、公筷分餐、杜绝浪费、饮食卫生等内容。

1. 食物多样，合理搭配

坚持谷类为主的平衡膳食模式。每天的膳食应包括谷薯类、蔬菜水果、畜禽鱼蛋奶和豆类食物。平均每天摄入 12 种以上食物，每周 25 种以上，合理搭配。每天摄入谷类食物 200 ~ 300g，其中包含全谷物和杂豆类 50 ~ 150g；另外摄入薯类 50 ~ 100g。

2. 吃动平衡，健康体重

各年龄段人群都应天天运动、保持健康体重。食不过量，保持能量平衡。坚持日常身体活动，每周至少进行 5d 中等强度身体活动，累计 150min 以上。主动身体活动最好每天 6000 步。鼓励适当进行高强度有氧运动，加强抗阻运动，每周 2 ~ 3d。减少久坐时间，每小时起来动一动。

3. 多吃蔬果、乳类、全谷、大豆

蔬菜水果、全谷物和乳制品是平衡膳食的重要组成部分。餐餐有蔬菜，保证每天摄入不少于300g的新鲜蔬菜，深色蔬菜应占1/2。天天吃水果，保证每天摄入200～350g的新鲜水果，果汁不能代替鲜果。吃各种各样的乳制品，摄入量相当于每天300mL以上液态乳。经常吃全谷物、大豆制品，适量吃坚果。

4. 适量吃鱼、禽、蛋、瘦肉

鱼、禽、蛋和瘦肉摄入要适量，平均每天120～200g。每周最好吃鱼2次或300～500g，畜禽肉300～500g，蛋类300～350g。少吃深加工肉制品。鸡蛋营养丰富，吃鸡蛋不弃蛋黄。优先选择鱼，少吃肥肉、烟熏和腌制肉制品。

5. 少盐少油，控糖限酒

培养清淡饮食习惯，少吃高盐和油炸食品。成人每天食盐不超过5g，烹调油25～30g。控制添加糖的摄入量，每天摄入不超过50g，最好控制在25g以下。每日反式脂肪酸摄入量不超过2g。不喝或少喝含糖饮料。儿童青少年、孕妇、乳母及慢性病患者不应饮酒。成人如饮酒，一天饮用的酒精量不超过15g。

6. 规律进餐，足量饮水

合理安排一日三餐，定时定量，不漏餐，每天吃早餐。规律进餐、饮食适度，不暴饮暴食、不偏食挑食、不过度节食。足量饮水，少量多次。在温和气候条件下，低身体活动水平成年男性每天喝水1700mL，成年女性每天喝水1500mL。推荐喝白水或茶水，少喝或不喝含糖饮料，不用饮料代替白水。

7. 会烹会选，会看标签

在生命的各个阶段都应做好健康膳食规划。认识食物，选择新鲜的、营养素密度高的食物。学会阅读食品标签，合理选择预包装食品。学习烹饪、传承传统饮食，享受食物天然美味。在外就餐，不忘适量与平衡。

8. 公筷分餐，杜绝浪费

选择新鲜卫生的食物，不食用野生动物。食物制备生熟分开，熟食二次加热要热透。讲究卫生，从分餐公筷做起。珍惜食物，按需备餐，提倡分餐不浪费。做可持续食物系统发展的践行者。

此外，我国膳食指南还包括特定人群的膳食指南。特定人群包括孕妇、乳母、婴幼儿、儿童青少年、老年人以及素食人群，在第五章已有膳食原则的陈述，在此不再赘述。

三、 中国居民平衡膳食模式

平衡膳食模式是经过科学设计的理想膳食模式，其所推荐的食物种类和比例能最大限度满足不同年龄阶段、不同能量需求水平的健康人群的营养与健康需要，可作为人们安排日常膳食的重要依据，应用时按个体的情况进行调整，不必要求每日膳食都到达理想膳食模式的水平，建议是在一段时间内，膳食结构达到一个平衡合理的状态。

为了更好理解和传播中国居民膳食指南和平衡膳食理念，制定了《中国居民平衡膳食宝塔》（图6-2）、《中国居民平衡膳食餐盘》《中国儿童平衡膳食算盘》，目前最新版本为2022版。

（一）中国居民平衡膳食宝塔

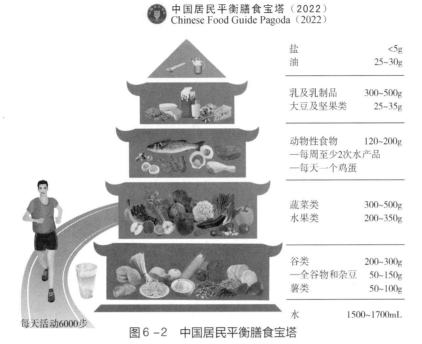

图6-2　中国居民平衡膳食宝塔

（资料来源：中国营养学会，中国居民膳食指南，2022）

1. 平衡膳食宝塔解析

膳食宝塔反映了各类食物在膳食中的地位和应占的比例。宝塔分五层，每层为一类食物，包括谷薯类、蔬菜水果类、畜禽鱼蛋类、乳类和大豆及坚果类、烹调用油盐共5类食物。各层面积体现了这5类食物数量的多少。各类食物数量是根据不同能量需要（1600～2400kcal）设计的，是一段时间内成人每人每天各类食物摄入量的平均范围。宝塔建议的各类食物的摄入量一般是指食物的可食部、生重，是这一类食物的代表值，不是指某种具体食物的重量。其中所说的各类食品，也包括其加工品，按折算成原料的数量来推荐。

（1）第一层谷薯类　每人每天应该摄入谷类200～300g，其中包含全谷物和杂豆类50～150g；薯类50～100g，从能量角度，相当于15～35g大米。

谷薯类和杂豆类是膳食能量的主要来源，主要提供碳水化合物、蛋白质、膳食纤维及B族维生素。谷类包括稻米、小麦、玉米等及其制品；薯类包括马铃薯、红薯等，可替代部分主食；杂豆指大豆以外的其他干豆类，如红豆、花豆、绿豆等；全谷物指保留了完整谷粒及其天然营养成分的谷物，如小米、玉米、燕麦、全麦粉等。通常把杂豆和全谷物归为一类。2岁以上人群都应保证全谷物的摄入量，以获得更多健康益处。

（2）第二层蔬菜和水果　每人每天应摄入蔬菜300～500g，水果200～350g。

蔬菜水果是膳食纤维、微量营养素和植物化学物的良好来源，是膳食指南中鼓励多摄入的食物。深色蔬菜是指深绿色、深黄色、紫色、红色等有颜色的蔬菜，应占每天蔬菜摄入量的1/2以上。推荐吃新鲜水果，在鲜果供应不足时可选择一些含糖量低的干果制品和纯果汁，但果干、果汁等制品不能替代水果。

（3）第三层鱼、禽、肉、蛋等动物性食物　每人每天鱼、禽、肉、蛋摄入量共计120～

200g，其中畜禽肉类为 40～75g，水产类为 40～75g，蛋类 50g。

鱼、禽、肉、蛋等动物性食物是膳食指南推荐适量食用的一类食物。新鲜的动物性食物是优质蛋白、一些重要的矿物质、脂肪和脂溶性维生素的良好来源，但过多摄入也对健康不利；应少吃加工类肉制品。猪肉含脂肪较高，应尽量选择瘦肉或禽肉；常见的水产品含有较多的不饱和脂肪酸，有条件可优先选择，部分替代畜肉类。蛋类营养价值较高，推荐每天 1个鸡蛋（相当 50g 左右）；吃蛋不弃蛋黄，蛋黄含有丰富营养成分，无论对多大年龄人群都具有健康益处。

（4）第四层乳类、大豆及坚果　每人每天应摄入相当于鲜乳 300～500g 的乳及乳制品、大豆及坚果类 25～35g。

乳类、大豆和坚果是蛋白质和钙的良好来源，营养素密度高。乳类和豆类是鼓励多摄入的食物。乳类容易消化，富含我国居民膳食中普遍供应不足的钙、维生素 B_2 和维生素 A 等，是首选补钙食物，利用率高。增加钙的摄入，有利于青少年提高骨密度高峰，也有利于中老年人减少骨质疏松的危险。有些人喝奶后有不同程度的胃肠道不适，可以试用酸奶或其他乳制品。

大豆富含优质蛋白、必需脂肪酸、B 族维生素和膳食纤维，还含有多种植物化学物质。豆腐中钙含量较高，多吃豆制品对于乳类摄入少的人群来说，是个重要的补钙途径。部分坚果的营养价值与大豆相似，作为菜肴、零食等是食物多样化良好选择；坚果脂肪含量高，热量高，应适量摄入，建议每周食用 70g 左右（每天 10g 左右）。10g 坚果仁相当于 2～3 个核桃，或 4～5 个板栗，或一把半带皮葵花籽 20～25g。

（5）第五层烹调油和盐　每人每天烹调油不超过 25～30g，食盐摄入量不超过 5g。

油和盐作为烹饪调料，建议尽量少用。烹调油包括各种动植物油，是人体必需脂肪酸和维生素 E 的重要来源。我国居民烹调油摄入量过多，需要限量。烹调油应经常更换种类，以满足人体各种脂肪酸的需求。我国居民食盐用量普遍偏高，盐与高血压关系密切，限制食盐摄入量是我国长期行动目标。除了少用食盐外，还需要控制隐形高盐食品的摄入量。

酒和添加糖不是膳食组成的基本食物，烹饪使用和单独食用时也都应尽量避免。

（6）身体活动和饮水　建议每人每天至少饮水为 1500～1700mL。每天进行至少相当于快步走 6000 步以上的身体活动。

轻体力活动成年人每天至少饮水 7～8 杯，即 1500～1700mL。高温或强体力活动水平，应适当增加饮水量。饮水不足或过多都有害健康。膳食中水分大约占 1/2，推荐一天中饮水和整体膳食水（包括食物中的水，如粥、乳、汤等）摄入共 2700～3000mL。

运动或身体活动是能量平衡和保持身体健康的重要手段。鼓励天天运动，推荐成年人每天进行至少相当于快步走 6000 步以上的身体活动，每周进行 150min 中等强度的运动，如跑步、骑车、庭院或农田劳动等。

2. 中国居民平衡膳食模式的特点

食物多样，植物性食物为主，动物性食物为辅，少油盐糖。继承和发扬了"五谷为养、五果为助、五畜为益、五菜为充"的膳食搭配原则。

（二）中国居民平衡膳食餐盘

中国居民平衡膳食餐盘是按照平衡膳食原则，在不考虑烹调用油盐前提下，描述了一个人一餐中膳食的食物组成和大致比例。餐盘分为 4 部分，分别是谷薯类、动物性食品及大豆类、蔬菜类、水果类，餐盘旁边是一杯牛奶提示其重要性。此餐盘适用于 2 岁以上人群，可参照餐盘结构计划膳食，对素食者来说，可把肉类替换成豆类，以获得充足的蛋白质。

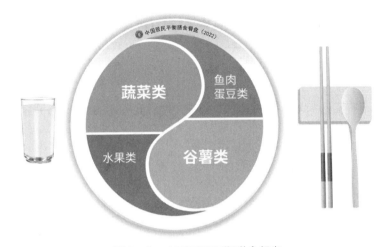

图 6 -3　中国居民平衡膳食餐盘

（资料来源：中国营养学会，中国居民膳食指南，2022）

（三）　中国儿童平衡膳食算盘

平衡膳食算盘主要针对儿童。算盘分成 6 行，用不同颜色的珠子代表各类食物，由下到上依次为浅棕色代表谷物，绿色代表蔬菜，黄色代表水果，橘红色代表动物性食物，蓝色代表大豆、坚果和乳类，橘黄色代表油盐。算盘中食物分量按 8 ~ 11 岁儿童能量需要量平均值大致估算。跑步的儿童挎着水壶，表示鼓励儿童多喝白开水，天天运动，每天要至少在户外运动 1h。

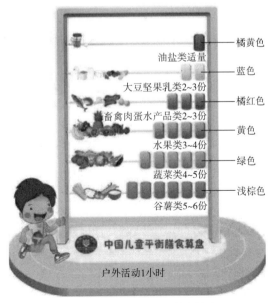

图 6 -4 中国儿童平衡膳食算盘

（资料来源：中国营养学会，中国居民膳食指南，2022）

第四节　膳食调查与营养状况的评价

一、膳食调查

膳食调查是对特定人群或个体的每人每日各种食物消费量的调查，从而了解在一定时期内人群膳食摄入状况、膳食结构和饮食习惯，评定营养素需要得到满足的程度。膳食调查结果可作为对人群进行营养改善、膳食指导，政府制定营养政策，营养研究和企业新产品研发等的依据。

（一）膳食调查的一般要求

1. 调查对象

要有足够的代表性；以住户为单位的调查不得少于30户，个体调查不得少于100人，比例上应保证占同类型人员10%以上。

2. 调查日期及天数

为了保证选择食物具有代表性，可根据所调查的地区选择食物最丰富的季节进行，通常每次调查3d即可。

3. 特殊情况的膳食调查

为治疗和预防某些疾病，如冠心病、糖尿病、肝脏病等，可对不同患者进行膳食调查，可在医院、门诊部或患者家中进行，了解患者3~5d各种主副食品摄入量。

（二）膳食调查的方法

1. 称重法

称重法是运用标准化的称量工具对食物量进行称重，从而了解调查对象当前食物消费情况的一种方法。可用来了解某一伙食单位（如学校食堂、机关食堂或家庭）或个人的膳食情况。此方法较细致，能了解每日膳食变化情况和三餐分配情况，但比较烦琐。

（1）现场调查程序　①膳食调查开始前，向调查对象讲明调查的内容、目的等，取得积极配合。制定好调查表，应包含表6-1和表6-2内容。②使用食物秤对每种食物进行称量并按表6-1记录。实际消耗量=结存量+购进或自产量-废弃量-剩余总量。三餐之外的零食也进行称重并记录。③计算每种食物的实际消耗量，并按照食物成分表准确填写记录每种食物的原料编码。④记录每名调查对象的用餐人次及其餐次比。在家或单位用餐的客人也应计入用餐人次数内。⑤计算每名调查对象的人日数和总人日数。

表6-1　　　　　　　　　　　　　食物称重登记表　　　　　　　　　　　　　单位：g

食物名称	原料编码	结存量	购进或自产量	废弃量	剩余量	实际消耗量

资料来源：WS/T 426.2—2013《膳食调查方法　第2部分：称重法》。

表6-2　　　　　　　　　　　　　　用餐人次数登记表

姓名												
个人编码												
年龄												
性别												
生理状况												
劳动强度												
进餐时间	早	中	晚	早	中	晚	早	中	晚	早	中	晚
用餐记录												
餐次比												
人日数												
总人日数												

注：①生理状况：正常、孕妇、乳母。

②劳动强度：轻体力活动（一般指办公室工作、修理电器钟表、售货员、服务员、实验操作、讲课）、中等体力活动（一般指学生日常活动、机动车驾驶、电工安装、车床操作、金属制造等）、重体力活动（一般指非机械化农业劳动、炼钢、舞蹈、体育运动、装卸、采矿等）。

③用餐记录：1、0。填1为在家或单位用餐。填0为在外用餐或不用该餐。

资料来源：WS/T 426.2—2013《膳食调查方法　第2部分：称重法》。

人日数是指被调查者的用餐天数。一个人早、中、晚三餐都用餐为1人日。如果习惯上每日只吃二餐或者由于特殊情况，如体力劳动、夜班生产等每日多于三餐者也为1人日。如果不能收集到整个调查期间被调查者的全部进餐次数，可根据餐次比（早、中、晚三餐所摄入能量占全天摄入量的百分比）来折算。对于个体，若餐次比为早餐占30%，午餐占40%，晚餐占30%，如仅用了早、午两餐，则当日人日数为$1 \times 30\% + 1 \times 40\% = 0.7$人日。对于集体，如果每餐人数相同，调查期间的任何一餐的就餐人数就是总人日数。如果各餐人数不等，则将各餐人数乘以该餐的餐次比后累加即为总人日数。例如，某校食堂餐次比为早餐25%，午餐40%，晚餐35%，早餐用餐人数为200人，午餐为300人，晚餐为200人，则总人日数为$200 \times 25\% + 300 \times 40\% + 200 \times 35\% = 240$人日。

（2）计算平均每人每日各类食物摄入量　调查对象的各类食物摄入量是将同一类别的食物进行加和来计算。同一类食物不同制品间不能直接相加，应分别登记后进行折算。如各种豆制品，必须统一折算成黄豆量再相加。各种食物平均每人每日消费量 = 各种食物实际消费量/总人日数。

2.24h回顾法

24h回顾法又称询问法，是通过询问调查对象过去24h实际的膳食摄入状况，对其食物摄入量进行计算的一种方法（表6-3）。通常从调查时间点开始向前推24h。这种方法是以个体为单位进行的膳食调查，通常用三日24h询问法，进行面对面询问。这种方法能较快地了解受试对象的一般情况及特殊情况，如果有条件跟踪观察受试者的实际进食情况并以此为参考，能更好做出评价。

表6-3   24h 回顾法调查表

姓名_____性别_____年龄_____生理状况_____劳动强度_____人日数_____个人编码_____

进餐时间	食物名称	原料名称	原料编码	原料重量/g	是否可食部

（1）现场调查程序 ①调查前应向调查对象简要介绍调查内容，告知回顾调查的时间周期和调查地点。②调查内容包括调查对象的基本信息、进餐时间、食物名称、原料名称及原料重量等。③询问和记录调查对象的食物摄入信息。可按进餐时间顺序进行询问，对于每一餐次，可按照主食、副食、饮料、水果等依次来帮助每名调查对象对进食内容进行回忆，避免遗漏。使用食物模型和图谱以及各种食品大小的参考重量，从而对回忆的摄入食物进行重量估计。家庭共同进餐时，应注意每名家庭成员摄入食物的比例分配。多种原料组成的食物，如果在食物成分表中无法找到该食物，则应分别记录原料的名称并估计每种原料的重量。调味品和食用油的用量少，回顾法很难准确估计其消费量，常用称重法作为补充以准确定量。④调查人员在调查完成后要及时对调查表的内容进行检查和复核，并按照食物成分表准确填写记录每种食物的原料编码。

（2）计算平均每人每日各类食物摄入量 同称重法。

3. 记账法

记账法是对建立了伙食账目的集体食堂，通过查阅过去一定时期内食物消费的种类和数量，根据同一时期的就餐人日数，计算出平均每人每日各种食物的消费量。此法适用于有详细账目记录的集体食堂，如学校、工厂和部队等。该法优点在于操作简单，费用低，人力少，可适用于大样本；在用餐人数统计准确的情况下，能够得到较准确的结果；食物遗漏少；伙食单位工作人员经过短期培训可掌握此方法。缺点在于不太精确，只能得到全家或集体人均摄入量，难以分析个体膳食摄入状况。

（1）登记食物消费量 逐日查阅并登记调查期间所购买食物的发票和账目，把相同食物累计，计算出一定时期内各种食物的总消费量。库存食品应先称量并记录数量。调查期间的食物实际消费量＝库存数量＋调查期间购买数量－废弃量－调查结束时剩余数量（表6-4）。

表6-4   记账法调查表

食物名称				
食物编码				
库存量				
日　　期	购进或自产量	购进或自产量	购进或自产量	购进或自产量
月　　日				

续表

食物名称				
…				
月 日				
废弃量				
剩余量				
实际消费量				

（2）统计总人日数　同称重法。

（3）计算平均每人每日各类食物摄入量　同称重法。

4. 食物频数法

食物频数法又称食物频率法，是估计被调查者在指定的一段时间内摄入某些食物的频率的一种方法。该法以问卷形式进行，调查个体经常摄入的食物种类，根据每日、每周、每月甚至每年所食用各种食物的次数来评价膳食营养状况。可分为定性、定量和半定量食物频数法。

定性食物频数法只得到每种食物特定时期内所吃的次数，而不收集食物量、份额大小等资料。定量食物频数法还要求受试者提供所吃食物的数量，通常借助于测量辅助物来定量。采用半定量方法时，研究者常常提供标准（或准确）的食物份额大小的参考样品，供受试者作为估计食物量的参考。

食物频数法的主要优点是能迅速获得平时食物摄入种类和摄入量，反映长期营养素摄取模式，在流行病学研究中可以用来研究膳食与疾病之间的关系。调查结果可作为在群众中进行膳食指导宣传教育的参考。该法操作简单，还可由被调查对象自己进行，应答率高且费用低。缺点是需要对过去的食物摄入情况进行回忆，较长的食物表、较长的回顾时间常会导致摄入量偏高，对食物份额大小的量化不准确；当前的食物模式可能影响对过去的膳食回顾，降低准确性。

食物频率法的问卷应包括两方面：一是食物名单；二是食物的频率，即在一定时期内所食某种食物的次数。食物名单的确定要根据调查的目的，选择被调查者经常食用的食物、含有所要研究营养成分的食物或被调查者之间摄入状况差异较大的食物。一般，进行综合性膳食摄入状况评价，采用被调查对象的常用食物；研究与营养有关的疾病和膳食摄入的关系，则采用与相关疾病有关的几种食物或含有特殊营养素的食物。表6-5为食物频数法常用调查表，表格内食物名单可根据调查对象、调查目的不同而调整。

表6-5　　　　　　　　　　食物频数调查表

姓名＿＿＿＿＿＿＿个人编码＿＿＿＿＿＿＿家庭编码＿＿＿＿＿＿＿

1. 进餐习惯

	一周进餐次数	一周在餐馆进餐次数	一周在单位/学校进餐次数
早餐			
中餐			
晚餐			

2. 请回忆过去12个月里，你是否吃过以下食物，并估计这些食物的平均食用量和次数

食物名称	是否吃 1 否 2 是	进食次数 （选择一项） 次/天	次/周	次/月	次/年	平均每次食用量/g
主食						
1 大米及制品（米饭/米粉等）（按生重记录）						
2 小麦面粉及制品（馒头/面条等）（按生重记录）						
3 其他谷类及制品（荞麦/小米等）（按生重记录）						
4 油条、油饼						
5 其他油炸面食（炸糕、麻团等）						
6 方便面						
7 薯类（马铃薯/芋头/红薯等）（按生重记录）						
8 杂豆（绿豆/红豆/花豆等）（按生重记录）						
9 玉米面（玉米碴等）						
豆类						
10 大豆（黄豆/青豆/黑豆等）（干重）						
11 豆浆						
12 豆腐						
13 …						
… …						
蔬菜类（按生重记录）						
… 鲜豆类（扁豆、豆角、四季豆、豇豆等）						
… 茄果类（茄子、番茄、青椒等）						
… …						
菌藻类						
… 蘑菇类（金针菇、香菇、平菇、草菇等）（鲜重）						
… 非蘑菇类食用菌（木耳、银耳等）（干重）						
… 紫菜（干重）						

续表

食物名称	是否吃 1 否 2 是	进食次数 （选择一项）				平均每次食用量/g
		次/天	次/周	次/月	次/年	
… 海带（鲜重）						
水果类（按可食部重量记录）						
… 柑橘类（橙子、柚子、橘子等）						
… 仁果类（苹果、梨等）						
… …						
乳类						
… 全脂液体乳						
… 低脂、脱脂液体乳						
… …						
肉类（按可食部重量记录）						
… 鲜/冻猪肉						
… 鲜/冻牛肉						
… …						
… 熟制猪肉						
… …						
… 肉制品（香肠、火腿等）						
… …						
水产品（按可食部生重记录）						
… 淡水鱼						
… 海水鱼						
… 虾						
… …						
蛋类						
… 鲜蛋（鸡蛋/鸭蛋/鹌鹑蛋等）						
… 咸蛋						
… 皮蛋						
小吃、零食						
… 面包						
… 饼干						
… …						
饮料、调味品						
… 碳酸饮料						

续表

食物名称	是否吃 1否 2是	进食次数 （选择一项）				平均每次食用量/g
		次/天	次/周	次/月	次/年	
… …						
100 辣椒制品 （干、鲜辣椒调味制品/辣椒面/罐装剁椒等）						

注：平均每天食用1次以上的食物在"次/天"一栏填写，每周食用1~6次的食物在"次/周"一栏填写，每月食用1~3次的食物在"次/月"一栏填写，每年食用1~11次的食物在"次/年"一栏填写。

3. 烹调油和调味品 （以家庭为单位按月询问）

家庭通常就餐人数

	食用油	全家食用量/g		调味品	全家食用量/g
101	花生油		109	普通食用盐	
102	豆油		110	低钠盐	
103	芝麻油		111	酱油	
…	…		…	…	
108	其他油		118	其他调味品	

二、 膳食营养状况评价

（一） 数据统计

（1） 通过膳食调查得到每人每日各种食物的消费量。

（2） 计算每人每日各类食物的摄入量和各种营养素的摄入量。

（3） 将上一步得到的摄入量数据与RNIs进行比较；得到每人每日营养素摄入量占RNIs的百分数。

（4） 食物能量、蛋白质、脂肪和碳水化合物的来源及分布。

①能量食物来源的计算：按食物类别分别计算该类食物提供的能量占总能量的百分比。食物类别可分为谷类、豆类、薯类等。以谷类提供能量的计算为例：谷类能量 （%） = 谷类所供能量 （kJ） /膳食总能量 （kJ） ×100

②三大营养素能量所占比例的计算：即膳食中蛋白质、脂肪、碳水化合物供能百分比。蛋白质或脂肪或碳水化合物所供能量 （%） = C_p 或 C_f 或 C_e/（C_p + C_f + C_e） ×100。C_p，C_f，C_e 分别代表膳食中蛋白质、脂肪和碳水化合物所供能量。

③三餐能量比例的计算：

任一餐 （早餐或中餐或晚餐） 能量 （%） = 该餐摄入能量/日平均摄入总能量×100

（二） 膳食营养状况评价

1. 食物构成

可根据中国居民平衡膳食宝塔对被调查人群的膳食结构进行评价。膳食应包含了五大类基本食物，食物的种类多样化。特别注意全谷物、深色蔬菜、牛乳、豆类是否满足要求。平均每天不重复的食物种类数应达 12 种以上，每周达 25 种以上。蔬菜颜色应多样，其中有 1/2 以上为深色蔬菜。动物性食品应选择低脂肪食材。膳食应避免过多甜食和甜饮料，精制糖要控制在总能量的 10% 以下。

2. 能量和营养素摄入量与 DRIs 进行比较

（1）能量总热量　　总热量占标准的 90% 左右为正常，低于 80% 为摄入不足，摄入长期超过 30% 有害无益。评价还包括能量食物来源分布百分比和能量营养素来源分布百分比（碳水化合物供能占 50% ~ 65%；蛋白质供能占 11% ~ 14%；脂肪供能占 20% ~ 30% 为宜）以及三餐能量比（2 ~ 3）:4:（3 ~ 4），一餐能量不超过全日 50%。

（2）蛋白质营养状况　　包括蛋白质来源分布百分比。动物性蛋白质占总蛋白质含量的 20% ~ 30% 为宜；来自动物和豆类的蛋白质（即优质蛋白）占蛋白质总量的 30% ~ 50% 为宜，低于 10% 营养状况就差；动物性蛋白应占优质蛋白 1/2 以上，大豆蛋白与动物蛋白比例以 1:2 为宜。当能量供给充分时，蛋白质量在供给量的 80% 以上，多数成人不致产生缺乏症。

（3）脂肪　　成人膳食中脂肪供能占总能量 20% ~ 30% 为宜，儿童为 25% ~ 30%。其中 $n-3$ 脂肪酸与 $n-6$ 脂肪酸比例以 1:（4 ~ 6）为宜；饱和脂肪酸、单不饱和脂肪酸、多不饱和脂肪酸比例以 1:1:1 较为合理。植物源油脂供能不得低于 50%，饱和脂肪酸供能 < 总能量的 10%，反式脂肪酸供能 < 总能量的 1%。

（4）维生素与无机盐　　各种主要营养素的摄入量应达到营养目标的 90% 以上，应注意不要超过 UL 的数值。维生素 A 来源中维生素 A 与胡萝卜素等适宜比例为 1:3；铁来源中动物性食物应占 1/3 以上，以保证吸收率；钙的来源中应有足够的乳及乳制品。

3. 烹饪方法

烹调要限油少盐，每人烹调油不超过 25 ~ 30g/d，食盐摄入量不超过 6g。主食应避免煎炸及加碱；烹调多选择清蒸、清炖、煮、不加油的烤制、凉拌、白灼、清炒等方法，少用煎炸熏烤和加糖烹调；尽量少用过油工艺等。

第五节　食谱的编制

一、　食谱编制目的和原则

（一）食谱编制的目的

食谱编制的目的是保证膳食的多样化以及营养的均衡，将各类人群的 DRIs 落实到用餐者的每日膳食中。

（二）食谱编制的原则

1. 保证膳食营养平衡

膳食要满足人体对能量和营养素的需求。食物种类多样，数量充足。注意蛋白质中优质蛋白的比例，油脂中植物油的比例，主食与副食、杂粮与精粮、荤素食物间的合理搭配。

2. 适应饮食习惯以及满足口味

在编制食谱时，尽量考虑到进食者的饮食习惯、民族习惯、地方习惯以及特殊需求。既要做到饮食营养合理又要注重食物的感官性状。

3. 考虑季节和市场供应情况

根据不同季节的食物变动情况、市场食物的供应以及食堂、厨师的能力来合理地设计食物配比。

4. 考虑进食者个体差异

不同的进食者在不同时期生理状况、体力、脑力活动强度都有所差异，因此在安排食谱时要充分考虑到这一方面，将全天的食物合理平衡地分配到各餐中。

二、 食谱编制基本流程

（一） 确定食谱使用对象的营养供应目标

编制食谱首先要确定使用者的营养供应目标，食谱的使用对象可能是个体，也可能是群体。个体和群体的营养供应目标确定方法有所不同。

1. 个体营养供应目标的确定

可按照体力活动水平制定能量供应目标值，食谱中的能量供应量应达到营养目标的90%～100%，并可按照具体情况进行适当调整。其他营养素的摄入量按照 DRIs 中提供的标准确定，注意微量营养素的供应数量不能超过 UL。如果体重与标准体重偏离较大，需要适当调整能量、蛋白质的摄入量，其他微量营养素摄入量无须调整。

2. 群体供应目标的确定

首先要评价群体的均匀程度。如果群体当中的人年龄、性别、体力活动强度、身体健康状况等方面基本一致，就属于均匀性群体。先了解这个群体的平均营养素需求和营养素需求分布范围，然后按照能够满足97%以上人营养需要的要求来确定营养目标。但实际操作中，很难得到该人群各营养素的 EAR 和分布范围。此时，可以先按照 DRIs 中建议的数值作为营养目标，再于了解实际情况之后继续进行调整。

非均匀性群体，可将其划分为不同的亚群，分别确定其营养目标，特别是能量和蛋白质目标。其他微量营养素目标，就高不就低，在 UL 水平以下，按照需求量最高的亚群来设计，即可避免营养素供应不足的危险。

（二） 确定各餐中的食物分配

通常，正常作息者可安排早餐能量占25%～30%，午餐占35%～40%，晚餐占30%～35%。对于需要加餐或有喝饮料、吃零食的，应使一日总能量不变，只是把三餐的能量转移一部分到加餐或零食当中。

（三） 确定营养素之间的比例关系

成年人营养配餐食谱中，碳水化合物应占能量供应的50%～65%，脂肪占20%～30%，蛋白质占11%～14%。来自动物性食品或豆类食品的优质蛋白质应占总蛋白质供应的1/3以上。简单碳水化合物（如白糖等）的供能比在10%以下。能量需求增加时，B 族维生素的供应量应随之上升；不饱和脂肪酸和维生素 E 等抗氧化维生素之间也应平衡。

（四） 确定各类食物的比例和数量

确定了营养供应目标和能量营养素来源比例后，要把它转变成各大类具体的食物。可参考《中国居民膳食宝塔》，以它为框架，确定各类食物的比例，按实际情况进行调整。也可按计算方法确定各大类食物的比例。在确定各类食物比例之后，再将其细化为具体的食物品种。按照食物多样的原则，每日食物原料的品种至少应当达 12 种以上（不包括使用量很小的各种香辛料和油盐酱醋，也不包括糖和淀粉），以 20 ~ 30 种最为理想。

（五） 选择合理的烹调方式

在烹调时，要注意采取适当的方式，避免营养素和保健成分过度损失。主食尽量不选择煎炸方法；避免在主食烹调中加碱；动物性食品多用清蒸、清炖、煮、不加油的烤制等烹调方法，植物性食品多用凉拌、白灼、清炒、蒸等方法；动物性食品的加热时间和温度应充足，以便杀死寄生虫和致病菌；烹调要少油少盐；不用反复加热后的炒菜油，尽量少用过油工艺等。

（六） 考虑用餐者的个性化需求

在设计个体食谱时，需要认真考虑用餐者对某些食物是否过敏、不耐受等，或对某些食物消化不良、心理反感，或因服用药物、治疗疾病而不宜食用某些食物。

（七） 食谱的评价与调整

食谱初步完成之后，应当对其营养平衡状况进行评价，如有不妥之处，应调整食物的种类和数量，直至达到要求。

1. 定性考察要点

①食谱中所含的食物类别是否齐全？食物的种类是否多样化？②主食中是否纳入了粗粮、薯类或淀粉豆类？③是否用豆制品、水产品替代一部分肉类？④是否有乳制品？如果没有乳制品，是否有足够的豆制品和绿叶蔬菜来供应钙？⑤蔬菜中是否有200g以上深色蔬菜，颜色是否多样？⑥动物性食品是否选择了低脂肪食材？⑦烹调方法是否合理？油脂是否过多？⑧是否摄入了过多甜食和甜饮料？⑨食物的成本和可接受性是否符合要求？⑩是否考虑到了食用者的禁忌事宜和口味要求？

2. 定量考察指标

对于计算法制作的食谱，应进行营养平衡的定量计算。①一日中的能量供应是否合理？②三餐的能量摄入分配是否合理？③三大产能营养素的供能比例是否合理？④优质蛋白质的供应是否达总蛋白质的1/3以上？豆类蛋白质和动物蛋白质各占多少？⑤各种主要营养素的摄入量是否达营养目标的90%以上？是否超过 UL 的数值？

三、 食谱编制的方法

食谱编制的方法有计算法、食物交换份法、计算机法等，编制的步骤基本都遵循以上介绍的流程。

（一） 计算法

计算法是食谱编制最早采用的一种方法，也是其他方法的基础。下面以一例讲解如何按照上述流程采用计算法编制某高中生一日食谱。

1. 确定营养素供应目标

设计食谱从了解食谱的使用对象开始。该食谱使用对象为男性，16 岁，处于青春发育期。身高173cm，体重66kg，处于正常范围。身体健康无疾病。正常学习生活，无特殊锻炼，不做家务。营养目标可以按照14 ~ 18 岁中等身体活动水平男性的 DRIs 来确定。

2. 确定各餐中的食物分配

考虑到高中生学习特点，在三餐之外另设上午、下午点，如学习到较晚休息，晚上可加夜宵。三餐的能量比例为早餐25%，午餐35%，晚餐30%，零食和加餐10%。

3. 确定营养素供能比例

因为青少年生长发育旺盛，对脂肪和碳水化合物的代谢能力较强，可以设计为碳水化合物60%，脂肪26%，蛋白质14%。按DRIs中14~18岁男青少年总能量目标为每日2850kcal来确定一日中的产能营养素供应量（1kcal = 4.18kJ）。

（1）分别计算三大产能营养素应提供的能量　一日碳水化合物供应的能量为2850×60% = 1710kcal；一日脂肪供应能量为2850×26% = 741kcal；一日蛋白质供应的能量为2850×14% = 399kcal。

（2）折算三大产能营养素的实际需要量　一日的碳水化合物供应量为1710÷4 = 427.5g；一日的脂肪供应量为741÷9 = 82.3g；一日的蛋白质供应量为399÷4 = 99.8g。

（3）计算三大产能营养素的每餐需要量　按照早、中、晚餐、加餐为25:30:30:15的比例计算，则每餐三大营养素供应量如表6-6所示。

表6-6　　　　　　　　　　　计算三大产能营养素的每餐需要量

	早餐/g	中餐/g	晚餐/g	加餐/g
碳水化合物	427.5×25% = 106.9	427.5×35% = 149.6	427.5×30% = 128.3	427.5×10% = 42.8
脂肪	82.3×25% = 20.6	82.3×35% = 28.8	82.3×30% = 24.7	82.3×10% = 8.2
蛋白质	99.8×25% = 25.0	99.8×35% = 34.9	99.8×30% = 29.9	99.8×10% = 10.0

4. 确定主、副食的品种和数量

（1）主食的确定　主食必须多样化，除了精米白面，还要考虑到粗粮、薯类、豆类的配合。以晚餐为例，计算得知晚餐的碳水化合物供应量应为128.3g，设其中80%为馒头提供，其余为玉米粥提供。

查食物成分表可知，每100g富强粉馒头中含碳水化合物44.0g，蛋白质6.2g；每100g玉米糁含碳水化合物75.6g，蛋白质7.9g。则馒头重量为128.3×80%÷44% = 233.3g，约相当于两个半中等馒头。玉米糁重量为128.3×20%÷75.6% = 33.9g，约相当于两碗玉米粥。故晚餐主食设计为：富强粉馒头230g，两碗玉米粥（玉米糁34g）。

按照同样方法，可以算出三餐当中从主食获得的蛋白质数量，并得到总量。

（2）副食的确定　按照青少年的生长需要，供应蔬菜500g/d，品种为4~6种，其中一半来自深绿色叶菜，一半来自其他蔬菜。由于早餐、加餐时不太容易吃到蔬菜，晚餐要供应一日蔬菜数量的40%以上，即至少200g蔬菜。

绿叶蔬菜中的蛋白质含量通常为0.5%~3%，瓜类蔬菜较低。非瓜类蔬菜可按照平均值1.2%来计算。200g蔬菜可供应蛋白质为200×1.2% = 2.4g。晚餐蛋白质供应目标为29.9g，可计算出晚餐主食中共含有蛋白质233.3×6.2% + 33.9×7.9% = 17.1g。在选择蔬菜和主食之后，还需要从其他副食中供应的数量为29.9 - 17.1 - 2.4 = 10.4g，设定其中2/3来源于动物性食物，1/3来源于豆制品，则动物性食物应提供蛋白质10.4×2/3 = 6.9g，豆制品提供蛋白质10.4×1/3 = 3.5g。选择牛肉作为晚餐优质蛋白来源，其蛋白质含量为20.2%，则需要

6.9÷20.2% =34.2g；豆制品选择素鸡，其蛋白质含量为16.5%，则需素鸡3.5÷16.5% =21.2g。所以晚餐副食可以设计为：青椒胡萝卜炒牛肉（青椒30g，食部为25g；胡萝卜52g，食部为50g；牛肉35g），木耳拌双花（西蓝花60g，食部为50g；菜花30g，食部为25g；干木耳2g），韭菜炒素鸡（韭菜56g，食部为50g；素鸡20g）共3份菜肴。

水果、乳类和坚果通常可作为零食和加餐食用。加餐应提供蛋白质10.0g，选择牛乳200g作为夜宵，可提供蛋白质200×3.0% =6g，碳水化合物200×3.4% =6.8g。加餐应提供碳水化合物42.8g，需由水果提供碳水化合物42.8-6.8 =36g。大多水果的碳水化合物含量为10%~12%，鲜枣、香蕉等一些亚热带、热带水果高达25%~30%，水果按碳水化合物含量平均11%计，则水果量为36÷12% =327g。水果蛋白质含量很低，为0.5%~1%，327g水果约提供蛋白质327×0.7% =2.3g。其余蛋白质10.0-6-2.3 =1.7g可由坚果提供，含油坚果类的蛋白质含量多为12%~22%，油籽类如花生、葵花籽、西瓜子等可达20%~30%。坚果数量约为10g。所以加餐可以设计为：全脂纯牛乳1盒200g，红富士苹果1个250g（可食部213g），柑橘2个150g（可食部116g），腰果仁10g。

5. 确定油脂和含精制糖食品的数量

将每餐的脂肪需要量计算出来，减去主副食所含脂肪量，余下差额就由植物油补充。平衡膳食宝塔推荐每日烹调油为25~30g，这意味着不能每个菜都制成炒菜，更不能油腻。如果食物原料中脂肪含量较高，则应调低烹调油的数量；反之，则可以增加烹调油的供应。

由于早餐往往不用烹调油，午餐和晚餐可各用10~15g油脂。青椒胡萝卜炒牛肉用7g花生油，韭菜炒素鸡用5g花生油，木耳拌双花用2g香油。烹调油应当以植物油为主，避免过高烹调温度。含大量精制糖的食物应当严格控制，该晚餐未供应甜食和甜饮料。

（二）食物交换份法

普通健康人的食谱设计无须每天进行精确计算，只需要各类食物基本平衡即可。利用中国居民膳食宝塔和食物交换份法就可简单地制作食谱，省去大量计算工作。应用表6-7，根据不同能量水平选择不同组别食物的量，是确定食物量最简单的方法。其中每份的量均指可食部的生重。在一段时间内，如1~2周，各类食物摄入量应符合下表建议量。

表6-7 不同身体活动水平的成年人每天的食物份数

食物组	每份质量/g	身体活动水平（轻）		身体活动水平（中）		身体活动水平（重）	
		男性	女性	男性	女性	男性	女性
谷类	50~60	5.5	4.5	7	5	8	6
薯类	80~85	1.0	0.5	1.5	1.0	1.5	1.5
蔬菜	100	4.5	4	5	4.5	6	5
水果	100	3	2	3.5	3	4	3.5
畜禽肉类	40~50	1.5	1	1.5	1	2	1.5
蛋类	40~50	1	1	1	1	1	1
水产品	40~50	1.5	1	1.5	1	2.5	1.5
乳品	200~250	1.5	1.5	1.5	1.5	1.5	1.5
大豆	20~25	1	0.5	1	0.5	1	1
坚果	10	1	1	1	1	1	1
食用油	10	2.5	2.5	2.5	2.5	3	2.5

资料来源：中国营养学会，中国居民膳食指南，2016。

以 20 岁正常体重健康女大学生为例，用交换份法设计一日食谱。女大学生属于中等身体活动水平成年人，则一日食物框架设计为：谷类 5 份，250g；薯类 1 份，80g；蔬菜 4.5 份，450g；水果 3 份，300g；畜禽肉类 1 份，40g；蛋类 1 份，50g；水产品 1 份，50g；乳类 1.5 份，300g；大豆类 0.5 份，13g；坚果 1 份，10g；食用油 2.5 份，25g；食盐 5g。

主食设计为早餐：富强面粉 40g，玉米粉 20g；午餐：大米 85g，小米 30g；晚餐：大米 75g，甘薯 80g（折合市品重 89g）。共计：供应谷物 250g，薯类 80g。

蔬菜设计为午餐：深绿色蔬菜 3 种，共 150g，橙黄色蔬菜 1 种 40g，浅色蔬菜 1 种 50g，其他蔬菜 10g，均为食部重量，折算成市品重量为青椒 49g，胡萝卜 42g，韭菜 67g，西蓝花 60g，花椰菜 61g，干木耳 1g（水发后约 10g）。晚餐：深绿色蔬菜 2 种 150g，浅色蔬菜 1 种 20g，菌菇类蔬菜 1 种 30g，折合成市品重量为小油菜 79g，菠菜 84g，冬瓜 25g，鲜香菇 30g。共计：供应蔬菜 450g（可食部）。

水果设计为上午点：黄元帅苹果 1 个，可食部 200g，折合市品约 250g；晚点：蜜橘 1 个，可食部 100g，折合市品约 110g。共计：供应水果 300g（可食部）。

动物性食品设计为早餐：鸡蛋 1 枚，可食部 50g，折合带壳蛋 63g，纯牛乳 200g；午餐：精瘦牛肉 40g；晚餐：草虾可食部 50g，折合市品约 85g。下午点：酸奶 100g。共计：供应肉类 40g，水产品 50g，蛋 50g，乳 300g。

豆制品设计为午餐：素鸡（8g 大豆替换为素鸡 17g）；晚餐：南豆腐（5g 大豆替换为南豆腐约 30g）。共计：供应豆制品折合大豆 13g。

坚果设计为早餐：芝麻酱 5g；晚餐：芝麻酱 5g。共计供应坚果类 10g。

烹调油设计为早餐：麻酱卷用油 4g；午餐：2 份炒菜和 1 份拌菜，共 12g；晚餐：1 份炒菜、1 份汤菜、1 份拌菜，共 9g。共计：供应烹调油 25g。

按照以上设计方法，可得到如表 6 - 8 所示的一份全日食谱。其中各种食物的用量、比例均符合膳食指南的要求，预计各营养素摄入较为均衡。

表 6 - 8　　　　　　　　　大学女生的一日营养食谱设计 （食物交换份法）

	主食		副食	
	名称	原料	名称	原料
早餐	麻酱卷	鸡蛋 63g，富强粉 40g，玉米粉 20g，花生油 4g，麻酱 5g	牛乳	全脂纯牛乳 200g
上午点			时令水果	黄元帅苹果 250g
午餐	二米饭	大米 85g，小米 30g	青椒胡萝卜炒牛肉	青椒 49g，胡萝卜 42g，牛肉 40g，花生油 6g
			韭菜炒素鸡	韭菜 67g，素鸡 17g，花生油 4g
			木耳拌双花	干木耳 1g，西蓝花 60g，花椰菜 61g，芝麻油 2g
下午点			酸奶	全脂原味酸奶 100g

续表

	主食		副食	
	名称	原料	名称	原料
晚餐	米饭	大米 75g	虾仁冬瓜汤	草虾 85g，紫菜 2g，冬瓜 25g，南豆腐 30g，香油 2g
	蒸红薯	红薯 89g	香菇扒油菜	鲜香菇 30g，小油菜 79g，葵花籽油 5g
			麻酱拌菠菜	菠菜 84g，麻酱 5g
晚点			时令水果	柑橘 110g

根据食物交换表，同类食物可以互换。大米可以和面粉或杂粮互换，馒头可与相应量的面条、烙饼、面包等互换；大豆可与相当量的豆制品互换；原则上动物性食物可以互换，如瘦肉可与等量鸡、鸭、牛、羊、兔肉互换，鱼可与虾、蟹等水产品互换；牛乳可与羊乳、酸奶、乳粉或奶酪等互换。参考表 6-9、表 6-10、表 6-11，根据同类食物互换原则，可根据表 6-8 替换编制出多日食谱。

表 6-9 谷类和薯类食物的等量碳水化合物交换表

食物 （食部）	重量/g	食物 （食部）	重量/g
面粉（生）	50	挂面	50
大米（生）	50	面包	75
玉米（干）	50	干粉丝	40
小米（生）	50	马铃薯	230
荞麦（生）	50	甘薯	150

资料来源：范志红，食物营养与配餐，2010。

表 6-10 动物性食品的等量蛋白质交换表

食物 （食部）	重量/g	食物 （食部）	重量/g
去皮鸡肉	50	鱼	60
瘦牛肉	50	虾	60
瘦羊肉	50	牛乳	330
瘦猪肉	60	酸奶	400
去壳鸡蛋	75	乳粉	40

资料来源：范志红，食物营养与配餐，2010。

表 6 – 11 豆类食品的等量蛋白质交换表

食物	蛋白质/%	交换重量/g	食物	蛋白质/%	交换重量/g
干黄豆	35	15	各种豆腐干	15	35
豆浆	1.8	300	豆腐丝	20	25
豆腐脑	2	260	仿肉豆制品	18	30
南豆腐	6	85	干豆腐皮	45	12
北豆腐	12	45	干腐竹	45	12

注：①各种豆腐干包括白豆腐干，酱油干、菜干、香干，熏干、卤干等，蛋白质禽量为14%～18%，平均按15%计算。

②仿肉豆制品品种繁多，如素鸡，素鱼段，素羊肉，素鱼香肉丝、素火腿等，蛋白质含量为16%～20%，取平均值18%。其蛋白质含量与肉类、鱼类相近，可等量替换。

资料来源：范志红，食物营养与配餐，2010。

（三）计算机法

随着计算机技术的发展，出现了很多营养配餐软件，可以快速地进行食物营养成分的计算。但是，用软件进行计算时，很难知道某一种食物对于某些营养素供应的意义有多大，不易找到改进的方向，难以培养出配餐的经验。另外，软件不能设计出创新的菜肴和吃法，也不能在设计个性化食谱时确定所有的参数。因此，作为专业人员，仍然必须学会手工计算配餐的基本方法。在熟练掌握之后再利用软件，以获得更高的工作效率。

第七章 CHAPTER

营养与疾病

7

第一节　营养与肥胖

一、概　　述

（一）肥胖的定义与分类

肥胖是指人体内脂肪过量储存和（或）分布异常、体重过重的一种病理状态。肥胖的表现是体内脂肪细胞数量增多和（或）体积增大，体脂占体重的百分比异常增高，并在局部过多沉积，是一种多因素的慢性代谢性疾病。

肥胖按照发生原因可分为单纯性肥胖、继发性肥胖和遗传性肥胖三种。单纯性肥胖是单纯由于能量过剩造成的全身脂肪过量积累，约占肥胖人群的95%，在肥胖儿童中99%以上为单纯性肥胖。继发性肥胖是以某种疾病为原发病的症状性肥胖，一般有明确的病因，占肥胖患者的2%～5%。遗传性肥胖指遗传物质发生改变而导致的肥胖，此类型肥胖非常罕见。根据人体脂肪分布的特征可分为中心性肥胖和周围性肥胖两种。中心性肥胖即腹型肥胖，脂肪主要积聚于腹部及腹腔内脏器官的周围。腹型肥胖是导致代谢综合征和心血管疾病的重要危险因素。周围性肥胖即外周性肥胖，脂肪主要积聚于四肢及皮下，均匀分布在躯干和四肢部位。

（二）肥胖的流行状况及研究进展

目前超重和肥胖是世界范围内引起死亡的第六大危险因素，每年至少有340万成人死于超重或肥胖。世界卫生组织（WHO）2014年的报告显示，自1980年以来，世界肥胖患者增长了近1倍。

我国不论成人还是儿童青少年，超重肥胖增长幅度都高于发达国家。按照我国标准，2012年中国18岁以上居民超重率为30.1%，肥胖率为11.9%，男性高于女性，城市高于农村。与2002年相比，十年间超重率和肥胖率分别上升7.3和4.8个百分点。此外，儿童肥胖越来越成为社会问题。2012年中国6～17岁儿童青少年超重率和肥胖率分别为9.6%和6.4%。与2002年相比，超重率和肥胖率分别上升5.1和4.1个百分点。1985年至2005年我国主要大城市0～7岁儿童肥胖人数由141万人增至404万人。1985年至2014年我国7岁以上学龄儿童超重肥胖人数由 615 万人增至 3496 万人。预计 2030 年我国 7 岁以上学龄儿童肥胖人数将增至 4948 万人。

近来的研究发现，肠道菌群中某些条件致病菌产生的内毒素，即脂多糖（LPS）进入血液，可造成一种慢性炎症状态。炎症因子不只是对于细菌有杀伤，对于人体细胞也会产生破坏作用。如果慢性炎症持续，最先遭到破坏的是胰岛细胞上的胰岛素受体，出现胰岛素敏感度降低、利用度降低，导致胰岛素抵抗，血糖升高。此外，肥胖者肠道的内毒素含量较正常人更高，这些有毒物质能够引起慢性炎症，导致胰岛素过量分泌，饥饿感不容易缓解，进食量增加，肠道菌群失调会进一步加重，进入恶性循环。事实上，肥胖和糖尿病的机制类似，只是细菌作用时间的长短、炎症引起的破坏程度不一样而已，它们都是炎症推动的慢性疾病。

（三）常用的肥胖诊断方法与标准

1. BMI 法

根据我国卫生行业标准 WS/T 428—2013《成人体重判定》，我国成人体重分类情况见表 7-1。BMI 的可操作性强、准确性较高、无损伤性且不受性别影响。但有时也会错误估计脂肪的含量，如运动员由于肌肉组织发达，非脂肪组织所占比例增加导致其 BMI 较高；老年人的肌肉组织与其脂肪组织相比，肌肉组织减少较多，以 BMI 估计时容易导致低估肥胖度；另外，BMI 也不能很好地区分肥胖与水肿。因此，只有在超重的确是由脂肪组织增多所导致时，BMI 才是有效的评价指标。

表7-1 成人体重分类

分类	BMI 值/（kg/m²）	分类	BMI 值/（kg/m²）
肥胖	BMI≥28.0	体重正常	18.5≤BMI<24.0
超重	24.0≤BMI<28.0	体重过低	BMI<18.5

2. 腰围和腰臀比

WHO 建议采用腰围和腰臀比来评价腹部脂肪的分布，规定男性腰围≥102cm，女性腰围≥88cm 为腹型肥胖，腰臀比男性≥0.9，女性≥0.8 为腹型肥胖的标准。根据我国卫生行业标准 WS/T 428—2013《成人体重判定》，中心型肥胖可以腰围直接判定，见表 7-2 所示。

表7-2 成人中心型肥胖分类

分类	腰围值/cm	分类	腰围值/cm
中心型肥胖前期	85≤男性腰围<90 80≤女性腰围<85	中心型肥胖	男性腰围≥90 女性腰围≥85

二、造成肥胖的饮食营养因素

（一）膳食结构不合理

《中国居民营养与慢性病状况报告（2015）年》显示，我国居民膳食营养状况和水平发生了很大改变。与传统模式相比，高蛋白、高脂肪的动物性食物消费增多，谷类食物减少，同时富含膳食纤维和微量元素的蔬菜和水果的摄入也偏低。2010—2012 年脂肪提供的能量比例为 31.5%，其中城市 35.5%，农村 27.7%。这些饮食结构的变化是导致肥胖的重要原因。

（二）摄食过多

摄食量过大、能量摄入过多会直接导致肥胖。发生摄食过多与以下因素有关：①遗传因素：一些人因遗传因素的作用导致摄食量比一般正常人大；②社会、环境、心理因素：社会因素主要包括经济发展水平、科学知识水平、宗教、文化、习俗、社会及个人心理因素等均会影响食量及能量摄入。例如经济发展水平高，食物极大丰富，食物的可及性及可供选择食物的种类多样化，每餐食物分量的增加，快餐食品、预包装食品、含能量饮料等，均可导致能量摄入过多。另外，宗教信仰、受教育程度及文化习俗等均影响人们对食物的选择。

（三）不良进食行为

进食速度过快，咀嚼次数过少，暴饮暴食；进食时间过长（如边看电视边吃饭，边玩手机边吃饭，饭店就餐）；有吃零食、吃夜宵的习惯；三餐分配不合理，晚餐过饱等。肥胖人群中多有夜食综合征，即夜餐至次日晨间能量摄入占总能量的 25% 以上，常可达 50%。另外，纵食症也是肥胖人群常见的表现，是一种发作性心因性疾患，表现为不能自制地放纵进食，每周至少两次，常见于夜间。

三、肥胖的预防措施

（一）膳食结构要合理

在保证机体对营养素需求的基础上，为防止能量过剩，应限制过多的脂肪摄入，每日膳食中脂肪的供能应控制在总能量的 30% 以下。应少吃肥肉等高脂食品，同时补充足够的蛋白质，尤其是瘦肉、鱼、蛋、乳及豆制品等优质蛋白。碳水化合物摄入也应适量，可多食用全谷类，粗粮等富含膳食纤维的食物。新鲜蔬菜和水果中含有丰富的维生素、矿物质和水分，且供能较少，提倡多食。对于西式快餐、油炸食品、糖果等高能量或纯能量的食物，应尽量少吃或不吃。合理选择饮料，提倡喝白开水，或适量地饮用茶品，有研究表明，黑茶、普洱茶茶色素、茶多酚可预防肥胖。少喝或不喝含糖饮料和碳酸饮料。

（二）良好的饮食习惯

1. 饮食规律有度

一日 3 餐或 4 餐，定时用餐，用餐时应充分咀嚼，既可利于食物消化，又可使饱食信号传递至中枢神经系统，控制进食量。用餐时间不要过短，以 20～30min 为宜。不可忽视早餐，晚餐不宜过饱。

2. 控制食量，避免暴饮暴食

食物的分量应按照自身生理状况及活动量而定，对每餐应食用多少食物应做到心中有数。肥胖者通常易低估自己摄入的食物量，为掌控食量可采用分餐制。切忌暴饮暴食，避免饥一顿、饱一顿等不良饮食习惯。

3. 避免额外进食

在满足每日机体能量需要的基础上应尽量避免额外摄食，以防能量过剩。每餐中若已经吃饱，不可因怕浪费而继续吃剩余的食物。进食时应专心致志，享受食物，满足自身对进食的生理、心理需求，不要在进食时做其他事情，如看书、看电视、玩手机等。不要经常在三餐之外不定时进食零食，以免在不知不觉中进食过多食物。

4. 创造良好环境和氛围

环境条件刺激可导致额外进食，如果零食在家中随处可见、随手可得，很难控制能量的合理摄入。所以，食物应按需购置，多余的食物应分类存放妥当，按计划进食。

（三）适度的运动

运动可消耗能量，又可增强机体免疫力。当摄入能量过多时，可通过运动消耗，以维持平衡。因此预防肥胖的发生，应保证充足的运动时间及运动量。运动应以有氧运动为主。有氧运动是指躯干、四肢等大肌肉群参与为主的、有节律、时间较长、能够维持在一个稳定状态的身体活动。有氧运动的方式有很多，如步行、长跑、骑自行车、游泳、有氧健身操、爬山等。可根据自身的年龄、身体状况选择自己感兴趣的运动方式。《中国成人身体活动指南（试行）》（2011 年）中建议健康成人每日 6~10 千步当量（至少 4~6 个中等强度），每周 5~7d 中等强度有氧运动（高强度每周至少 3d），每天 30min，每次 10min以上（每周累计 150min）。中等强度活动是指心率达到个人最大心率（220 − 年龄）的60%~75%。

（四）保持心理健康

心理健康与肥胖密切相关，有人喜欢通过进食缓解压力，尤其是在情绪低落时进食大量甜食或高脂、高盐（薯片、薯条等），这些均有可能导致能量的过剩。因此，应关注心理问题，找到影响情绪的根本原因，并采取相应的解决措施，而不是通过进食转移注意力。

第二节　营养与心血管疾病

一、营养与动脉粥样硬化

（一）概述

动脉粥样硬化（atherosclerosis，AS）主要由脂质代谢障碍引起，一般先由脂质和复合糖类在动脉内膜积聚、出血，并形成血栓，而后纤维组织增生、钙质沉着，进而动脉中层蜕变、钙化。病变常累及弹性及大中等肌性动脉，一旦发展到阻塞动脉腔的程度，则该动脉所供应的组织或器官将缺血或坏死。由于在动脉内膜积聚的脂质外观呈现黄色粥样，因此称为动脉粥样硬化。AS 使动脉弹性降低，官腔变窄，临床上最常见的并发症是冠心病、心肌梗死和脑卒中。

研究发现，AS 不仅是一种炎症性疾病，而且属于一种代谢性疾病。肠道微生态的改变可对 AS 的发生发展产生双面影响。一方面，肠道菌群紊乱可以通过影响机体的胆碱代谢、氧化应激、炎症反应等机制直接促进 AS 产生和发展，此外，可通过导致 AS 危险因素肥胖、高脂血症、糖尿病等的产生这些间接机制促 AS 的进展。另一方面，益生菌及益生元的增加则可有效地降低肠道微生物内毒素产生、增强肠道屏障、减轻机体质量、缓解炎症反应、改善胰岛素抵抗，进而在 AS 的进展方面发挥重要作用。

（二） 膳食与动脉粥样硬化

1. 高脂膳食

AS 的形成与血脂的关系非常密切，其中主要与胆固醇和三酰甘油（TG）有关。血浆总胆固醇、LDL、TG 和脂蛋白 a［Lp（a）］的升高与 HDL 的降低是 AS 的危险因素。饱和脂肪酸是导致血胆固醇升高的主要脂肪酸，其中豆蔻酸的作用最强，其次为棕榈酸和月桂酸。

摄入富含单不饱和脂肪酸的橄榄油较多的地中海居民，尽管脂肪摄入总量较高，但冠心病的病死率较低。长链多不饱和脂肪酸，尤其是 $n-6$ 与 $n-3$ 系列多不饱和脂肪酸在防治 AS 方面起重要作用。$n-6$ 系列中的亚油酸能降低血清总胆固醇含量；$n-3$ 系列中的 $\alpha-$ 亚麻酸、EPA 和 DHA 能抑制肝内脂质及脂蛋白合成，能降低血胆固醇、TG、LDL、VLDL，增加 HDL，参与花生四烯酸代谢。而花生四烯酸的代谢产物可舒张血管及抗血小板聚集、防止血栓形成。但多不饱和脂肪酸含有较多双键，易发生氧化，摄入过多可导致机体氧化应激水平升高，从而促进动脉粥样硬化的形成和发展，增加心血管疾病的风险。因此，多不饱和脂肪酸并非摄入越多越好。

增加反式脂肪酸的摄入量，可使 LDL 胆固醇升高，HDL 胆固醇降低以及 Lp（a）升高，明显增加冠心病的风险。反式脂肪酸致 AS 的作用甚至比饱和脂肪酸更强。

摄入高胆固醇膳食是导致血清胆固醇升高的重要因素。磷脂作为一种强乳化剂，可使血液中胆固醇颗粒变小，易于通过血管壁为组织所利用，从而降低血胆固醇，避免胆固醇在血管壁的沉积，有利于防治 AS。

2. 碳水化合物

碳水化合物摄入过多时，多余的能量在体内转化为脂肪容易引起肥胖，并导致血脂代谢异常，同时过量的碳水化合物（主要是单糖和双糖）本身可以直接转化为内源性 TG，导致高血脂症特别是高 TG 血症的发生。膳食纤维有降低血总胆固醇的作用，因此，其摄入量与心血管疾病的风险之间呈现负相关。

3. 蛋白质

来自动物和植物的膳食蛋白质，尤其是大豆蛋白，对许多心脑血管疾病的危险因素有预防作用。有研究表明，蛋白质摄入量占总能量的 24% 时可显著降低心血管疾病的发病风险。但在通过动物性食品增加蛋白质时，如果不是选择瘦肉和脱脂乳，将会增加胆固醇的摄入，从而覆盖高蛋白膳食可能产生的健康效应。

4. 维生素和矿物质

由自由基介导的氧化反应及其产物在 AS 发生的过程中起重要作用。体内、外试验均表明，维生素 E、抗坏血酸、$\beta-$ 胡萝卜素及微量元素硒等有抗氧化和清除自由基的作用，因而被认为具有预防 AS 的作用。当叶酸、维生素 B_{12} 和维生素 B_6 缺乏时，血浆同型半胱氨酸浓度升高，可作为 AS 的独立危险因素。膳食中补充这类维生素可降低高血浆同型半胱氨酸对血管的损伤，以减轻 AS 的病理改变。

5. 其他膳食因素

少量饮酒可增加血 HDL 水平，大量饮酒则引起肝脏的损伤和脂代谢紊乱，导致血三酰甘油和 LDL 升高；茶叶中含有茶多酚等植物化学物，可抗氧化并降低胆固醇在动脉壁的堆积。大蒜和洋葱具有降低血胆固醇水平和提高 HDL 水平的作用。植物性食物中含有大量的植物化学物，如黄酮、异黄酮、有机硫化物、花青素类化合物和皂苷类化合物，均具有降低血浆胆固醇、抗氧化和抑制 AS 的作用。

（三） 动脉粥样硬化的膳食防治措施

膳食防治原则为：在平衡膳食的基础上，控制总能量和总脂肪，限制饱和脂肪酸和胆固醇，保证充足的膳食纤维和多种维生素，提供适量的矿物质和抗氧化营养素等。

1. 控制总能量的摄入，保持理想体重

能量摄入过多会引发肥胖，肥胖是 AS 的重要危险因素。因此应控制总能量摄入，适当增加运动，以保持标准体重。尤其对 40 岁以上人群，需要控制体重的过快增长。

2. 限制脂肪和胆固醇的摄入

限制膳食中脂肪的总量及饱和脂肪酸的摄入是防治 AS 的重要措施。膳食中脂肪提供的能量应占总能量的 20% ~ 25%，建议采用单不饱和脂肪酸和（或）多不饱和脂肪酸代替部分饱和脂肪酸，三者比例最好为 1∶1∶1。经常吃适量的瘦畜肉、禽肉及水产品。鱼类尤其是海鱼富含 $n-3$ 系列多不饱和脂肪酸，对心血管有保护作用，可适当增加。

血脂异常者应减少和限制动物性脂肪和含饱和脂肪酸较多的食物，如肥肉、猪油、骨髓、奶油及其制品、椰子油、可可油等；在可能的条件下，食用油尽量采用豆油、菜籽油、麻油、玉米油、茶油、米糠油等。冠状动脉粥样硬化者应严禁饱食或暴饮暴食，以免诱发心绞痛或心肌梗死。

3. 食物多样，谷类为主

多吃粗粮，粗细搭配，提高植物性蛋白质的摄入，尤其是提高大豆及大豆制品的摄入，限制单糖和双糖高的食品，少吃甜食和含糖饮料。

4. 多吃蔬菜、水果和薯类

蔬菜、水果能提供给机体充足的维生素、矿物质和膳食纤维等。叶酸、维生素 B_6、维生素 B_{12} 摄入量的增加可降低血清同型半胱氨酸的水平，膳食纤维可有效地降解血脂及血清胆固醇，有利于降低冠心病的发病率和死亡率。适当多吃具有促进心血管健康的作用的食物，如洋葱和香菇等，摄入富含黄酮类的植物性食物，有助于心血管的健康和抑制 AS 的形成。

5. 饮食清淡少盐

膳食中各类来源的钠均可影响机体的血压水平，因此应限制钠的摄入量，以降低冠心病的发病率。成人摄入的盐量应限制在 5g/d 以下。

二、 营养与高血压

（一） 概述

原发性高血压是一种以体循环动脉收缩压和（或）舒张期血压持续升高为主要特点的全身疾病。2012 年我国 18 岁以上居民高血压患病率为 25.2%，其中男性 26.2%，女性 24.1%，男性高于女性；18 ~ 44 岁、45 ~ 49 岁和 60 岁以上居民高血压患病率分别 10.6%、35.7% 和 58.9%，随着年龄增加而显著增高。另外我国高血压存在地区、城乡和民族差异。高血压的患病率呈现北方高于南方，华北和东北属于高发区；沿海高于内地；城市高于农村；高原少数民族地区患病率较高。我国的高血压诊断标准采用的是 WHO 和国际高血压学会给出的高血压诊断标准和分类，见表 7-3 所示。

表 7 - 3	血压水平的分类和定义	
类别	收缩压/mmHg	舒张压/mmHg
正常血压	<120	<80
正常高值	120 ~ 139	80 ~ 89
高血压	≥140	≥90
1 级高血压（轻度）	140 ~ 159	90 ~ 99
2 级高血压（中度）	160 ~ 179	100 ~ 109
3 级高血压（重度）	≥180	≥110
单纯收缩期高血压	≥140	<90

注：1mmHg = 133. 322Pa。

（二）膳食与原发性高血压的关系

1. 超重和肥胖

肥胖或超重是血压升高的重要危险因素，尤其是向心性肥胖是高血压危险性的重要指标。肥胖儿童高血压的患病率是正常体重儿童的 2 ~ 3 倍，成人肥胖者中也有较高的高血压患病率，超过理想体重20%者患高血压的危险性是低于理想体重20%者的 8 倍以上。高血压患者 60% 以上有肥胖或超重，肥胖的高血压患者更易发生心绞痛和猝死。

2. 脂类

增加多不饱和脂肪酸的摄入和减少饱和脂肪酸的摄入都有利于降低血压。临床研究发现，摄入鱼油 4. 8g/d 可使血压降低 1. 5 ~ 3mmHg（1mmHg = 133. 322Pa）。$n - 3$ 多不饱和脂肪酸有降压作用可能与改变前列腺素的代谢、改变血管内皮细胞的功能和抑制血管平滑肌细胞的增殖有关。

3. 高钠低钾膳食

有研究表明，调整影响血压的混杂因素后，居民食盐消费量与收缩压、舒张压呈明显的相关。每人食盐平均消费量在 6 ~ 11g/d、12 ~ 17g/d、≥18g/d 的人群高血压患病率分别为 <6g/d人群的 1. 09 倍、1. 14 倍和 1. 28 倍。因此，严格控制钠盐摄入量能有效降低血压。钾能促进钠排出，钾的摄入量与血压呈负相关，而我国居民膳食的特点却是高钠低钾。我国南方人群食盐摄入量平均 8 ~ 10g/d，北方人群 12 ~ 15g/d，均远远超过 WHO 推荐的 5g 标准。而我国成人钾的摄入量则远低于 WHO 的推荐量。高盐膳食不仅是高血压发生的主要危险因素，也是脑卒中、心脏病和肾病发生发展的危险因素。

4. 钙和镁

膳食中钙摄入不足可使血压升高，增加钙摄入则可降低血压。美国全国健康和膳食调查结果显示，钙摄入量低于 300mg/d 者与摄入量为 1200mg/d 者相比，高血压危险性高 2 ~ 3 倍。一般认为膳食中钙的摄入少于 600mg/d 就有可能导致血压升高。钙能促进钠从尿中的排泄可能是其降血压作用的机制。一般认为低镁与血压升高相关。摄入含镁高的膳食可降低血压。镁降低血压的机制可能是降低血管的紧张性和收缩性，减少细胞钙的摄取而引起的细胞质钙降低，促进产生具有舒张血管作用的物质等。

5. 饮酒

高血压患者中，有 5% ~ 10% 是因为过量饮酒造成的。少量饮酒后短时间内血压下降，但随后血压上升。大量饮酒刺激交感神经兴奋，心跳加快，血压升高及血压波动性增大。重度饮酒者脑卒中的死亡率是不常饮酒者的 3 倍。另外，精神长期过度紧张、吸烟和体力活动不足也是高血压的危险因素。

（三）原发性高血压的膳食防治措施

1. 控制总能量，保持理想体重

建议 BMI 应控制在 24 以下。减重的关键是"饮食适量，活动适度"，一方面减少总能量的摄入，强调减少脂肪、限制过多碳水化合物的摄入；另一方面需要增加体育锻炼，同时积极控制其他危险因素。

2. 减少膳食脂肪

改善动物性食品的结构，因为来自动物性食物的饱和脂肪酸和胆固醇是导致血脂异常的确定性危险因素。饱和脂肪酸主要存在于肥肉和动物内脏中；胆固醇主要存在于动物内脏、蟹黄、鱼子、蛋黄、鱿鱼中。减少反式脂肪酸的摄入，应少食含人造奶油的食品，包括西式糕点、巧克力派、咖啡伴侣、速食食品等。注意不饱和脂肪酸经高温或反复加热也会形成反式脂肪酸。家庭烹调建议使用带刻度油壶，将烹调油总量限制在 25g 以内。

3. 适量补充蛋白质

蛋白质摄入不足会影响血管细胞的代谢，血管老化加剧，加速高血压和动脉硬化的发生。富含蛋白质的食物包括牛乳、鱼类、鸡蛋清、瘦肉、豆制品。

4. 多吃蔬菜和水果

有研究表明素食者的血压比肉食者低，可能原因为：①蔬菜、水果含钾高，可促进体内钠的排出。②蔬菜、水果能量密度低，避免摄入过多能量。增加水溶性维生素，特别是维生素 C 的摄入。③增加膳食纤维，特别是可溶性膳食纤维的摄入。高血压患者摄入新鲜蔬菜 400～500g/d，水果 1～2 个/d。对伴有糖尿病的高血压患者，可在血糖稳定的前提下选择一些低糖或中等糖度的水果，如苹果、猕猴桃、草莓、梨和橙子等。

5. 减少钠盐，补充钾和钙

WHO 建议每人食盐用量以不超过 5g/d 为宜。避免高盐摄入的措施包括：使用限盐勺和尽量避免高盐食物和调味品。高盐食物包括榨菜、咸菜、腌菜、黄酱、辣酱、酱油、腌肉、咸肉、火腿肠、午餐肉、咸蛋、皮蛋、挂面等。为减少盐的食用量可以利用佐料、食物本身的风味来进行调味，如葱、姜、蒜、醋、青椒、番茄、洋葱、香菇等。增加富含钾、钙食物的摄入，如麸皮、赤豆、杏干、蚕豆、扁豆、冬菇、竹笋、紫菜等。

6. 限制饮酒

如饮酒，男性摄入乙醇的量以不超过 25g/d 为宜，女性则减半，孕妇不应饮酒。按此计算，白酒 < 25～50mL（25～50g）或葡萄酒 < 100～150mL（100～150g）或啤酒 < 250～500mL（250～500g）。

7. 增加体力活动

每个参加运动的人，特别是中老年人和高血压患者，应根据自身的状况和气候条件等决定运动的种类、强度、频度和运动持续时间。可选择步行、慢跑、太极拳、门球等。运动需在医师指导下进行，强度因人而异、量力而行。鼓励儿童和青年人进行身体活动（每天至少 30min）。运动时的适宜心率为 180 次（或 170 次）减去年龄，如 50 岁的人运动心率为 120～130 次/min。

8. 减轻精神压力，保持心理平衡

长期精神压力大和抑郁是引发高血压及其他一些慢性病的重要原因之一。这种精神状态会导致采用不健康的生活方式，如酗酒、吸烟等，并降低对抗高血压治疗的依从性。有精神压力和心理不平衡的人应减轻精神压力和改变心态，要正确对待自己、他人和社会，积极参加社会和集体活动。

（四）　高血压患者的膳食指导

根据我国原卫生部颁布的 WS/T 430—2013《高血压患者膳食指导》，高血压患者的膳食指导原则为：每天进食量要适当、保持适宜的体重（BMI = 18.5 ~ 23.9kg/m²）。食盐摄入量不超过 5g/d，推荐低盐膳食和高钾膳食，适当增加钙和镁的摄入量，戒酒，每天摄入充足的膳食纤维和维生素。在食物选择上，遵循食物多样化及平衡膳食的原则，尽量减少摄入富含油脂和精制糖的食物，限量食用烹调油。在饮食习惯上，进食应有规律，不宜进食过饱，也不宜漏餐。对高血压患者的食物选择有以下建议。

1. 谷类和薯类

增加全谷类和薯类食物的摄入，粗细搭配。视体力活动程度的不同，每日谷类和薯类的摄入量不同，轻、中度体力活动的患者推荐摄入谷类 150 ~ 400g/d，其中 1/3 ~ 1/2 为粗粮和杂粮。少食用或不食用加入盐的谷类制品，如咸面包、方便面、挂面等。

2. 动物性食品

选择鱼、虾、禽、蛋和瘦肉类食品，摄入鱼虾类 25 ~ 50g/d，禽肉 25 ~ 50g/d，蛋类 25 ~ 50g/d，畜肉类 25 ~ 50g/d。少食用或不食用高钠盐、高脂肪、高胆固醇的动物性食品。优先选择脱脂或低脂牛乳、酸奶，推荐摄入乳类 200 ~ 300g/d。

3. 豆制品

豆制品包括豆腐、豆浆、豆腐脑、豆腐干、豆腐丝等。推荐摄入豆腐干 50g/d，其他豆制品按水分含量折算。不宜食用豆豉、豆瓣酱、腐乳、臭豆腐、咸豆汁等。

4. 蔬菜和水果

蔬菜摄入量为 500g/d，至少 3 个品种，最好 5 个品种以上，且每日摄入的蔬菜中要有深色蔬菜、叶类蔬菜等；推荐食用富含钾的蔬菜，如菠菜、芥蓝、莴笋叶、空心菜、苋菜等；水果摄入量至少 200g/d，每天至少 1 个品种，最好 2 个品种以上。

5. 坚果

可适量食用坚果，每周 50g 左右，食用时应注意控制摄入的总能量，合并肥胖和超重者应注意防止摄入过多的脂肪，以免增加体重或导致减重失败。

6. 油脂

优先选择富含单不饱和脂肪酸的橄榄油、菜籽油、茶籽油以及含多不饱和脂肪酸的大豆油、玉米油、花生油等。尽量不食用动物油、椰子油、棕榈油。推荐交替食用不同种类的植物油，每天烹调油控制在 20 ~ 30g。少食用或不食用油炸和富含油脂的食品以及含反式脂肪酸的食品（如糕点、点心、人造黄油等）。

7. 酒

不宜饮酒，尽量戒酒。

8. 水、饮料

不宜饮用含糖饮料和碳酸饮料，可适量饮用白开水、茶水（红茶和绿茶）、矿泉水、低糖或无糖的水果汁和蔬菜汁，保证摄入充足的水分。

另外需要注意的是要少食用或不食用特别辛辣和刺激性食物，也不推荐饮用浓茶和咖啡。

（五） 高血压一周食谱举例

1. 周一

早餐：低脂牛乳 200g、燕麦 15g、馒头（面粉 50g）、拌黄瓜 100g。

加餐：葡萄 100g。

午餐：杂粮米饭（黑米 25g、大米 50g）、清蒸鱼 100g、香菇 5g、青菜 100g、丝瓜 100g、紫菜 5g。

加餐：梨 1 个。

晚餐：绿豆 10g、稀饭 25g、小花卷（面粉 50g）、肉末 50g、豆米 50g、番茄 100g、炒苋菜 150g。

加餐：酸奶 100g。

2. 周二

早餐：低脂牛乳 300g、青菜 100g、杂粮面 50g、炒芹菜 50g、干丝 50g。

加餐；苹果 1 个。

午餐：紫薯饭（紫薯 50g、大米 75g）、青椒 75g、葱头 100g、牛肉丝 75g、木耳 5g、瓠子 150g。

加餐：100g。

晚餐：杂粮米饭（薏米 25g、米 50g）、红烧鱼 100g、清炒生菜 150g。

3. 周三

早餐：低脂牛乳 300g、全麦面包 2 片、炒双丝（胡萝卜 50g、千张丝 50g）

加餐：橙子 1 个

午餐：杂粮米饭（红豆 25g、大米 75g）、虾仁 75g、芦笋 100g、木耳 5g、小白菜 100g。

加餐：柚子 100g。

晚餐：米饭（大米 75g）、肉末 50g、茄子 100g、香菇 5g、包菜丝 150g。

4. 周四

早餐：玉米碴粥 25g、花卷（面粉 50g）、煮鸡蛋 1 个、拌海带丝 100g。

加餐：萝卜 100g。

午餐：杂粮米饭（黑米 25g、大米 75g）、香菇（鲜）100g、烧鸡腿肉 75g、拌菠菜 100g。

加餐：猕猴桃 1 个、酸奶 150g。

晚餐：米饭（大米 75g）、肉丝 50g、四季豆 100g、干丝 100g、炒平菇 100g。

5. 周五

早餐：低脂牛乳 300g、燕麦 15g、肉包 1 个、炒包菜 100g。

加餐：橘子 100g。

午餐：红薯米饭（红薯 50g，大米 75g）、炒鱼片 75g、莴苣 100g、丝瓜 100g、紫菜 5g 汤。

加餐：香蕉 150g。

晚餐：米饭（大米 75g）、木须肉（肉 50g、鸡蛋 1 个、木耳 5g）、炒青菜 150g。

6. 周六

早餐：低脂牛乳 300g、燕麦 15g、煮玉米 200g、小葱拌豆腐 100g

加餐：芒果 100g。

午餐：米饭（大米 100g）、炒鸡丁（鸡脯肉 75g、黄瓜 75g、红椒 25g）

加餐：木瓜 100g。

晚餐：小米饭（小米 25g、大米 50g）、胡萝卜 100g、烧牛肉 75g、炒生菜 150g。

7. 周日

早餐：小米粥 25g、花卷（面粉 50g）、青菜 75g、千张丝 50g。

加餐：鲜枣 100g。

午餐：糙米饭（糙米 25g、大米 50g）、虾仁 75g、西芹 100g、百合 50g、蒸南瓜 100g。

加餐：葡萄 100g、酸奶 150g。

晚餐：米饭（大米 75g）、粉蒸鱼 75g、炒油麦菜 150g。

注意：全天烹调用油 25g，盐 3～5g（含酱油）。

三、 营养与脑卒中

（一） 概述

脑卒中是由脑血管阻塞或破裂引起的脑血流循环障碍和脑组织功能或结构损害的疾病。脑卒中可分为两大类，即缺血性脑卒中和出血性脑卒中，包括脑出血、脑血栓形成、脑栓塞、脑血管痉挛等。

流行病学研究表明，我国每年有 150 万～200 万新发脑卒中病例，校正年龄后的脑卒中发病率为（116～219）/10 万人口，死亡率为（58～142）/10 万人口。目前我国现存脑血管患者 700 余万人，其中 70% 为缺血性脑卒中，有相当的比例伴有多种危险因素，是复发性脑卒中的高危个体。

（二） 脑卒中的危险因素

1. 年龄和性别

随着年龄的增长，脑卒中的危险性持续升高，55 岁以后每 10 年脑卒中的危险性增加 1 倍。脑卒中的发病率男性高于女性，男女比为（1.1～1.5）:1。

2. 心血管疾病

很多研究证实，脑卒中发病率和死亡率的上升与血压升高有着十分密切的关系。在控制了其他危险因素后，收缩压每升高 10mmHg（1mmHg = 133.32Pa），脑卒中发病的相对危险增加 49%，舒张压每升高 10mmHg，脑卒中发病的相对危险增加 46%。单独的心房颤动可以使脑卒中的风险增加 3～4 倍。心房颤动患者脑卒中的发生率达到 12.1%，以缺血性为主，明显高于非心房颤动的人群（2.3%）。除了心房颤动外，其他类型的心脏病也可能增加血栓性脑卒中的危险。美国的一项前瞻性研究结果表明，无论血压水平如何，有心脏病者发生卒中的危险比无心脏病者高 2 倍以上。

3. 血糖、血脂异常

糖尿病是缺血性脑卒中的独立危险因素。针对糖尿病的多种危险因素进行有效干预治疗后，脑卒中的风险会降低。血脂异常与缺血性脑卒中发生率有明显的相关性。有研究发现，总胆固醇每升高 1mmol/L，脑卒中的发生率会增加 25%；而高密度脂蛋白每升高 1mmol/L，缺血性卒中的发生率可减少 47%。

4. 不良生活方式

有研究表明吸烟者与不吸烟者相比，缺血性脑卒中的相对危险度（RR）是 1.9，蛛网膜下腔出血的 RR 是 2.9。长期被动吸烟同样是脑卒中的危险因素。控制其他因素后，长期被动吸烟者比不暴露于吸烟环境者脑卒中发生的相对危险增加 1.82 倍。

体力活动能够降低不同性别、种族和不同年龄人群的脑卒中危险。有研究表明，与缺乏运动的人群相比，体力活动能降低脑卒中或死亡风险的 27%；与不锻炼的人群相比，中等运动强度能够降低脑卒中风险 20%。

5. 肥胖

我国对 10 个人群的前瞻性研究表明，肥胖者缺血性脑卒中发病的 RR 值为 2.0。国外有研究显示男性腹部肥胖和女性 BMI 增高是脑卒中的独立危险因素。大量临床研究显示，无论是否高血压患者，体重减轻都可以引起血压水平下降，从而降低发生脑卒中的风险。

（三）脑卒中患者的膳食指导

根据国家卫计委 2017 年 8 月 1 日发布的 WS/T 558—2017《脑卒中患者膳食指导》，脑卒中患者的平衡膳食原则为：选择多种食物，达到营养合理，以保证充足的营养和适宜的体重（$18.5kg/m^2 \leqslant BMI < 24.0kg/m^2$）。每日推荐摄入谷薯类，蔬菜、水果类，肉、禽、鱼、乳、蛋类，豆类，油脂类共五大类食品。做到主食粗细搭配。烹调时多用蒸、煮、炖、拌、汆、煨、烩等少盐少油烹调方式，同时可减少咀嚼，易于消化吸收。对脑卒中患者的食物选择建议如下。

1. 谷薯类

保证粮谷薯类食物的摄入量在 200~300g/d。优选低糖高膳食纤维的种类，如莜麦、荞麦、玉米面、小米、燕麦、麦麸、糙米等。

2. 动物性食品

建议禽肉类食物的摄入量在 50~75g/d。优选低脂肪高优质蛋白的种类，如鸽肉、火鸡腿、鸡胸肉、牛里脊、猪里脊等。建议鱼虾类食物的摄入量在 75~100g/d。优选低脂肪高优质蛋白的种类，且含丰富多不饱和脂肪酸的食物，如海参、鲢鱼、青鱼、鲤鱼、带鱼、鳗鱼、鳕鱼等。建议蛋类摄入量在 25~50g/d。对伴有高血压、血脂异常、糖尿病的脑卒中患者，应少吃蛋黄，可 2~3d 吃一个。建议饮 300g/d 乳或相当量的乳制品。优先选低脂肪、脱脂乳及其制品。

3. 豆类及其制品

建议摄入 30~50g/d 大豆或相当量的豆制品。优选绿豆、黑豆、红小豆、黄豆、豆浆、豆腐、豆汁等。

4. 蔬菜

脑血管疾病患者建议蔬菜摄入量为 500g/d 以上，以新鲜绿叶蔬菜为主，如菠菜、油菜、空心菜、生菜、莴笋叶等。

5. 水果

不伴有高血糖的脑血管疾病患者水果摄入量为 150g/d 左右。可优选西瓜、橙子、柚子、柠檬、桃子、杏、猕猴桃、枇杷、菠萝、草莓、樱桃、火龙果等。

6. 坚果

建议每周可摄入 50g 左右。优选开心果、大杏仁、白瓜子、核桃等。

7. 油脂

以植物油为主，不宜食用含油脂过高及油炸类食物，如肥肉、动物油等。

8. 调味品

不宜食用含盐高的菜品或腌制品，如咸肉、咸菜、熏酱食物等。食盐摄入量不超过 5g/d，如果合并高血压，则不应超过 3g/d。不宜吃辛辣调味品及咖啡、浓茶等刺激食物。

9. 酒

脑卒中患者应限制饮酒。康复后如要饮酒，推荐女性饮用酒的酒精量不超过 15g/d，男性不超过 25g/d。15g 酒精相当于 450mL 啤酒，150mL 葡萄酒或 50mL 低度白酒。

10. 无添加糖食品

如选用阿斯巴甜、食用糖精等制作的食物。

第三节　营养与癌症

一、概　　述

世界癌症研究基金会（WCRF）和美国癌症研究所（AICR）对癌症的定义为：癌症是由于细胞遗传信息改变导致难以控制的细胞增殖为特点的 100 多种疾病的总称。根据《2013 年中国肿瘤登记年报》，我国每年新发恶性肿瘤病例约为 60 万，按照平均寿命 74 岁计算，一生患恶性肿瘤的概率高达 22%。其中，肝癌、肺癌、食管癌、胃癌、结直肠癌、女性乳腺癌和胰腺癌为主要死因。

二、影响癌症发生发展的营养膳食因素

（一）膳食模式

膳食模式可影响癌症的发生和种类。膳食中谷类多，动物性食品相对少的人群，上呼吸道和消化道癌症、胃癌、原发性肝癌、子宫颈癌的发生较多；膳食中植物性食品较少，动物性食品较多的人群，好发结肠癌、乳腺癌、卵巢癌、子宫内膜癌、前列腺癌等。《2013 年中国肿瘤登记年报》显示，城市地区肺癌、乳腺癌、结直肠癌等明显增加。

（二）能量

能量间接反映出三大产能营养素的摄入状况。婴幼儿期增重过快、月经初潮过早（两者都与膳食能量有关）可增加乳腺癌的危险性，摄入高能量的食品可增加患乳腺、直肠、子宫内膜、膀胱、肾、卵巢、前列腺和甲状腺癌的危险性。

（三）宏量营养素

人群流行病学调查显示，高脂肪膳食地区和国家人群的结直肠癌及乳腺癌的发病率及死亡率高，尤其与动物脂肪的摄入量成正相关。过多摄入脂肪可增加子宫内膜癌、前列腺癌、

卵巢癌、睾丸癌等的发病率和病死率。有研究结果提示膳食蛋白质摄入量低时食管癌和胃癌发生的危险性增加；富含蛋白质的食品，尤其是动物蛋白质摄入过高可诱发结肠癌、乳腺癌和胰腺癌，但上述结论尚存在争议。有研究提示，摄食精制糖与乳腺癌、结直肠癌的危险性增加有关，高淀粉食物可能增加胃癌的危险性；而高膳食纤维摄入可降低胃癌、乳腺癌、结直肠癌的患病风险。

（四）微量营养素

多项流行病学研究提示，膳食中 β - 胡萝卜素对肺癌、食管癌、子宫颈癌、喉癌、卵巢癌、子宫内膜癌、膀胱癌的发生有保护作用。我国林县的干预研究发现，补充 15mg/d 的 β - 胡萝卜素、30mg/d 维生素 E 和 50μg/d 硒可使总癌死亡率降低 10%，胃癌死亡率降低 20%。大量人群调查显示，癌症的发病率与人群新鲜蔬菜和维生素 C 的摄入量成反比。维生素 C 摄入量增加可降低喉癌、胰腺癌及宫颈癌发生的危险性。有研究提示，摄入维生素 E 量多者，患食管癌的危险性较低。Meta 分析提示，叶酸摄入量与食管癌、胰腺癌风险降低有关。我国研究也提示，叶酸摄入过多或过少均对乳腺癌的发生存在不良影响。实验室和临床数据提示维生素 D 有防止乳腺癌发生和进展的作用。

有研究表明，补充钙可降低结直肠癌的危险性，钙摄入量与结肠癌的危险性之间可能存在剂量 - 反应关系。但是膳食钙摄入过高可能是前列腺癌的危险因素，因此补钙应适量。研究提示，补充硒具有降低胃癌、前列腺癌、肺癌和结直肠癌的作用。锌与机体免疫系统关系密切，我国河南食管癌调查发现，锌含量与发病率呈负相关。碘过多和缺乏都会增加甲状腺癌的患病风险，食管癌高发与钼摄入过低有关。

三、 膳食营养与癌症预防

WCRF 和 AICR 于 2007 年联合发表了《食物、营养、体育锻炼与癌症预防：全球视野》——世界癌症研究基金大会报告。报告指出，癌症的发生与环境因素关系最为密切，通过避免和改变这些环境因素可大幅度降低癌症发病率。专家在报告中给出了 10 项预防癌症的建议。

（一）控制身体的肥胖度

肥胖是癌症发生的重要危险因素之一，会升高直肠癌、肾癌、胰腺癌、食管癌、子宫内膜癌和乳腺癌的发病率。因此应确保从童年期到青春期的体重增长趋势，到 21 岁时使体重能处于正常的 BMI 下限，从 21 岁时起保持体重在正常范围，在整个成年期避免体重增长和腰围增加。

（二）进行适当强度的身体活动

适当的体育运动有助于改善机体的新陈代谢，增强机体的免疫力和控制体重，从而达到预防癌症的目的。每天至少 30min 的中度身体活动（相当于快走），随着身体适应能力的增加，每天 60min 或以上的中度身体活动，或者 30min 以上的重度身体活动，避免长时间看电视、久坐等不良习惯。

（三）严格控制高能量密度的食物

为了预防和控制体重增加、超重和肥胖，应限制摄入高能量密度的食物。高能量食物一般指能量超过 125kcal/100g（1kcal = 4.18kJ）的食物，这类食物含有过多的脂肪和简单糖类，缺乏其他营养素。应限制食用含糖饮料（主要指添加糖的饮料；也要限制果汁的摄入）、甜点、冰淇淋等。

（四） 多摄入植物性食物

每日至少吃 5 种（至少 400g）不同种类的非淀粉蔬菜和水果；每餐都吃相对未加工的谷类和（或）豆类，限制精加工的淀粉性食物。尽量选择颜色鲜艳的植物性食物，如蓝莓、西蓝花、卷心菜、番茄等。多食用富含纤维的谷类和豆类，增加膳食纤维的摄入。

（五） 限制红肉摄入， 少吃加工肉制品

限制红肉（指饲养动物的牛肉、猪肉、羊肉）的摄入，避免加工的肉制品（指通过烟熏、腌制或加入化学防腐剂进行保存的肉类）。建议每周摄入红肉少于 500g。

（六） 限制含乙醇饮料

过度饮酒可增加直肠癌、乳腺癌、食管癌、口腔癌、咽喉癌的发病率。因此，如果饮酒，男性每天不超过 2 份，女性不超过 1 份（一份酒大约含有 10～15g 乙醇），儿童和孕妇不能饮酒。该项建议涵盖了所有含乙醇的饮料，无论是啤酒、葡萄酒、烈性酒（白酒），还是其他含乙醇饮料。

（七） 注意食物的保存、 加工和制作

避免盐腌或咸的食物；避免用盐保存食物；为保证盐摄入量低于 6g/d（2.4g/d 钠），限制摄入含盐的加工食品；不吃发霉谷类或豆类。

（八） 通过膳食满足营养需求， 慎用膳食补充剂

强调通过膳食本身满足营养需要，在某些疾病或膳食不足的情况下，补充剂可能有用，但不推荐使用膳食补充剂预防癌症。有研究表明，高剂量营养补充剂可能有保护作用，也可能诱发癌症。对健康人而言，最好通过高营养素膳食来解决营养素摄入不足的问题，而不是通过补充剂，因为补充剂不会增加其他可能的有益食物成分的摄入。

（九） 坚持母乳喂养

有关癌症以及其他疾病的证据表明，持续的完全母乳喂养对母亲和孩子均有保护作用。母乳喂养可减少母亲乳腺癌的发病风险，还可减少婴儿日后超重和肥胖的危险性。因此，建议完全母乳喂养婴儿 6 个月，而后在添加辅食的同时继续进行母乳喂养。

（十） 癌症治愈者要严格遵循专家提出的以上建议

上述建议同样适用于癌症的治愈者，可预防癌症的复发，或预防第二种原发性癌症的发生。研究表明，多数癌症是可以预防的，合理、平衡的膳食可以预防 30%～40% 的癌症；再加上控制体重、适当运动，可以更有效地降低癌症的发生率。

四、 恶性肿瘤患者的膳食指导

根据我国卫计委 2017 年 8 月 1 日发布的 WS/T 559—2017《恶性肿瘤患者膳食指导》，恶性肿瘤患者应当合理膳食，适当运动，保持适宜的、相对稳定的体重。食物选择应多样化，适当多摄入富含蛋白质的食物，多吃蔬菜、水果和其他植物性食物，多吃富含矿物质和维生素的食物。限制精制糖摄入。对食物选择的建议如下。

1. 谷薯类

保持每天适量的谷类食物摄入，成年人摄入 200～400g/d 为宜。在胃肠道功能正常的情况下，注意粗细搭配。

2. 动物性食品

适当多吃鱼、禽、蛋类，减少红肉摄入。对于放化疗胃肠道损伤患者，推荐制作软烂细碎的动物性食品。

3. 豆类及豆制品

每日适量食用大豆及豆制品。推荐摄入约 50g/d 等量大豆，其他豆制品按水分含量折算。

4. 蔬菜和水果

推荐蔬菜摄入量 300g~500g/d，建议摄入各种颜色蔬菜、叶类蔬菜。水果摄入量 200~300g/d。

5. 油脂

使用多种植物油作为烹调油，在 25~40g/d。

另外，应避免酒精摄入，限制烧烤（火烧、炭烧）或腌制和煎炸的动物性食品。

第四节 营养与糖尿病

一、概 述

（一）糖尿病的分型及诊断标准

糖尿病是由于胰岛素缺陷及（或）生物学作用障碍引起的以高血糖为特征的代谢性疾病。如果病情不能得到及时有效的控制，慢性高血糖将导致各脏器，特别是肾、眼、神经及心血管的长期损害、引起功能不全和衰竭。

根据 WHO 和国际糖尿病联盟（IDF）1999 年的分类，糖尿病基本分为 1 型（胰岛素依赖型）、2 型（胰岛素非依赖型）、特殊类型糖尿病和妊娠糖尿病四种。1 型糖尿病好发于儿童及青少年时期，发病急，初期有明显的体重下降，"三多一少"症状典型，易发生酮症酸中毒。2 型糖尿病任何年龄均可发生，40 岁以上发病率高。发病初期多为肥胖或超重体型，发病隐匿，症状不明显。1 型和 2 型糖尿病又称原发性糖尿病。妊娠糖尿病指妇女在妊娠期间发生或者首次发现的糖尿病。特殊类型糖尿病包括 β 细胞功能基因缺陷型、胰岛素基因缺陷、胰腺外分泌疾病、内分泌疾病和药物或化学物质所致的糖尿病等。

根据 WS 397—2012《糖尿病筛查和诊断》，诊断葡萄糖调节受损（IGR）的血糖切点见表 7-4 所示。IGR 包括空腹血糖受损（IFG）和葡萄糖耐量受损（IGT）。

表 7-4 诊断 IGR 的血糖切点

检测指标	IGT	IFG	正常血糖水平
空腹血糖	<7.0mmol/L (126mg/dL)	≥6.1 mmol/L (110mg/dL) 但 <7.0mmol/L (126mg/dL)	<6.1mmol/L (110mg/dL)

续表

检测指标	IGT	IFG	正常血糖水平
OGTT（口服葡萄糖耐量试验）2h 血糖	≥7.8mmol/L（140mg/dL）但<11.1mmol/L（200mg/dL）	<7.8mmol/L（140mg/dL）	<7.8mmol/L（140mg/dL）

注：血糖指静脉血浆葡萄糖。

IGR 的诊断应注意：①IGT 诊断应同时满足空腹血糖和 OGTT2h 血糖两项指标；②IFG 诊断应至少满足空腹血糖的诊断指标，如果已测定 OGTT2h 血糖也应满足诊断指标；③正常血糖水平应同时满足空腹血糖和 OGTT2h 血糖两项指标。IGR 患者应定期进行随访和糖尿病筛查，以确定是否发展为糖尿病。

具有典型的糖尿病症状（三多一少），并符合下列任何一条者即可诊断为糖尿病，①空腹血糖≥7.0mmol/L（126mg/dL）；②OGTT2h 血糖≥11.1mmol/L（200mg/dL）；③随机血糖≥11.1mmol/L（200mg/dL）。无明确的糖尿病症状者，只有符合①或②才可作为诊断条件，并且需在另一天进行复查核实。

（二）糖尿病的流行现状与研究进展

2015 年全球 20~79 岁人群中糖尿病病人数量上升到 4.15 亿，糖尿病患病率为 8.8%（大致在 7.2%~11.4%），预计到 2040 年全球 20~79 岁人群中将有 6.42 亿糖尿病病人，患病率会上升到 10.4%（大致在 8.5%~13.5%）。我国糖尿病患者数增长迅速，2007 年约为 3980 万，根据 IDF 估计，到 2025 年将达到 5930 万。

近年来研究发现，2 型糖尿病患者肠道菌群结构及功能与健康人不同，它可以影响宿主的营养及能量代谢、炎症反应等。中国人群研究显示，肠道菌群中产丁酸菌减少，而潜在致病菌增多；欧洲人群研究显示 T2DM 肠道菌群中挑剔真杆菌和小肠拟杆菌减少，梭状梭菌增多。芬兰一项研究运用高通量测序技术分别测定研究对象肠道菌群的结构分布，结果发现，1 型糖尿病患者肠道菌群分布的多样性和稳定性较正常对照者低。后续的一些研究结果提示，1 型糖尿病患儿的肠道菌群是失衡的，一些菌群的比例发生变化，如放线菌门/厚壁菌门、厚壁菌门/拟杆菌门的比例降低，一些有益菌群，如产生丁酸盐的细菌数量减少。

二、糖尿病的营养防治原则

（一）合理控制总热量

控制总能量摄入，以维持或略低于理想体重为宜。体重低于理想体重者，能量摄入可适当增加 10%~20%。肥胖者应减少能量的摄入，使体重逐渐下降至理想体重值的 ±5% 范围内。糖尿病患者一日总能量根据其年龄、身高、体重、劳动强度而定，具体见表 7-5 所示。

表7-5　　　　　　　　糖尿病患者能量供应量　　　　单位：kJ（kcal）/（kg·d）

不同劳动强度	体重		
	消瘦	正常或轻度不良	肥胖
重体力劳动	188~209（45~50）	167（40）	146（35）
中体力劳动	167（40）	146（35）	125（30）
轻体力劳动	146（35）	125（30）	84~105（20~25）
卧床	84~105（20~25）	63~84（15~20）	63（15）

注：患者实际体重（kg）/理想体重（kg）×100%=80%~120%为正常或轻度不良（体型），小于80%为消瘦体型，大于120%为肥胖体型。

（二）　保证碳水化合物的摄入

碳水化合物比其他任何食物更容易导致血糖升高，关键是摄入量要正确。淀粉类食物、水果和甜品都含有大量的碳水化合物。碳水化合物的供给量应占总热量的50%~60%，成年患者主食摄入量为250~400g/d，肥胖者酌情可控制在200~250g/d。使用胰岛素治疗者可适当放宽，对单纯膳食控制而又不满意者可适当减少。

（三）　增加膳食纤维的摄入

膳食纤维能延缓食物在胃肠道内的消化吸收，可以控制餐后血糖上升的幅度，有效地改善糖代谢，降低餐后血糖，增加饱腹感。膳食纤维摄入量应达到2013年中国DRIs建议我国成人膳食纤维的摄入量，即25~30g/d，鼓励每日谷物至少1/3为全谷物食物，蔬菜水果摄入量至少达到500g/d。

（四）　限制脂肪和胆固醇的摄入

建议每日脂肪摄入量占总热量的25%~30%，其中饱和脂肪摄入量小于总能量的10%，多不饱和脂肪酸摄入量不宜超过总能量的10%，单不饱和脂肪酸摄入量占总能量的10%为好，胆固醇摄入量低于300mg/d，合并高脂血症者应低于200mg/d。如果患者是正处于生长发育阶段的儿童或是血脂不高也不肥胖者，不必过度限制胆固醇，特别是蛋类食品，可每天吃一个鸡蛋。

（五）　适量摄入蛋白质

糖尿病患者机体糖异生作用增强，蛋白质消耗增加，易出现负氮平衡，为维持肌肉的体积和能量消耗的需要，应保证蛋白质摄入量占总热量的15%~20%，其中1/2来自优质蛋白质食物。

（六）　控制宏量营养素的最佳比例

糖尿病患者能量来源的最合适比例建议，碳水化合物50%~60%，脂肪20%~30%，蛋白质15%~20%。

（七）　满足维生素和矿物质的需要

糖尿病患者经常有微量营养素缺乏，调节维生素和矿物质的平衡，有利于纠正糖尿病患者代谢紊乱，防治并发症。常见微量营养素与糖尿病防治之间的关系见表7-6所示。

表 7 - 6　　　　　　　　　　　常见微量营养素与糖尿病防治的关系

营养素	防治意义
维生素 C	改善微血管循环，缓解糖尿病患者早期视网膜病变
B 族维生素	病情控制不好的患者糖异生作用旺盛，对 B 族维生素需求量增加；改善神经症状
维生素 E	预防心、脑血管病发症
锌	与胰岛素的合成、分泌、储存、降解、生物活性及抗原性有关，能协助葡萄糖在细胞膜上的转运
三价铬	是"葡萄糖耐量因子"的组成成分，有利于改善糖耐量
硒	参与谷胱甘肽过氧化物酶的构成，该酶可降低机体脂质过氧化反应，有保护心肌细胞、肾小球及视网膜免受自由基损伤的作用
锰	改善机体对葡萄糖的耐受性
锂	促进胰岛素的合成和分泌
钙	防治骨质疏松
钠、钾、镁	纠正酸中毒时出现的电解质紊乱

三、 糖尿病的膳食原则

（一） 食物种类多样化

每日应均衡摄入谷薯类、蔬菜水果类、肉鱼蛋乳豆类、油脂类。主食粗细搭配，副食荤素搭配。其中高碳水化合物低蛋白质食物应少食，如马铃薯、芋头、藕、山药、胡萝卜等，或代替部分主食来食用。烹调用油不超过 25 ~ 30g/d，以植物油为主。烹调方式以蒸、煮、烩、炖为主。加餐可选用花生、核桃等坚果类食物，但应严格控制食用量，大约 15 粒花生米或 30 粒瓜子或 2 个核桃就相当于 10g 油脂。

（二） 餐次安排合理

每日至少三餐，且应定时、定量，生活要有规律。注射胰岛素或易出现低血糖者，要求在三次正餐之间增加 2 ~ 3 餐，临睡前 0.5h 加餐更重要。加餐食物可以由正餐匀出 25g 主食即可。三餐最好是主、副食搭配，既符合营养平衡要求，又有益于胰岛素的分泌。

（三） 饮酒

乙醇吸收快却不能较长时间维持血糖水平，还可使糖负荷后的胰岛素分泌增加，易造成接受胰岛素、降糖药治疗的患者发生低血糖。长期饮酒会引起肝功能受损，降低脂肪在体内的消耗率。因此，血糖控制不佳的糖尿病患者不应饮酒。对血糖控制良好的患者可适量饮酒，但需严格设计饮食计划。最好选择低度酒，如啤酒、葡萄酒等。《中国居民膳食指南（2016）》中要求，以酒精量计算，建议成年男性和女性最大饮酒的酒精量不超过 25g/d 和 15g/d。不同酒的对应饮酒量如表 7 - 7 所示。

表7 –7 不同酒对应的饮酒量

类别	15g 酒精	25g 酒精
啤酒	450mL	750mL
葡萄酒	150mL	250mL
38% 酒精度白酒	50mL	75mL
高度白酒	30mL	50mL

（四）外出就餐的膳食原则

（1）蒸、煮、烤、炖、烩、凉拌的食物因用油少是较为合适的选择。

（2）如欲选用油炸肉类须选择可去皮者（如炸鸡腿），于去皮后食用。

（3）不选择裹粉或勾芡黏稠的菜式。

（4）碎肉制品如肉丸、肉饼、火腿、香肠或其他不明成分的食物不宜食用。

（5）可多选择青菜以增加饱腹感，但应注意减少油脂的摄入。

（6）少吃菜汤汁，因为汤汁中含有大量的油、淀粉或面粉。

（7）选用清汤代替浓汤并舍去浮于上层的油脂。

（8）不选择糖醋菜式。

四、糖尿病患者一周食谱举例

1. 星期一

早餐：窝头1个（玉米面50g）、牛乳250mL、鸡蛋1个、凉拌豆芽50g。

加餐：蓝莓100g。

午餐：米饭100g、雪菜豆腐（雪菜50g，豆腐100g）、肉丝炒芹菜（肉丝50g，芹菜100g）。

晚餐：馒头1个（100g）、盐水大虾（75g）、鸡片炒油菜（鸡胸肉50g，油菜100g）。

2. 星期二

早餐：全麦面包50g、豆浆1杯400mL、茶鸡蛋1个、凉拌苦瓜50g。

加餐：葡萄100g。

午餐：烙饼2块100g、口蘑冬瓜（口蘑25g，冬瓜100g）、牛肉丝炒胡萝卜（牛肉50g，胡萝卜50g）。

晚餐：米饭1碗（100g）、鸡汤豆腐小白菜（豆腐50g、小白菜100g）、清炒虾仁黄瓜（虾仁75g，黄瓜100g）。

3. 星期三

早餐：蔬菜包子1个50g、牛乳250mL、鸡蛋1个、拌白菜心50g。

加餐：苹果100g。

午餐：荞麦面条100g、番茄炒鸡蛋（番茄100g、鸡蛋1个）、素鸡菠菜（素鸡50g、菠菜100g）。

晚餐：紫米馒头100g、香菇菜心（香菇50g、菜心100g）、砂锅小排骨（75g）。

4. 星期四

早餐：豆包 100g、豆浆 400mL、鸡蛋 1 个、凉拌三丝（紫甘蓝 25g、金针菇 25g、黄瓜 25g）。

午餐：玉米面馒头 1 个、牡蛎茼蒿豆腐汤（牡蛎肉 3 枚、豆腐 50g、茼蒿 100g）、素烧茄子（茄子 100g）。

晚餐：米饭 1 碗、蒜蓉芸豆丝（大蒜 20g、芸豆 100g）、椒油圆白菜（50g）。

5. 星期五

早餐：牛乳燕麦粥（牛乳 250mL、麦片 15g）、鸡蛋羹（鸡蛋 1 个）、海米拌芹菜（海米 15g、芹菜 50g）。

午餐：荞麦大米饭 1 碗、青椒肉丝（肉丝 50g、青椒 100g）、香菇豆腐汤（香菇 50g、豆腐 50g）。

晚餐：花卷 1 个、醋椒鱼（鲢鱼 100g）、番茄炒扁豆（番茄 50g，扁豆 100g）。

6. 星期六

早餐：全麦小馒头 1 个，豆浆 400mL，鸡蛋 1 个，拌莴笋丝 50g。

午餐：茭白鳝丝面（茭白 100g，鳝丝 50g，面 100g），醋熘大白菜 100g。

晚餐：葱油饼 1 张、芹菜香干（芹菜 100g、香干 50g）、紫菜冬瓜汤（紫菜 5g，冬瓜 100g）。

7. 星期日

早餐：牛乳 250mL，鸡蛋 1 个，馒头 1 个，凉拌空心菜 50g。

午餐：烙饼 1 张，酱牛肉（50g），醋烹豆芽菜（150g）。

晚餐：米饭 1 碗，肉末烧豆腐（肉末 30g、豆腐 100g），蒜蓉菠菜（大蒜 20g，菠菜 150g）。

第五节 营养与免疫功能

一、营养素对免疫功能的影响

人类机体作为一个开放的智能复杂体系，细胞之间通过循环系统进行物质、能量和信息交流，这显然是其健康生存的基础，失去这些交流，就意味着死亡，不论是在器官、组织、细胞或分子水平都是如此。细胞之间的物质、能量与信息交流依赖于循环系统，而循环系统则依赖于消化系统，消化系统又依赖于饮食，包括免疫细胞在内的所有细胞、组织和器官都必然依赖于营养的传感与供应所形成的物质和能量平衡。换言之，机体营养经过胃肠系统的传感和吸收，再经过循环系统输送到机体的所有细胞，为它们的代谢、调节与生命活动提供基本能量、物质和信息需求，在它们之间形成物质、能量和信息交流网络。

（一）蛋白质、氨基酸对免疫功能的影响

蛋白质缺乏会使免疫功能受损，主要表现为 T 淋巴细胞数量减少，细胞免疫功能受损；

抗原抗体结合反应和补体浓度下降；吞噬细胞的吞噬能力、NK 细胞（自然杀伤细胞）的杀伤能力下降。

氨基酸可促进淋巴细胞的增殖和成熟，提高 NK 细胞的活性。氨基酸缺乏可导致体液免疫和细胞免疫功能低下。例如谷氨酰胺可增加机体免疫应答，被不同的免疫组织利用；牛磺酸可抑制氧自由基诱导的细胞毒性，维持免疫细胞的杀菌活性和宿主细胞的免疫功能。

（二）脂肪酸对免疫功能的影响

$n-3$ 多不饱和脂肪酸与 $n-6$ 多不饱和脂肪酸的比例是影响细胞免疫功能的重要因素。细胞膜中 $n-6$ 多不饱和脂肪酸的比例升高可抑制机体的细胞免疫功能，导致 NK 细胞和 T 细胞的功能降低。$n-3$ 多不饱和脂肪酸的比例升高可抑制花生四烯酸的代谢，减轻机体的炎症反应，保护免疫系统不受损伤。必需脂肪酸可通过改变细胞膜的脂质成分影响免疫细胞的活性，直接影响细胞膜的磷脂组成。

（三）维生素对免疫功能的影响

维生素 A 是 T 淋巴细胞生长、分化和激活过程中不可缺少的因子；可促进 B 淋巴细胞产生抗体；也可增强单核吞噬系统的功能，增加 NK 细胞的活性。维生素 E 因其具有较强的抗氧化功能，可保护 T 淋巴细胞和 B 淋巴细胞免受活性氧的损伤，维持正常的免疫应答功能。抗坏血酸可增加抗体、补体的含量，促进免疫应答反应；参与吞噬细胞及补体系统的活化；增强巨噬细胞的吞噬作用和 NK 细胞的杀伤作用；促进淋巴细胞增殖，提高 T 淋巴细胞的比例。维生素 B_6 缺乏可导致胸腺和脾重量减轻，发育不全，淋巴细胞减少和淋巴结萎缩，特异性抗体反应减弱。

（四）矿物质对免疫功能的影响

锌缺乏可引起免疫组织受损，免疫功能降低，胸腺和脾脏重量减轻，T 细胞功能障碍，对感染的易感性增加。补充锌可提高机体免疫力，对呼吸道感染、腹泻等疾病具有防治作用。硒可促进 T 淋巴细胞产生抗体，使血液免疫球蛋白水平增高或维持正常，增强机体对抗原产生抗体的能力。硒能增强淋巴细胞转化和迟发型变态反应，能促进巨噬细胞的吞噬功能。

二、AIDS 与营养的关系

AIDS 即获得性免疫缺陷综合征，是一种可累及多器官、多系统的免疫缺陷性疾病，流行广泛，病死率高，目前尚无有效治疗措施。该病由 HIV 感染引起，病毒在体内可大量复制，在 CD4 T 细胞（辅助性 T 细胞）中潜伏，直至免疫细胞进行性减少，功能丧失。典型的 HIV 感染包括急性感染期、无症状感染期、艾滋病前期及艾滋病期，常表现为发热、体重减轻、淋巴结肿大等，典型症状为严重感染、肿瘤、神经系统异常等。AIDS 与营养的关系非常密切，可影响多种营养素的代谢，由此导致多种症状或疾病。

（一）蛋白质、能量缺乏

充足的蛋白质对于免疫功能的维持非常必要，而 HIV 感染者和 AIDS 患者由于食欲下降，主动进食减少，多数出现蛋白质不足，呈负氮平衡。由于蛋白质、能量摄入不足，需要动员和消耗体内的脂肪、蛋白质以维持每日所需要的能量，造成体重下降，肌肉萎缩。同时造成免疫功能进一步下降，加重感染的发生，导致营养状况进一步恶化。

（二） 脂肪代谢异常

HIV 引起的感染及炎症可影响脂肪的吸收，特别是影响三酰甘油的吸收，进而抑制了脂溶性维生素的吸收。HIV 感染者和 AIDS 患者由于能量缺乏，脂肪分解增加，肝脏中脂肪代谢异常，脂肪酶活性下降。患者会因脂肪代谢异常出现高血脂症，疾病后期，体内脂肪含量由于大量消耗而急剧下降。

（三） 维生素和矿物质缺乏

AIDS 患者由于存在腹泻、恶心、呕吐、吸收不良等消化系统问题，可严重影响维生素的吸收和利用。维生素 A 可增强机体的免疫力，增强上皮组织的抗感染能力。研究表明，补充中等剂量的维生素 A 能延长 AIDS 患者的生存时间。抗坏血酸可阻止 HIV 的复制，有抗病毒作用。

AIDS 患者较易缺乏的矿物质有钠、钾、铁、锌、硒等，易出现电解质紊乱，患巨幼细胞贫血和（或）缺铁性贫血等。HIV 感染者体内锌的含量较低，血浆锌浓度低的 AIDS 患者死亡率增加，锌缺乏会减少 HIV 感染者的存活时间。研究表明，多数 AIDS 患者体内硒缺乏，其缺乏程度与 AIDS 的快速进程存在相关性。

三、 AIDS 的膳食原则

（一） 补充足够的能量

HIV 感染者和 AIDS 患者的能量消耗较大，应保证能量的供给达到 40 ~ 45kcal/（kg·d），即 167 ~ 188kJ/（kg·d），三大产能营养素的供能比应为，蛋白质 20%，碳水化合物 40% ~ 60%，脂肪 20% ~ 40%。

（二） 增加蛋白质的摄入量

为了使患者的负氮平衡得到纠正，应给予高蛋白饮食，蛋白质摄入量以 1.5 ~ 2.0g/（kg·bw）为宜。应避免摄入过多的动物性蛋白，以保证膳食平衡和减少脂类的摄入量，多食入高质量的植物蛋白，如大豆蛋白等。

（三） 控制脂肪的摄入量

脂肪的摄入量应控制为 60 ~ 80g/d，过多的摄入脂肪可加重脂肪代谢异常。

（四） 保证维生素和矿物质的摄入量

维生素和矿物质的摄入量应达到推荐摄入量。多种维生素，如维生素 A（或 β - 胡萝卜素）、维生素 E、抗坏血酸有增强免疫力的功能；而多种矿物质如钙、铁、锌等可缓解症状，改善机体的状态。

（五） 选择具有特殊作用的食物

多选择可以增强患者免疫力的食物，减少并发症。谷胱甘肽有助于抑制 HIV 的复制，含量较多的食物有芦笋、西瓜、葡萄、橘子、草莓、桃、南瓜、菜花等。另外，应多食用香菇、灵芝、大蒜、甘草、虫草等可增强免疫功能的食物。

（六） 少量多餐、 食物多样化

HIV 感染者和 AIDS 患者应少食多餐，一般以一日五、六餐为宜，这样可保证营养素更好地被消化吸收。同时保证食物品种多样，营养素均衡。

强化食品、功能性食品与新食品原料

第一节　强　化　食　品

人类生存以及繁衍后代所需要的营养素主要来源于食品。然而，几乎没有一种天然食品能提供人体所需的全部营养素，而且食品在烹调、加工、储存等过程中往往有部分营养素损失，加之由于经济条件、文化水平、饮食习惯等诸多因素的影响，常导致人体缺乏矿物质、维生素、蛋白质等营养素而影响身体健康。因此，许多国家的政府和营养学家都提倡在国民膳食食物种类多样化的基础上，通过在部分食品中强化其缺乏的营养素，开发和生产居民需要的各种营养强化食品。随着我国经济的迅速发展、国民收入与生活水平的不断提高，人们越来越希望得到品种多样、品质优良、安全卫生、营养科学、方便实惠和富有特色的强化食品。目前，食品营养强化已成为世界各国营养学和食品科学的主要研究内容。今后也必将成为食品工业发展的重要方向。

一、概　　述

（一）食品营养强化与食品强化剂

根据营养需要向食品中添加一种或多种营养素或者某些天然食品以提高食品营养价值的过程称为食品营养强化，或简称食品强化。这种经过强化处理的食品称为营养强化食品。所添加的营养素或含有营养素的物质（包括天然的和人工合成的）称为食品强化剂。

我国《食品营养强化剂使用标准》规定，"食品营养强化剂是指为了增加食品的营养成分（价值）而加入到食品中的天然或人工合成的营养素和其他营养成分"。食品营养强化剂主要包括蛋白质和必需氨基酸、维生素、矿物质和功能因子等，此外也包括用于营养强化的天然食物及其制品。我国规定用于食品营养强化的品种、使用范围和使用量必须遵循GB 14880—2012《食品安全国家标准　食品营养强化剂使用标准》。

（二）食品营养强化的意义和作用

1. 弥补天然食物的营养缺陷

天然食品中几乎没有一种是营养俱全的，即几乎没有一种完整的天然食品能满足人体的全部营养需要。例如，以米、面为主食的地区，除了可能有多种维生素缺乏外，人们对其蛋白质的质和量均感不足，特别是赖氨酸等必需氨基酸的不足更严重影响其营养价值。新鲜果蔬含有丰富的维生素 C，但其蛋白质和能源物质欠缺。至于那些含有丰富优质蛋白质的乳、肉、禽、蛋等食物，其维生素含量则多不能满足人类的需要，特别是它们缺乏维生素 C。

对于居住不同地区的人，由于地球化学的关系，天然食物中缺乏的营养素不同。内地及山区的食物易缺碘，有的地区缺锌，还有的地区缺硒。这些地区的居民常可因此患有不同的营养缺乏病。因此，如果能根据各地的营养调查，有针对性地进行食品营养强化、增补天然食物缺少的营养素，便可大大提高食品的营养价值，改善人们的营养和健康水平。

2. 弥补食品在加工、储存及运输过程中营养素的损失

许多食品在消费之前往往需要加工（工厂化生产或家庭烹调）、储存及运输，在这一系列过程中，机械的、化学的、生物的因素均会引起食品部分营养素的损失，有时甚至造成某种或某些营养素的大量损失。例如在碾米和小麦磨粉时有多种维生素的损失，而且加工精度越高，这种损失越大，甚至造成大部分维生素损失。又如在果蔬的加工过程中，如制造水果、蔬菜罐头时，很多水溶性和热敏性维生素均有损失。因此，为了补充营养素在食品加工储藏过程中的损失，一方面，需要减少加工过程的损失量，另一方面，可以在加工后的产品中添加一些营养素进行强化。

3. 简化膳食处理、方便摄食

由于天然的单一食物仅含有人体所需的部分营养素，不能全面满足人体的营养需要，因此，人们为了获得全面的营养需要就必须同时进食多种食物。例如，我国饮食以谷类为主，谷类能满足机体能量需要，但其蛋白质不仅含量低，而且质量差，维生素和矿物质也不足，必须混食肉类、豆类、水果、蔬菜等。这在膳食的处理上是比较烦琐的。如果还采取一家一户的家庭烹饪，不但浪费时间，而且消耗精力。为了适应现代化生活的变化，满足人们的营养和嗜好要求，现已涌现出许多方便食品与快餐食品。其中有的盒饭从营养需要出发，将不同的食物予以搭配，供人们进食，非常方便。

婴儿的膳食处理更加繁杂。即使母乳喂养的婴儿，在 10 个月以后，也需按不同月龄增加辅助食品，如肝酱、蛋黄、肉末、米粥或面片、菜泥、菜汤和果泥等，用于补充其维生素等的不足。辅助食品原料的购买及制作均较麻烦，且易疏忽，从而影响婴儿的生长、发育和身体健康。若采用强化食品，例如在乳制品中强化维生素 A、维生素 C、维生素 D、维生素 B_1、维生素 B_2、维生素 B_6、维生素 B_{12} 及烟酸等制成调制乳粉供给婴儿食用，不仅可以满足婴儿的营养需要，而且可大大简化喂养程序。

4. 适应不同人群生理及职业的需要

对于不同年龄、性别、工作性质，以及处于不同生理、病理状况的人来说，他们所需营养的情况是不同的，对食品进行不同的营养强化可分别满足他们的营养需要。

对于特殊职业工作者，如从事军队、矿井、高温作业等易引起职业病的工作人员，由于劳动条件的特殊，均需要高能量、高营养的特殊食品，而每一种工作对某些特定营养素有特殊的需求。因而这类强化食品极为重要。

5. 防病、保健及其他

从预防医学的角度看，食品营养强化对预防和减少营养缺乏病，特别是某些地方性营养缺乏病具有重要的意义。例如对缺碘地区的人采取食盐加碘可大大降低当地甲状腺肿的发病率（下降率可达 40% ~95%），用维生素 B_1 防治食用大米为主粮地区人群的脚气病，用维生

素 C 防治坏血病等早已人所共知。

此外，某些食品营养强化剂可提高食品的感官质量和改善食品的保藏性能。例如 β – 胡萝卜素和核黄素既具有维生素的作用，又可作为食品着色剂使用，达到改善食品色泽的目的。维生素 C 和维生素 E 在食品中还具有良好的抗氧化性能，在食品加工中可作为抗氧化剂使用。此外，当它们在肉制品中和亚硝酸盐并用时还具有阻止亚硝胺生成的作用。

二、 食品营养强化的基本原则

营养强化食品的功能和优点是多方面的，但其强化过程必须从营养、卫生及经济效益等方面全面考虑，并需适合各国的具体情况。进行食品营养强化时应遵循的基本原则归纳起来有以下几个方面。

（一） 有明确的针对性

进行食品营养强化前必须对本国（本地区）的食物种类及人们的营养状况做全面细致的调查研究，从中分析缺少哪种营养成分，然后根据本国、本地区人们摄食的食物种类和数量选择需要进行强化的食品（载体）以及强化剂的种类和数量。一般来说，强化的营养素应是在相当数量的人群中，其摄入量大大低于营养推荐量。例如，日本多以大米为主食，其膳食中缺少维生素 B_1，他们根据其所缺少的数量在大米中增补。我国南方也多以大米为主食，而且由于生活水平的提高，人们多喜食精米，致使有的地区脚气病流行。因此，除了提倡食用标准米以防止脚气病外，在有条件的地方也可考虑对精米进行适当的维生素强化。对于地区性营养缺乏症和职业病等患者的强化食品更应仔细调查，针对所需的营养素选择好适当的载体进行强化。一个缺乏针对性的例子，如美国曾花费了很多人力和物力对面包进行赖氨酸强化。动物试验和人体研究的很多数据表明，用赖氨酸强化的面包可大大提高小麦蛋白质的生物价。但是，这对一个已经能够供给大量优质蛋白质的国家，而且从人们的膳食中并不缺乏赖氨酸的情况来说，这种强化就大可不必了。不过这一研究对其他国家和地区，尤其是发展中国家颇为有益。

（二） 符合营养学和功能成分作用原理

人体所需各种营养素在数量之间有一定的比例关系。因此，所强化的营养素除了考虑其生物利用率之外，还应注意保持各营养素之间的平衡。食品强化的主要目的是改善天然食物存在的营养素不平衡关系，即通过加入其所缺少的营养素，使之达到平衡，适应人体需要。强化的剂量应适当，如若不当，不但无益，甚至反而会造成某些新的不平衡，产生某些不良影响。这些平衡关系大致有：必需氨基酸之间的平衡，生热营养素之间的平衡，维生素 B_1、维生素 B_2、烟酸与热能之间的平衡，钙、磷平衡，不同饱和度和结构的脂肪酸平衡等。在强化营养素时，还应该考虑强化的和载体本身含有的营养素之间的协同和拮抗作用。营养强化剂的使用不应导致人群食用后营养素及其他营养成分摄入过量或不均衡，不应导致任何营养素及其他营养成分的代谢异常。强化功能成分时，应符合功能成分对机体的作用原理。强化食品时，应熟知各种营养素的推荐摄入量（RNI 或 RDA）和最大耐受量（UL）的范围。

（三） 符合国家的食品安全标准

食品营养强化剂的卫生和质量应符合国家相关标准，同时还应严格进行卫生管理，切忌滥用，特别是对人工合成的衍生物更应通过一定的卫生评价，获得批准后方可使用。

人们在食品中经常使用的营养强化剂有 10 余种。各国多根据本国人民摄食情况以及膳食营养素参考摄入量来确定其强化剂量。由于营养素为人体所必需，往往易于注意到其不足或缺乏的危害，而忽视过多时对机体产生的不良作用。如水溶性维生素因易溶于水，且有一定的肾阈，过多的量可随尿排出，难以在组织中大量积累。但是，脂溶性维生素则不同，它们可在体内积累，若用量过大则可使机体发生中毒性反应。因此，理论上强化剂使用的剂量应在人群摄入该强化食品最大量膳食中该强化营养素量在人体最大耐受量（UL）范围内。为此我国规定的原则是，根据每天可能摄入该食品的量，使达到营养素推荐摄入量（RNI 或 RDA）的 1/2、1/3 为依据。

（四）易被机体吸收利用

食品强化用的营养素应尽量选取那些易于吸收、利用的强化剂。例如可作为钙强化用的强化剂很多，有氯化钙、碳酸钙、柠檬酸钙、葡萄糖酸钙和乳酸钙等。其中人体对乳酸钙的吸收最好。在强化时，尽量避免使用那些难溶、难吸收的物质如植酸钙、草酸钙等。钙强化剂的颗粒大小与机体的吸收、利用性能密切有关。胶体碳酸钙颗粒小（粒径 0.03 ~ 0.05μm），可与水组成均匀的乳浊液，其吸收利用比轻质碳酸钙（粒径 5μm）和重质碳酸钙（粒径 30 ~ 50μm）好。另外，在强化某些矿物质和维生素的同时，注意相互间的协同或拮抗作用，以提高营养素的利用率。

（五）尽量减少营养强化剂的损失

许多食品营养强化剂遇光、热和氧等会引起分解、转化而遭到破坏。因此，在食品的加工及储存等过程中会发生部分损失，为减少这类损失，可通过改善强化工艺条件和储藏方法，也可以通过添加强化剂的稳定剂或提高强化剂的稳定性来实现。同时，考虑到营养强化食品在加工、储藏等过程中的损失，进行营养强化食品生产时需适当提高营养强化剂的使用剂量。

（六）保持食品原有的色、香、味等感官性状

食品大多有其美好的色、香、味等感官性状。而食品营养强化剂也多具有本身特有的色、香、味。在强化食品时不应损害食品的原有感官性状而致使消费者不能接受。例如，用蛋氨酸强化食品时很容易产生异味，各国实际应用很少，当用大豆粉强化食品时易产生豆腥味，故多采用大豆浓缩蛋白或分离蛋白。此外，维生素 A 和胡萝卜素呈黄色，铁剂呈黑色，维生素 C 味酸，即使有少量破坏也可产生异味，至于鱼肝油则更有一股令人难以耐受的腥臭味。这些物质如果强化不当则可引起人们不悦。

然而，如果根据不同强化剂的特点，选择好强化对象（载体食品）与之配合，则不但无不良影响，而且还可提高食品的感官质量和商品价值。例如，人们可用 β - 胡萝卜素对奶油、人造奶油、冰淇淋、糖果、饮料等进行着色。既有营养强化作用，又可改善食品色泽，提高感官质量。用维生素 C 强化果汁饮料则无不良影响，而将其用于肉制品的生产，还可起到发色助剂，即帮助肉制品发色的作用。

（七）经济合理、有利推广

食品营养强化的目的主要是提高人民的营养和健康水平。通常，食品进行营养强化时会增加一定的生产成本。为了尽量降低营养强化食品的价格，在确定营养强化剂种类和强化工艺时，应该考虑低成本和技术简便。否则不易推广，起不到应有的作用。

三、 食品营养强化方法

根据食品营养强化的目的可把强化食品分为营养素强化、营养素的恢复、维生素化、功能化、营养素的标准化、特殊膳食食品。同时遵守基本原则，把营养强化剂添加到食品中，不仅要选择适宜的强化方法，而且必须尽量提高营养强化剂在强化食品中的保存率。

食品营养强化技术随着科学技术的发展而日臻完善。食品强化剂的添加方式有 4 种：添加纯化合物；直接添加片剂、微胶囊、薄膜或块剂；添加配制成的溶液、乳浊液或分散悬浊液；添加经预先干式混合的强化剂。采取何种添加方式应以能使营养素在制品中均匀分布并保持最大程度的稳定为准。此外，还应考虑营养素及食品的化学和物理性能，以及添加后对食品如何处理等因素；应掌握好添加时间，使营养素所受热越少越好，在空气中暴露的时间越短越好。

食品的强化因目的、内容及食品本身性质等的不同，其强化方法也不同。对于由国家法令规定的强化项目，大多是人们普遍缺少的必需营养成分，对这类食品一般在日常必需食物或原料中预先加入。对于国家法令未作规定的强化食品，可根据商品性质，在食品加工过程中添加。总之，食品强化的方法有多种，综合起来有以下几类。

（一） 在加工过程中添加

在食品加工过程中添加营养强化剂是强化食品采用的最普遍的方法。此法可以补充食品加工中损失的营养素，适用于罐装食品，如罐头、罐装婴儿食品、罐装果汁和果汁粉等，也适用于人造奶油、各类糖果糕点等。强化剂加入后，经过若干道加工工序，可使强化剂与食品的其他成分充分混合均匀，并使由于强化剂的加入对食品色、香、味等感官性能造成的影响尽可能地小。当然，在罐头食品加工过程中往往有巴氏杀菌、抽真空等处理，这就不可避免地使食品受热、光、金属的影响而导致强化剂及其他有效成分的损失，如面包焙烤时，赖氨酸可损失 9% ~24%。因此，在采取这种强化方法时，应注意工艺条件和强化条件的控制，在最适宜的时间和工序添加强化剂，以尽可能减少食品的有效成分的损失。

（二） 在原料或必需食物中添加

此法适用于由国家法令强制规定添加的强化食品，向食品中添加原来含量不足的营养素，对具有公共卫生意义的物质也适用。例如，向谷类食品中添加赖氨酸和特殊功能因子膳食纤维；有些国家为了防止脚气病，规定粮食中添加维生素 B_1；在面粉、大米中添加维生素 A、维生素 D 及铁质、钙质等。

这种强化方法简单，易操作，但存在的问题是添加后，由于面粉、大米、食盐等在供给居民食用以前必然要经过储藏和运输，在储运这段时间内易造成强化成分损失。因此，在储运过程中，其保存条件及包装状况将对强化剂的损失有很大影响。目前，各国对此都有较深入的研究。

（三） 在成品中混入

采用前两种方法强化食品时，在加工和储藏过程中会使强化剂造成一定程度的损失。为了避免这种损失，可采取在成品中混入的方法进行强化，即在成品的最后工序中混入强化剂。例如，婴幼儿食品中的母乳化乳粉、军队用粮中的压缩食品等，均在制成品中混入，使各种营养素达到该特殊人群的营养需求。

（四）生物化学强化法

利用生物化学方法使食物中原来含有的某些成分转变为人体需要的营养成分的强化方法，称为生物化学强化法。例如，在谷类食品中植酸能与锌结合而形成不溶性盐类，使锌的利用率下降。若利用酵母菌具有较多的活性植酸酶的特点，将面粉经过酵母发酵后，植酸可减少13%～20%，锌的溶解度增加2～3倍，锌的利用率增加30%～50%。再如在豆类发芽过程中植物凝血酸会很快消失，其中的植酸也发生分解，更多的锌、磷被释放出来，使食物中的矿物质得到充分利用，并能使其中的维生素C明显提高。根据日本特许公报报道，在制造母乳化乳粉及新生儿的食品时，采用胃蛋白酶或膜蛋白酶分解牛乳蛋白质生成肽链较短的多肽物质，以利于新生儿的消化吸收。除了上述生物化学强化法外，也有采用物理化学法进行强化的，最典型的例子是将牛乳中的麦角甾醇，用紫外线照射后转变成维生素 D_2，以此方法可增加牛乳中维生素 D 的含量。此外，常用酸水解方法，可将长链的大分子水解成较短链的小分子物质，以利于消化吸收。

四、食品营养强化剂

（一）维生素类强化剂

1. 维生素 A

维生素 A 普遍存在于鱼肝油中，其含量为600IU/g，而浓缩鱼肝油为5000～500000IU/g。因为鱼肝油有特殊的臭味，因此强化食品中很少直接做配料。目前大多数用人工合成的维生素 A 棕榈酸酯和维生素 A 乙酸酯，其稳定性好，也可用胡萝卜素提取物。

2. 维生素 D

维生素 D 主要包括维生素 D_2 和维生素 D_3，维生素 D_2 是低等植物或酵母及真菌内麦角甾醇经紫外线照射转变的，维生素 D_3 是人体内 7 - 脱氢胆固醇经日光或紫外线照射转变的，目前药用规格的维生素 D_2 及维生素 D_3 均有生产，酱油渣、酒糟以及青霉菌菌膜中均能提取出角甾醇。

3. 维生素 C

维生素 C 除人工合成的制剂外，也可用某些野果的提取液浓缩成直接烘干的粉末添加。如野蔷薇果干燥后每100g 制品中含维生素 C 1200～1500mg。

4. 维生素 B_1

维生素 B_1 是用于治疗地区性脚气病的强化剂。常用硫胺素盐酸盐和硫胺素硝酸盐，前者易溶于水，故不适用于加工前需水洗、浸渍和水煮的强化食品；后者较稳定，但也溶于水。近年来改用苯酰硫胺素及萘 - 2，6 - 二磺酸盐添加到米和面中，由于它难溶于水，并在加工储存中较稳定。

5. 维生素 B_2

它是中国营养中缺乏的维生素。目前，国内用液体培养法大规模生产核黄素，用于强化人造奶油、花生酱等。也可使用液状食品的强化剂核黄素磷酸钠。

6. 维生素 PP

用于食品强化剂的有烟酰胺，性质较稳定。

（二）矿物质强化剂

中国现已批准钙、铁、锌、碘、硒、氟六种矿物质作为食品的营养强化剂来使用，其他微生物元素（如镁、铜、锰、钾、钠、氯等）可按照需要来添加。

1. 钙

食物中的钙最易缺乏，钙的吸收利用受多种因素的影响，如维生素 D 可促进钙的吸收，草酸使钙变成不溶性。常用的强化剂有碳酸钙、磷酸钙、乳酸钙、葡萄糖酸钙、柠檬酸钙等，也有用骨粉、蛋壳钙、活性钙离子（牡蛎等蚌类经水解处理制得）等。

2. 铁

铁在国内外膳食中都存在缺乏或不足的问题，再加上影响铁吸收的原因很多，常出现铁的营养不良。由于铁盐本身有一定颜色，作为强化剂使用时，要尽量减少其对原有食物色、香、味的影响。常用的强化剂有柠檬酸铁胺、乳酸亚铁、硫酸亚铁等。加入适量的维生素 C 作为抗氧化剂，可以减少氧化，并有助于铁的吸收。

3. 锌

锌是机体发育、性成熟、智力发育、机体免疫等不可缺少的微量元素之一，对儿童尤为重要。在中国约有 40% 的儿童处于临界性缺锌状况。一般用作锌的强化剂有硫酸锌、氯化锌、乙酸锌等。

4. 碘

碘是中国最早用于强化剂的无机盐，加碘盐是目前真正纳入政府行为强制推广的强化食品，在预防地方性甲状腺肿中取得了明显的效果。

5. 硒

多采用有机硒化合物，其中常用富硒酵母、硒化卡拉胶等作为强化剂。

6. 氟

氟可保持牙齿的洁白、健康。常用的强化剂有氟化钠、氟硅化钠等。

（三） 氨基酸类强化剂

鉴于谷类食物仍是中国目前膳食蛋白质的主要来源，为解决其氨基酸的不足，使膳食蛋白质氨基酸平衡，提高蛋白质的利用率，谷类食物中主要强化赖氨酸和蛋氨酸，此外，其他几种必需氨基酸也可适量添加。

用牛乳制成的婴儿配方食品中几乎不含牛磺酸，但牛磺酸在人乳及其他哺乳动物乳汁中是主要的游离氨基酸，对人类脑神经细胞的增殖、分化及存活过程有明显的作用。因此，要适当补充，强化剂量为 $300 \sim 500 \text{mg/kg}$。

（四） 蛋白质类强化剂

1. 大豆蛋白

大豆蛋白的营养价值比任何其他植物蛋白质更接近动物蛋白，特别是赖氨酸含量高于一般的谷类作物。大豆蛋白常用于主食，特别是儿童食品中可生产各种强化面包、饼干、挂面、快餐等。

2. 酵母

酵母是酵母菌经培养杀灭后所得的干燥菌体，酵母含蛋白质 40% ~ 60%，并富含 B 族维生素和赖氨酸，因而适宜作为谷类食品的蛋白质补充剂。一般添加量在 3% 以下，不会影响食品的口味。

3. 鱼粉

把鲜鱼经过干燥、脱脂、去腥后加工成较为纯净的食用鱼粉，蛋白质含量高达 80%，赖氨酸达 6.98%，相当于猪肉的 4 倍多。干燥的鱼粉易于储藏，方便运输且价格便宜。

4. 乳清粉及脱脂乳粉

乳清粉及脱脂乳粉大多是制造奶油和干酪的副产品，价格低廉，但富含蛋白质、乳糖等，在国外普遍用作蛋白质强化剂，可用于调制乳粉的生产，增补谷类作物的蛋白质不足，还可添加到肉类制品中，不但提高其营养价值，还可增加肉制品的结着性和弹性。

5. 其他

随着蛋白资源的不断开发，单细胞蛋白、藻类蛋白、叶蛋白等都可作为新型的蛋白质强化剂。

（五）脂肪酸类

1. 亚油酸（$C_{18:2}$，$n-6$）

亚油酸是许多植物油的组成成分，作为食品营养强化用的亚油酸可由天然物分离所得，也可通过微生物发酵制成。它多应用于婴幼儿食品，尤其是婴幼儿配方乳粉中。

2. 亚麻酸（$C_{18:3}$，$n-3$）

亚麻酸在体内可转化为其他 $n-3$ 多不饱和脂肪酸。某些含油的植物种子如月见草和黑加仑种子中可有一定量存在，亚麻子中含量最高。我国已批准许可使用 α - 亚麻酸作为食品营养强化剂应用于调和油、乳及乳制品以及强化 α - 亚麻酸饮料中。

3. 花生四烯酸（$C_{20:3}$，$n-6$）

花生四烯酸在体内可由 γ - 亚麻酸在羧基端延长，并进一步去饱和转化而来。有些植物种子如核桃和十字花科植物等中多有存在。作为食品营养强化用的也可由微生物发酵制得。花生四烯酸对婴儿的神经系统尤其是大脑发育至关重要，同时还具有促进生物体内脂肪代谢，降低血脂、血糖、胆固醇的作用，对预防心脑血管疾病具有重要意义。我国现已许可将花生四烯酸作为婴幼儿配方乳粉的营养强化剂。

4. DHA 和 EPA

DHA（$C_{22:6}$，$n-3$）和 EPA（$C_{20:5}$，$n-3$）可由机体的另一种必需脂肪酸亚麻酸（α - 亚麻酸）转化而来。DHA 和 EPA 富含于海产动物脂肪中，目前市场上销售的都是 DHA 和 EPA 的混合物。研究证明 DHA 与婴儿的视觉和神经发育有关，EPA 对于降低血甘油三酯的作用比较明显。对于婴幼儿食用的食品，应选择 DHA 含量较高的产品，而 EPA 含量较高的产品更适用于中老年人食用的食品。DHA 和 EPA 产自深海鱼油，有明显的"腥味"，而海藻油也富含 DHA 和 EPA，且无"腥味"，因此可根据需要选用。

（六）益生菌

益生菌是一类对人体有益的细菌，能通过定植作用改善宿主某一部位菌群组成，以维持肠道菌群平衡，从而产生有利于宿主健康作用的微生物。其生理作用为：①改善肠道菌群结构，抑制病原菌的生长繁殖；②促进营养物质的产生、代谢和利用；③提高免疫功能；④抗肿瘤功能；⑤降胆固醇功能；⑥减缓乳糖不耐症和减少食物过敏反应。常见的益生菌见表8-1所示。主要应用于人体的益生菌有双歧杆菌、乳酸杆菌、蜡样芽孢杆菌、地衣芽孢杆菌、酵母菌等。现主要用于发酵乳制品、发酵豆制品，婴儿和老年乳制品等。

表 8-1   常见的益生菌

益生菌种类	常见的益生菌
乳杆菌类	嗜酸乳杆菌、保加利亚乳杆菌、干酪乳杆菌、发酵乳杆菌、胚芽乳杆菌、短乳杆菌、纤维二糖乳杆菌
双歧杆菌类	青春双歧杆菌、长双歧杆菌、短双歧杆菌、卵形双歧杆菌、嗜热双歧杆菌
链球菌类	嗜热链球菌、乳酸链球菌、乙酸乳酸双链球菌
芽孢杆菌类	枯草芽孢杆菌、蜡样芽孢杆菌、地衣芽孢杆菌
其他	明串球菌属、足球菌属、丙酸杆菌属（费氏丙酸杆菌）、酵母菌、乳酸片球菌

（七）新型营养强化剂

1. 共轭亚油酸

共轭亚油酸（CLA）是一种类似于亚油酸的不饱和脂肪酸，是含有共轭双键的亚油酸异构体。有报道称 CLA 具有抗肿瘤的功效，并且已经证明了 CLA 还可以抗糖尿病、增强人体免疫力，许多研究人员对 CLA 颇感兴趣，希望可以运用它开发出功能性食品，以造福人类。

2. 微量元素铬

研究结果表明，铬能够促进动物的增重，增加动物体内蛋白质的合成，减少脂肪沉积作用。给蛋鸡补充微量元素铬，能加快蛋鸡生脂速度，包括脂肪酸和甘油的合成以增强蛋鸡的生产性能，改善鸡蛋蛋白质量，降低产蛋鸡血液胆固醇水平，最终受益于人类。

3. L-硒-甲基硒代半胱氨酸

L-硒-甲基硒代半胱氨酸具有能有效地诱导肿瘤细胞凋亡的特性。所以 L-硒-甲基硒代半胱氨酸具有防治癌症、抗氧化、抗衰老、治疗心脑血管疾病、解重金属毒等多种生物活性。与现有补硒营养强化剂相比，L-硒-甲基硒代半胱氨酸具有毒性小、补硒效果好、防治癌症活性强等优点。

五、强化食品种类

（一）主食品强化

主食品的强化主要在营养素损失较多的精白面粉、大米中强化，所用的强化剂有维生素 B_1、维生素 B_2、烟酸、铁、钙、赖氨酸、蛋氨酸等。

1. 强化面粉

营养强化面粉是在面粉中添加维生素 A、维生素 B_1、维生素 B_2、铁等人体所需的微量元素。在食用营养素强化面粉之后，试点地区人群的微量元素摄入量有所改观，营养性贫血状况明显好转，锌缺乏有所改善。

2. 强化大米

大米是大多数人餐桌上的主食，但是大米存在蛋白质含量不高等缺陷，再加上加工过程中大米的营养素流失比较严重，所以有必要生产强化大米。即在大米中添加维生素 B_1、维生素 B_2、锌等各种微量元素以补充损耗掉的营养素从而提高大米营养价值。

（二）副食品强化

副食品种类繁多，如酱油是中国人主要的调味品，所用的强化剂有维生素 B_1、维生素 B_2

和铁等；西方国家奶油的消费量很大，80%以上的奶油都添加了维生素 A 和维生素 D；水果罐头和果汁果酱由于在加工过程中维生素 C 的大量损耗，通常在其成品里添加一定剂量的维生素 C；食盐中添加碘化钾来补充碘元素，中国规定在地方性甲状腺病区，食盐中碘化钾添加量为 1kg 中添加 20~50mg。

1. 加碘盐

矿物质中的微量元素"碘"是人体必需的生命元素，世界各国都不同程度地受到缺碘性疾病的威胁，而我国又是世界上碘缺乏病最严重的国家之一。人体主要从食物中获取所需要碘。食用碘盐是我们日常生活中最有效、最普遍的补碘方式。据 20 世纪 70 年代调查显示，中国受碘缺乏病威胁的人口大约有 7.2 亿。国家卫健委统计，通过强制实行食用加碘盐，截至 2018 年底，全国 94.2% 的县已消除碘缺乏病状态，预计到 2020 年底，将基本消除主要流行地方病。

2. 强化食用油

由于维生素 A 属于脂溶性维生素，所以将其添加到食用油当中，可补充人体所需维生素 A。因为光照会使维生素 A 流失，维生素 A 强化油必须存放在避光环境下，且需使用避光包装材料。

3. 铁强化酱油

在我国大约有 3 亿人存在缺铁性贫血和铁营养不良症状，于是我国开始开展"酱油补铁"项目。通过药品补铁每人每年需要支付 2000 元左右，食用保健品补铁每人每年需要400~600 元。但是食用补铁酱油每人每年仅需 1~2 元就可以达到相同的补铁效果。有关部门在贵州地区进行了大规模的试验后表明，开展"酱油补铁"项目后，当地缺铁性贫血的儿童比例从之前的 42% 减少到了如今的 7%。

（三）强化婴幼儿食品

在牛乳和乳粉中强化婴幼儿生长发育所需的必需营养素，如氨基酸、牛磺酸、微量元素、维生素等，产品有强化乳粉、母乳化乳粉、强化婴儿乳粉等。

（四）混合型食品强化

这是将具有不同营养特点的天然食物混合配制成一类食品，其意义在于各种食物中营养素的互补作用。大多是在主食中混入一定量的其他食品以弥补主食中营养素的不足，或增补某些氨基酸、维生素、矿物质等。如中国北方地区的"杂和面"，以及各地的谷豆混食等。

（五）其他强化食品

对于一些从事特殊职业的工作人员以及特殊体质的人群，进行食品强化，可大大改善这类人群的营养状况。

如军粮的特点是携带方便还要营养全面，主食由压缩饼干、压缩米糕、高油脂酥糖部分组成，副食包括压缩肉松、肉干、调味菜干粉以及乳粉、炼乳、各种果蔬罐头等。这些食物要强化蛋白质、维生素、矿物质，以保证战士作战时充沛的精力和健康的身体，能够御寒耐热、提高免疫力。

特殊人群的食物配制，要根据其特点进行强化，为了防治职业病的需要，如高寒地区工作人员要供给高能量、高营养食品，以增强其抗寒冷、增加免疫力的功能；接触铅的作业人员应提供大量维生素 C 的强化食品，可以减少铅中毒的情况；接触苯的作业人员通过供应维生素 C 和铁的强化食品，可以减轻苯中毒和预防贫血。孕妇、老人、甚至长期慢性病患者，都要根据其特点配制不同的强化食品。

第二节 功能性食品

食物通常具有为人体提供新陈代谢所需营养物质的功能（营养功能），并且可以通过食物自身的风味提高人们的幸福指数（感官愉悦功能）。近年来，食物的一些潜在的特异性生理学功能被发现和证实。对于功能性食品的关注是基于现代营养科学的进步以及由此带来的人们关于食品与健康关系认识上的转变。人们认识到某种食物或者某种食物成分与改善人体某方面机能、提高生命质量存在联系。

一、 功能性食品的概念

目前对功能性食品（functional food）还没有统一的定义。在我国，对功能性食品的定义通常是指保健食品。在 GB 16740—2014《食品国家安全标准 保健食品》第2.1条将保健食品定义为："声称并具有特定保健功能或者以补充维生素、矿物质为目的的食品。即适用于特定人群食用，具有调节机体功能，不以治疗疾病为目的，并且对人体不产生任何急性、亚急性或慢性危害的食品。"保健（功能）食品在欧美各国被称为"健康食品"，在日本被称为"功能食品"。我国保健（功能）食品的兴起在20世纪80年代末90年代初，经过第一代和第二代的发展，也将迈入第三代，即保健食品不仅需要人体及动物实验证明该产品具有某项生理调节功能，更需查明具有该项保健功能因子的结构、含量、作用机理以及在食品中应有的稳定形态。

二、 功能性食品的特点

功能性食品的基本属性包括以下几点。

（一） 食品属性

安全无毒、无害，在正常摄入范围内不能带来任何毒副作用。

（二） 功能属性

功能明确、具体，而且经过科学验证是肯定的。通过一定途径调节机体功能，同时，不能取代人体正常的膳食摄入和对各类必需营养素的需要。

（三） 特殊属性

通常是针对需要调整某方面机体功能的特定人群而研制生产的。

（四） 非药品属性

不以治疗为目的，不能取代药物对病人的治疗作用。狭义上的药品是以治病为目的的化学或生物成分。功能性食品不以治疗为目的，而是重在调节机体内环境平衡与生理节奏，增强机体的防御功能，以达到保健康复作用，功能性食品要达到现代毒理学上的基本无毒或无毒水平，而药品允许一定程度的毒副作用；功能性食品无须医生的处方，按机体正常需要摄取。

三、 功 能 因 子

功能因子是功能性食品中起生理作用的成分，又称生理活性成分或有效成分。本节介绍一些常见的功能因子。

（一） 功能性碳水化合物

1. 单糖及糖醇

目前研究较多的功能性单糖有结晶果糖、L－糖等，甜度大，等甜度下的能量值低，可在低能量食品中应用。具有以下的特点：代谢途径与胰岛素无关，可供糖尿病患者食用。不易被口腔微生物利用，对牙齿的不利影响比蔗糖小，不易造成龋齿。

（1）结晶果糖　结晶果糖属于功能性食品基料，仅 D－果糖一种，具有独特的性质，包括：①甜度大，等甜度下的能量值低，可在低能量食品中应用；②代谢途径与胰岛素无关，可供糖尿病患者食用；③不易被口腔微生物利用，对牙齿的不利影响比蔗糖小，不易造成龋齿。

（2）L－糖　L－糖在自然界很少存在，因为它不是机体糖代谢酶系所需的构型，不被人体代谢，没有能量。对某一特定的 L－糖和 D－糖，它们的差别仅是由于它们的镜影关系引起的。其化学和物理性质如沸点、密度、颜色和外观等都一样，而且它们的甜味特性也相似。因此，可望用 L－糖代替 D－糖加工相同的食品，同时又降低产品的能量。

（3）多元糖醇　多元糖醇（polyol）由相应的糖经镍催化加氢制得，主要产品有木糖醇（xylitol）、山梨糖醇（sorbitol）、甘露糖醇（mannitol）、乳糖醇（lactitol）和麦芽糖醇（maltitol）等。多元糖醇是一类很重要的保健（功能）食品配料，属于具有益生作用的功能性甜味剂。

2. 低聚糖类和多糖类

低聚糖（oligosaccharide）又称寡糖，是由 3～9 个分子单糖通过糖苷键连接形成直链或支链的低度聚合糖。常见的有低聚果糖、低聚木糖、大豆低聚糖等。

多糖类包括膳食纤维、活性多糖等。膳食纤维内容已在本书第三章第八节详细阐述，在此不再赘述。下面重点介绍一下活性多糖。活性多糖（active polysaccharides）是指一类主要由果糖、葡萄糖、半乳糖及鼠李糖等组成的聚合度大于 10 的具有一定生理功能的聚糖。包括以下三类。

（1）真菌活性多糖　是从真菌子实体、菌丝体、发酵液中分离出的具有多种生理功能的一类活性多糖。真菌活性多糖广泛存在于香菇、金针菇、银耳、灵芝、黑木耳和猴头菇等大型食用或药用真菌中。具有以下主要生理功能。

①免疫调节作用：免疫调节活性是大多数活性多糖的共同作用，也是它们发挥其他生理和药理作用（抗肿瘤）的基础。真菌活性多糖可通过多途径、多层面对免疫系统发挥调节作用。大量免疫实验证明，真菌活性多糖不仅能激活 T 淋巴细胞、B 淋巴细胞、巨噬细胞和自然杀伤细胞（NK）等免疫细胞，还能活化补体，促进细胞因子的生成，对免疫系统发挥多方面的调节作用。

②抗肿瘤作用：高等真菌 50 个属 178 种的提取物都具有抑制 S－180 肉瘤及艾氏腹水瘤等细胞生长的生物学效应，明显促进肝脏蛋白质及核酸的合成及骨髓造血功能，促进体细胞免疫和体液免疫功能。不少多糖已作为抗肿瘤药物用于临床，如香菇多糖和云芝多糖等。

③降血脂、降血糖作用：研究发现，蘑菇、香菇、金针菇、木耳、银耳和滑菇等13种食用菌的子实体具有降胆固醇作用，尤以金针菇最强。云芝多糖、灵芝多糖、猴头菇多糖等也具降血糖或降血脂等活性。真菌多糖可降低血脂，预防动脉粥样硬化斑的形成。

④抗氧化作用：许多真菌多糖具有清除自由基、提高抗氧化酶活性、抑制脂质过氧化活性的作用，从而保护生物膜和延缓衰老。

除具有上述生理功能外，真菌活性多糖还具有抗辐射、抗溃疡和抗病毒等作用。

（2）植物活性多糖　植物活性多糖是存在于茶叶、苦瓜、魔芋、萝卜、鱼腥草及甘薯叶等植物中的活性多糖。不同来源的植物活性多糖具有抗菌、抗肿瘤、抗衰老及调节血脂等生物活性。如龙胆多糖具有明显的降血脂作用；山茱萸多糖可通过提高机体抗氧化能力、抑制脂质过氧化、提高老化相关酶活性发挥抗脑老化作用，提高大鼠学习记忆能力。

植物活性多糖资源丰富，尤其来源于中药的植物多糖具有较大的开发潜力。随着多糖的分离鉴定、药理及临床研究的不断深入，多糖类药物将具有更广阔的应用前景。

（3）动物活性多糖　动物活性多糖几乎存在于所有动物组织器官中，包括甲壳素（chitin）、肝素（heparin）、硫酸软骨素（chondroitin sulfate）、透明质酸（hyaluronic acid）和硫酸角质素（keratin sulfate）。

①肝素：肝素是一种比较简单的黏多糖，相对分子质量为 3000～35000。肝素存在于动物的肝、肺、血管壁、肌肉和肠黏膜等部位，因最初在肝中发现而被称为肝素。临床上应用肝素的抗凝血作用，以防止某些手术后可能发生的血栓形成及脏器的粘连。

②硫酸软骨素：硫酸软骨素是动物组织的基础物质，用以保持组织的水分和弹性。包括软骨素 A、B、C 等数种，软骨素 A 是软骨的主要成分。和肝素相似，硫酸软骨素可降血脂，改善动脉粥样硬化症状。此外，硫酸软骨素还有使皮肤保持细腻及富有弹性的作用。近年来在临床上用硫酸软骨素治疗肾炎、急慢性肝炎、偏头痛、动脉硬化及冠心病等。

③透明质酸：透明质酸与蛋白质结合，存在于眼球玻璃体、角膜及脐带中，结缔组织中也有。它与水形成黏稠凝胶，有润滑和保护细胞的作用。透明质酸是由 β – 葡萄糖醛酸和 N – 乙酰基 – 氨基葡萄糖通过 β – 1，3 – 糖苷键连接成二糖衍生物，并以此为重复单元再通过 β – 1，4 – 糖苷键互相连接成透明质酸。

（二）功能性脂类

1. 多不饱和脂肪酸

主要是 γ – 亚麻酸、二十二碳六烯酸（DHA）、二十碳五烯酸（EPA）等。EPA 和 DHA 均属于 n – 3 系列多不饱和脂肪酸。陆地植物油中几乎不含 EPA 和 DHA，在一般的陆地动植物油中也测不出。但一些高等动物的某些器官与组织中，例如眼、脑、睾丸及精液中含有较多的 DHA。海藻类及海水鱼中，都有较高含量的 EPA 和 DHA。在海产鱼油中，含有 AA（花生四烯酸）、EPA、DHA 等多不饱和脂肪酸，但以 EPA 和 DHA 的含量较高。海藻脂类中含有较多的 EPA，尤其是在较冷海域中的海藻。因此，EPA 和 DHA 多是从海水鱼油中提取并进行纯化，得到高含量 EPA 和 DHA 的精制鱼油，作为功能食品的基料使用。

日本发表的许多关于 EPA 和 DHA 的生物学功能的研究结果可归纳为 8 个方面。

（1）降低血脂、胆固醇和血压，预防心血管疾病；

（2）能抑制血小板凝集，防止血栓形成与中风，预防老年痴呆症；

（3）增强视网膜的反射能力，预防视力退化；

（4）增强记忆力，提高学习效率；

（5）抑制促癌物质前列腺素的形成，因而能预防癌症（特别是乳腺癌和直肠癌）；

（6）预防炎症和哮喘；

（7）降低血糖，预防糖尿病；

（8）抗过敏。

2. 磷脂

详见第三章第三节。

（三）氨基酸、肽和蛋白质

1. 氨基酸类

（1）牛磺酸　牛磺酸（taurine）又称 α - 氨基乙磺酸，最早由牛黄中分离出来。纯品为无色或白色斜状晶体，无臭，化学性质稳定，溶于乙醚等有机溶剂，是一种含硫的非蛋白氨基酸，在体内以游离状态存在，不参与体内蛋白的生物合成，但具有广泛的生理作用。

牛磺酸在脑内含量丰富、分布广泛，能明显促进神经系统的生长发育和细胞增殖、分化，在脑神经细胞发育过程中起重要作用。牛磺酸还有调节晶体渗透压和抗氧化等重要作用，在白内障发生发展过程中，晶状体中山梨酸含量增加，晶体渗透压增加，而作为调节渗透压的重要物质牛磺酸浓度则明显降低，抗氧化作用减弱，晶体中的蛋白质发生过度氧化，从而引起或加重白内障的发生。补充牛磺酸可抑制白内障的发生发展。牛磺酸还具有维持正常生殖功能、防治缺铁性贫血、护肝利胆、解毒、调节机体渗透压、镇静、镇痛和消炎等功能。日常各种食物，包括谷物、水果、蔬菜等，都不含牛磺酸。海产品、畜禽肉及其内脏富含牛磺酸。

（2）精氨酸　在机体发育不成熟或在严重应激条件下，如缺乏精氨酸，机体便不能维持正氮平衡与正常生理功能，会导致血氨过高甚至昏迷。精氨酸主要功能如下：可刺激垂体分泌生长激素，可促进儿童生长；还可促进胶原组织的合成，有促进伤口愈合的作用；在免疫系统中，除淋巴细胞外，吞噬细胞的活力也与精氨酸有关。补充精氨酸还能减少患肿瘤动物的肿瘤体积，降低肿瘤的转移率，提高动物的存活时间与存活率。增加肝脏中精氨酸酶活性，有助于将血液中的氨转变为尿素排泄出去。海参、墨鱼、章鱼等海产品富含精氨酸。

（3）谷氨酰胺　在剧烈运动、受伤、感染等应激条件下，谷氨酰胺需要量远远大于机体合成谷胺酰胺的能力，使体内谷胺酰胺含量降低，蛋白质合成减少，出现小肠黏膜萎缩与免疫功能低下现象。谷氨酰胺主要生理功能如下：其酰胺基上的氮是生物合成核酸的必需物质，还是器官与组织之间氮与碳转移的载体；是蛋白质合成与分解的调节器，可形成其他氨基酸；是肾脏排泄氨的重要物质；是肾小管细胞、肿瘤细胞与成纤维细胞能量供应的主要物质；是防止肠衰竭的最重要营养素，也是目前为止人体是否发生肠衰竭的唯一可靠指标。谷氨酰胺不是必需氨基酸，它在人体内可由谷氨酸、缬氨酸、异亮氨酸合成。

2. 肽类

生物活性肽（bioactive peptide）简称活性肽，是蛋白质氨基酸以不同组成和排列方式构成的从二肽到复杂的线性、环形结构的不同肽类的总称，是源于蛋白质的多功能化合物。功能性食品中常用的活性肽有以下几种。

①谷胱甘肽：谷胱甘肽（glutathione，GSH）是一种具有重要生理功能的天然活性肽，是由谷氨酸、半胱氨酸及甘氨酸通过肽键缩合而成的三肽化合物。谷胱甘肽在体内以两种形态

存在，即还原型谷胱甘肽（reduced glutathione，GSH）和氧化型谷胱甘肽（oxidized glutathione，GSSG），在机体中大量存在并起主要作用的是 GSH。通常人们所指的谷胱甘肽是 GSH，广泛存在于动物肝脏、血液、酵母和小麦胚芽中，各种蔬菜等植物组织中也有少量分布。谷胱甘肽具有独特的生理功能，被称为长寿因子和抗衰老因子。谷胱甘肽作为解毒剂，可用于丙烯腈、氟化物、一氧化碳、重金属以及有机溶剂的解毒。作为自由基清除剂，可保护细胞膜，使之免遭氧化性破坏，防止红细胞溶血及促进高铁血红蛋白的还原。对缺氧血症、恶心以及肝脏疾病所引起的不适具有缓解作用。对白细胞减少症起到保护作用。可防止皮肤老化及色素沉着，减少黑色素的形成，改善皮肤抗氧化能力并使皮肤产生光泽。

②大豆低聚肽：大豆低聚肽（soybean oligopeptide）是以分离大豆蛋白为原料经蛋白质酶水解并精制后得到的蛋白质水解产物，它由许多种小肽分子组成，并含有少量游离氨基酸、碳水化合物、无机盐等成分。大豆低聚肽一般由 3~6 个氨基酸组成，相对分子质量低于 1000Da。大豆低聚肽易消化吸收，同时低聚肽的低抗原性使得食用后不会引起过敏反应，安全性高。此外，大豆低聚肽具有降血脂、降血压、促进矿物质吸收和脂肪代谢等多种功能。

3. 蛋白质类

（1）乳铁蛋白 乳铁蛋白（lactoferrin，LF）又称乳铁传递蛋白或红蛋白，是一种天然蛋白质降解产生的铁结合性糖蛋白，存在于牛乳和母乳中。在 1 分子乳铁蛋白中，含 2 个铁结合部位。其分子由单一肽键构成，谷氨酸、天冬氨酸、亮氨酸和丙氨酸含量较高；除含少量半胱氨酸外，几乎不含其他含硫氨基酸，终端含有一个丙氨酸基团。

乳铁蛋白有多种生理功效：①刺激肠道中铁的吸收。乳铁蛋白具有结合并转运铁的能力，到达人体肠道的特殊接受细胞中后再释放出铁，能增强铁的吸收利用率，降低有效铁的使用量，减少铁的负面影响。②乳铁蛋白可抑制由于 Fe^{2+} 引起的脂氧化。③乳铁蛋白还有抑菌和抗病毒效应；可调节吞噬细胞功能，调节 NK（自然杀伤）细胞与 ADCC（抗体依赖的细胞介导的细胞毒性）细胞的活性；调节炎症反应，抑制感染部位炎症。

（2）免疫球蛋白 免疫球蛋白（immunoglobulin，Ig）是一类具有抗体活性、能与相应抗原发生特异性结合的球蛋白，存在于血液、体液、黏膜分泌液及 B 淋巴细胞膜中，是构成体液免疫作用的主要物质。免疫球蛋白呈 Y 字形结构，由 2 条重链和 2 条轻链构成，单体相对分子质量 15 万~17 万。免疫球蛋白包括 IgG、IgA、lgD、lgE 和 lgM，其中在体内起主要作用的是 lgG。

免疫球蛋白的生理功能包括：①促进免疫细胞对病原体的吞噬，当第二次与相同病原体接触时可与之发生凝集反应。②与补体结合后可杀死有害细菌和病毒，增强机体防御能力。③与抗原结合导致某些诸如排除或中和毒性等变化或过程的发生。④可促进免疫细胞对肿瘤细胞或受感染细胞的杀伤和破坏。蛋黄含较多免疫球蛋白。

（3）大豆球蛋白 大豆球蛋白是存在于大豆籽粒中的储藏性蛋白的总称，约占大豆总量的 30%。由于其必需氨基酸组成接近标准蛋白，是一种优质蛋白。大豆球蛋白的氨基酸模式可满足 2 周岁幼儿至成年人对必需氨基酸的需要。

大豆球蛋白具有调节血脂功能。对血浆胆固醇含量高的人，大豆球蛋白有降胆固醇的作用。当摄取高胆固醇食物时，大豆球蛋白可防止血胆固醇的升高。此外大豆蛋白能改善骨质疏松、抑制高血压和平衡氨基酸。

4. 功能性酶类

（1）辅酶 Q10　辅酶 Q10（CoQ10）又称泛醌 10，是人体必不可少的一种辅酶，存在于人体所有细胞中，以心脏、肝脏、肾脏、胰脏中含量较高。

辅酶 Q10 是细胞代谢和呼吸的激活剂，同时又是重要的抗氧化剂。辅酶 Q10 具有很强的自由基清除作用，能增强机体的免疫力。辅酶 Q10 对心脏病、恶性肿瘤、高血压、脑血管障碍、坏血病、急性肝炎等疾病有极好的疗效，可作为机体非特异性免疫增强剂、细胞代谢及细胞呼吸激活剂。辅酶 Q10 可用于心血管疾病，如缺血性心脏病、风湿性心脏病、缩窄性心包炎、心肌炎、心绞痛、心律失常及高血压等，也用于充血性心力衰竭的辅助治疗。

人体可自己合成辅酶 Q10，辅酶 Q 类化合物广泛存在于微生物、高等植物和动物中，其中以大豆、植物油及许多动物组织含量较高。鱼类，尤其是鱼油含丰富的辅酶 Q10，其他如牛肉、动物的肝脏、心脏和肾脏，以及花生和豆油也含有较多的辅酶 Q10。

（2）超氧化物歧化酶　超氧化物歧化酶（superoxide dismutase；SOD）是生物体内防御氧化损伤的一种重要的酶。常见有 Cu–SOD、Zn–SOD、Mn–SOD，还有 Fe–SOD。

SOD 可清除机体代谢过程中产生过量的超氧阴离子自由基，延缓由于自由基侵害而出现的衰老现象，如延缓皮肤衰老和脂褐素沉淀的出现。可提高人体对由于自由基侵害而诱发疾病如肿瘤、白内障和自身免疫疾病等的抵抗力。可提高人体对自由基外界诱发因子如烟雾、辐射、有毒化学品和有毒医药品等的抵抗力，以及增强机体对外界环境的适应力。SOD 存在于几乎所有靠有氧呼吸的生物体内，包括动物、植物和微生物。大蒜富含 SOD，其他含 SOD 的食物有韭菜、大葱、洋葱、油菜、柠檬和番茄等。

（四）有机酸类

有机酸类是指具有酸的属性，分子中含羧基（COOH）、磺酸基（RSOOH）和硫酸基（RCOSH）等的有机化合物。包括芳香族有机酸、脂肪族有机酸和萜类有机酸。少数游离存在，多与钾、钠、钙等金属离子结合成盐，或与生物碱结合。

1. 芳香族有机酸

（1）绿原酸　绿原酸（chlorogenic acid）是由咖啡酸与奎尼酸组成的缩酚酸，又称咖啡单宁酸。广泛存在于高等双子叶植物和蕨类植物中，主要存在于忍冬科忍冬属和菊科蒿属植物中。常见食物来源包括金银花、菊花、卷心菜、红薯叶、咖啡和山楂等。

绿原酸是一种有效的酚型抗氧化剂，含一定量 R—OH 基，能形成具有抗氧化作用的氢自由基，以消除羟自由基和超氧阴离子等自由基的活性，从而保护组织免受氧化作用的损害。绿原酸具有较强的抗菌消炎及抗病毒作用，能抑制突变和抗肿瘤。

（2）菊苣酸　菊苣酸是菊苣和紫锥菊中极为重要的免疫活性成分之一。近年来的药理研究表明，菊苣酸具有增强免疫功能和抗炎作用，并能抑制透明质酸酶，保护胶原蛋白免受可导致降解的自由基的影响。

（3）鞣花酸　鞣花酸又称并没食子酸，是没食子酸的二聚衍生物，是一种多酚二内酯。广泛存在于各种软果、坚果等植物组织中的一种天然多酚组分。天然的鞣花酸是一种多酚化合物，表现出对化学物诱导癌变及其他多种癌变有明显的抑制作用，特别是对结肠癌、食管癌、肝癌、肺癌、舌及皮肤肿瘤等有很好的抑制作用。此外，还具有抗氧化、抗突变、降压、镇静等多种生理作用。

2. 脂肪族有机酸

（1）柠檬酸 柠檬酸又称枸橼酸，具有令人愉悦的酸味，入口爽快，无后酸味，安全无毒，被广泛应用于轻工行业。柠檬酸普遍用于各种饮料、汽水、葡萄酒、糖果、点心、饼干、罐头、果汁、乳制品等食品的制造，在改善食品感官性状的同时，可增强食欲和促进体内钙、磷等的消化吸收。柠檬酸也可用作食用油的抗氧化剂。

（2）肌酸 肌酸（creatine）是一种被广泛使用的肌力增强剂，肌酸是合成磷酸肌酸的重要原料，磷酸肌酸是能量的"后备来源"或"仓库"，当 ATP 水平下降时，磷酸肌酸可使 ATP 再合成。补充肌酸可增加肌肉磷酸肌酸储备。

补充肌酸可促进运动后肌糖原的积聚，增加肌肉力量。补充肌酸还可能具有直接抗氧化特性，从而延迟运动性疲劳的发生，提高机体运动能力。人体可自行合成肌酸，也可以由食物中摄取。肌酸存在于鱼、肉等食物中，但数量很少。

（五）酚类化合物

酚类化合物是指芳香烃苯环上的—H 被—OH 取代所生成的一大类含有酚羟基的化合物。根据其结构特点，可将其分为类黄酮类酚类化合物和非类黄酮酚类化合物。

酚类化合物含有的酚羟基是极好的氢供体和电子供体，易氧化形成比较稳定的酚类自由基，是很好的抗氧化剂。除抗氧化作用外，许多酚类化合物具有抗菌消炎、抗病毒、抗变态反应及降血脂等作用。

1. 黄酮类酚类化合物

黄酮类化合物（flavonoids）现在泛指具有 2 - 苯基苯并吡喃的一系列化合物，主要包括黄酮类、黄烷酮类、黄酮醇类、黄烷酮醇、黄烷醇、黄烷二醇、花青素、异黄酮、二氢异黄酮及高异黄酮等（表 8 - 2）。

表 8 - 2　　　　　　　　　生物类黄酮类化合物的主要结构类型

名称	黄酮类 （flavones）	黄酮醇 （flavonol）	花色素类 （anthocyanidins）	二氢黄酮醇类 （flavanonols）	二氢黄酮类 （flavanones）
三碳链部分结构					
名称	黄烷 - 3，4 - 二醇类 （flavan - 3，4diols）	双苯吡酮类 （口山酮类） （xanthones）	黄烷 - 3 - 醇类 （flavan - 3 - ols）	异黄酮类 （isoflavones）	二氢异黄酮类 （isoflavanones）
三碳链部分结构					

续表

名称	查耳酮类 （chalcones）	二氢查耳酮类 （dihydrochal- cones）	橙酮类 （aurones）	高异黄酮类 （homoisoflavones）
三碳链 部分 结构				

（1）生物类黄酮类主要功能作用　生物类黄酮类化合物多以苷的形式存在，由于结合糖的种类、数量、连接位置及连接方式不同，可以组成各种各样黄酮苷类。在生物类黄酮结构中常连接有酚羟基、甲氧基、甲基、异戊烯基等官能团，是药用植物中主要的活性成分之一。

生物类黄酮是自由基猝灭剂和抗氧化剂，能有效防止脂质过氧化引起的细胞破坏，起到抗癌防癌作用。生物类黄酮能够促进胰岛 B 细胞的恢复，降低血糖和血清胆固醇，改善糖耐量，对抗肾上腺素的升血糖作用，同时它还能抑制醛糖还原酶，因此可以治疗糖尿病及并发症。此外生物类黄酮能增强机体的非特异免疫功能和体液免疫功能，具有抑菌、抗病毒、抗动脉硬化、降低胆固醇、解痉和辐射防护作用。

（2）主要生物类黄酮类及来源

①花色素类：花色素是一类广泛存在于植物中的水溶性色素，最常见的花色素类有天竺葵素、矢车菊素、飞燕草素、芍药色和锦葵色素。常见水果蔬菜如紫甘薯、蓝莓、葡萄皮、黑加仑、黑米等均富含花色素类。

②黄烷醇类：黄烷醇类又称儿茶素，是常见的多酚类化合物，是原花青素以及鞣质的组成成分，也是日常饮食中富含抗氧化剂的营养成分。主要存在于木本植物中。茶、山茶、银杏叶、沙枣的茎皮和枝等富含儿茶素。

③黄酮类及黄酮醇类：黄酮类又称花黄素，是广泛存在于植物界的一类黄色素，在植物中多与糖结合成苷类。黄酮类呈棕色，黄酮醇类则有显著荧光且呈现亮黄色或黄绿色。均有多酚性羟基，因而具有酚类化合物的通性。

常见食物来源为蔬菜水果及茶叶等。苹果、梨、李、梅、樱桃、花红等蔷薇科植物的皮、根、枝叶和果实中富含根皮素。茶叶、芹菜、荷兰芹、洋葱、苹果、橘子等富含芹菜素。洋葱、苹果、茶叶富含槲皮素，银杏叶及银杏果（白果）外皮含银杏黄酮。

2. 非类黄酮酚类化合物

非类黄酮酚类化合物包括酚类及酚酸类、醌类、香豆素类和鞣质等。

（1）酚类及酚酸类　酚类及酚酸类包括简单酚类（如香草酚、愈创木酚及麝香草酚等）、简单酚酸类及衍生物（如没食子酸、鞣花酸、绿原酸及丁香酸等）。三羟基苯甲酸

（特别是没食子酸）是可水解单宁酸的组分之一。酚酸类（phenolic acids）是一类含有酚环的有机酸，存在于许多植物中，以干果的含量较高。酚类及酚酸类具有酚性羟基而具有一定的抗氧化活性，单酚酸抗脂质过氧化效应为维生素 E 的千余倍。有抗凝、降血脂及抗动脉粥样硬化作用，可保护血管内皮细胞、减少白细胞黏附，起活血化瘀和抗血栓形成作用。

（2）醌类 – 丹参酮、蒽醌类

①丹参酮：丹参酮是中药丹参根中的脂溶性成分，包括十多个单体，其共同特点是具有邻醌或对醌结构，由于此类化合物易被还原为二酚类衍生物，后者又易被氧化为醌，在转变过程中起电子传递作用，参与机体的多种生物化学反应，而表现出多种药理作用。

丹参酮具有抗动脉粥样硬化、缩小心肌梗死面积、降低心肌耗氧量、抗心律失常作用，还对心肌和神经细胞具有保护作用，从而能够保护心血管功能。此外，丹参酮还具有抗氧化和抗菌消炎及抗肿瘤作用。

②蒽醌类：蒽醌类化合物（anthraquinones）是各种天然醌类化合物中数量最多的一类化合物。高等植物中含蒽醌最多的是茜草科植物；鼠李科、豆科（主要是山扁豆）、蓼科、马鞭草科、玄参科及百合科植物中也较高，另外蒽醌化合物也存在于低等植物地衣和菌类的代谢产物中。蒽醌类化合物具有抗菌消炎、抗病毒、保肝利胆、增强免疫、利尿及致泻等作用。其中，蒽醌类抗菌作用苷元活性一般比苷类强，如大黄酸、大黄素、芦荟大黄素对多种细菌有抗菌作用。

（3）单宁类

①原花色素：是从植物中分离得到的一类在热、酸处理下能产生红色花色素的多酚类化合物。最简单的原花色素是黄烷 – 3 – 醇类（儿茶素类）和黄烷 – 3，4 二醇（花白素类）形成的二聚体，此外还有三聚体、四聚体等直至十聚体，按聚合度的大小，通常将二至五聚体称为低聚体，简称 OPC（图 8 – 1），将五聚体以上的称为高聚体，简称 PPC。在各类原花色素中，低聚体分布最广，更具抗氧化和自由基清除能力。原花色素主要来源包括葡萄、山楂、松树皮、银杏、花生、野草莓和可可豆等。

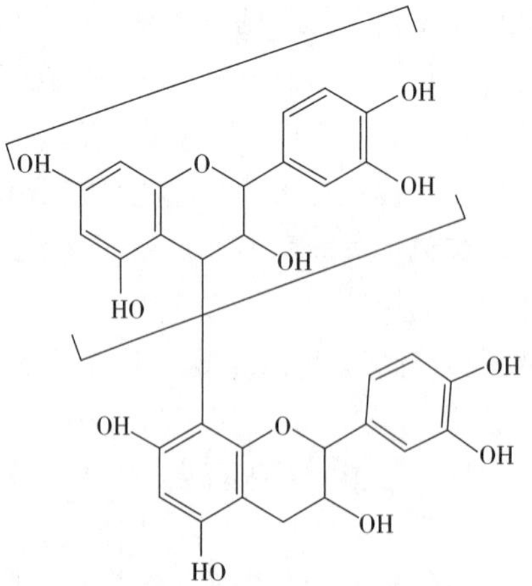

图 8 – 1 原花青素（OPC）结构式

原花色素的生理功能包括抗氧化、提高血管壁弹性、抑制癌细胞增殖、调节免疫、抗炎抗菌、改善视力、保肝等作用。特别是抗氧化清除自由基作用，可帮助保存和再生维生素 C 和维生素 E。来自葡萄籽中的原花青素能防止动脉粥样硬化、抑制血小板凝聚和血栓形成、增加高密度脂蛋白或高密度脂蛋白胆固醇、抑制低密度脂蛋白的氧化。国内外以葡萄籽中原花色素作为主要活性成分的药品及功能食品的开发较多。

②没食子单宁：指具有鞣性的聚没食子酸与葡萄糖或多元醇酯化形成的多酚，其相对分子质量一般在 500 以上，可水解为没食子酸（GA）和多元醇。中国五倍子、土耳其倍子、塔拉果荚、漆树叶和金缕梅树叶等富含没食子单宁。没食子单宁可结合蛋白质、螯合金属离子，其主要功能作用包括抑制癌细胞、抗菌抗病毒及抗氧化作用。

（六）其他功能因子

1. 生物碱类

（1）L - 肉碱 L - 肉碱（L - carnitine）即左旋肉碱，又称肉毒碱、维生素 BT 等，呈白色或类白色结晶性粉末，微有鱼腥味，易溶于水和甲醇、乙醇等，化学名为 β - 羟基 - γ - 三甲铵丁酸，分子式为 $C_7H_{15}NO_3$。主要来源于动物，在羊肉和小牛肉中非常丰富。

生理功能：①转运脂肪：左旋肉碱主要存在于线粒体膜上，将细胞浆内的脂肪酸转运到线粒体内供线粒体氧化供能，因此，L - 肉碱与机体脂肪代谢密切相关，可促进脂肪酸的 β - 氧化；②抗疲劳作用：动物实验发现，L - 肉碱能有效延长实验动物的游泳时间，减少体重及腹部脂肪量，显著降低血清中甘油三酯及总胆固醇水平，降低乳酸及尿素氮含量；因此，L - 肉碱具有较明显的抗疲劳作用。

（2）荷叶碱 荷叶碱（nuciferine）主要来自睡莲科睡莲和荷花的叶片，纯品呈红棕色粉末，有特殊气味，不溶于中性和碱性溶液，其化学名为 1，2 - 二甲基阿扑啡，分子式为 $C_{19}H_{21}NO_2$。

生理功能：①降脂减肥作用，对大鼠总胆固醇、甘油三酯及动脉粥样硬化指数都具有一定的降低效果；②抗病毒作用，荷叶碱具有一定的抗艾滋病病毒作用，而且对脊髓灰质炎病毒具有显著的降低其活力作用；③抗菌作用，对细菌和酵母具有较强的抑制作用；④其他如抗氧化、抗心律失常等。

（3）甜菜碱 甜菜碱（glycine betaine）又称甘氨酸三甲基内盐，属季铵型生物碱。甜菜碱常呈鳞状或棱状白色结晶，味甜。具有氨基酸特性，即属于两性成分，水溶液呈中性，极易溶于水，可溶于甲醇、乙酸等，分子式为 $C_5H_{12}NO_2$。含甜菜碱比较多的有甜菜、无脊椎海洋动物、麦胚、麦麸和菠菜等。此外，枸杞子、黄芪、连翘等中草药也含有一定量的甜菜碱。

生理功能：①提供甲基，参与半胱氨酸转化蛋氨酸的反应过程，可预防高同型半胱氨酸血症；②调节体内渗透压；③促进脂肪代谢和蛋白质合成。

2. 含氮化合物

褪黑素（melatonin）又称松果体素，由哺乳动物和人类的松果体分泌产生的一种吲哚类激素。纯品褪黑素呈白色结晶或结晶性粉末，具有热稳定性和光敏性，微溶于水，易溶于热水和丙二醇以及酸、碱、食盐水和乙醇中，不溶于其他有机溶剂和油脂。化学名 N - 乙酰基 - 5 - 甲氧基色胺，分子式为 $C_{13}N_2H_{16}O_2$。存在于所有生物体中。

生理功能：①改善睡眠作用；②抗衰老作用；③调节免疫作用和抗肿瘤作用。

3. 含硫化合物

（1）蒜素　蒜素（allicin）又称蒜辣素、大蒜素，主要存在于百合科大蒜的球形鳞茎中。纯品蒜素呈黄色油状液体，有大蒜异臭，对皮肤有刺激性。稍溶于水，易溶于乙醇、乙醚等有机溶剂，对热和碱不稳定，对酸较稳定。化学名为二烯丙基二硫化物，分子式为 $C_6H_{10}OS_2$。

生理功能：①杀菌作用；②抗氧化和增强机体免疫力；③心血管疾病预防作用，包括降低血压、抑制血小板聚集和黏附性、降低血 LDL、降低同型半胱氨酸等功能；④预防消化道肿瘤作用。

（2）硫辛酸　硫辛酸（thiocticacid）又称 α - 硫辛酸，纯品呈黄色结晶性粉末，易溶于苯、甲醇、乙醇，难溶于水，有一定的刺激性。化学名为 1，2 - 二硫戊环 -3 - 戊酸，分子式为 $C_8H_{14}O_2S_2$。其存在于绝大多数天然食物中，如动物肉类、内脏以及菠菜、花椰菜等。

生理功能：①参与能量代谢，作为线粒体能量代谢的辅酶，参与 α - 酮酸的氧化脱羧反应；②增强心肌功能，增加心肌对葡萄糖的摄取和利用，使心肌对氧的摄取能力及心内 ATP 水平恢复正常，增加心输出量；③抗氧化，硫辛酸可增加细胞内谷胱甘肽水平和还原再生多种氧化型抗氧化剂如维生素 C、维生素 E、谷胱甘肽、辅酶 Q、硫氧还蛋白等；④对重金属的中毒有解毒作用，硫辛酸可螯合吸附铁、铜、汞等金属离子，抑制自由基的产生，降低过氧化程度。

4. 萜类

萜类（terpenoids）化合物主要存在于植物、昆虫及微生物等中，其结构特点是都具有异戊二烯（C_5H_8）$_n$ 的基本通式，含有氧元素和不饱和键，故又称萜烯类化合物。萜类常以碳原子数量可分为半萜、单萜、二萜、三萜、四萜等。

（1）银杏内酯　银杏内酯（ginkgolide）属于二萜类化合物，主要包括银杏内酯 A、B、C、M 和 J 5 种，每个种类又分为若干亚类。其存在于银杏的叶、根、皮中。

生理功能：①银杏内酯可有效促进脑血微循环，通过选择性地拮抗由血小板活化因子（PAF）诱导的血小板聚集，有效防止血小板聚集和血栓的形成；②抑菌抗炎作用，对革兰氏阴性菌引起的脓毒血症有治疗作用；③抗休克作用；④抗过敏作用。

（2）番茄红素　番茄红素（lycopene）是一类含有 11 个共轭双键的多双键的脂溶性色素化合物。分子式为 $C_{40}H_{56}$。人类自身不能合成番茄红素，需通过膳食等补充。番茄红素吸收后可广泛分布于血液、肾上腺、肝、睾丸、前列腺、乳腺、卵巢、消化道等组织器官中，其中血液、肾上腺和睾丸含量较多。其主要分布于植物性食品，如番茄、西瓜、李子、柿子、番石榴（粉红色）、葡萄柚（粉红）柑橘等的果实，茶的叶片及萝卜、胡萝卜等。

生理功能：①抗氧化作用，其抗氧化能力是胡萝卜素的 3.2 倍，更是维生素 E 的 100 倍之多。②降低血脂，减少动脉粥样硬化和冠心病的发病风险。③有助于提高免疫力，番茄红素对特异性和非特异性免疫都具有明显的促进作用。

（3）玉米黄质　玉米黄质（zeaxanthin）主要存在于玉米、菠菜、鸡蛋、鱼类、藻类等各种植物和动物中，纯品呈橙红色结晶性粉末，几乎不溶于水和乙醇，溶于乙醚、丙酮、酯类等有机溶剂，呈透明橙红色溶液。玉米黄质在体内没有维生素 A 活性，遇光、热易失活，分子式为 $C_{40}H_{56}O_2$。

生理功能：①保护视力和预防视网膜退化；②抗氧化作用，由于玉米黄质具有共轭不饱和双键的特性，具有较强与氧反应的能力，从而减少或预防低密度脂蛋白被氧化的作用；③抗肿瘤作用；④有助于增强免疫力，通过促进巨噬细胞的吞噬能力以及诱导其分泌肿瘤坏死因子（TNF-α）发挥增强免疫功能。

5. 维生素、矿物质

维生素、矿物质主要作为营养强化剂和营养素补充剂使用于食品工业中。按照GB 14880—2012《食品安全国家标准　食品营养强化剂使用标准》，可用于营养强化剂和营养素补充剂的维生素和矿物质的营养成分有维生素 A、β-胡萝卜素、维生素 D、维生素 E、维生素 K、维生素 B_1、维生素 B_6、维生素 B_{12}、烟酸、叶酸、泛酸、生物素、维生素 C。矿物质包括钾、钙、磷、镁、铁、锌、硒、锰、铜等。

6. 其他

（1）叶绿素　叶绿素（chlorophyll）是高等植物进行光合作用的重要物质，结构为一个镁和四个吡咯环上的氮结合，是以卟啉为骨架的绿色色素的总称，其广泛存在于植物叶和藻类生物中。

生理功能：①改善肠道微生态，预防便秘；②降低胆固醇；③抗癌抗突变；④预防贫血，主要通过刺激骨髓造血作用等而起到预防或治疗贫血效果；⑤保肝解毒；⑥抗氧化作用。

（2）肌醇　肌醇（inositol）分子式为 $C_{45}H_{87}O_{13}P$。在自然界中常以磷脂酰肌醇（phosphatidylinositol，PI）形式存在。在自然界中肌醇常与其他磷脂类（如脑磷脂）以混合物的形式存在，在动物内脏如脑、肝、心及大豆中含量较高，脑中肌醇磷脂主要为二磷酸肌醇磷脂和三磷酸肌醇磷脂。

生理功能：①参与细胞内信号转导。肌醇脂质中的某些代谢产物证实对多种组织细胞都有动员钙离子的作用，如肝细胞、白细胞、心肌、骨骼肌等。②参与机体第二信使作用，完成机体重要的信息传递。如细胞内信号转导、离子转运、膜泡运输和细胞凋亡等。③调节血脂。磷脂酰肌醇具有调节血脂，增加高密度脂蛋白胆固醇水平，促进高密度胆固醇向肝和胆汁中转运，从而降低血胆固醇水平，降低心血管疾病的发病风险。

第三节　新食品原料

新食品原料（旧称"新资源食品"）作为无安全食用历史或仅在局部地区有食用历史的非传统食品，由于对其安全性认识不足，为保证消费者健康，我国早于 1990 年就制定颁布了《新资源食品卫生管理办法》，对于没有食用历史或仅在局部地区有食用历史的新资源食品，实行上市前的安全性评估和审批，以确保消费者的食用安全性。随着食品新工艺、新技术的不断发展，新资源食品的概念和含义需要拓展，其安全性评价所需要的资料也更加严格。

2013 年，国家卫生计生委公布《新食品原料安全性审查管理办法》（以下简称《办法》）。《办法》修改了新食品原料定义、范围，进一步规范了新食品原料应当具有的食品原料属性和特征。新资源食品的名称是《食品卫生法》中提出的，为与 2009 年正式实施的

《食品安全法》相衔接，将"新资源食品"修改为"新食品原料"。

一、 新食品原料的定义

2013 年的《办法》中指出，新食品原料是指在我国无传统食用习惯的以下物品：动物、植物和微生物；从动物、植物和微生物中分离的成分；原有结构发生改变的食品成分；其他新研制的食品原料。新食品原料不包括转基因食品、保健食品、食品添加剂新品种，上述物品的管理依照国家有关法律法规执行。新食品原料应当具有食品原料的特性，符合应当有的营养要求，且无毒、无害，对人体健康不造成任何急性、亚急性、慢性或者其他潜在性危害。

二、 一般食品、 保健食品与新食品原料的区别

一般食品简而言之就是供人类食用的所有物质；保健食品是强调其成分对人体能充分显示机体防御功能、调节生理节律、预防疾病和促进人体向健康态转变的工业化食品。三者有共性也有区别。共性是都能提供人体生存必需的基本营养物质，都具有特定的色、香、味、形，区别主要有以下几个方面。

（1）一般食品不强调特定功能，不能添加国家卫健委批准的药食两用之外的药材和功能成分。

（2）保健（功能）食品含有一定量的功效成分（生理活性物质），能调节人体的机能，具有特定的功能，需经国家卫健委批准，具有保健食品标识和批号。有特定的食用范围（特定人群），而一般食品无特定的食用范围。在一般食品中也含有生理活性物质，由于含量较低，在人体内无法达到调节机能的浓度，不能实现功效作用。保健（功能）食品中的生理活性物质是通过提取、分离、浓缩（或是添加了纯度较高的某种生理活性物质），使其在人体内达到发挥作用的浓度。

（3）新食品原料主要是过去无食用习惯、一些新品种或从普通食品中提取出的某一种成分。有些新食品原料随着食用时间的延长会转化成普通食品，例如早期卫生部公布的新资源食品名单中的大枣、山楂、猕猴桃等，目前作为普通食品管理。对新食品原料，一般要求卫生安全指标应符合我国相关标准；对大多数新食品原料，都规定了使用范围，特别是不可应用于婴幼儿食品的规定，同时多数要求在标签、说明书中标注不适宜人群。

三、 新食品原料的种类

我国已经公布的新资源食品二百余种，早期的名单中将其分为九类：中草药和其他植物、果品类、茶类、菌藻类、畜禽类、海产品类、昆虫爬虫类、矿物质和微量元素类及其他类。随着时间的推移，特别是 2008 年以来，食品法规不断完善，对新资源食品的管理不断深化，新资源食品/新食品原料的种类也不断变更。截止到 2019 年 1 月 1 日，公认的新食品原料合计 112 种。根据这些原料的来源、结构及用途，可将其分为六类：植物性新食品、微生物及藻类新食品、脂类新食品、碳水化合物新食品、肽及蛋白质新食品、其他新食品原料。

（一） 植物性新食品类

植物性新食品是指天然植物或其加工产品，多以鲜食、茶饮或简单加工产品为主，不包括植物源油脂。根据食用方式又分为以下四种：

1. 茶及饮料类新食品

茶及饮料类新食品有 18 种，包括金花茶、诺丽果浆、库拉索芦荟凝胶、乌药叶、辣木叶、丹凤牡丹花、狭基线纹香茶菜、青钱柳叶、显齿蛇葡萄叶、柳叶腊梅、杜仲雄花、线叶金雀花、湖北海棠叶（茶海棠）、木姜叶柯、短梗五加、阿萨伊果、黑果腺肋花楸和宝乐果粉。这些原料可以直接用来冲泡，也可以将其初加工为粉，作为原料添加到各种饮品、运动饮料、酸奶等制品中。

2. 可直接食用的植物性新食品原料

白子菜，别名白背三七、大肥牛、土田七、明月草、鸡毛菜等。白子菜为菊科三七草属，多年生草本植物，在我国主要分布于广东（广州、南海）、海南（澄迈、崖县、万宁、保亭、琼中、琼山等）、香港、云南（景东、红河、绿春）、广西等地。据《广西药植图志》记载其具有凉血解毒、清热消炎等功效，可用于清热解毒，舒筋接骨，凉血止血。白子菜多以烹食为主，也可作为茶饮品并衍生出其他系列产品。

奇亚籽为唇形科鼠尾草属芡欧鼠尾草的种子，形态与黑芝麻种子相似，原产地为墨西哥南部和危地马拉等北美洲地区。奇亚籽富含人体必需脂肪酸 α - 亚麻酸，是天然 n - 3 脂肪酸的来源；多种抗氧化活性成分（绿原酸，咖啡酸，杨梅酮，槲皮素，山奈酚等）；并含有丰富的膳食纤维、蛋白质、维生素和矿物质等。其中钙、磷、钾含量十分突出，是牛乳含钙量的 5 倍，磷含量比牛乳高 11 倍，钾含量比牛乳高 4.6 倍。

3. 名贵植物及其培养物类

人参是一味药性较强的名贵中药，尤其是野生人参，生长期长，积累了丰富的有效成分，因此一般情况下不能作为食品。但 2012 年卫生部批准了"人参（人工种植）"作为新食品原料。公告中规定了原料须为 5 年及 5 年以下人工种植的人参，食用量控制在 $\leqslant 3g/d$，同时规定孕妇、哺乳期妇女及 14 周岁以下儿童不宜食用，标签、说明书中应当标注不适宜人群和食用限量。

名贵植物如雪莲、虫草等，由于生长期长，种植难度大、祖国传统文化和中医保健等原因"供不应求"。利用现代生物技术的培养物，既复制了名贵植物，又保护了野生资源、维护了生态平衡，而且大大降低了成本。

雪莲是菊科风毛菊属雪莲亚属的草本植物，该亚属的植物有 20 余种，绝大部分产于我国青藏高原及其毗邻地区。雪莲是一种高山稀有的名贵植物，生长期 3 ~ 5 年。传统中医文化奉雪莲为"百草之王""药中极品"。雪莲培养物是选取雪莲离体组织，经脱分化形成的愈伤组织作为继代种子，给予一定条件进行继代培养而获得的团块状颗粒，或该颗粒经干燥粉碎得到的粉末。蛹虫草又称北冬虫夏草，与冬虫夏草同为麦草菌属，主产于云南、吉林、辽宁、内蒙古等省，生于针、阔叶林或混交林地表土层中鳞翅目昆虫的蛹体上。批准的新食品原料是接种蛹虫草菌种到培养基上进行人工培养，采收蛹虫草子实体，经烘干等步骤而制成人工培养物质。蛹虫草可以直接食用，也可加入酒类、罐头、调味品、饮料中，可以应用于除孕妇、婴幼儿食品以外的各类食品中。

4. 其他用途类资源

胶囊、片剂等形式的膳食补充剂和保健食品用原料曾经是新食品原料申请的用途之一，当然一些原料也同时具有调味或保健类用途，或作为运动营养食品、特殊医学用途配方食品及其他食品的原料等（表 8 - 3）。

表 8 -3 经批准的植物源其他用途新食品原料

名称	主要成分	来源	生产工艺	使用范围	食用量
表没食子儿茶素没食子酸酯	表没食子儿茶素没食子酸酯	绿茶叶	绿茶叶经提取、层析分离、蒸发浓缩、真空蒸馏、冷却、结晶、干燥等工艺而制成	不包括婴幼儿食品	≤300mg/d（以 EGCG 计）
显脉旋覆花	8,9 - 二异丁酰基百里香酚	人工种植的显脉旋覆花的根茎	以显脉旋覆花的干燥根茎为原料，经精选、清洗、干燥、机械粉碎等步骤生产而成	作为调味品使用，不适合婴幼儿食品	≤5g/d
玛咖粉		人工种植玛咖的根茎	以玛咖为原料，经切片、干燥、粉碎、灭菌等步骤制成	婴幼儿、哺乳期妇女、孕妇不宜食用	≤25g/d
竹叶黄酮	总黄酮、粗多糖等	禾本科刚竹属毛环竹	以竹叶为原料，经水提、萃取、浓缩、喷雾干燥等工艺制成		≤2g/d
西兰花种子水提物	萝卜硫苷	十字花科西兰花的种子	西兰花种子经热水提取、固液分离、浓缩、喷雾干燥等步骤制成	使用范围不包括婴幼儿食品	≤1.8g/d

（二）微生物及藻类新食品

在食品工业中，常利用有益微生物制造、保藏食品。某些微生物或其次生代谢产物可直接有利于健康，且微生物生长繁殖快、生产效率高，易于实现自动化控制和生产。经批准的菌株类新食品原料见表 8 -4 所示。

表 8 -4 经批准的菌株类新食品原料

菌种名称	批准文号或公告
鼠李糖乳杆菌 GG（ATCC53103）	卫生计生委 2007 第 0001 号
鼠李糖乳杆菌 R0011	卫新食准字（2007）第 0005 号
乳双歧杆菌 BI - 07	卫新食准字（2007）第 0006 号
嗜酸乳杆菌 DSM13241	2008 年第 12 号公告
副干酪乳杆菌 GM080，GMNL - 33	2008 年第 20 号公告

续表

菌种名称	批准文号或公告
嗜酸乳杆菌 R0052	2008 年第 20 号公告
鼠李糖乳杆菌 R0011	2008 年第 20 号公告
植物乳杆菌 299V，ST‐III	2008 年第 20 号公告
植物乳杆菌 CGMCC NO. 1258	2008 年第 20 号公告
植物乳杆菌 ST‐III	2008 年第 12 号公告
马克斯克鲁维酵母（*Kluyveromyces marxianus*）	卫生部 2013 年第 16 号
乳酸片球菌（*Pediococcus acidilactici*）	卫生部 2014 年第 6 号
戊糖片球菌（*Pediococcus pentosaceus*）	卫生部 2014 年第 6 号
罗伊氏乳杆菌（*Lactobacillus reuteri*）	卫生计生委 2014 年第 10 号
清酒乳杆菌（*Lactobacillus sakei*）	卫生计生委 2014 年第 20 号
产丙酸丙酸杆菌（*Propionibacterium acidipropionici*）	卫生计生委 2014 年第 20 号

　　微生物类新食品还包括茶藨子叶状层菌发酵菌丝体。原料来源于茶藨子叶状层菌，因其从金银花植株上分离，所以又称金银花菌。茶藨子叶状层菌经接种培养、发酵、干燥、粉碎等步骤制得。同时，我国规定该菌丝体摄入水平≤50g/d。

　　藻类是原生生物界一类真核生物。藻类食品富含蛋白质、不饱和脂肪酸以及各种维生素，营养、健康而且味道鲜美。我国 2008 年后公布的藻类新食品原料有雨生红球藻、蛋白核小球藻、裸藻、球状念珠藻（葛仙米）、盐藻及提取物（表 8‐5）。

表 8‐5　　　　　　　　　　　　　经批准的藻类新食品原料

名称	来源	主要成分	生产工艺	使用范围	食用量
雨生红球藻	绿藻门、团藻目、红球藻属	含丰富的蛋白质、矿物质；同时富含虾青素（≥1.5%）	选育优良雨生红球藻藻种进行人工养殖，采收雨生红球藻孢子，经破壁、干燥等工艺制成	使用范围不包括婴幼儿食品	≤0.8g/d
蛋白核小球藻	绿藻目、小球藻属	蛋白质含量很高，≥58g/100g	人工养殖的蛋白核小球藻经离心、洗涤、分离、干燥等工艺制成	使用范围不包括婴幼儿食品	≤20g/d
裸藻	绿虫藻	营养成分种类多：蛋白质、矿物质、维生素、不饱和脂肪酸、叶绿素、罗藻多糖等		使用范围不包括婴幼儿食品	

续表

名称	来源	主要成分	生产工艺	使用范围	食用量
球状念珠藻（葛仙米）	球状念珠藻		以人工养殖、采收的新鲜球状念珠藻为原料，经筛选、清洗、干燥、包装等步骤制成	婴幼儿、孕妇及哺乳期妇女不宜食用	≤3g 干品/d
盐藻及提取物	绿藻门、团藻目、盐藻属	产品的胡萝卜素含量十分丰富：盐藻含胡萝卜素2%～8%，盐藻提取物胡萝卜素含量≥8%	盐藻藻种经养殖、藻液净化、离心分离、洗盐脱水、提纯等工艺而制成的半流体或粉状产品	使用范围不包括婴幼儿食品	≤15mg/d（以β-胡萝卜素计）

（三）脂类新食品

脂类研究是近些年营养学研究的热点之一。不同植物来源的脂肪酸组成不同、结构不同，且存在大量的脂类衍生物，具有特殊的生理功效，因而备受关注。脂类新食品也是近十年来国内批准认定最多的一类新食品。

1. 植物油类新食品原料

植物油类新食品原料见表 8-6 所示。

表 8-6 经批准的植物油类新食品原料

名称	主要成分	来源	生产工艺	使用范围	食用量
杜仲籽油	以α-亚麻酸为主（≥45%），含油酸、亚油酸、酸、棕榈酸、硬脂酸等	杜仲籽	以杜仲籽为原料，经去杂、分离壳仁，对籽仁进行物理压榨、过滤等工艺而制成	婴幼儿食品除外	≤3mg/d
御米油	亚油酸60%～80%，其次是油酸和棕榈酸	罂粟的种子	罂粟籽经清理、去壳，采用压榨等方法制油，并经脱水、脱色、脱臭、精滤等工艺精制而成	仅限用于食用油。不得再生产加工其他食品、食品添加剂	≤25g/d
光皮梾木果油	不饱和脂肪酸的含量在60%以上，其次是棕榈酸	光皮梾木的果实	以光皮梾木果实为原料，经压榨、过滤、脱色、脱臭等工艺而制成	使用范围不包括婴幼儿食品	

续表

名称	主要成分	来源	生产工艺	使用范围	食用量
茶叶籽油	油酸40%~60%，其次为亚油酸、棕榈酸和硬脂酸	山茶科植物茶的种子	以茶叶籽为原料，经烘干、脱壳、脱色、脱臭等步骤而制成	使用范围不包括婴幼儿食品	≤15g/d
翅果油	油酸、亚油酸、亚麻酸	翅果油树种仁	以翅果仁为原料，经粉碎、萃取、过滤等工艺而制成	使用范围不包括婴幼儿食品	≤15g/d
元宝枫籽油	亚油酸、油酸、神经酸及其他脂肪酸	元宝枫树种仁	以元宝枫种仁为原料，经压榨、脱色、脱臭等工艺制成	使用范围不包括婴幼儿食品	≤3g/d
牡丹籽油	亚麻酸、亚油酸、油酸	丹凤牡丹的籽仁	以牡丹籽仁为原料，经压榨、脱色、脱臭等工艺制成	使用范围不包括婴幼儿食品	≤10g/d
盐地碱蓬籽油	亚油酸、油酸、亚麻酸	藜科碱蓬属盐地碱蓬的种子	以盐地碱蓬种子为原料，经萃取、脱色、过滤等工艺而制成	使用范围不包括婴幼儿食品	
美藤果油	亚麻酸、亚油酸、油酸	大戟科美藤果的种籽	以美藤果种籽为原料，经脱壳、粉碎、压榨、过滤等工艺而制成	使用范围不包括婴幼儿食品	
盐肤木果油	油酸、亚油酸、棕榈酸	漆树科盐肤木属盐肤木的果实	以盐肤木果实为原料，经气爆、压榨、浸提、过滤等工艺而制成	使用范围不包括婴幼儿食品	
长柄扁桃油	油酸、亚油酸	长柄扁桃的种仁	以长柄扁桃种仁为原料，经炒制、冷榨、过滤等工艺而制成	使用范围不包括婴幼儿食品	
水飞蓟籽油	亚油酸、油酸	水飞蓟的种籽	以水飞蓟籽为原料，经冷榨、过滤等工艺制成	使用范围不包括婴幼儿食品	

续表

名称	主要成分	来源	生产工艺	使用范围	食用量
番茄籽油	亚油酸、油酸、棕榈酸	番茄籽	以番茄籽为原料，经萃取、精炼等工艺而制成		
乳木果油	硬脂酸、油酸及其他脂肪酸	山榄科乳油木树的果仁	以乳油木树果仁为原料，经预处理压榨、浸提、脱乳木果胶和精炼等工艺而制成	巧克力、糖果、冰淇淋、烘焙产品及煎炸油，但不包括婴幼儿食品	

2. 动物性油脂新食品原料

包括磷虾油、鱼油及提取物。磷虾油来源于磷虾科磷虾属南极大磷虾。磷虾也被认为是含 $n-3$ 最丰富的海生生物。磷虾油是以磷虾为原料，经水洗、破碎、提取、浓缩、过滤等步骤制得，总磷脂含量可高达总磷脂38g/100g。磷虾油的摄入量应低于3g/d，且婴幼儿、孕妇、哺乳期妇女及海鲜过敏者不宜食用。

鱼油及其提取物是可食用海洋鱼经加热烹煮、压榨、离心、提纯、脱色、除臭等工艺而制成的油状液体或粉状产品，富含 DHA 和 EPA；鱼油中 EPA + DHA 含量≥144mg/g，鱼油提取物中 EPA + DHA 含量≥300mg/g。食用量为≤3g/d，可用于婴幼儿食品中，且应符合相关标准的要求。

3. 微生物油脂新食品原料

微生物油脂（microbial oils）又称单细胞油脂（single cell oil，SCO），是由酵母、霉菌、细菌和藻类等微生物在一定条件下利用碳水化合物、碳氢化合物和普通油脂为碳源、氮源，辅以无机盐生产的油脂和另一些有商业价值的脂质。经批准的微生物油脂新食品原料见表8-7所示。

表8-7 经批准的微生物油脂新食品原料

名称	主要成分	来源	生产工艺	使用范围	食用量
DHA 藻油	DHA ≥ 35g/100g	裂壶藻、寇氏隐甲藻和吾肯式壶藻	以裂壶藻（或吾肯氏壶藻或寇氏隐甲藻）种为原料，通过发酵、分离、提纯等工艺生产 DHA	在婴幼儿食品中使用应符合相关标准的要求	≤300mg/d（以纯 DHA 计）
花生四烯酸油脂	花生四烯酸 ≥38g/100g	高山被孢霉	以高山被孢霉为菌种，经发酵培养制得菌丝体，菌丝体经过滤、压榨、干燥、萃取及精制后得到花生四烯酸油脂	在婴幼儿食品中使用应符合相关标准的要求	≤600mg/d（以纯花生四烯酸计）

续表

名称	主要成分	来源	生产工艺	使用范围	食用量
γ－亚麻酸油脂	γ－亚麻酸油脂	刺孢小克银汉霉，	以刺孢小克银汉霉为菌种，经发酵培养制得菌丝体，菌丝体经过滤、干燥、萃取及精制后制得		$\leq 6g/d$

4. 中长链脂肪酸食用油

《中长链脂肪酸食用油》粮食行业标准里定义了中碳链脂肪酸、中碳链甘油三酯、中长碳链脂肪酸食用油和中长碳链脂肪酸甘油三酯。其中，中碳链脂肪酸的定义中包括两个方面的内容，一个是必须来源于食用油脂，第二个就是碳链长度为 $C_6 \sim C_{12}$ 脂肪族一元羧酸。中碳链甘油三酯是指甘油骨架上三个脂肪酸的碳链长度全为 $C_6 \sim C_{12}$ 脂肪族一元羧酸。中长碳链脂肪酸食用油具有多种生理功能，例如降低血清 TAG 和胆固醇水平、提高免疫力、防止肥胖（能量值低）等。

2012 年 8 月，我国卫生部批准"中长链脂肪酸食用油"为新食品原料（2012 年第 16 号公告），其中规定：长碳链脂肪酸食用油是以食用植物油和来源于食用油的中碳链甘油三酯为原料，通过酯交换改性和精制后得到的商品用油脂。但是，2017 年国家卫生和计划生育委员会又将"中长链脂肪酸结构油（更名为中长链脂肪酸食用油）"和"中长碳链甘油三酯"终止审查，实质等同于中碳链脂肪酸食用油，并规定中长链脂肪酸结构油是以食用植物油和中碳链脂肪酸辛酸或辛、癸酸（来源于棕榈仁油和椰子油）为原料，通过固定化脂肪酶催化酸解反应，经分子蒸馏纯化、脱臭等工艺制成的商品用油脂。

根据以上两个文件可知，酯酯交换和酸解反应均可以用来制备中长碳链脂肪酸食用油。本次颁布的标准规定中长碳链脂肪酸食用油为富含中长碳链甘油三酯的食用油，是以食用植物油与中碳链脂肪酸或中碳链脂肪酸食用油为原料，经过酯交换制得的商品油脂。

5. 共轭亚油酸

共轭亚油酸（CLA）是一系列在 C_9、C_{11} 或 C_{10}、C_{12} 位具有双键的亚油酸（LA）的位置异构体和空间异构体的总称。研究表明，9c，11t－CLA 和 10t，12c－CLA 具有降低生物体脂肪、抑制肿瘤、抗动脉粥样硬化等生理功能。

天然的共轭亚油酸主要存在于瘤胃动物牛、羊等的乳脂及乳制品、肉制品中，也在人乳脂肪中存在。专家建议，人们每天所需补充的共轭亚油酸量为每天摄取食物质量的 0.01% ~ 2.0%。但共轭亚油酸以游离脂肪酸的形式存在时，易氧化，口感不好。

而共轭亚油酸甘油酯在保持共轭亚油酸生理功能和营养功能的同时，稳定性好、气味和味道更平和、更易于被人体吸收。共轭亚油酸甘油酯是一种重要的低热量油脂替代品和药物中间体合成原料，是共轭亚油酸产品开发的高端产品。具有减少内脏脂肪、抑制体重增加、降低血脂、抗癌、抗氧化的作用。共轭亚油酸甘油酯可作为多功能添加剂，在食品、医药、饲料及化妆品中具有广阔的应用前景。

2009 年 10 月，我国卫生部批准"共轭亚油酸"和"共轭亚油酸甘油酯"作为新食品原料。生产工艺是以食品级的红花籽油为原料，通过共轭化反应将其中的亚油酸转化成共轭亚油酸；共轭亚油酸可直接食用，也可用于脂肪、食用油和乳化脂肪制品，但不包括婴幼儿食品；食用量＜6g/d。共轭亚油酸甘油酯则以上述工艺得到的共轭亚油酸为原料，继续以食品级脂肪酶为催化剂，将共轭亚油酸脂肪酸与甘油进行酯化，生成共轭亚油酸甘油酯；共轭亚油酸甘油酯既可以直接食用，也可以用于乳及乳制品（纯乳除外），脂肪、食用油和乳化脂肪制品，饮料类、冷冻饮品、可可制品、巧克力和巧克力制品以及糖果，杂粮粉及其制品，即食谷物、焙烤食品、咖啡，但不包括婴幼儿食品；食用量也是＜6g/d。

6. 植物甾醇及其衍生物

植物甾醇又称植物固醇，是来源于植物油或者塔罗油的以环戊烷多氢菲为基本结构的一类化合物的总称，具有营养价值高、生理活性强等特点。植物甾醇能够抑制人体对胆固醇的吸收、促进血清胆固醇的降解代谢、抑制胆固醇的合成，可预防冠心病等心脏疾病。植物甾醇对人体具有较强的抗炎作用，有类似氢化可的松和羟基保泰松的抗炎退热功能。特别是在欧洲作为食品添加剂非常普遍，广泛用于食品中以降低人体胆固醇；植物甾醇也是合成甾体药物和维生素 D_3 的重要生产原料。

另外植物甾醇对皮肤具有很高的渗透性，可以保持皮肤表面水分，促进皮肤新陈代谢、抑制皮肤炎症，可防日晒红斑、皮肤老化，还有生发、养发之功效。可广泛应用于医药、食品、化妆品和饲料等行业。

我国是油脂生产和消费大国，植物甾醇资源极为丰富，仅油脂精炼的脱臭馏出物中就蕴藏 1 万吨以上的植物甾醇。但相比国外，我国的植物甾醇相关产品很少，大部分植物甾醇都用作化工的合成原料，价格低廉且利用率较差。目前尚未见植物甾醇的国家标准和行业标准，仅在 2010 年新食品原料第三期公告中提及，但作为食品和医药用途，并未针对植物甾醇制定相关限定指标。经批准的植物甾醇新食品原料见表 8 - 8 所示。

表 8 - 8　　　　　　　　　　　经批准的两种植物甾醇新食品原料

名称	主要成分	来源	生产工艺	使用范围	食用量
植物甾醇酯	β - 谷甾醇酯，菜油甾醇酯，豆甾醇酯	大豆油、菜籽油、玉米油、葵花籽油、塔罗油	利用大豆油等植物油馏分或塔罗油为原料，通过皂化、萃取、结晶等工艺得到植物甾醇，然后将植物甾醇和葵花籽油脂肪酸进行酯化生产得到植物甾醇酯	使用范围不包括婴幼儿食品	≤3.9g/d
植物甾烷醇酯	植物甾烷醇	植物油或塔罗油提取的甾醇和植物油制取的脂肪酸甲酯	植物油甾醇经饱和工艺转化为植物甾烷醇，植物甾烷醇与脂肪酸甲酯进行酯化反应生成植物甾烷醇酯后再进行清洗、漂白和脱臭处理生产而成	孕妇和 5 岁以下儿童不宜食用，标签、说明书中应当标注不适宜人群	＜5g/d

7. 其他油类新食品原料

以大豆油、菜籽油、花生油、玉米油等为原料生产的新食品原料也越来越受到人们的关注（表 8 – 9）。

表 8 – 9　　　　　　　　　　　　　　经批准的其他油类新食品原料

名称	主要成分	来源	生产工艺	使用范围	食用量
甘油二酯油	甘油二酯≥40%	大豆油、菜籽油、花生油、玉米油	以大豆油、菜籽油等为原料，以脂肪酶制剂、水、甘油等为主要辅料，通过脂肪酶催化，经蒸馏分离、脱色、脱臭等工艺而制成	使用范围不包括婴幼儿食品	≤30g/d
叶黄素酯	叶黄素二棕榈酸酯	万寿菊花	以万寿菊花为原料，经过脱水粉碎、溶剂提取、低分子质量醇纯化和真空浓缩等步骤生产而成	焙烤食品、乳制品、饮料、即食谷物、冷冻饮品、调味品和糖果，但不包括婴幼儿食品	≤12mg/d
蔗糖聚酯	蔗糖聚酯（6、7、8 酯）	大豆油	大豆油经精炼、氢化，与甲醇反应生成甲酯，甲酯和蔗糖在一定条件下再发生反应，生成蔗糖聚酯粗品；然后经精炼、水洗涤、干燥、蒸发等过程精制而成	炸薯片、即热爆米花、烘烤小甜饼。婴幼儿不宜食用	≤3.1g/d
磷脂酰丝氨酸	磷脂酰丝氨酸	大豆卵磷脂和 L - 丝氨酸	以大豆卵磷脂和 L - 丝氨酸为原料，采用磷脂酶转化反应后，纯化浓缩，再经过二次纯化，干燥后包装制得	使用范围不包括婴幼儿食品	≤600mg/d

续表

名称	主要成分	来源	生产工艺	使用范围	食用量
顺 – 15 – 二十四碳烯酸	顺 – 15 – 二十四碳烯酸	菜籽油	以菜籽油为原料，经过皂化、酸化、萃取、分离、结晶、干燥等工艺制得	食用油、脂肪和乳化脂肪制品、固体饮料、乳制品、糖果、方便食品。婴幼儿不宜食用	≤300mg/d
米糠脂肪烷醇	二十八碳脂肪烷醇、三十碳脂肪烷醇、三十二碳脂肪烷醇	米糠	以米糠为原料制得米糠蜡经皂化、提取、过滤等工艺制成	婴幼儿、孕妇不宜食用，标签及说明书中应当标注不适宜人群	≤300mg/d
(3R, 3′R) – 二羟基 – β – 胡萝卜素	(3R, 3′R) – 二羟基 – β – 胡萝卜素	万寿菊花	以万寿菊花来源的万寿菊油树脂为原料，经皂化、离心、过滤、干燥等工艺制成	使用范围不包括婴幼儿食品	≤4mg/d[以(3R, 3′R) – 二羟基 – β – 胡萝卜素计]

（四） 碳水化合物新食品

2013 年《办法》实施前，在卫生部已批准的新食品原料中，共有 9 种属于碳水化合物类，其中糖（单糖、双糖、糖醇）为 2 种，分别为 L – 阿拉伯糖，异麦芽糖酮醇；低聚糖为 3 种，分别为低聚半乳糖，低聚木糖（2014 年变更），棉籽低聚糖；多糖为 6 种，分别为菊粉、多聚果糖、酵母 β – 葡聚糖、透明质酸钠、蚌肉多糖、抗性糊精。2013 年《办法》实施后，圆苞车前子壳、低聚甘露糖、壳寡糖、阿拉伯半乳聚糖、燕麦 β – 葡聚糖、塔格糖、阿拉伯半乳聚糖等 7 种碳水化合物类新食品被列为新食品原料（表 8 – 10）。

表 8 – 10　　　　　　　　经批准的碳水化合物类新食品原料

亚类	名称	来源	生产工艺	使用范围	食用量
单糖及糖醇	L – 阿拉伯糖	玉米芯、玉米皮等禾本科植物纤维	以玉米芯、玉米皮等禾本科植物纤维为原料经稀酸水解、脱色、脱酸、生物发酵、分离净化、结晶、干燥得到	各类食品，但不包括婴幼儿食品	

续表

亚类	名称	来源	生产工艺	使用范围	食用量
单糖及糖醇	异麦芽糖酮醇	白砂糖	以白砂糖为原料，经蔗糖异构酶转化产生异麦芽酮糖，异麦芽酮糖溶液经催化生成异麦芽酮糖醇溶液；然后经过脱色、过滤、离子交换工艺去杂质，得到澄清透明的异麦芽酮糖醇溶液；再经浓缩、固化、结晶造粒、分筛工艺，即得到固体异麦芽酮糖醇	各类食品，但不包括婴幼儿食品	≤100g/d
	塔格糖	半乳糖	以半乳糖为原料，经异构化、脱色、脱盐、浓缩、结晶等步骤制成	使用范围不包括婴幼儿食品	
低聚糖	低聚半乳糖	牛乳中的乳糖	以牛乳中的乳糖为原料，经 β-半乳糖苷酶催化水解半乳糖苷键，生成半乳糖和葡萄糖，并通过转半乳糖苷的作用，将水解下来的半乳糖苷转移到乳糖分子，生成低聚半乳糖	婴幼儿食品、乳制品、饮料、焙烤食品、糖果	≤15g/d
	低聚木糖	小麦秸秆、玉米秸秆（玉米芯）	以小麦秸秆或玉米秸秆为原料采用蒸汽爆破法或高压蒸煮法，经木聚糖酶酶解生产而成	使用范围不包括婴幼儿食品	≤3.0g/d（以木二糖-木七糖计）
	棉籽低聚糖	棉花的种子	以棉籽为原料，经浸油、脱酚、提糖、脱色、快速降温、干燥粉碎等步骤获得棉籽低聚糖	使用范围不包括婴幼儿食品	≤5g/d
	壳寡糖	壳聚糖	以壳聚糖为原料，经木瓜蛋白酶（或木瓜蛋白酶和纤维素酶）酶解、过滤、喷雾干燥等工艺制成	使用范围不包括婴幼儿食品	≤0.5g/d
	低聚甘露糖	魔芋粉	以魔芋粉为原料，经半纤维素酶酶解、分离、提纯生产而成	使用范围不包括婴幼儿食品	≤1.5g/d

续表

亚类	名称	来源	生产工艺	使用范围	食用量
多糖	菊粉	菊苣根，菊芋	以菊苣根为原料，去除蛋白质和矿物质后，经喷雾干燥等步骤获得菊粉	各类食品中、但不包括婴幼儿食品	≤15g/d
	多聚果糖	菊苣根	以菊苣根为原料，经提取过滤，去除蛋白质、矿物质及短链果聚糖，喷雾干燥等步骤制成多聚果糖	儿童乳粉、孕妇奶粉	≤8.4g/d
	酵母β-葡聚糖	酿酒酵母	以酿酒酵母为原料，经提取、酸碱处理、喷雾干燥等步骤生产而成	不包括婴幼食品	≤250mg/d
	透明质酸钠	马链球菌兽疫亚种	以葡萄糖、酵母粉、蛋白胨等为培养基，由马链球菌兽疫亚种经发酵生产而成	保健食品原料	≤200mg/d
	蚌肉多糖	三角帆蚌	以三角帆蚌肉为原料，经提取、酶解、超滤、醇沉、干燥、粉碎等步骤制成	调味品、汤料、饮料、冷冻食品	≤2.5g/d
	抗性糊精	食用淀粉	以食用淀粉为原料，在酸性条件下经糊精化反应制得的一种膳食纤维		
	圆苞车前子壳	人工种植圆苞车前的种子外壳	以圆苞车前种子外壳为原料，经碾磨后制得	使用范围不包括婴幼儿食品	
	阿拉伯半乳聚糖	落叶松	以落叶松木为原料，经切碎、热水提取、过滤、浓缩和干燥等工序制成	使用范围不包括婴幼儿食品	≤15g/d
	燕麦β-葡聚糖	燕麦麸	以燕麦麸为原料，经水解提取、沉淀、干燥、灭菌等工艺制成	使用范围不包括婴幼儿食品	≤5g/d

（五）肽及蛋白质新食品

从 2013 年《办法》实施前，中华人民共和国卫生部共批准共 7 种可归属于氨基酸、肽及蛋白质类新食品原料。其中，属于氨基酸的有 1 种（γ-氨基丁酸）；主要成分属于肽类的有 3 种（水解蛋黄粉、珠肽粉、玉米低聚肽粉）；主要成分属于蛋白质类的有 3 种（初乳碱性蛋白、牛奶碱性蛋白和地龙蛋白）。2013 年《办法》实施后，卫生部批准共 N-乙酰神经氨酸、茶叶茶氨酸、小麦低聚肽等蛋白质新食品为新食品原料，见表 8-11 所示。

表 8 -11 经批准的氨基酸、肽和蛋白质类新食品原料

名称	来源	生产工艺	使用范围	食用量
γ - 氨基丁酸	L - 谷氨酸钠	以 L - 谷氨酸钠为原料经希氏乳杆菌（*Lactobacillus hilgardii*）发酵、加热杀菌、冷却、活性炭处理、过滤、加入调配辅料（淀粉）、喷雾干燥等步骤生产而成	饮料、可可制品、巧克力和巧克力制品、糖果、焙烤食品，但不包括婴幼儿食品	≤500mg/d
水解蛋黄粉	鸡蛋蛋黄	以鸡蛋蛋黄为原料，经蛋白酶处理、加热、离心分离、喷雾干燥等步骤生产而成	乳制品、冷冻饮品、豆类制品、可可制品、巧克力及其制品以及糖果、焙烤食品、饮料类、果冻、油炸食品、膨化食品，但不包括婴幼儿食品	≤1g/d
珠肽粉	猪血红细胞	以检疫合格猪的血红细胞为原料，经黑曲霉蛋白酶酶解猪血红蛋白得到的寡肽混合物	保健食品原料	≤3g/d
玉米低聚肽粉	玉米蛋白粉	以玉米蛋白粉为原料，经调浆、蛋白酶酶解、分离、过滤、喷雾干燥等工艺生产制成	不包括婴幼儿食品	≤45g/d
初乳碱性蛋白	牛初乳	以牛初乳为原料，经杀菌、脱脂、离心分离、去除酪蛋白、α - 乳白蛋白、β - 乳球蛋白，微滤、超滤、冷冻干燥等工艺制成	乳制品、含乳饮料、糖果、糕点、冰淇淋、不包括婴幼儿食品	≤100mg/d
牛奶碱性蛋白	鲜牛乳	以鲜牛乳为原料，经脱脂、过滤、浓缩、去除酪蛋白等酸性蛋白、阳离子层析、冷冻干燥等工艺制成	不包括婴幼儿食品	≤200mg/d
地龙蛋白	赤子爱胜蚓	以地龙（蚯蚓）经挑选洗涤、水解自溶、离心分离、微滤、喷雾干燥、包装等工艺制成	不适宜婴幼儿、少年儿童、孕妇、过敏体质者食用	≤10g/d
小麦低聚肽	小麦谷朊粉	以小麦谷朊粉为原料，经调浆、蛋白酶酶解、分离、过滤、喷雾干燥等工艺制成	婴幼儿不宜食用	≤6g/d

续表

名称	来源	生产工艺	使用范围	食用量
N – 乙酰神经氨酸	葡萄糖和玉米浆	以食品级葡萄糖和玉米浆为原料，经大肠埃希氏菌（菌株号 SA – 8）发酵、过滤、灭菌、水解、提纯等工艺制成		≤500mg/d
茶叶茶氨酸	山茶科山茶属茶树	以茶叶为原料，经提取、过滤、浓缩等工艺制成	不包括婴幼儿食品	

（六）其他新食品原料

经批准的其他新食品原料见表8 – 12所示。

表8 – 12　　　　　　　　　　　经批准的其他新食品原料

名称	生产工艺	使用范围	食用量
1，6 – 二磷酸果糖三钠盐	以葡萄糖为原料，经酿酒酵母发酵后，经过离子交换、分离、浓缩、喷干等步骤而制成	运动饮料。婴幼儿、孕妇不宜食用	≤300mg/d
β – 羟基 – β – 甲基丁酸钙	以次氯酸钠、二丙酮醇、盐酸、乙酸乙酯、乙醇、氢氧化钙为主要原料，经氧化合成、酸化、萃取、中和反应、离心、干燥等步骤生产而成	饮料、乳及乳制品、可可制品、巧克力及巧克力制品、糖果、烘焙食品、运动营养食品、特殊医学用途配方食品。婴幼儿、儿童、孕妇及哺乳期妇女不宜食用	≤3g/d

四、 新食品原料安全性评价

　　新食品原料安全性评价采用危险性评估和实质等同原则，卫健委组织新食品原料专家评估委员会负责新食品原料安全性评价工作。新食品原料安全性评价是对新食品原料的特征、食用历史、生产工艺、质量标准、主要成分及含量、使用范围和使用量、推荐摄入量、适宜人群、卫生学、毒理学资料、国内外相关安全性文献资料的综合评价。一种新的原料或成分能否作为新食品原料，其安全性评价应涉及包括毒理学试验资料在内的多个方面，如原料来源的安全性；传统食用历史情况，包括食用人群、食用剂量、食用频率、食用的人群有无不良反应报道；生产工艺是否安全合理，是否有有害物质生成和溶剂残留；质量标准中理化指标和微生物污染指标及杂质是否符合国家有关标准；其成分中是否含有对人体有害的成分及含量如何；该食品原料的用途、在食品中的应用范围是否科学合理；毒理学试验资料，包括急性、致突变试验、亚急性和亚慢性及慢性试验资料、致癌试验、繁殖和致畸试验等及相关安全性文献检索资料是否提示其有急性、慢性、致突变、致癌、致畸及生殖发育等毒性作用；微生物的安全性评价还要对其生物学特征、遗传稳定性、致病性和毒力试验资料等进行评估。通过以上多方面的综合评估，最终确定新食品原料在一定摄入水平下作为食品的食用安全性。

第九章　CHAPTER

特殊膳食用食品

第一节　概　　述

特殊膳食用食品是食品的一个类别，但与普通食品不同，它是针对特定人群的特殊营养需求而加工或配方的食品。特殊膳食用食品因其有"特殊"两个字而备受食品生产者和消费者的青睐，许多生产者期望其产品被归入"特殊膳食用食品"类别以显示产品特征或者品质以及较高的营养价值等。特殊膳食用食品在全球日益受到人们的青睐，被誉为"循证的治疗营养""当代科技的食补食疗"。因此，依据《中华人民共和国食品安全法》及相关法律要求，科学地建立我国特殊膳食用食品标准体系，对于规范市场秩序、满足消费者需求就显得尤为重要。

一、　特殊膳食用食品的概念

（一）　特殊膳食用食品的定义

特殊膳食用食品（foods for special dietary uses），简称特膳食品，是针对特殊人群的定向性营养食品，包括婴幼儿辅助食品、糖尿病人食品等。国家2005年10月1日正式执行的GB 13432—2013《食品安全国家标准　预包装特殊膳食用食品标签通则》中定义为："为满足某些特殊人群的生理需要，或某些疾病患者的营养需要，按特殊配方专门加工的食品"。并明确规定特膳食品应在外包装上明确标示特殊适用人群、针对性的特殊配方、特殊的生理和营养成分、含量及作用。平衡营养是营养学的目的，现代医学指出生理疾病的发病率与饮食营养结构有着密不可分的关系，因此特膳食品可作为特定人群健康的理想食品，从当前实际情况出发，每一类特定人群都需要有其相应的特膳食品。特膳食品专业上称为特殊适应性食品。

特殊人群饮食调控的科学本质是控制常规饮食，补充特殊膳食，强化针对营养，减少代谢负担，促进身体健康。特膳食品是一种智能化的定向性食品，具有"多元、天然、活性、安全、益生、营养"的客观属性。

特膳食品其配方针对、配伍多样、配比定量，能够为特定人群系统定量地提供特殊或针对性的生理物质与营养成分，从而改善营养基础代谢，减少不必要的代谢负担，使人体能够更安全、更确切、更完整地消化、吸收和利用所需生理营养。即在保证高水准和安全的生物利用价值的前提下，获得丰富而具特殊指向性的营养价值和生理功能价值。

特膳食品具有针对性、多样性、系统性和民族性的科学属性。

针对性，即针对性营养。指根据特殊人群的生理和病理状态，针对性地确定其生理和营养需要。特膳食品的配伍，采用具有明确针对性并经严密科学验证的特殊配方。

多样性，即建立在针对性基础上的多样化营养。生理与营养成分的来源广泛而多样。

系统性是指特膳食品的生理与营养成分，通过特殊的工艺科学配比，保留、强化或添加某些关键或有益成分，弱化或去除某些无益或有害成分，并进行科学系统的定量配比。

民族性是指不同民族独特的传统养生经验。

在世界范围内，不同国家和地区对特殊膳食用食品有不同的定义和适宜范围。

国际食品法典委员会（CAC）规定，特殊膳食用食品指特殊加工或配方，满足由于特定身体或生理状态下和（或）特定疾病和紊乱时的特殊膳食需求的食品。这类食品的成分与可类比的普通食品显著不同。主要类别包括婴儿配方食品、较大婴儿和幼儿配方食品、特殊医学用途、婴幼儿辅助食品、特殊医学目的用食品、瘦身和减重配方食品、营养食品（如膳食用补充食品）和食物补充剂。

在美国，特殊膳食用意味着食物的特定用途（区别于一般），如：

（1）满足因身体、生理、病理或其他条件下的特殊饮食需要，包括但不限于疾病、妊娠、哺乳、食物过敏、低体重和超重；

（2）满足特殊年龄的特殊膳食需求，包括但不限于婴儿和儿童；

（3）补充或强化普通膳食中的维生素、矿物质或其他膳食属性。任何特定用途的食品都是特殊膳食用，不管这种食物是否可以用于一般人群。主要类别包括婴儿配方食品、低钠食品、特殊医学用途配方食品及其他。

欧盟将特膳食品定义为特殊营养目的用食品，定义是指由于其特殊的成分或制造工艺而与普通消费的食品明显不同，这类产品应符合其声称的营养目的且在销售时标明其适用性。主要类别包括婴儿配方食品、较大婴儿和幼儿配方食品、婴幼儿加工谷类食品和专用食品、减重膳食中能量限制食品、特殊医学用途配方食品、满足肌肉高强度运动人群尤其是运动员的食品以及碳水化合物代谢紊乱（糖尿病）人群用食品。

澳大利亚和新西兰则将特膳食品称为特殊目的食品，它的定义是"特殊加工或配方的食品以满足下列情况下的特殊膳食需求：①特定身体或生理状态；②特定疾病或紊乱；③上述二者同时存在。"主要类别包括婴儿配方食品、婴儿用食品、代餐或补充食品、运动补充食品、特殊医学用途配方食品、特殊饮食用食品和宏量营养素改良食品。

（二）特膳食品与普通食品、保健食品、药品的区别

1. 特膳食品与普通食品的区别

特膳食品最主要的特点在于具有特殊营养成分的指向性，其目的也只为特殊人群提供针对性的营养强化，以此来调节人体生理机能，且特膳食品有着特殊的生产工艺与针对性配方，才能保证产品功能的指向性。普通食品仅仅是提供人体所需的基本营养成分，满足正常的需求量。

2. 特膳食品与保健食品的区别

保健食品一般以调节人体某些机体机能从而起到保健作用，并不是以提供人体所需营养

为目的。保健食品并非特定生理阶段的营养补充剂，无法作为食品长期食用。而特膳食品面对相应的特定人群具有全面的营养价值，可以长期食用。

3. 特膳食品与药品的区别

药品与特膳食品相比，其主要目的是预防、治疗人体疾病，并且规定了用量与用法，且限制了剂量与疗程使用量，需在医师的指导下服用。特膳食品并不是以直接治疗人体疾病为主要目的，同时对机体的副作用较小。

二、　特殊膳食用食品的种类

特殊膳食用食品由于其适用人群的特殊性，因此对其定义、涵盖范围、营养素含量、部分有害物质限量等要求与其他食品有明显不同。

从特殊膳食用食品包含的种类来看，各国也不完全一致，但各国均将婴儿配方食品、特殊医学用途配方食品等涵盖在内，部分国家或组织还包括了膳食补充剂、运动食品或其他类型的产品。目前我国特殊膳食用食品标准主要涵盖了四大类，分别是婴幼儿配方食品、婴幼儿辅助食品、特殊医学用途配方食品和其他特殊膳食用食品。

（一）婴幼儿配方食品

对于婴儿，母乳是最理想的食物，是任何其他食物所不能取代的。但是由于种种原因，例如母乳不足或没有母乳，或由于健康问题无法进行母乳的情况下，为了满足婴幼儿的营养及能量需求，从而出现婴幼儿配方食品。世界卫生组织（WHO）在 1994—2000 年对 94 个国家的统计数据显示，只有 35% 左右的婴儿在出生后的前 4 个月是母乳哺育，可见婴幼儿配方食品的重要性。

我国婴幼儿配方食品标准中关于婴幼儿配方食品的定义为：婴儿配方食品是指以牛乳（或其他可食用动物乳类）及其加工制品、豆类及其加工制品为主要原料，加入适量的维生素、矿物质和其他辅料，仅用物理方法生产加工制成的产品，适用于 0～12 月龄婴儿食用，作为母乳替代品其营养成分能满足 0～6 月龄正常婴儿的营养需要。较大婴儿和幼儿配方食品指以乳类及乳蛋白制品和（或）大豆及大豆蛋白制品为主要原料，加入适量的维生素、矿物质和（或）其他辅料，仅用物理方法生产加工制成的液态或粉状产品，适用于较大婴儿和幼儿食用，其营养成分能满足正常较大婴儿和幼儿的部分营养需要。婴幼儿配方食品包括婴儿配方食品、较大婴儿和幼儿配方食品以及特殊医学用途婴儿配方食品三类。

据统计，2014 年全国婴幼儿食品总产值 709 亿元，婴幼儿乳粉约 630 亿元，婴幼儿辅助食品约 79 亿元，其中婴幼儿谷类辅助食品占 65 亿元，婴幼儿罐装辅助食品占 10.5 亿元，其他占 3.5 亿元，预计年均增长率将达 16%，至 2020 年，我国婴幼儿辅助食品将达 128 亿元。

目前，我国现行有效的针对婴幼儿配方食品的标准主要是 GB 10765—2010《食品安全国家标准　婴儿配方食品》、GB 10767—2010《食品安全国家标准　较大婴儿和幼儿配方食品》和 GB 25596—2010《食品安全国家标准　特殊医学用途婴儿配方食品通则》。

欧盟的婴幼儿配方食品安全标准主要是 2006/141/EC《婴儿配方食品及较大婴幼儿配方食品》。除此之外，其他婴幼儿食品要求还有 2006/125/EC《关于婴幼儿谷基加工食品和断奶辅助食品的标准说明》、（EC）NO 1609/2006《关于牛乳清水解蛋白类婴儿配方食品 2 年货架销售期的许可委员会指令》、2001/15/EC《用于特殊营养目的和用途食品中可添加的物质》等，欧盟婴幼儿食品标准体系还在不断地修订和补充。

2014 年，美国 FDA 发布"婴儿配方食品标准"。标准包括以下内容：婴儿配方食品实施现行良好生产规范（cGMP），并要求针对沙门氏菌、阪崎肠肝菌类细菌性致病菌进行检测；婴儿配方食品生产商要对其产品的使用说明；婴儿配方食品在销售前及产品保质期结束前要检测产品营养成分。

（二）婴幼儿辅助食品

随着我国经济发展，居民消费水平提高及消费结构的逐渐优化，婴幼儿辅助食品作为 6 个月以上婴幼儿断奶期的重要食物来源之一，其营养和质量备受社会关注，市场规模不断扩大。当前中国婴幼儿辅助食品正处在产业快速发展期，机遇与挑战并存，国内婴幼儿辅助食品品牌在借鉴国外品牌的基础上，针对我国婴幼儿特点及婴幼儿市场，开发出一系列的婴幼儿辅助食品产品。我国的婴幼儿辅助食品包括婴幼儿谷类辅助食品和婴幼儿灌装辅助食品。

婴幼儿谷类辅助食品是指以一种或多种谷物（如小麦、大米、大麦、燕麦、黑麦、玉米等）为主要原料，且谷物占干物质组成的 25% 以上，添加适量的营养强化剂及其他辅料，经加工制成的适于 6 月龄以上婴儿和幼儿食用的辅助食品，涵盖了婴幼儿谷物辅助食品、婴幼儿高蛋白谷物辅助食品、婴幼儿生制类谷物辅助食品、婴幼儿饼干或其他婴幼儿谷物辅助食品 4 个类别。日常消费者所熟知的宝宝谷粉、宝宝面条等产品均属于婴幼儿谷类辅助食品。

由于这类产品的适用人群为婴幼儿，因此标准对该类产品所使用的原料、感官、能量和营养成分含量都有具体要求，并严格规定其污染物、真菌毒素和微生物限量。

另外，这类产品是婴幼儿 6 个月以后逐渐引入除母乳外的其他食品的主要类型，必须为婴幼儿提供必要的营养素，因此，关于这类产品营养成分的要求是标准的主要技术内容。标准中不仅规定了能量和多种营养成分（包括蛋白质、脂肪、维生素、矿物质等）的具体含量，考虑到我国婴幼儿的营养现状和容易缺乏的营养素种类，标准中将维生素 A、维生素 D、维生素 B_1、钙、铁、锌等营养素作为基本（必须添加）的营养成分，以保证该年龄段婴幼儿的摄入，将其他维生素和矿物质作为可选择的营养成分，以丰富市场的产品种类和满足不同需求。

婴幼儿罐装辅助食品是指食品原料经处理、罐装、密封、杀菌或无菌罐装后达到商业无菌，可在常温下保存的适合于 6 月龄以上婴幼儿食用的产品。根据产品形状（性状），将该类产品分为三类，即泥（糊）状罐装食品、颗粒状罐装食品、汁类罐装食品。市面上的一些宝宝肉泥、宝宝果汁等产品多属于婴幼儿罐装辅助食品。

婴幼儿罐装辅助食品的主要目的是给 6 个月以后的婴幼儿引入不同的食物品类、使其逐渐过渡至多样化膳食的一类产品，而不是以提供营养素为主，因此标准对产品的营养成分要求并不多，但严格规定原料要求，如要求动物类原料去骨去刺、产品中不应使用香辛料等规定。同样，产品标准也规定了污染物限量和微生物限量等安全性指标要求。

在我国，涉及婴幼儿辅助食品安全标准有 GB 10769—2010《食品安全国家标准 婴幼儿谷类辅助食品》、GB 10770—2010《食品安全国家标准 婴幼儿罐装辅助食品》以及 GB 22570—2014《食品安全国家标准 辅食营养补充品》。

（三）特殊医学用配方食品

特殊医学用途配方食品（foods for special medical purpose，FSMP）简称特医食品，有的国家也称医用食品，是一类为了满足进食受限、消化吸收障碍、代谢紊乱或特定疾病状态人群对营养素或膳食的特殊需要，专门加工配制而成的配方食品。该类产品必须在医生或临床营养师指导下，单独食用或与其他食品配合食用。

特医食品具体还分为：全营养配方食品、特定全营养配方食品和非全营养配方食品。全营养配方食品是指可作为单一营养来源满足目标人群营养需求的特殊医学用途配方食品。特定全营养配方食品是指可作为单一营养来源能够满足目标人群在特定疾病或医学状况下营养需求的特殊医学用途配方食品。非全营养配方食品是指可满足目标人群部分营养需求的特殊医学用途配方食品，不适用于作为单一营养来源。

2015 年颁布的《食品安全法》将特殊医学用途配方食品列为特殊食品，2016 年 3 月 7 日《特殊医学用途配方食品注册管理办法》出台，表明我国特殊医学用途配方食品由"药品"正式转为"食品"进行监管。目前，在许多发达国家该类产品均已得到广泛使用与认可，并作为一种特殊膳食用食品管理。据统计，全世界每年消费特殊医学用途配方食品 560 亿 ~ 640 亿元。

国际食品法典委员会（Codex Alimentarius Commission，CAC）最早对特殊医学用途配方食品有了明确定义，将特殊医学用途配方食品称为特殊医用食品，在 CODEX STAN 180—1991《特殊医用食品标签和声称法典标准》中，明确该类产品为食品，并规定了其目标使用人群、作用、使用方法、标签和声称的方式方法等，对特殊医学用途配方食品的定义为："特殊医用食品指为病人进行膳食管理并仅能在医生监督下使用的，经特殊加工或配制的，用于特殊膳食的一类食品"。此外还出台了针对 1 岁以下人群的 CODEX STAN 72—1981《婴儿配方及特殊医用婴儿配方食品标准》，明确该类产品可以根据适用人群的特定营养需求在婴儿配方食品的基础上对配方进行合理调整，对其可选择性成分进行了规定。2001 年，CAC 还更新了专门针对特殊医学用途婴儿配方食品允许使用的添加剂名单。

全球很多国家的特殊医学用途配方食品法规是以 CAC 标准为基础建立的，国际对特殊医学用途配方食品的定义和原则基本一致：是食品，而非药品；适用人群为特定疾病患者；为特殊制度或特殊配方；须以医学和营养学为基础，并有科学依据证实产品的安全性和有效性。

我国 2015 年新修订《食品安全法》明确规定，"特殊医学用途配方食品应当经国务院食品药品监督管理部门注册"，以此为依据，2016 年 3 月 7 日《特殊医学用途配方食品注册管理办法》（总局令 24 号）正式颁布，明确了特殊医学用途配方食品的注册审批的相关规定，产品注册时应当提交产品配方、生产工艺、标签、说明书以及表明产品安全性、营养充足性和特殊医学用途临床效果的材料。特殊医学用途配方食品的注册审批部门为国家市场监督管理总局，国家市场监督管理总局保健食品审评中心承担这类产品的技术审评工作。

（四）其他特殊膳食用食品

这类食品主要是指辅食营养补充品、运动营养食品和孕妇及乳母用营养补充食品。

辅食营养补充品是一种含多种微量营养素（维生素和矿物质等）的补充品，其中含或不含食物基质和其他辅料，添加在 6 ~ 36 月龄婴幼儿即食辅食中食用，也可用于 37 ~ 60 月龄儿童的食品。这类产品包含了辅食营养素补充食品、辅食营养素补充片、辅食营养素撒剂三种形式。该类产品是在婴幼儿添加辅食的同时，给予优质蛋白和高浓度的微量营养素，因此标准中按照每日分量规定了产品中维生素、矿物质的含量，以容易缺乏的钙、铁、锌、维生素 A、维生素 D、维生素 B_1、维生素 B_2 等作为必需成分，以其他维生素、矿物质等作为可选择成分，同样也严格限制了污染物、真菌毒素、微生物等的限量。

我国尤其是贫困地区婴幼儿 6 个月以后，由于辅食添加不科学等各种因素，营养缺乏比例迅速上升，多种微量营养素摄入不足。因此，该类产品目前多用在我国营养干预研究和营养改善项目中。目前我国开展的贫困地区儿童营养改善项目，所使用的产品即为辅食营养补充品（营养包）。经过多年的使用和效果评价，该类产品可显著降低贫困地区婴幼儿的贫血率，促进其生长发育。

运动营养食品是与运动相关的一类特殊膳食用食品。近年来运动营养食品风靡全球，发展迅速。我国新修订的 GB 24154—2015《食品安全国家标准　运动营养食品通则》于 2016年 11 月 13 日正式实施。该国标将运动营养食品针对能量和蛋白质等的不同需求分为 3 类，即补充能量类、控制能量类和补充蛋白质类，针对不同运动项目的特殊需求分为 3 类，即速度力量类、耐力类和运动后恢复类。

国外运动食品起步早且发展迅速，其已经成为食品行业中的佼佼者，已由最初的 10 余种发展到了目前的上千种，产品也由服务专业体育到面向大众体育。在食品工业的增长上，运动营养食品保持了较高的增长率。2014 年美国运动营养品市场总值达到 48.72 亿美元，主要包括能量补给饮料、蛋白粉、肌酸、微量元素补剂（维生素、矿物质、电解质）、能量棒等产品，已是美国的重要行业。在欧洲，2014 年运动营养食品的市场销售额突破了 40 亿欧元，年消费量增长了 17%，越来越多的运动人员使用运动营养食品来提高运动能力。从全球市场看，目前调查机构联合市场调查（allied market research）发布了一份名为《世界运动营养食品市场 2014—2020 机会与预测》的报告，预测 2020 年全球运动营养食品市场总额将达到 336 亿美元，五年复合增长率将高达 7%，其中亚太地区在全球运动营养食品市场中的份额到 2020 年将会达到 24%。

孕妇及乳母用营养补充食品是指添加优质蛋白质和多种微量营养素（维生素和矿物质等）制成的适宜孕妇及乳母补充营养素的特殊膳食用食品，是适用于孕期妇女和哺乳期妇女的营养补品。孕妇及乳母营养补充食品是针对我国孕妇及乳母存在的优质蛋白质和多种微量营养素摄入不足等营养相关问题，生产加工而成的一种特殊膳食用食品。该类产品添加优质蛋白质和多种微量营养素（维生素和矿物质等），适宜孕期及哺乳期妇女的营养补充。

我国发布的 GB 22570—2014《食品安全国家标准　辅食营养补充品》在我国儿童营养改善中发挥了重要的作用，显著降低了我国儿童营养不良的比例。基于该项目的成功经验，研究制定适合于我国孕妇及乳母营养状况改善的产品标准，将会对孕妇及乳母优质蛋白质和各种微量营养素的补充起到非常重要的作用。GB 31601—2015《食品安全国家标准　孕妇及乳母营养补充食品》标准的制定和发布规范该类产品的研发、生产和使用，保障产品使用人群的营养需求和食用安全。

孕妇及乳母充足的营养可以满足其自身以及胎儿的营养需求，促进胎儿正常发育，预防和减少孕期并发症和低出生体重儿等问题的发生。孕妇及乳母营养补充食品作为孕期营养改善的方法之一，将会对我国孕妇及乳母的营养改善起到一定作用。

第二节　特医食品的发展历程和发展现状

一、　发展历程和发展现状

在过去的三十年，特膳食品尤其是特殊医学用途配方食品（简称特医食品）在世界各国的应用也越来越广泛，特膳食品产业在世界呈蓬勃发展之势。特殊医学用途配方食品在国外应用有比较悠久的历史，且使用比较广泛。大量临床研究和经济学研究发现，早期肠内营养安全有效且显著减少术后并发症、住院时间、治疗费用，从而减轻患者的经济负担，这也是特殊医学用途食品在发达国家得以广泛应用且使用历史悠久的主要原因。

特殊医学用途食品在各国均作为特殊膳食用食品进行管理，但名称有所不同。在欧盟，被称为特殊医学用途配方食品；在美国、加拿大，被称为医用食品；在日本，被称为病人用食品。美国1988年首次在药品法修订版中对医用食品进行了明确定义。同年美国食品药品监督管理局（FDA）对医用食品的生产和监管做了明确规定。随后，美国FDA于1996年11月建议进一步制定关于医用食品的法规。在美国，虽然医用食品上市前不需要任何注册和批准，但监管严格。根据美国FDA 2006年最新修订的医用食品生产监督管理办法，各州每年对所在地的医用食品厂进行现场审查。抽取样品送至美国FDA实验室进行营养素含量和微生物学检测以及标签标识的审核。如果根据现场审查结果及检测报告发现生产厂有不符合医用食品相关规定的现象，将会对生产厂进行相应的警告或处罚。

欧盟1989年首次颁布了特殊营养目的用食品标准，特殊医用目的用食品也被纳入其中进行管理。1996年，食品科学委员会完成了制定该标准的科学技术评估。1999年，欧盟正式颁布了特殊医学用途配方食品（FSMP）标准。2009年，欧盟重新修订了可用于特殊营养目的用食品中的可添加物质名单。在上市管理方面，特殊医学用途配方食品的相关产品在欧盟成员国上市前需要通知当地政府，并只允许在医院、药店和康复中心销售。

但是，由于过去我国没有这方面的国家标准，长期以来特殊医学用途配方食品一直采用药品审批制度，高昂的注册费用和漫长的周期，严重制约了该类产品的使用与发展。"特殊医学用途配方食品"产品份额主要为外资企业占据，内资企业由于进入产业较晚、技术较落后、投资规模较小、没有品牌影响力等综合原因，产品质量参差不齐、占有市场份额较少。同时，国产"医用食品"大部分是仿制国外产品，产品自主知识、技术含量少，缺乏产品创新。该类产品的市场规模很小，总量不足6亿元，不能满足实际临床需要。2015年新修订的《食品安全法》，将特殊医学用途配方食品列为特殊食品，由食品药品监管部门实施严格监管。在此要求下，2016年3月7日《特殊医学用途配方食品注册管理办法》出台，我国特殊医学用途配方食品开启由"药品"转为"食品"的监管之路。

政策环境与医学食品行业的发展息息相关。回顾中国特殊医学用途配方食品有关政策的发展，主要可以分为以下3个阶段。

第一阶段（1970—2000年）：政策初始阶段。在这一阶段随着临床营养学发展，对特殊医学用途配方食品的临床效果和社会价值开始有一些认识。例如，1974年我国就有特殊医学用途配方食品在北京的临床应用报道。在20世纪80~90年代更是明确提出了营养学科和专业在医疗健康系统中的独特地位。

第二阶段（2002—2009年）：逐步重视阶段。2002年，中华医学会首先对特殊医学用途配方食品进行分类，各政府机构开始逐步明确了其医保政策。2006年，《中国营养改善行动计划》中明确提出了正确营养消费对健康的重要性；而《肠外肠内营养学临床"指南"系列》制定了系统性的肠外肠内营养学指导方案，帮助医师根据病人的临床情况，考虑适合的营养支持方案及其使用相应肠外肠内制剂的操作规范。

这段时期表明我国对特殊医学用途配方食品的技术和功能具有一定要求，同时也提出了因政策上的不配套带来的问题，为我国调整和完善特殊医学用途配方食品政策提供了科学依据。

第三阶段（2009 年以后）：政策完善阶段。新食品安全法中，明确了特殊医学用途配方食品的"食品"身份，在此之前是根据国家药品管理法中化学药品注册管理进行管理，如此影响了我国特殊医学用途配方食品的产品开发，也制约了外资产品的进入。

为解决产品开发和临床需求提出的问题，国家卫生健康委员会提出了"2 + 1"的标准管理方案。国家食品药品监督管理总局也发布了《特殊医学用途配方食品注册管理办法（试行）》，为加强监管提供制度保障和技术支撑，使制定的规章既符合法律的规定，也符合监管部门和生产企业的现实需要，更能符合保障特殊医学用途配方食品质量安全的根本需要，明确了注册条件、生产企业能力、临床试验等内容。

二、 产品研发情况

我国的特殊膳食用食品标准起步较早，如最早的一版 GB 10765—1989《婴儿配方乳粉》发布于 20 世纪 80 年代末，为规范市场秩序、保障婴儿乳粉的营养充足和食用安全起到重要推动作用。随后的 1997 版和 2010 版都是在大量国内外研究的基础上，对标准内容的进一步细化和完善。以现行的 GB 10765—2010《食品安全国家标准　婴儿配方食品》为例，标准涵盖的产品范围从单纯包括"乳粉"变成了包含"乳基"和"豆基"两大类，产品性状从单纯的"粉状"变成了"粉状"或"液态"两大类，这些变化都是考虑市场和消费者需求，并从与国际标准接轨的角度综合确定的。

同样，经过近十年的努力，将特殊医学用途配方食品纳入特殊膳食用食品类别也是标准体系完善的一个重要方面。以往我国的特殊医学用途配方食品（临床上一般称为"病人用食品""肠内营养制剂"），都是作为"药品"来管理，其定位和本身特征的不一致在一定程度上导致了这类产品生产和进口受限。而国外大多将其作为特殊膳食用食品的一个类别来管理，因此，在大量工作基础上我国发布的 GB 25596—2010《食品安全国家标准　特殊医学用途婴儿配方食品通则》和 GB 29922—2013《食品安全国家标准　特殊医学用途配方食品通则》，无论是从标准体系的完善方面，还是从其法律地位的明确方面（2015 年 4 月《食品安全法》将特殊医学用途配方食品纳入"特殊食品"范畴）都起到了重要的推动作用。

特殊医学用途配方食品主要有氨基酸型、短肽型、整蛋白型；按类型分，有平衡型和疾病特异型；按疾病特异型分类，有糖尿病型、肾脏疾病型、肿瘤型、肝病型和烧伤型等。国内市场上，目前外资企业的特医食品产品主要是整蛋白型肠内营养制剂、短肽类和氨基酸类、疾病特异制剂等。国内企业的产品类型整体上是跟随外资企业产品类型的。

在广东、湖北、浙江、江苏、山东和北京已有科研机构开展对特殊医学用配方食品的相关研究和产品开发，并取得一定进展。目前，我国相关研究机构对特殊医学用途配方食品的研发主要处于起步阶段。特殊医学用途配方食品主要为患者提供营养支持，与临床使用联系紧密，但目前我国对特殊医学用途配方食品相关的临床研究和基础研究的数据并不完善。新开发的产品是否能很好适用于临床，适用于我国患者，还需更多的相关研究。

三、 发展前景

据统计，全世界每年消费特殊医学用途配方食品 560 亿 ~ 640 亿元，市场每年以 6% 的速度递增。在发达国家，特膳食品已被广泛应用于特殊人群，全球特膳食品的销售总额已经超过了千亿美元。欧美年消费量占据全球较大比重，为 400 亿~500 亿元，增速为 4.5%；日本和韩国的市场规模为 150 亿~220 亿元，增速为 4.8%。欧美发达国家的消费在已有的基础上仍保持着高速的发展趋势。在未来十年内，全球特膳食品的市场每年将以超过 10% 的速度增长，而其他食品和饮料的增长速度仅为 2%。发达国家在定向性营养食品方面，已经远远走在了我国的前方。

有资料显示，中国在全球消费特殊医学用途配方食品的市场规模很小，2015 年仅占全球份额的 1%，总销量则不足 6 亿元。虽然近年来有了快速的发展，平均年增长速度超过 37%，但 90% 以上市场份额为几家跨国公司垄断，而且产品品种数量少，截至 2019 年 4 月，也只有 23 个，而国外每个生产特殊医学用途配方食品的公司上市产品总数均在 100 个以上。受国内机制所限，不少病种在中国无法购买到相应的产品，不能满足我国临床营养需求。

新修订的《食品安全法》明确特殊医学用途配方食品法律地位，是一个具有里程碑意义的历史性的进步。受制于"不食不药""又食又药"的尴尬身份，一直都被看好、但市场迟迟未能启动的特殊医学用途配方食品产业，如今发展前景广阔。随着人们对特膳食品产品的关注，这一产业必将进入一个新的发展时期。我国卫生健康委员会三次公布了既是药品又是食品的品种名录，又公布了作为普通食品管理的新食品原料名录。这表明，我国也开始重视特膳食品的开发和应用。2015 年，我国针对特膳食品，出台了专门的管理标准进行管理。未来十年，将是特膳食品蓬勃发展的时期，其品种将不断地被拓展，同时涉及人群也将被细化，我国将进入食品革命的智能化阶段。

第三节　我国相关标准法规及其管理

国际食品法典委员会用《特殊膳食用食品（包括婴幼儿食品）》这一系列法典对特殊膳食用食品的使用标准进行了具体的规范。这一系列法典包括有：《通则部分》《婴幼儿食品部分》与《除婴幼儿食品外特殊膳食用食品》这三个部分。其中《通则部分》包括有《对特殊膳食用食品包装商标与声明的通用标准》与《食品中必需营养素添加的通用原则》这两项法典；《婴幼儿食品部分》包括《婴儿喂养说明》《婴儿配方》与《儿童罐头食品》等 8 项法典；《除婴幼儿食品外特殊膳食用食品》中包括了《低钠成分食品》《特殊医用目的食品标签与声明》等四项法典。

国家标准是以法律形式对某一行业制定的全国性产品质量标准，借以正确引导和严格管理工业生产，同时也起到保护消费者利益的作用。截至 2018 年，我国已陆续发布了 9 项特殊膳食用食品的产品标准，在完善标准体系的同时也不断丰富了市场产品种类和满足了不同的消费需求。

一、　特殊膳食用食品标准和主要涵盖范围

（一）婴幼儿配方食品

1. GB 10765—2010《食品安全国家标准　婴儿配方食品》

包含了乳基（以乳类及乳蛋白制品为主要原料）和豆基（以大豆及大豆蛋白制品为主要

原料）两类，同时加入适量的维生素、矿物质和（或）其他成分，仅以物理方法生产加工制作成的液态或粉状产品。适于正常婴儿食用，其能量和营养成分能够满足 0 ~ 6 月龄婴儿的正常营养需要。

2. GB 10767—2010《食品安全国家标准　较大婴儿和幼儿配方食品》

以乳类及乳蛋白制品和（或）大豆及大豆蛋白制品为主要原料，加入适量的维生素、矿物质和（或）其他辅料，仅用物理方法生产加工制成的液态或粉状产品，适用于 6 ~ 36 月龄较大婴儿和幼儿食用，其营养成分能满足正常较大婴儿和幼儿的部分营养需要。

3. GB 25596—2010《食品安全国家标准　特殊医学用途婴儿配方食品通则》

针对患有特殊紊乱、疾病或医疗状况等特殊医学状况婴儿的营养需求而设计制成的粉状或液态配方食品。在医生或临床营养师的指导下，单独食用或与其他食物配合食用时，其能量和营养成分能够满足 0 ~ 6 月龄特殊医学状况婴儿的生长发育需求。标准涵盖了 6 类我国目前临床较常见的产品类别，即无乳糖或低乳糖配方、乳蛋白部分水解配方、乳蛋白深度水解配方或氨基酸配方、早产/低出生体重婴儿配方、母乳营养补充剂、氨基酸代谢障碍配方等。

（二）　婴幼儿辅助食品

1. GB 10769—2010《食品安全国家标准　婴幼儿谷类辅助食品》

以一种或多种谷物（如：小麦、大米、大麦、燕麦、黑麦、玉米等）为主要原料，且谷物占干物质组成的 25% 以上，添加适量的营养强化剂及其他辅料，经加工制成的适用于 6 月龄以上婴儿和幼儿食用的辅助食品。涵盖了即婴幼儿谷物辅助食品、婴幼儿高蛋白谷物辅助食品、婴幼儿生制类谷物辅助食品、婴幼儿饼干或其他婴幼儿谷物辅助食品四个类别。

2. GB 10770—2010《食品安全国家标准　婴幼儿罐装辅助食品》

食品原料经处理、灌装、密封、杀菌或无菌灌装后达到商业无菌，可在常温下保存的适用于 6 月龄以上婴幼儿食用的食品。根据产品形状（性状），将该类产品分为 3 类，即泥（糊）状罐装食品、颗粒状罐装食品、汁类罐装食品。

（三）　特殊医学用途配方食品

GB 29922—2013《食品安全国家标准　特殊医学用途配方食品通则》是我国目前特医食品的强制性国家标准。该标准的颁布实施对完善我国食品安全标准体系，指导和规范我国特医食品的生产、流通和使用，促进我国相关产品研发和应用具有重要的意义。

该标准中包含了 3 类产品，即全营养配方食品（可作为单一营养来源满足目标人群的营养需求）、特定全营养配方食品（可作为单一营养来源满足目标人群在特定疾病或医学状况下的营养需求）和非全营养配方食品（可满足目标人群的部分营养需求）。同时标准中对营养素的含量要求进行了规定和说明。

（四）　其他特殊膳食用食品

1. GB 22570—2014《食品安全国家标准　辅食营养补充品》

辅食营养补充品是一种含多种微量营养素（维生素和矿物质等）的补充品，其中含或不含食物基质和其他辅料，添加在 6 ~ 36 月龄婴幼儿即食辅食中食用，也可用于 37 ~ 60 月龄儿童的食品。包含了辅食营养素补充食品、辅食营养素补充片、辅食营养素撒剂 3 种形式。

2. GB 24154—2015《食品安全国家标准　运动营养食品通则》

为满足运动人群（指每周参加体育锻炼 3 次及以上、每次持续时间 30 分钟及以上、每次运动强度达到中等及以上的人群）的生理代谢状态、运动能力及对某些营养成分的特殊需求而专门加工的食品。按特征营养素分类包括了补充能量类、控制能量类和补充蛋白质类，按运动项目分类包括了速度力量类、耐力类和运动后恢复类。

3. GB 31601—2015《食品安全国家标准　孕妇及乳母用营养补充食品》

添加优质蛋白质和多种微量营养素（维生素和矿物质等）制成的适宜孕妇及乳母补充营养素的特殊膳食用食品，适用于孕期妇女和哺乳期妇女的营养补品。

二、　特殊医学用途配方食品相关标准的解读

包含了辅食营养素补充食品、辅食营养素补充片、辅食营养素撒剂3种形式。

（一）　GB 25596—2010《食品安全国家标准　特殊医学用途婴儿配方食品通则》

该标准于2010年12月发布，2012年1月正式实施，针对1岁以下的患有特殊紊乱、疾病或医疗状况等特殊医学状况婴儿的营养需求而设计制成的粉状或液态配方食品。在医生或临床营养师的指导下，单独食用或与其他食物配合食用时，其能量和营养成分能够满足0~6月龄特殊医学状况婴儿的生长发育需求。

根据我国婴儿临床常见的疾病，标准涵盖了6类产品类型：针对乳糖不耐受婴儿的无乳糖或低乳糖配方、针对食物蛋白过敏婴儿的乳蛋白深度水解配方或氨基酸配方，针对氨基酸代谢障碍婴儿的配方，针对乳蛋白过敏高风险婴儿的部分水解配方，针对早产、低出生体重婴儿的配方食品及加入到母乳中使用的母乳营养补充剂。

标准规定，上述配方的设计应以我国正常婴儿配方食品标准为基础，参照有关临床结果、国内外文献等对营养素进行调整，以满足这些婴儿的营养需求。

为了各方更好地执行该标准，卫生部于2012年2月发布了《特殊医学用途婴儿配方食品通则》问答，进一步详细解释了产品类别、营养素的调整依据和范围等，方便企业和监管部门使用。

（二）　GB 29922—2013《食品安全国家标准　特殊医学用途配方食品通则》

我国的GB 29922—2013《食品安全国家标准　特殊医学用途配方食品通则》经过多年的反复讨论和修改，在广泛征求意见的基础上，最终于2013年12月正式发布，并于2014年7月1日实施。

1. 定义

该标准将特殊医学用途配方食品定义为"为了满足进食受限、消化吸收障碍、代谢紊乱或特定疾病状态人群对营养素或膳食的特殊需要，专门加工配制而成的配方食品。该类产品必须在医生或临床营养师指导下，单独食用或与其他食品配合食用"。

该定义主要参考了CAC和欧盟等组织给出的定义，并依据我国的语言习惯和产品现状进行了修改，首先强调了其"食品"的特性，是为了满足疾病人群的营养需求，避免与药物的治疗功能相混淆。同时也特别提到了必须在医生或临床营养师的指导下使用，适用于1岁以上人群。

2. 分类

该标准主要参考了欧盟指令中对于特殊医学用途配方食品的分类，将其分成3类，即全营养配方食品（可作为单一营养来源满足目标人群的营养需求）、特定全营养配方食品（可作为单一营养来源满足目标人群在特定疾病或医学状况下的营养需求）和非全营养配方食品

（可满足目标人群的部分营养需求）。

全营养配方食品主要针对有医学需求且对营养素没有特别限制的人群，如体质虚弱者、严重营养不良者等。患者可在医生或临床营养师的指导下，根据自身状况，选择使用全营养配方食品；特定全营养配方食品是在满足上述全营养配方食品的基础上，依据特定疾病对部分营养素的限制或需求增加而进行适当调整后的产品。

根据国内外的科学依据、我国疾病现状和临床需求、国外产品使用经验，标准列出了 13 类常见的特定全营养配方食品类型，包括：①糖尿病全营养配方食品；②呼吸系统疾病全营养配方食品；③肾病全营养配方食品；④肿瘤全营养配方食品；⑤肝病全营养配方食品；⑥肌肉衰减综合征全营养配方食品；⑦创伤、感染、手术及其他应激状态全营养配方食品；⑧炎性肠病全营养配方食品；⑨食物蛋白过敏全营养配方食品；⑩难治性癫痫全营养配方食品；⑪胃肠道吸收障碍、胰腺炎全营养配方食品；⑫脂肪酸代谢异常全营养配方食品；⑬肥胖、减脂手术全营养配方食品。非全营养配方食品是按照其产品组成特征，主要包括了营养素组件、电解质配方、增稠组件、流质配方、氨基酸代谢障碍配方。

3. 营养素含量要求

标准中对于全营养配方食品，规定了适用于 1 ~ 10 岁、10 岁以上人群的产品中能量、蛋白质、脂肪、碳水化合物、各种维生素和矿物质等的所有必需营养素含量的最大值和最小值要求，各个营养素含量的要求是在参考《中国居民膳食营养素参考摄入量》基础上，考虑我国已经颁布实施的标准 GB 10767—2010《食品安全国家标准　较大婴儿和幼儿配方食品》、GB 25596—2010《食品安全国家标准　特殊医学用途婴儿配方食品通则》等对营养素的要求而制定的。

如要求 1 ~ 10 岁人群食用的全营养配方食品每 100mL 所含有的能量应不低于 250 kJ（60kcal），蛋白质的含量应不低于 0.5g/100kJ（2g/100kcal）。其中，优质蛋白质所占比例不少于 50%，必需脂肪酸中亚油酸供能比应不低于 2.5%，α - 亚麻酸供能比应不低于 0.4% 等；对于特定全营养配方食品，则要求其能量和营养成分含量应以全营养配方食品为基础，依据疾病或医学状况对营养素的特殊要求适当调整，以满足目标人群的营养需求。

如糖尿病全营养配方食品需要调整宏量营养素的比例、部分微量营养素的限量，并强调产品的低食物血糖生成指数等；非全营养配方食品由于不能作为单一营养来源满足目标人群的营养需求，需要与其他食品配合使用，故在标准中对营养素含量不作要求，而应在医生或临床营养师的指导下，按照患者个体的特殊状况或需求而使用。

4. 标签标示

我国已经有相关标签标准 GB 13432—2013《食品安全国家标准　预包装特殊膳食用食品标签》，特殊医学用途配方食品属于特殊膳食用食品的一部分，因此其标签应符合上述标准的一般要求。

同时，标准还规定该类产品的标签中应对产品的配方特点或营养学特征进行描述（如对产品与适用人群疾病或医学状况的说明、产品中能量和营养成分的特征描述、配方原理解释等），并应标示产品的类别和适用人群，同时还应标示"不适用于非目标人群使用"。

为防止产品滥用、使用不当或误用，特别要求标签中应在醒目位置标示"请在医生或临床营养师指导下使用"和"本品禁止用于肠外营养支持和静脉注射"。上述要求与 CAC、欧盟、澳大利亚及新西兰等国家和地区对于这类产品的标签要求是一致的。

（三）　GB 29923—2013《食品安全国家标准　特殊医学用途配方食品良好生产规范》

为了严格控制特殊医学用途配方食品的生产，保证特殊医学用途配方食品的质量和安全，我国配套制定了 GB 29923—2013《食品安全国家标准　特殊医学用途配方食品良好生产规范》，对特殊医学用途配方食品的生产过程提出了要求，规定了原料采购、加工、包装、储存和运输等环节的场所、设施、人员的基本要求和管理准则，并重点关注整个生产过程中微生物的控制。

该规范标准的出台将为特殊医学用途食品（包括婴儿和成年人）的生产设定一定的准入门槛，以进一步保证产品质量。

三、　我国特殊膳食用食品的管理

特殊膳食用食品是通过改变食品的天然营养素的成分和含量比例而生产的，其生产工艺有两种情况：一种是对食品中原来没有的某种天然营养成分，依据国家标准《食品营养强化剂使用卫生标准》要求，人为地添加；或通过某种工艺方式（如分离、精馏、离子交换、吸附、浸取）将食品中固有的某种或多种成分提炼出来。另一种是对某种食品中原有的几种营养成分，因不能满足特殊人群的营养需要而人为地添加，从而改变了营养成分的含量；或通过某种方式将一种或几种营养成分去除一部分。如铁强化糖果，虽然所用原料砂糖中含有一定的天然铁盐，但含量甚微，只有 0.6mg/100g，在其中加入一定量铁盐，就能适应因缺铁导致的贫血病人群。这属于改变食品天然营养素的含量比例。

特殊膳食食品是不需要通过动物或人群试验，不需要证实有明显的功效作用的。GB 13432—2004《食品安全国家标准　预包装特殊膳食食品标签通则》规定在标签中不能做功能宣传，而应标示出有关的营养成分及适用人群。

特殊膳食食品是指通过改变食品的天然营养素的成分和含量比例，以适应某些特殊人群营养需要的产品。保健食品是食品的一个种类，具有一般食品的共性。保健食品含有一定量的功效成分（生理活性物质），能调节人体的机能，具有特定的功能（食品的第三功能），适用于特定人群，但不以治疗疾病为目的。

特殊膳食食品与保健食品的共性是都添加或含有一定量的生理活性物质，适用于特殊（特定）人群食用，但又有显著的区别，即特殊膳食食品不需要通过动物或人群实验，不需要证实有明显的功效作用；而保健食品必须通过动物或人群实验，以证实有明显、稳定的功效，生产企业还必须获得国家卫健委审查批准的确有该功效的批文，才能正式投入生产和销售。因此，特殊膳食食品标签与保健食品标签的明显区别是：保健食品在标签上可以宣传产品的功效，在标签左上角必须印上保健食品的专用标志和国家卫健委的批准文号；特殊膳食食品是不能在标签上宣传产品的功效的。

与国际组织和其他国家相比，目前我国特殊膳食用食品标准框架体系已经基本完成，各类产品标准也逐步发布和实施，同时与特殊膳食用食品标准配套的基础标准也在逐步完善过程中，如 GB 2760—2014《食品安全国家标准　食品添加剂使用标准》、GB 14880—2012《食品安全国家标准　食品营养强化剂使用标准》等。上述工作对满足不同消费者的需求、保障产品的安全性和营养性都起到了积极作用。

四、　国外特殊膳食用食品的管理

许多国家已经制定了针对特殊膳食用食品的法规和标准，如国际食品法典委员会

（CAC）、欧盟、美国、日本、澳大利亚、新西兰等，且这类产品在过去 30 年内在世界各国的应用越来越广泛。

CAC 于 1981 年发布了 CODEX STAN 72—1981《婴儿配方及特殊医用婴儿配方食品标准》，该标准 B 部分专门针对特殊医学用途婴儿配方食品，规定其营养成分应以正常婴儿配方食品的要求为基础，根据疾病状况进行调整。另外，CAC 于 1991 年发布了 CODEX STAN 180—1991《特殊医学用途配方食品标签和声称法典标准》，对特殊医学用途配方食品的定义、标签要求进行了详细规定。

该标签标准中特别规定，特殊医学用途配方食品的配方应基于合理的医疗和营养原则，其使用应通过科学证据证明是安全的，并有利于满足使用对象的营养需求，应禁止向普通公众发布这些产品的广告等。另外，标准规定了该类产品的营养标签、渗透压、正确使用和储藏方法等内容的标识方法，并特别强调应以粗体字显著标明"在医生指导下使用"等相关内容。在上述国际法典标准基础上，主要发达国家纷纷制定或发布了对于特殊医学用途配方食品的相关法规，用于指导本国的生产、销售和监督。

欧盟于 2013 年 6 月发布（EU）No 609/2013《关于婴幼儿食品、特殊医疗用途食品和控制体重代餐的条例》，2016 年 7 月生效。本法规就婴幼儿配方食品及较大婴儿配方食品、加工谷物基食品及婴儿食品、特殊医疗用途食品和控制体重代餐等食品类别的组成及信息要求建立了通用规定，并就可添加至这些食品类别中的物质建立了一份联合目录及其更新规则。同时废止 1999/21/EC《特殊医疗作用膳食食品》。

在美国，特殊医学用途配方食品被称为医用食品，FDA 发布了关于该类产品进口和生产的指导手册，引用了联邦政府法律对特殊医学用途配方食品的定义，该定义与 CAC 的定义相似，并将特殊医学用途配方食品分为全营养配方、非全营养配方等，明确该类食品用于对特殊疾病的饮食管理，必须在医生的指导下使用，同时还规定了特殊医学用途配方食品的生产、抽样、检验等多项内容。

根据《健康增进法》，日本制定病人用特殊食品的审评标准，并分为 2 种类型：①标准配方型：包括了全营养食品、低蛋白质食品、无乳糖食品、除过敏源食品 4 类，针对每类产品，制定相应的许可标准，许可标准中规定了各类产品的营养素含量、说明书、标签。日本厚生省根据该标准对所申报产品继续审核批准，时间短、程序简单。②非标准配方型：为需要个别审批的食品，如所生产的产品不是标准配方食品，不符合第一类许可标准的要求，则需要对该类产品的技术指标进行全面的技术审评和批准，时间长，审评流程复杂。

第四节　特医食品的产品开发及配方设计

特医食品的研制采用了特殊的配方和工艺，可以为特定疾病状态人群提供难以从普通膳食食品中摄取的营养成分。它的目的在于强化营养素的摄入，减少身体代谢的负担，调节生理机能，减轻药物带来的副作用，改善机体营养状况等。医院营养科常见的特殊医学用途配方食品如下，全营养配方食品如匀浆膳、整蛋白型粉剂等；各类特定全营养配方食品如低脂型、短肽型、糖尿病专用型等，各种非全营养配方食品如乳清蛋白、谷氨酰胺、纤维多糖等。

一、　特医食品注册

为规范特殊医学用途配方食品注册行为，加强注册管理，保证特殊医学用途配方食品质量安全，国家食品药品监管总局制定颁布了《特殊医学用途配方食品注册管理办法》（以下简称《办法》）。该《办法》于2016年7月1日开始实施。

由于特殊医学用途配方食品食用人群的特殊性和敏感性，20世纪80年代末，基于临床需要，特殊医学用途配方食品以肠内营养制剂形式进入中国，按照药品进行监管，经药品注册后上市销售。国务院卫生行政部门分别于2010年、2013年公布了GB 25596—2010《食品安全国家标准　特殊医学用途婴儿配方食品通则》、GB 29922—2013《食品安全国家标准　特殊医学用途配方食品通则》、GB 29923—2013《食品安全国家标准　特殊医学用途配方食品良好生产规范》等食品安全国家标准，对特殊医学用途配方食品的定义、类别、营养要求、技术要求、标签标识要求和生产规范等作出了进一步规定。GB 29922—2013《食品安全国家标准　特殊医学用途配方食品通则》规定，特殊医学用途配方食品的配方应以医学和（或）营养学的研究结果为依据，其安全性及临床应用（效果）均需要经过科学证实。特殊医学用途配方食品的生产条件应符合国家有关规定。

2015年4月24日，第十二届全国人大常委会第十四次会议修订通过的《食品安全法》第八十条规定"特殊医学用途配方食品应当经国务院食品药品监督管理部门注册。注册时，应当提交产品配方、生产工艺、标签、说明书以及表明产品安全性、营养充足性和特殊医学用途临床效果的材料"。

为贯彻落实修订的《食品安全法》，保障特定疾病状态人群的膳食安全，进一步规范特殊医学用途配方食品监管，有必要制定《办法》。按照依法严格注册、简化许可审批程序、产品注册与生产许可相衔接的修订思路和原则，国家食品药品监管总局制定了该《办法》，主要规定了特殊医学用途配方食品申请与注册条件和程序、产品研制要求、临床试验要求、标签和说明书要求，以及监督管理和法律责任等相关内容。

《办法》规定在我国境内生产销售的特殊医学用途配方食品和向我国境内出口的特殊医学用途配方食品，需经国家食品药品监管总局注册批准。但是，医疗机构配制供病人食用的营养餐，如病号饭等，不适用本《办法》。

二、　开　发　原　则

随着我国人口老龄化程度的加深和医疗保障体系的不断完善，特殊医学用途配方食品的需求量将不断增大。一方面针对病理状况下具有特殊营养需求的人群，如严重疾病患者、各种膳食相关慢性病患者和手术、骨折等损伤人群。特殊医学用途食品在针对如糖尿病、胃肠道疾病、肾脏疾病、肺部疾病、癌症、心血管疾病等慢性病恢复和补充营养方面有着不可比拟的优势。另一方面，特殊医学用途配方食品针对人群包括正常生理状况下具有特殊营养需求的人群，如孕产妇、老年人。正是基于如此庞大的消费人群，特殊医学用途配方食品才拥有巨大的市场需求。

我国在研制针对不同疾病专用的特殊医学用途配方食品上存在着天然优势。我国幅员辽阔、动植物资源丰富，为不断寻找新的功能配料提供了保证。如果能结合药食同源类食材的本土优势加上国外发达国家的全营养素基础理论，制造出效果良好的产品将会有很好的市场前景，因为中西医融合发展已经成为我国医学科技发展的突出特色，也是食品生物资源开发的创新点之一。

特医食品的市场前景是可期盼的，食品身份也是确定的。虽然不同于保健食品，但是特医食品的开发还是可以先按照保健食品的思路研发产品，在适当考虑功能性的同时，加大对营养性占比的考虑。

三、 配 方 设 计

特膳食品在世界呈现蓬勃发展之势。中国人口众多，老年人比重增大，对此类产品的需求旺盛。特医食品是特膳食品的一种，其在老年、儿童及孕妇等特殊人群的疾病治疗中提供营养支持并能起到改善预后作用。可以预见，我国临床及特定人群对全营养流食需求将有大幅增加，其市场前景广阔。

目前，特殊医学用配方食品有很多种，根据施用对象的不同，不同类型的特殊医学用途配方食品配方组成中蛋白质、脂肪及碳水化合物比例，维生素及矿物质含量，碳氮供热比、渗透压及能量密度均有差异。下面以糖尿病全营养配方食品、呼吸系统疾病全营养配方食品和肾病全营养配方食品等为例，对它们的配方设计分别进行分析与介绍。

（一） 糖尿病全营养配方食品

1. 概况

糖尿病（diabetes mellitus，DM）是指因遗传因素、内分泌功能紊乱等各种致病因子作用，导致胰岛功能减退、胰岛素抵抗等引发的糖、蛋白质、脂肪、水和电解质等一系列代谢紊乱综合征。临床上以高血糖以主要特点。根据病因可将 DM 分为 4 大类：1 型糖尿病、2 型糖尿病（type 2 diabetes mellitus，T2DM）、特殊类型糖尿病及妊娠期糖尿病，以 T2DM 为主。DM 的主要临床表现是多饮、多食、多尿、体力及体重下降；餐前低血糖；皮肤瘙痒及感染；视力下降；神经系统病变。通常还会合并有感染、糖尿病酮症酸中毒、心、脑血管、下肢血管及眼底病变等。

国际糖尿病联盟官网数据显示，2011 年全世界糖尿病患者有 3.6 亿，2030 年将达到 5.52 亿，其中 90% 是 2 型糖尿病患者，当年全球共有 460 万人死于糖尿病，全球医疗花费达 4650 亿美元。2007—2008 年我国部分地区开展的糖尿病流行病学调查显示，在 20 岁以上的人群中，糖尿病患病率为 9.7%，糖尿病前期的比例为 15.5%，糖尿病患者中仅有 40% 获得诊断。

2. 营养支持的基本原则和要求

（1）能量 能量摄入的标准，在成人以能够达到或维持理想体重为标准；儿童青少年则保持正常生长发育为标准；妊娠期糖尿病则需要同时保证胎儿与母体的营养需求。最理想的基础能量需要量可按照 25 ~ 30kcal/（kgbw·d）计算（1kcal = 4.18kJ）。

（2）碳水化合物 碳水化合物的选择一般要考虑该食物的血糖指数（GI）。糖尿病患者要尽量选择 GI 值低的食品。我国卫生行业标准 WS/T 429—2013《成人糖尿病患者膳食指导》推荐"多选择低 GI 食物，限制精制糖摄入"以及达到"膳食纤维摄入量 14g/4200kJ（1000kcal）"；美国糖尿病协会（ADA）推荐采用适当的低碳水化合物配方，即碳水化合物供能比为 30% ~ 40%。

（3）蛋白质 纯蛋白质食品不能用于治疗急性低血糖或预防夜间低血糖；目前不建

议采用高蛋白饮食。在控制糖尿病患者血脂相关指标方面，植物蛋白质较动物蛋白质更有优势；乳清蛋白有助于降低超重者的体重和餐后糖负荷，降低肥胖相关性疾病发生的风险。

（4）脂肪　合理的脂肪组合，即比例较大的单不饱和脂肪酸和比例较小的饱和脂肪，10%脂肪酸和胆固醇组合。美国糖尿病协会（ADA）推荐饱和脂肪酸占总能量的比例应该在10%以下。《中国糖尿病医学营养治疗指南》（2010）推荐，应限制饱和脂肪酸、反式脂肪酸的摄入量，饱和脂肪酸和反式脂肪酸占每日总能量比不超过10%。

（5）膳食纤维　可溶性膳食纤维在胃肠道遇水后与葡萄糖形成黏胶而减慢糖的吸收，使餐后血糖和胰岛素的水平降低，并同时具有减少胆固醇吸收的作用。非可溶性膳食纤维可在肠道吸附水分，形成网络状，使食物与消化液不能充分接触，故淀粉类消化吸收减慢，可降低餐后血糖、血脂，增加饱腹感并软化粪便。

（6）微量营养素　糖尿病患者碳水化合物、脂肪、蛋白质的代谢紊乱会影响这些人群对微量营养素的需要量，调节部分维生素和矿物质的含量有利于糖尿病患者纠正代谢紊乱并防治并发症。如维生素中的维生素 D 可显著增加胰岛素敏感性；维生素 C 可以清除活性氧（ROS）和活性氮（RNS），保护脂质过氧化，改善空腹血糖、糖化血红蛋白、总胆固醇和三酰甘油水平；维生素 E 能减轻糖尿病引起的血管损害，预防并延缓糖尿病并发症尤其是心血管并发症的发生；长期应用甲钴胺对糖尿病大血管并发症也有一定作用；矿物质（如硒）可改善机体糖耐量异常，有一定程度的调节血糖作用；铬作为葡萄糖耐量因子（GTF）的主要成分参与体内糖脂代谢，可协助或增强胰岛素的作用，抑制脂质代谢，同时降低血清胆固醇的含量；锌可以影响胰岛素的合成、储存、分泌以及结构的完整性，调节胰岛素和受体水平，在物质代谢中起胰岛素样作用；钠与糖尿病的发生、并发症的发展之间有密切关联，适当降低产品中钠的含量可减轻心力衰竭症状；联合补充钙与维生素 D 可有助于改善糖代谢，提高胰岛素的敏感性。另外，文献显示其他一些营养物质（如肉碱、牛磺酸和肌醇等），也有益于减轻糖尿病症状、减少糖尿病并发症等。

3. 产品配方设计

营养支持是所有类型糖尿病治疗的基础，是糖尿病自然病程中任何阶段预防和控制所必不可少的措施。针对糖尿病人用全营养配方食品的设计给出以下建议：

（1）应为低血糖生成指数（GI）配方，GI≤55。

（2）饱和脂肪酸的供能比应不超过10%。

（3）碳水化合物供能比为30%～60%，膳食纤维的含量应不低于0.3g/100kJ（1.4g/100kcal）。

（4）钠的含量应不低于 7mg/100kJ（30mg/100kcal），不高于 42mg/100kJ（175mg/100kcal）。

临床常用产品，如益力佳 SR，为较低卡路里配方，缓慢释放复合性碳水化合物，低饱和脂肪酸、单不饱和脂肪酸配方，不含麸质及乳糖。立适康低 GI 全营养素，低碳水化合物（供能比40%），缓释碳水化合物体系，高单不饱和脂肪酸含量（约70%来源于单不饱和脂肪酸）；优质的动植物双蛋白，微量元素方面特别添加三价的铬元素。另外，还有瑞代，其特点是配方采用高蛋白、高单不饱和脂肪酸，富含大量膳食纤维。

（二） 呼吸系统疾病全营养配方食品

1. 概况

呼吸系统疾病包括肺结核及慢性阻塞性肺疾病等，由于气道阻力增加和胸肺有效顺应性降低致呼吸负荷加重，静息能量消耗随之增加，处于高分解代谢状态。另外由于缺氧，胃肠道不畅等原因，使饮食的摄入、消化和吸收功能障碍，患者往往因长期缺氧及高碳酸血症导致营养不良。

2. 营养支持的基本原则和要求

呼吸系统疾病患者处于高分解代谢状态，由于脂肪完全氧化产生的 CO_2 比碳水化合物和蛋白质均较低，所以应用脂肪供能来代替碳水化合物以减少 CO_2 的生成。呼吸系统疾病全营养配方食品能量密度相对较高，同时相对于标准特医食品降低了碳水化合物的量，需氧量和 CO_2 产量少，提高了蛋白质和脂肪的含量，产品碳氮比较低。高能低糖全营养配方食品可减少病人的 CO_2 生成量，降低呼吸熵，降低或避免高碳酸血症。

3. 产品配方设计

施用含有 $n-3$ 脂肪酸的全营养配方产品可以促进急性肺损伤患者的换气时间，还可以降低败血症患者的死亡率。鱼油作为特医食品免疫组分应用于外科手术或急性呼吸窘迫综合征患者中能够产生辅助治疗作用。能量密度平均为 6.27kJ/mL、蛋白质 44.7g/L、碳水化合物 76.7g/L、脂肪 58.3g/L 及碳氮比 117.0。

（三） 肾病全营养配方食品

1. 概况

肾病包括慢性肾功能不全、肾衰竭及慢性肾脏病等，肾脏疾病后因摄入减少、蛋白质丢失等原因可引起营养不良，施用肾病全营养配方食品的目的是维持或改善营养状态的同时减少含氮成分、电解质和水的蓄积。

2. 营养支持的基本原则和要求

肾病患者营养支持的原则是高热量、限制水分摄入、高必需氨基酸、低蛋白饮食，减少尿素生成，使尿毒症症状减轻，营养状况改善。因此，产品能量密度相对较高，同时相对于标准特医食品降低了碳水化合物的量，提高了蛋白质和脂肪的含量，产品碳氮比较低。

3. 产品配方设计

能量密度平均为 7.95kJ/mL、蛋白质 32.7g/L、碳水化合物 108.7g/L、脂肪 50g/L 及碳氮比 178.5。

（四） 创伤/外科手术恢复全营养配方食品

1. 概况

营养不良是外科手术病人存在的常见问题，这一问题与高发病率及高死亡率有关。创伤/外科手术恢复全营养配方食品因为比肠外营养更便宜、安全、人性化而更具有优势。创伤/外科手术恢复特医产品属于特定的特医食品。

本类全营养配方食品有助于胆结石相关的机械性黄疸病人术后的康复。上消化道手术患者多数伴有不同程度的营养不良和免疫抑制，术后禁食、手术创伤，使上述情况更为明显，上消化道手术后早期食用该特医食品，安全、可行、经济。

2. 营养支持的基本原则和要求

创伤或手术患者各种炎症性介质进入体循环，引起高分解代谢反应，导致机体蛋白质的分解，因此对特医食品蛋白质的质和量要求较高，使用谷氨酰胺作补充剂对创伤的愈合很有帮助。相对于标准特医食品降低了碳水化合物的量，提高了蛋白质的含量，产品碳氮比较低。

3. 产品配方设计

能量密度平均为 5.02kJ/mL、蛋白质 60.3g/L、碳水化合物 116.1g/L、脂肪 34.5g/L 及碳氮比 75.2。

（五） 非全营养配方食品

根据疾病或医学状况对膳食的特殊要求进行适当调整。

1. 营养素组件

以单一或多种宏量营养素和（或）维生素矿物质为基础的非全营养配方食品。

2. 电解质口服液

以碳水化合物为基础并添加电解质，适用于呕吐、腹泻患者以及手术患者术前服用。

3. 增稠组件

增加液体食品的黏稠度并降低其流动性，以延迟气道保护机制的启动时间，防止或减少吞咽过程中的误吸的发生，适用于吞咽障碍或（和）有误吸风险的患者。

4. 清流质配方

以碳水化合物和蛋白质为基础的低渣液体配方食品，能够降低肠道消化负担，适用于围手术期、神经性厌食和肠道功能紊乱的患者。

5. 氨基酸代谢障碍配方

以氨基酸为主要原料，不含或仅含少量与代谢障碍有关的氨基酸，加入适量的脂肪、碳水化合物、维生素、矿物质和（或）其他成分，加工制成的适用于氨基酸代谢障碍人群的特殊医学用途配方食品（表 9 - 1）。

表 9 - 1　　　常见的氨基酸代谢障碍配方食品中应限制的氨基酸种类及限量

常见的氨基酸代谢障碍配方食品	应限制的氨基酸种类	应限制的氨基酸含量/（mg/g 蛋白质等同物）
苯丙酮尿症	苯丙氨酸	≤1.5
枫糖尿症	亮氨酸、异亮氨酸、缬氨酸	≤1.5*
丙酸血症/ 甲基丙二酸血症	蛋氨酸、苏氨酸、缬氨酸	≤1.5*
	异亮氨酸	≤5
酪氨酸血症	苯丙氨酸、酪氨酸	≤1.5*
高胱氨酸尿症	蛋氨酸	≤1.5
戊二酸血症 I 型	赖氨酸	≤1.5
	色氨酸	≤8
异戊酸血症	亮氨酸	≤1.5
尿素循环障碍	非必需氨基酸（丙氨酸、精氨酸、天冬氨酸、天冬酰胺、谷氨酸、谷氨酰胺、甘氨酸、脯氨酸、丝氨酸）	≤1.5*

注：＊单一氨基酸限量。

四、卫生要求

污染物限量应符合表 9-2 所示污染物限量（以粉状产品计）的规定。真菌毒素限量应符合表 9-3 所示真菌毒素限量（以粉状产品计）的规定。微生物限量应符合表 9-4 的规定，液态产品的微生物指标应符合商业无菌的要求，按 GB/T 4789.26—2013《食品安全国家标准　食品微生物学检验　商业无菌检验》规定的方法检验。

表 9-2　　　　　　　　　　　污染物限量　（以粉状产品计）

项目		指标	检验方法参照标准
铅/（mg/kg）	≤	0.15/0.5[①]	GB 5009.12—2017《食品安全国家标准　食品中铅的测定》
硝酸盐（以 $NaNO_3$ 计）/（mg/kg）[②]	≤	100	GB 5009.33—2016
亚硝酸盐（以 $NaNO_2$ 计）/（mg/kg）[③]	≤	2	

注：①仅适用于 10 岁以上人群的产品；
　　②不适用于添加蔬菜和水果的产品；
　　③仅适用于乳基产品（不含豆类成分）。

表 9-3　　　　　　　　　　　真菌毒素限量　（以粉状产品计）

项目		指标	检验方法参照标准
黄曲霉毒素 M_1（μg/kg）[①]	≤	0.5	GB 5009.24—2016
黄曲霉毒素 B_1（μg/kg）[②]	≤	0.5	

注：①仅适用于以乳类及乳蛋白制品为主要原料的产品；
　　②仅适用于以豆类及大豆蛋白制品为主要原料的产品。

表 9-4　　　　　　　　　　　微生物限量

项目	采样方案[1] 及限量（若非指定，均以 CFU/g 表示）				检验方法参照标准
	n	c	m	M	
菌落总数[②③]	5	2	1000	10000	GB 4789.2—2016
大肠菌群	5	2	10	100	GB 4789.3—2016
沙门氏菌	5	0	0/25	-	GB 4789.4—2016
金黄色葡萄球菌	5	2	10	100	GB 4789.10—2016

注：①样品的分析及处理按 GB4789.1—2016 和 GB4789.18—2010 执行；
　　②不适用于添加活性菌种（好氧和兼性厌氧益生菌）的产品。［产品中活性益生菌的活菌数应 $\geq 10^6$ CFU/g（mL）］；
　　③仅适用于 1~10 岁人群的产品。

由于该类产品的特殊性，可能与现行的 GB 2760—2014《食品安全国家标准　食品添加剂使用标准》，GB 14880—2012《食品安全国家标准　食品营养强化剂使用标准》以及 GB 13432—2013《食品安全国家标准　预包装特殊膳食用食品标签》存在一些不配套的问题。

如 GB 13432 对于所有特殊膳食的标签进行了宏观规定，但由于特殊医用食品针对病人，因此其标签标识不仅要满足 GB 13432—2013《食品安全国家标准 预包装特殊膳食用食品标鉴》的要求，同时还应进行更详细的规定，避免造成对产品的错解和错误使用。GB 14880—2012《食品安全国家标准 食品营养强化剂使用标准》中尚无涉及特殊医学用途类食品中营养素的使用限量，本标准能够参考 GB 14880—2012《食品安全国家标准 食品营养强化剂使用标准》中允许使用的营养素来源，但应当在标准文本中对营养素使用限量进行严格的规定。考虑到患病人群的特殊性，还应当对于 GB 2760—2014《食品安全国家标准 食品添加剂使用标准》中允许使用的食品添加剂进行适当的调整和筛选。

国外不同类型的特殊医学用途配方食品碳水化合物、脂肪、蛋白质、维生素及矿物质配方组成各有特点，产品渗透压及碳氮比根据施用特殊人群的不同有显著差异，各营养素基本符合我国现行标准 GB 29922—2013《食品安全国家标准 特殊医学用途配方食品通则》的限量要求，但是与我国膳食营养素参考摄入量相比，正常日施用量 2000kcal（1kcal = 4.18kJ）的情况下，部分营养物质偏上限。

特殊医学用途配方食品虽不可以替代药品，但在营养支持、促进疾病恢复等方面却能起到药品不能达到的作用，是临床治疗的左膀右臂，也逐渐被越来越多的临床医师所接受，在未来的医学领域中将会有广阔的应用空间。开发利用率高、安全性高及口味良好的矿物质形式，作为特殊医学用途配方食品的矿物元素来源具有重要意义。此外，特殊医学用途配方食品应用范围可以进一步拓展，如运动员营养、潜航员营养、战时营养及抢险救灾等。随着临床营养学及后均质、非热力杀菌、微胶囊等食品加工新技术的发展，将会有性能更加优良、配方组成更加合理的特殊医学用途配方食品为大众健康保驾护航。

中国传统饮食养生及食疗

第一节　我国中医养生学概述

中医养生学是我国传统中医学的一个重要组成部分，是中华民族灿烂文化的精华，是中国人民长期同疾病做斗争的经验总结。中医养生学既有系统的理论体系，又有可靠的实践经验以及鲜明的民族特色。

一、养生学的概念

养生一词最早见于《庄子·内篇》，其中有"养生主"一篇专论养生。其后两千多年中，道家、儒家、释家、医家提出过许多养生理论和方法，但以道家阐述最多。"养生"古时又称"摄生"，《老子》中有"善摄生者"之说。从词义而言，"养"即保养、调养、补养、护养之意；"生"即生命、生存、生长之意。从含义而言，与养生相似的称谓，除摄生外，尚有治身、养性、道生、保生等；对老年人的养生，又有寿老、养老、寿亲等。

养生学是人类为使未病之人不病或少病得以健康长寿，为使有病之人提高生存质量以防变、防复、甚或带病长寿，根据生命与疾病发生发展规律而确定的理论，是对各类养生方法与手段具有重要指导意义的学说。它是以中医基本理论为指导，探索和研究生命的规律，以颐养身心、增强体质、预防疾病的理论和方法为宗旨，进行综合性养生保健活动，从而达到强身防病防变防复、延年益寿的目的。

二、养生学的特点

中医养生学是中医医疗经验的总结，是既具有独立性，又涉及多领域的实用性的学科。它的特点主要体现在以下几个方面。

（一）以中医理论为指导

中医理论的特点，深深地体现于养生学之中，并决定着养生具体方法的设计与运用。

中医理论体是以整体观为指导思想。基于此，中医养生学把人与自然、人与社会以及人体自身皆视为一个整体，要求得长寿，就必须顺应自然、支配自然和改造自然，就必须认识社会、适应社会和改造社会。同时，还要高度重视人体自身的完整统一性。

中医养生学强调辨证施养，在将养生运用于实践的过程中，必须针对不同的人、不同的地区以及不同的时令来选择适宜的方法，主张因人、因地、因时制宜的养生原则，充分体现了养生理论操作时的原则性和灵活性。

（二）以和谐适度为宗旨

和谐，主要体现于平衡阴阳之中。中医养生理论在阴阳学说的直接指导下解释生命现象，认为阴阳是人体生命活动的根本属性，而阴阳平衡又是人体健康的基本标志。所以，协调阴阳使之和谐、自然就成为养生的宗旨。正如《素问·生气通天论》所说："因而和之，是谓圣度。"只有脏腑、经络、气血等保持相对稳定协调，维持"阴平阳秘"的生理状态，才能保证机体的生存。

世界上一切事物都有个适度的问题，超过了一定的"度"，就会走向反面。人的生命活动及脏腑器官等，也都有其恒定的承受能力与度数，在此范围内为常态。所以，重适度、和调节，也同样为养生的宗旨。

（三）以预防为核心

养生的重要意义之一就是预防疾病。尽管影响人类健康长寿有着诸多的因素，但疾病是最为重要的原因。因此，防止疾病的发生、演变以及复发，是中医养生学的核心内容。要长寿就必须做到未病先防、已病防变和病愈防复，将此与长寿统一起来，创立了养生学说中"治未病"的预防学思想。在这一核心思想指导下，古往今来的医学家、养生家设计与编制了种种的措施与手段，构建出中医养生的具体操作方法，其目的是着眼于增强体质，它们既有防病作用，也是延缓衰老进程的重要举措。中医养生学创造性地将预防疾病与延缓衰老二者相统一，使之具有双重作用。

（四）以综合调摄为原则

数千年来，在中医理论的指导下，中医养生学提出了形神共养、协调阴阳、谨慎起居、和调脏腑、动静适宜、养气保精、通调气血、养正祛邪、三因摄生等原则。中医养生所采取的手段与方法更是丰富多彩，诸如调摄精神、气功导引、针灸按摩推拿、食养食疗、药养药疗、日常养护与个人卫生等，而且具有简、便、廉、验的特色。由于人们企求健康长寿绝非一朝一夕、一法一式所能奏效，必须在上述众法中各取所需，实施综合调摄，并且持之以恒，方能内养外调、扶正祛邪、补偏救弊、导气归经，以取得养生保健的最佳效果。

（五）以适应广泛为模式

养生的目的不是治病而是防病，其适应的对象是所有未病之人、患病之人或病愈之人，无论是中医抑或西医，没有任何一个学科具有如此广泛的适应群体。

随着社会的发展、生活水平的提高和人们对长寿期盼值的攀升，养生正在成为大众自觉与自发的行为。当今，健身活动的群众性、普及性与推广性，使古老的中医养生保健思想与方法显示出前所未有的社会价值。因此，中医养生学对人类发挥的作用将会越来越大。

三、　中医基础理论简介

中医理论的基础是中国古代的阴阳五行学说和精气学说。两千多年前的中医典籍《黄帝内经》奠定了中医学的基础。中医理论的主要特点是整体观和恒动观。

按照中医理论，人与自然界是一个统一的整体，即"天人合一""天人相应"。人的生命活动规律以及疾病的发生等都与自然界的各种变化（如季节气候、地方区域、昼夜晨昏等）息息相关，人们所处的自然环境不同及人对自然环境的适应程度不同，其体质特征和发病规律也有所区别。因此在诊断、治疗同一种疾病时，应注重因时、因地、因人制宜。"整体观"的另一方面，是指人体各个组织、器官共处一个统一体中，互相联系、互相影响，因而应从整体的角度来对待疾病的治疗与预防。

人是自然界的一个组成部分，由阴阳两大类物质构成，阴阳二气相互对立而又相互依存，并时刻都在运动与变化之中。在正常生理状态下，两者处于一种动态的平衡之中，一旦这种动态平衡受到破坏，即呈现为病理状态。治疗疾病，主要是纠正阴阳失衡。

（一）精气学说

在古代中国哲学理论中，气被认为是构成天地万物的原始物质。气的运动称为"气机"，有"升降出入"四种形式。由运动而产生的各种变化，称为"气化"，如动物的"生长壮老已"，植物的"生长化收藏"。气是天地万物交感相应的中介。如"人与天地相参，与日月相应"。天地之精气化生为人。但气可养人，也可伤人。人体生病，是因为感受邪气。气的升降出入失调也可致病。

（二）阴阳学说

阴阳是宇宙中相互关联的事物或现象对立双方属性的概括。阴阳最初是指日光的向背，向日光为阳，背日光为阴。阴阳的交互作用包括：阴阳互生、阴阳交感、对立制约、互根互用、消长平衡、相互转化。中医采用阴阳学说解释人体的组织结构、生理功能、病理变化，并指导疾病的诊断、治疗和预防。例如按中医理论，五脏为阴，六腑为阳；五脏之中，心、肺为阳，肝、脾、肾为阴；心肺之中，心又为阳，而肺为阴；从病理上来说，认为阳盛则热，阴盛则寒，阳虚则寒，阴虚则热；从诊断上，望诊时黄、赤为阳，青、白、黑为阴，脉象浮、数、洪、滑为阳，迟、沉、细、涩为阴；从药物上，认为药有四气五味、升降浮沉的特性，寒热温凉四气中，温热属阳，寒凉为阴等。

（三）五行学说

五行学说认为，世界万物，皆由木、火、土、金、水五行构成，而事物和现象的发展变化，都是这五种物质不断运动和相互作用的结果，自然界的一切事物和现象也都可按照木、火、土、金、水的性质和特点归纳为五个系统或类别。表10-1举例归纳了事物属性的五行归类。五行的交互作用包括：相生、相克、制化、胜复、相侮、相乘、母子相及。

表10-1　　　　　　　　　　事物属性的五行分类表

自然界					五行	人体				
五味	五色	五气	五方	五季		五脏	五腑	五官	五体	五志
酸	青	风	东	春	木	肝	胆	目	筋	怒
苦	赤	暑	南	夏	火	心	小肠	舌	脉	喜
甘	黄	湿	中	长夏	土	脾	胃	口	肉	思
辛	白	燥	西	秋	金	肺	大肠	鼻	皮毛	悲
咸	黑	寒	北	冬	水	肾	膀胱	耳	骨	恐

资料来源：郭海英，中医养生学，2009。

（四）藏象学说

藏象，又称脏象。藏，指人体内的五脏六腑，通称为脏腑。象，其义有二：一指"形象"，即脏腑的解剖形态；二指"征象"，即脏腑表现于外的生理病理。透过外在"象"的变化，以测知内在"藏"的生理病理状态，称为"从象测藏"。即"视其外应，以知其内脏"。"脏腑"包括五脏六腑和奇恒之腑。五脏，指肝、心、脾、肺、肾。六腑，指胆、胃、大肠、小肠、膀胱、三焦。

（五）　气血精津学说

气、血、精、津液是构成和维持人体生命活动的基本物质。气的生成源自先天与后天。禀受于父母的精气，称为"先天之气"。肺吸入自然的清气，与脾胃运化水谷产生的水谷之气，合称为"后天之气"。气有推动、温煦、防御、固摄、气化、营养等作用。人体的气可分为元气、宗气、营气、卫气、脏腑之气、经络之气。气的"升降出入"运动失常，称为"气机不调"。其表现形式有气滞、气郁、气逆、气陷等。血、精、津液皆由气所化生。血为脉道中运行的红色液体；精为由气化生的精微物质；津液则可理解为体内一切正常水液的总称。

（六）　经络学说

经络是经脉和络脉的总称。经络是人体运行气血、联络脏腑形体官窍、沟通上下内外的通道。经络系统包括十二经脉、十二经别、奇经八脉、十五别络、浮络、孙络、十二经筋、十二皮部等。其中，十二经脉是经络系统纵行的主干，大多循行于人体深部，有确定的循行路径，而络脉是经脉的分支，循行于较浅部位，网络全身，无处不至。十二经脉包括：手三阴经（手太阴肺经、手厥阴心包经、手少阴心经）、手三阳经（手阳明大肠经、手少阳三焦经、手太阳小肠经）、足三阳经（足阳明胃经、足少阳胆经、足太阳膀胱经）、足三阴经（足太阴脾经、足厥阴肝经、足少阴肾经）。

（七）　中医病因学说

病因即导致疾病发生的原因，又称病原、病源、病邪等。《黄帝内经》将病因分为阴阳两类，"生于阳者，得之风雨寒暑""生于阴者，得之饮食、居处、阴阳、喜怒"。汉代张仲景在《金匮要略》中，把病因分为三类："经络受邪，入脏腑，为内所因""四肢九窍，血脉相传，壅塞不通，为外皮肤所中"，另把"房室、金刃、虫兽所伤"归为第三类。宋代陈无择提出"三因学说"：外所因、内所因、不内外因。近代则将病因分为：外感病因，包括六淫（风寒暑湿燥火）和疠气；内伤病因，包括七情（喜怒忧思悲恐惊）、饮食失宜、劳逸失度。其他病因还有外伤、寄生虫、胎传、诸毒等。

第二节　我国传统中医养生理论

中医学以中国古代阴阳五行学说和精气学说作为理论基础，将人体看成是气、形、神的统一体，通过望、闻、问、切，四诊合参的方法，探求病因、病性、病位，分析病机及人体内五脏六腑、经络关节、气血津液的变化，判断邪正消长，进而以辨证论治为原则，制定"汗、吐、下、和、温、清、补、消"等治法，使用中药、针灸、推拿按摩、拔罐、气功、食疗等多种治疗手段，使人体达到阴阳调和而康复。

一、 养生学的基本理论

中医养生学以传统中医学的理论和古代哲学思想为指导，以"天人相应"和"形神合一"的整体观为出发点，主张从综合分析的角度去看待生命和生命活动。养生方法以保持生命活动的动静互涵、平衡协调为基本准则。主张"正气为本"，提倡"预防为主"，要求人们用持之以恒的精神，自觉地、正确地运用养生保健的知识和方法，通过自养自疗，提高身体素质和抗衰防病的能力，达到延年益寿的目的。

（一） 天人相应

人生天地之间，宇宙之中，一切生命活动与大自然息息相关，四时气候，昼夜晨昏，还是日月运行，地理环境，各种变化都会对人体产生影响。这就是"天人相应"的思想。

（二） 形神合一

"形"是指形体，即肌肉、血脉、筋骨、脏腑等；"神"是指情志、意识、思维。"神"以形为物质基础，"形具"才能"神生"。中医养生学把精气神视为人生"三宝"，强调精、气、营、卫、血、津液等精微，是"神"活动的物质基础，强调养生要"形神共养"，即不仅要注意形体的保养，而且还要注意精神的摄养，使得形体健壮，精力充沛，两者相辅相成，相得益彰，从而身体和精神都得到均衡统一的发展。中医养生学的养生方法很多，但从本质上看，不外"养神"与"养形"两大部分，即"守神全形"和"保形全神"。

（三） 动静互涵

我国古代养生学派，可以动静来划分，老庄学派强调静以养生，重在养神；以《吕氏春秋》为代表的一派，主张动以养生，重在养形。老子认为"静为躁君"，主张"致虚极，宁静笃"，即要尽量排除杂念，以达到心境宁静状态。从《内经》的"不妄作劳"，到孙思邈的"养性之道，常欲小劳"，都强调动静适度。

（四） 正气为本

中医养生学特别重视保养人体正气，认为人体疾病的发生和早衰的根本原因，就在于机体正气的虚衰。保养正气，就是保养精、气、神，其根本则在于护养脾肾。

二、 养生学的基本原则

（一） 协调脏腑

从养生角度而言，协调脏腑是通过一系列养生手段和措施来实现的。协调的含义大致有二：一是强化脏腑的协同作用，增强机体新陈代谢的活力。二是纠偏，当脏腑间偶有失和，及时予以调整，以纠正其偏差。这两方面内容，作为养生的指导原则之一，贯彻在各种养生方法之中，如四时养生中强调春养肝、夏养心、长夏养脾、秋养肺、冬养肾；精神养生中强调情志舒畅，避免五志过极伤害五脏；饮食养生中强调五味调和，不可过偏等。

（二） 畅通经络

畅通经络在养生方法中主要形式有二：一是活动筋骨，以求气血通畅。如太极拳、五禽戏、八段锦、易筋经等，都是用动作达到所谓"动形以达郁"的锻炼目的。活动筋骨，则促使气血周流，经络畅通。气血脏腑调和，则身健而无病；二是开通任督二脉，营运大、小周天。

（三）清静养神

清静养神是以养神为目的，以清静为大法。清静养神一是以清静为本，无忧无虑，静神而不用，即所谓"恬淡虚无"之态，其气即可绵绵而生；二是少思少虑，用神而有度，不过分劳耗心神，使神不过用；三是常乐观，和喜怒，无邪念妄想，用神而不躁动，专一而不杂、可安神定气。如调摄精神诸法中的少私寡欲，情志调节；休逸养生中的养性恬情；四时养生中的顺四时而养五脏；起居养生中的慎起居、调睡眠等。

（四）节欲葆精

中医认为，男女生殖之精，是人体先天生命之源泉，不宜过分泄漏，如果纵情泄欲，会使精液枯竭，真气耗散而致未老先衰。欲达到养精的目的，其一为节欲，即对于男女间性欲要有节制。其二是葆精，此指广义的精而言，精禀于先天，养于水谷而藏于五脏，若后天充盛，五脏安和，则精自然得养，故葆精即是通过养五脏以不使其过伤，调情志以不使其过极，忌劳伤以不使其过耗，来达到养精葆精的目的。

（五）调息养气

养气主要从两方面入手，一是保养元气，二是调畅气机。中医有吐纳、胎息、气功诸法，重调息以养气。在调息的基础上，还有导引、按摩、健身术以及针灸诸法。都是通过不同的方法，活动筋骨、激发经气、畅通经络。

（六）持之以恒

养生必须贯穿人生的始终。中国古代养生家非常重视整体养生法。金元时期著名医家刘完素提出人一生"养、治、保、延"的摄生思想。明代张景岳在《类经》中指出："凡寡欲而得之男女，贵而寿，多欲而得之男女，浊而夭"，告诫为人父母者生命出生之前常为一生寿夭强弱的决定性时期，应当高度重视节欲节饮，以保全精血。

三、常用的养生方法

（一）精神养生法

精神养生，就是在"天人相应"整体观念的指导下，通过怡养心神、调摄情志。调神之法，包括清静养神、立志养德、开朗乐观、调畅情志、心理平衡等方面。养生家认为静养之要在于养心，道、儒、佛、医都有此主张。"儒曰正心，佛曰明心，道曰炼心，要皆参修心学一事"。

1. 清静养神

主要包括：①少私寡欲：少私，是指减少私心杂念；寡欲，是降低对名利和物质的嗜欲。老子《道德经》主张："见素抱朴，少私寡欲。"②养心敛思：养心，即保养心神；敛思，即专心致志，志向专一，排除杂念，驱逐烦恼。

2. 立志养德

《灵枢·本脏》言："志意者，所以御精神，收魂魄，适寒温，和喜怒者也。"就是说意志具有统率精神，调和情志，抗邪防病等作用，意志坚强与否与健康密切相关。

3. 修身养性、开朗乐观

孔子提出"仁者寿"的理论。唐代孙思邈在《备急千金要方》中说："性既自喜，内外百病皆悉不生，祸乱灾害亦无由作，此养性之大经也。"明代的《寿世保元》说："积善有功，常存阴德，可以延年。"

4. 调摄情绪

《吕氏春秋》说："欲有情，情有节，圣人修节以止欲，故不过行其情也。"真德秀《卫生歌》指出："卫生切要知三戒，大怒大欲并大醉，三者若还有一焉，须防损失真元气。"老庄提出"宠辱不惊"之处世态度，视荣辱若一，后世遂称得失不动心为宠辱不惊。

（二） 起居养生法

1. 和谐自然

中国养生家历来十分强调人与自然的和谐。中国古老的风水术，又称堪舆，即是探讨人与环境的和谐。"风"与"堪"指"天道"——是人周围的天文条件；"水"与"舆"指"地道"——是人周围的地理环境。

中医认为，自然环境的优劣，直接影响人的寿命的长短。《素问·五常政大论》指出："一州之气，生化寿夭不同……高者其气寿，下者其气夭……"意为居住在空气清新、气候寒冷的高山地区的人多长寿；居住在空气污浊、气候炎热的低洼地区的人常短寿。唐代孙思邈《千金翼方》中也提到："山林深远，固是佳境……背山临水，气候高爽，土地良沃，泉水清美……地势好，亦居者安。"自古僧侣皇族的庙宇行宫，多建筑在高山、海岛、多林木地区。说明古人对于理想的养生环境的选择十分重视，住宅要依山傍水，建房最佳是坐北朝南。

2. 起居有常

《素问·上古天真论》说："饮食有节，起居有常，不妄作劳，故能形与神俱，而尽终其天年，度百岁乃去。"中医养生家认为起卧休息只有与自然界阴阳消长的变化规律相适应，才能有益于健康。人们应在白昼阳气隆盛之时从事日常活动，而到夜晚阳气衰微的时候，就要安卧休息，即"日出而作，日入而息"，这样可以起到保持阴阳运动平衡协调的作用。

3. 劳逸适度

孙思邈《备急千金要方·道林养性》记载："养性之道，常欲小劳，但莫大疲及强所不能堪耳。"古人主张劳逸"中和"，有常有节，认为劳役过度，精竭形弊是导致内伤虚损的重要原因。《素问·宣明五气》记："久视伤血，久卧伤气，久坐伤肉，久立伤骨，久行伤筋，是谓五劳所伤。"

（三） 传统运动养生法

运用传统的体育运动方式进行锻炼，以活动筋骨，调节气息，静心宁神来畅达经络，疏通气血，和调脏腑，达到增强体质、益寿延年的目的，这种养生方法称为运动养生，又称传统健身术。

传统的运动养生术，大多源于道家和佛家，世代相传，形成了各种不同流派。道家健身术源于老、庄，主张以养气为主，以提高生命能力，提出了"导引""养形"，强调练气以养生的观点，具有代表性的如华佗的"五禽戏"、马王堆出土的"导引图"、胎息经、八段锦、太极拳等。佛家健身术源于禅定修心，为保证"坐禅"的顺利进行，便需要采取一些手段，以活动筋骨、疏通血脉，具代表性的有达摩易筋经、形意拳、罗汉十八手、少林拳等。

（四） 饮食养生

饮食养生，就是按照中医理论，调整饮食，注意饮食宜忌，合理地摄取食物，以增进健康，益寿延年的养生方法。其目的在于补益精气，纠正脏腑阴阳之偏颇，抗衰延寿。

按中医理论，食物的味道不同，对脏腑的营养作用也有所侧重。《素问·至真要大论》

中说："五味入胃，各归所喜，故酸先入肝，苦先入心，甘先入脾，辛先入肺，咸先入肾，久而增气，物化之常也。"此外，食物对人体的营养作用，还表现在其对人体脏腑、经络、部位的选择性上，即通常所说的"归经"问题。如茶入肝经，梨入肺经，粳米入脾、胃经，黑豆入肾经等，有针对性地选择适宜的饮食，对人的营养作用更为明显。饮食养生，有"四大要"：一要"和五味"，即食不可偏，要合理配膳，全面营养；二要"有节制"，即不可过饱，也不可过饥，食量适中，才能收到养生的效果；三要注意饮食卫生，防止病从口入；四要因时因人而异。中医尤其注意饮食禁忌。

除此之外，常见的养生方法还有娱乐养生、药物养生和针灸按摩保健养生等。

第三节　药食同源与食疗药膳

人类的祖先为了生存的需要，不得不在自然界到处觅食，久而久之，也就发现了某些动物、植物不但可以作为食物充饥，而且具有某种药用价值。在人类社会的原始阶段，人们还没有能力把食物和药物分开。这种把食物和药物合二而一的现象就形成了药膳的源头和雏形。也许正是基于这样一种情况，中国的传统医学才说"药食同源"。

"药膳"这个词，最早见于《后汉书·列女传》，其中有"母亲调药膳思情笃密"的词句。药膳是指以药物和食物为原料，经过烹饪加工制成的一种具有治疗作用的膳食。它是中国传统的医学知识与烹调经验相结合的产物，即"寓医于食"，既将药物作为食物，又将食物赋以药用，药借食力，食助药威；既具有营养价值，又有防病治病、保健强身、延年益寿的功效。

一、我国食疗药膳的发展简史

《周礼》中载有食医，主要掌握调配周天子的"六食""六饮""六膳""百馐""百酱"的滋味、温凉和分量。其所从事的工作与现代营养医师的工作类似。《周礼·天官》中还记载了疾医主张"以五味、五谷、五药养其病"；疡医则主张"以酸养骨，以辛养筋，以咸养脉，以苦养气，以甘养肉，以滑养窍"等，体现了很成熟的食疗原则，表明我国早在西周时代就有了丰富的药膳知识，并出现了从事药膳制作和应用的专职人员。

《黄帝内经》载有"凡欲诊病，必问饮食居处""治病必求于本""药以祛之、食以随之"。并有"天食人以五气，地食人以五味""五味入口，藏于肠胃""毒药攻邪，五谷为养，五果为助，五畜为益，五蔬为充，气味合而服之，以补精益气"。《内经》中有13首方剂，其中8首属于药食并用的方剂。东汉的《神农本草经》载药365种，其中大枣、人参、枸杞子、五味子、地黄、薏苡仁、茯苓、生姜、当归、贝母、杏仁、鹿茸、核桃、莲子、蜂蜜、桂圆、百合等，都是具有药性的食物，常作为配制药膳的原料。

唐代名医孙思邈在《备急千金要方》中设有"食治方"专篇，收载药用食物164种，分为果实、菜蔬、谷米、鸟兽四大类。他还指出："食能排邪而安脏腑，悦神爽志，以资气血""凡欲治疗，先以食疗；既食疗不愈，后乃用药耳"，并认为，"若能用食平疴，适性遣疫者，可谓良工，长年饵老之奇法，极养生之术也"。他的弟子孟诜编著了《食疗本草》，这是我国

第一部集食物、中药为一体的食疗学专著，共收集食物 241 种，详细记载了性味、保健功效，过食、偏食后的副作用以及其独特的加工、烹调方法。

宋代官方修订的《太平圣惠方》专设"食治门"，记载药膳方剂 160 首，且以粥、羹、饼、茶等剂型出现。元朝忽思慧所编著的《饮膳正要》为我国最早的营养学专著。

明清时期是中医食疗药膳学进入更加完善的阶段，对于药膳的烹调和制作也达到了极高的水平。明代的医学巨著《本草纲目》中仅谷、菜、果三部就收有 300 多种，并专门列有饮食禁忌、服药与饮食的禁忌等。朱橚的《救荒本草》记载了可供荒年救饥的植物 414 种，详细描述了其产地、名称、性味及烹调方法。此外，还有明代的《食物本草》、清代的《食鉴本草》、清代王孟英的《随息居饮食谱》等，它们至今在临床及生活中仍有较大的实用价值。

二、 食疗药膳的养生作用

中国药膳起远古至现今，广为传播。据统计，自汉初到明末，有关药膳的著作已有 300 多部。中药与食物相配，就能做到药借食味，食助药性，变"良药苦口"为"良药可口"。所以说，药膳是充分发挥中药效能的美味佳肴，特别能满足人们"厌于药，喜于食"的天性。一直以来，食物、药物养生在我国人民保健活动中起到了不可替代的作用。

（一） 强壮身体

"按照传统既是食品又是中药材的物质"具备食物的特性，可以提供人体所需的各种养分，是维持身体健康的重要保证。合理地运用食物养生，可使机体营养充足，脏腑功能协调，气血运行通畅，阴阳趋于平衡，体健身壮。当然，这类物质还有一定的偏性，其寒热温凉、补泻等特性，可改善或纠正偏颇体质，用于不同体质类型的保健。

（二） 预防疾病

除了满足机体营养需要，增强人体抗病防病能力外，某些食物本身具有直接预防疾病发生的作用。如橄榄能预防上呼吸道感染和流行性感冒。

（三） 延年益寿

古今大量文献报道表明，"按照传统既是食品又是药材的物质"大多具有延缓衰老、益寿延年的功效。如补益类山药、茯苓、大枣、莲肉、枸杞等能使人"不饥""轻身延年""耳聪目明"，且能延长实验动物寿命。

三、 食疗药膳养生的原则

（一） 五味调和， 合理搭配

五味，一是泛指各类食物（药），二是指具体的食味。所以五味调和，包括两方面的含义：一为多种食物的搭配，如五谷、五菜、五畜、五果等；二是指食味的调和，即辛、甘、酸、苦、咸五味的合理调配。

关于食物之间的合理搭配，《黄帝内经》中早已明确提出了"五谷为养，五果为助，五畜为益，五菜为充，气味合而服之，以补益精气"的指导原则。五谷，为稻、麦及其他杂粮类食物的泛称；五果、五菜分别指古代的五种蔬菜和果品；五畜泛指肉类食品。谷、肉、果、菜四大类食物，分别提供人体所需要的碳水化合物、脂肪、蛋白质、矿物质、维生素、纤维素等，以满足人体功能活动的需要。这与现代营养学主张的全面膳食观核心内容是一致的。

食物五味与相应的脏腑有特定的联系和亲和力，可以选择性地发挥其补益和滋养作用，即酸入肝，苦入心，甘入脾，辛入肺，咸入肾。五味能增强五脏之气，但如果长期偏嗜某味的食物，就可能使某脏之气偏盛，损伤内脏的功能，发生疾病。因此，应用食物养生，要做到五味调和，不可过于偏嗜某一种味。

（二）因人施食（药），顾护脾胃

用食物或药物养生保健，其目的在于调和气血，平衡阴阳。因此，必须根据个人的体质、年龄、性别等不同特点，选择适合的养生食药。

如小儿处于生长发育阶段，生长发育迅速，必须保证充足的营养供应，尤其是要含有足够的蛋白质、维生素、矿物质、卵磷脂的食物，以利于大脑及身体各器官的成熟与发育。小儿"稚阴稚阳"之体，需要补益扶持，但其"脾常不足"，所以一般不宜滋补，尤其不宜大量服食滋补药食，以免碍及脾胃功能，反而影响营养物质的正常消化吸收。老年人脏腑功能日渐衰退，脾胃纳运之力不及，对饮食物的消化吸收能力减退，宜食清淡、温热、熟软的食物，如若蛮补呆补，更易致病甚至生变。再如阳虚之人，不宜多食生冷寒凉食物，宜多食温热性食物。阴虚之人，不宜多食温燥辛辣之品，宜多食甘润生津之品。从性别而言，尤其是女性，有经带胎产等生理时期，在每个时期对食药养生都有一定的要求。

病后的药食保健，应根据病人的具体情况，分清病证寒热虚实阴阳属性，辨证或辨病施食（药），才能取得较好的效果，不致出现偏颇。此外，还应结合不同地区的地理环境及四时气候特点，选用适宜的食物养生保健。

（三）养生禁忌

在运用食物、中药材进行养生保健活动中，历代养生家对食物、中药材的具体应用，以及食物与食物，中药材与中药材之间的关系进行了有益的探讨，积累了一些经验，可供后世借鉴。

1. 患病期间一般饮食禁忌

根据中医文献记载，古代医家把患病期间所忌食的食物概括如下。

（1）生冷　冷饮、冷食、大量的生蔬菜和水果等，为脾胃虚寒腹泻患者所忌。

（2）黏滑　糯米、大麦、小麦等所制的米面食品等，为脾虚纳呆，或外感初起患者所忌。

（3）油腻　荤油、肥肉、油煎炸食品、乳制品（乳、酥、酪）等，为脾湿或痰湿患者所忌。

（4）腥膻　海鱼、无鳞鱼（平鱼、带鱼、比目鱼等）、虾、蟹、海味（干贝、淡菜、鱼干等）、羊肉、狗肉、鹿肉等，为风热证、痰热证、斑疹疮疡患者所忌。

（5）辛辣　葱、姜、蒜、辣椒、花椒、韭菜、烟、酒等，为内热证患者所忌。

（6）发物　发物是指能引起旧疾复发，新病增重的食物。除上述腥、膻、辛辣等食物外，还有一些特殊的食物，如荞麦、豆芽、苜蓿、鹅肉、鸡头、鸭头、猪头、驴头肉等，为哮喘、动风、皮肤病患者所忌。

2. 病证的饮食禁忌

病证的饮食宜忌是根据病证的寒热虚实、阴阳属性，结合食物、中药材的特性来加以确定的。临床上病证有寒热虚实之不同，因此，在运用食药保健时，必须考虑病证的具体性质，遵循"热者寒之""寒者热之""虚者补之""实者泻之"的基本原则。寒证宜益气温中、散寒健脾，常用温性热性食、药，忌用寒凉、生冷之物；热证宜清热、养阴生津，常用寒凉性质的中药、食，忌食温燥伤阴之品；虚证当补益正气，阳虚者宜温补，忌用寒凉；阴虚者宜清补，忌用温热燥烈之类。实证则祛除邪气，视其病变所在分别予以相应的食药，如发表散邪、通腑泻实之类。

3. 服药禁忌

在服用中药材期间，对某些食物的不宜或禁忌，前人称为服药禁忌，也就是通常所说的忌口。在古代文献上有甘草、黄连、桔梗、乌梅忌猪肉，薄荷忌鳖肉，茯苓忌醋，天门冬忌鲤鱼，白术忌大蒜、桃、李，人参忌萝卜，土茯苓忌茶等记载。

4. 食物禁忌

除中药材与食物之间的禁忌外，古籍中也有食物与食物之间的配伍禁忌；如鳖鱼忌苋菜，鸡肉忌黄鳝，蜜忌葱等，这可能与营养学上的"营养素间相互干扰吸收"相类似，如钙和磷、钙与锌、钙与草酸、草酸与铁等，或是由于两种营养素之间的数量或比例不当，一种营养素阻碍了另一种营养素的吸收或存留。

除此之外，古代食物禁忌还包括以下一些情况，可能是吃了腐败变质的食物，或对食物过敏，或是年代久远，依传闻各书转载等，还需今后进一步观察研究。因此，对中医古籍中的食物相克或饮食禁忌，要用一分为二的观点来分析，取其精华，去其糟粕。

四、 常用养生物质

（一） 补益类

1. 山药

味甘，性平，健脾补肺，固肾益精。《本经》谓其"补中益气力，长肌肉，久服耳目聪明"。因此，中老年人经常食用山药，能够强壮身体，延缓衰老。民间有茯苓山药粥，以茯苓、干山药各 30g，粳米 50g，如常法煮粥，待粥熟时，可加入砂糖调味。每日 2 次，温热食用。对老年人脾虚或脾肾两虚者有很好的补益作用。

山药内含淀粉酶、胆碱、黏液质、糖蛋白和氨基酸、脂肪、碳水化合物、维生素 C 等，能帮助消化，并有较好的滋补营养作用。还可促进嗜中性粒细胞的吞噬功能，诱生干扰素，提高人体抗病能力。并能祛痰止咳平喘，扩张血管，改善血液循环。

2. 薏苡仁

甘淡，性凉，健脾胃，补肺，除湿，利水。《本经》将其列为上品，谓其"主筋急，拘挛不可屈伸，风湿痹，下气。久服轻身益气。"薏苡仁常用以煮饭和煮粥，中老年人经常服用，很有益处。

薏苡仁含有丰富的碳水化合物、蛋白质、脂肪、维生素 B_1、薏苡素及各种氨基酸。药理实验发现其对癌细胞有阻止生长和伤害作用，也有一定的解热、镇痛、降血糖作用，并能调节免疫功能。

3. 白扁豆

味甘，性平，健脾，化湿，消暑。对脾虚湿盛，食少便溏，白带过多者可以长期食用，也是暑湿季节的保健佳品。扁豆内含毒性蛋白，生用有毒，烹调时要煮熟煮透，以防中毒。

白扁豆含蛋白质、B 族维生素、维生素 C、胡萝卜素，还含有植物凝集素等。有较好的抗菌、抗病毒作用，并能提高细胞的免疫功能。

4. 茯苓

味甘淡、性平，健脾和胃，宁心安神，渗湿利水。《本经》谓其"久服，安魂养神，不饥延年。"《普济方》载有茯苓久服令人长生之法。历代医家均将其视为常用的延年益寿之品，因其药性缓和，可益心脾、利水湿，补而不峻，利而不猛，既可扶正，又可去邪。故为平补之佳品。

将白茯苓磨成细粉，取 15g，与粳米煮粥。常吃茯苓粥，对老年性浮肿、肥胖症及癌肿的预防，均有一定的作用。清代宫廷中，曾把茯苓制成茯苓饼，作为经常服用的滋补佳品，现已成为祛病延年的名点。

5. 大枣

味甘，性温，补气健脾，养血安神。《本经》记载："主心腹邪气，安中，养脾，助十二经。平胃气，通九窍，补少气少津，身中不足，大惊，四肢重，和百药。"

大枣营养丰富，含糖、蛋白质、维生素 B_1、维生素 C、胡萝卜素、钙、磷、铁及多种氨基酸。可以增加血清蛋白，保护肝脏，增强肌力和增加体重。

6. 莲子

味甘、涩，性平，补脾止泻，益肾固精，养心安神。《本经》记载："主补中，养神，益气力，除百病。"

莲子含碳水化合物、蛋白质、亚油酸、亚麻酸、钙、磷、铁等。莲子心所含生物碱有强心作用，可以改善心律失常。

7. 龙眼肉

味甘，性温，补心脾，益气血。《本经》谓其"久服强魂聪明。"

清代养生家曹庭栋的《老老恒言》中，有龙眼肉粥。龙眼肉 15g，红枣 10g，粳米 60g，一并煮粥。每日早晚可服一碗，"龙眼肉粥开胃悦脾，养心益智，通神明，安五脏，其效甚大"，然而"内有火者禁用"。

龙眼肉营养丰富，含维生素 A 族和 B 族维生素，葡萄糖、蔗糖及酒石酸等，具有调节内分泌系统功能、抗氧化、抗焦虑和镇痛等作用。

8. 百合

味甘、微苦，微寒，养阴润肺，清心安神。为清补之品，经常服食，对于肺阴虚久咳、干咳，以及虚烦不眠、精神恍惚有较好的保健疗效。

百合含秋水仙碱等多种生物碱及淀粉、蛋白质、脂肪、糖、钙、磷、铁等。本品有良好的镇咳、平喘、祛痰作用，蜜炙后效果更佳。水煎液有显著的镇静催眠作用，并能降血糖，抗氧化和调节人体免疫功能。

9. 酸枣仁

味甘，性平，宁心安神，养肝，敛肝。《本经》谓其"久服安五脏。"《别录》记载"主烦心不得眠……补中，益肝气，坚筋骨，助阴气，令人肥健。"

酸枣仁含 17 种氨基酸，维生素 C 及钙、锌、铁及生物碱、三萜类、黄酮类物质。有较好的中枢抑制作用，并能提高学习记忆能力，有一定的益智作用。还可抗氧化，调节脂质代谢，改善心血管系统功能。

10. 白果

味甘、苦、涩，性平，敛肺定喘，涩精止带，止小便。适用于喘咳痰嗽，白带，遗精尿频等。

白果含有银杏毒素、白果酸、白果醇、白果酚、核黄素、蛋白质、脂肪、多种氨基酸及多糖等。有镇咳、祛痰、平喘、抗菌、排石、抗肿瘤等作用，还有短暂的升压作用及免疫抑制抗过敏、延缓衰老、收敛作用等。

11. 枸杞子

味甘，性平，滋肾润肺，平肝明目。《本经》谓："久服坚筋骨。"《药性论》曰："能补益精诸不足，易颜色，变白，明目，安神，令人长寿。"为常用延年益寿之品。

《本草纲目》记载："枸杞子粥，补精血，益肾气。"对血虚肾亏之老年人最为相宜。枸杞子含有甜菜碱、胡萝卜素、核黄素、烟酸、抗坏血酸、钙、磷、铁等，具有抑制脂肪在肝细胞内沉积，防止脂肪肝，促进肝细胞新生的作用。还能抗突变、抗肿瘤、降血糖、降血压，延长寿命。

12. 黑芝麻

味甘，性平，补益精血，润燥滑肠。《本经》记载："主伤中虚羸，补五内，益气力，长肌肉，填脑髓。"

黑芝麻主要含油酸、亚油酸、棕榈酸、硬脂酸等。并含芝麻素、芝麻酚、维生素 E、植物甾醇、叶酸、烟酸、钙及卵磷脂等。能乌发，使白发返黑。所含的脂肪有滑肠缓泻作用，亚油酸可降低血中胆固醇含量，并有预防动脉粥样硬化的作用。可降低血糖，增加肝脏及肌肉中糖原含量，但大量则会降低糖原含量。也有一定抗氧化作用。

（二）健胃消食类

1. 山楂

味酸、甘，性微温，消食化积，活血散瘀。主要成分为山楂酸、绿原酸、苹果酸、咖啡酸、枸橼酸，还含黄酮类、苷类、糖类、维生素等。山楂能促进脂肪分解，并增加胃消化酶的分泌，促进消化。对胃肠平滑肌有一定调节作用。山楂提取物有明显的中枢降压、强心、抗心肌缺血和降血脂作用。还有抗氧化、抗菌、利尿、防癌、增强免疫作用。

临床用于高脂血症、冠心病、高血压病等疾病的防治。中老年人经常食用山楂及其制品，对身体有益，能有效防治心血管病。

2. 鸡内金

味甘，性平，运脾消食，涩精止遗，通淋化石。适用于食积消化不良、泄泻以及砂淋、石淋等。《本草求原》汇其治食积腹满，用乳汁送服鸡内金末。鸡内金主要含胃激素、胃蛋白酶、淀粉酶、角蛋白、氨基酸等。它能使健康人胃液的分泌量、酸度和消化力增多增高，胃排空速率加快。其煎剂对加速排除放射性锶有一定作用。

3. 麦芽

味甘，性平，消食化积，疏肝，回乳。《本草纲目》谓："皆能消导米面诸果食积。"生麦芽健胃作用较好，食欲不振者多用之；炒麦芽助消化、回乳作用较好；焦麦芽止泻力强，可用于泄泻。

麦芽主要含淀粉酶、转化糖酶、B 族维生素、维生素 C、脂肪、卵磷脂、糊精、麦芽糖及大麦芽碱等。麦芽可分解食物中所含淀粉，对胃酸与胃蛋白酶的分泌有轻度促进作用。生麦芽对乳腺扩张和乳汁充盈程度强于麦芽其他炮制品。也有报道认为，麦芽回乳和催乳的双向作用关键不在生炒与否，而在用量差异，即小量催乳，大剂（30g 以上）抑乳。此外，还有降血糖、降血脂及护肝作用。

4. 莱菔子

味辛、甘，性平，消食导滞、降气化痰、适用于痰食积滞。民间有服用参类补药忌食萝卜、萝卜子的说法。

本品主要含亚油酸、亚麻酸等，还含挥发油、生物碱、黄酮等。莱菔子对葡萄球菌和大肠杆菌有显著抑制作用。此外，还有抗炎、镇咳、祛痰、降压、防止冠状动脉硬化的作用。

5. 砂仁

味辛，性温，化湿行气，开胃消食，温脾，安胎。常用于湿阻气滞、脘腹胀满、不思饮食、恶心呕吐、腹痛腹泻、妊娠恶阻、胎动不安等。

砂仁中挥发油含量为3%左右，主要是樟脑、龙脑、乙酸龙脑酯、柠檬烯等。具有增强胃消化功能的作用。煎剂能促进消化液的分泌，增进肠管蠕动，排出消化管内的积气。

6. 紫苏

味辛，性温，发表散寒，理气安胎。适用于感冒风寒、咳嗽痰喘、胸腹胀满、胎动不安等。

紫苏主要成分为挥发油，含紫苏醛、紫苏醇、紫苏酮、二氢紫苏醇、苏樟醇、薄荷脑、丁香烯，另含香薷酮、异白苏酮、榄香脂素等。本品对葡萄球菌、大肠杆菌、痢疾杆菌等有抑制作用，还有解热作用，减少支气管分泌物，缓解支气管痉挛，有明显的止血、安胎作用，可以促进消化液分泌，增加胃肠蠕动，对癌细胞有轻度的抑制作用。

（三）调肝类

1. 香橼

味辛、苦、酸，性温，疏肝理气，顺气化痰，降逆和中。《饮膳正要》曰其："下气，开胸膈。"一般生药以顺气祛痰力胜；炒用重在理气和中。

香橼含有橙皮苷、柠檬烯、水芹烯、柠檬醛等。橙皮苷具有抗炎、抗菌、抗病毒、抗变态反应、抗氧化等作用。

2. 佛手

味辛、苦，性温，疏肝理气，和胃化痰，适用于肝气郁结，肝胃不和之胸胁脘腹胀痛、嗳气、恶心等。

佛手含有柠檬油素、柠檬苦素、香叶木苷、橙皮苷等成分。本品有平喘、镇静、抗炎等作用。临床常单用佛手开水冲泡，代茶饮服。也可与青皮等理气类相伍，用于肝胃气滞之胃痛，或与生姜、半夏配合，用于湿痰咳嗽。

3. 菊花

味甘、苦，性微寒，疏风清热，平肝明目。《本经》曰其："主诸风头眩、肿痛，目欲脱，泪出，皮肤死肌，恶风湿痹，利血气。"

菊花含有挥发油、腺嘌呤、胆碱、水苏碱、龙脑、樟脑、菊油环酮、多种苷类、多种氨基酸、维生素A样物质、B族维生素和维生素E。本品能增加冠脉流量、减慢心率、提高心肌收缩力，对心血管系统有很好的保护作用，抑菌、抑病毒，解热、延缓衰老。单用菊花一味，泡花饮服，用于高血压、冠心病、动脉硬化，也可与银花、枸杞等配合使用，以增强疗效。

4. 决明子

味甘、苦、咸，性微寒，清肝明目，通便。《本经》记载："治青盲，目淫肤赤白膜，眼赤痛，泪出。久服益精光。"

活性成分为大黄酚、大黄素、大黄素甲醚、芦荟大黄素、大黄酸、决明素等。本品具有明显的降压、降血脂作用，对细胞免疫功能有抑制作用，对多种皮肤真菌及细菌有抑制作用。经常泡茶饮服，用于预防和治疗高血压病、高脂血症、慢性便秘等。

（四）理肺类

1. 杏仁

味苦，性温，降气化痰，止咳平喘，润肠通便。适用于外感咳嗽、气喘、痰多及肠燥便秘等。

杏仁含有苦杏仁苷、苦杏仁酶、脂肪油、脂肪酸、甘油三酸酯、蛋白成分 KR－A 和 KR－B，醇类、多糖及挥发油等。具有止咳平喘、润肠通便、抗炎、镇痛、抑菌、驱虫、抗肿瘤及抗突变作用。

2. 橄榄

味甘、酸、涩，性平，清肺利咽，生津止渴，解毒。适用于肺热咳嗽、咽喉肿痛等。

橄榄含蒿属香豆素、东莨菪素、没食子酸、挥发油及香树脂醇等。种子油中含多种脂肪酸，如油酸、亚油酸、己酸、辛酸、月桂酸、肉豆蔻酸、硬脂酸、棕榈酸等。

3. 罗汉果

味甘，性凉，清肺化痰，止咳，润肠。主治肺热或肺燥咳嗽、百日咳、咽痛、失音、肠燥便秘等。

罗汉果含有罗汉果甜素、罗汉果苷、氨基酸、葡萄糖、果糖、三萜、多种维生素。种仁含油酸、亚油酸、棕榈酸、硬脂酸等。本品有止咳、抑菌、降压作用，还能促进排便及双向调节肠的运动，具有降血糖作用。临床常以罗汉果适量，开水冲泡代茶饮，对于急慢性支气管炎、扁桃体炎、咽喉炎等呼吸道感染有预防和辅助治疗作用。

4. 桔梗

味苦、辛，性平，宣肺，祛痰，利咽，排脓。主治咳嗽痰多、咽喉肿痛、肺痈吐脓、胸闷胁痛、痢疾腹痛、小便癃闭。生品多用于外感咳嗽，咽喉肿痛；炒用可用于寒饮或痰湿咳嗽；蜜炙可用于阴虚咳嗽。

桔梗含桔梗皂苷、桔梗酸、植物甾醇、桔梗多糖、白桦脂醇、生物碱等。具有祛痰镇咳、降血压、抗炎、抑菌、抗消化性溃疡、镇静、降血糖等作用。

（五）清热类

1. 金银花

味甘，性寒，清热解毒、凉血散风。主治痈肿疔疮、喉痹、丹毒、风热感冒、温病发热等。

金银花含木犀草素、绿原酸、异绿原酸等黄酮类化合物，以及芳樟醇、双花醇、松油醇、橙花醇、苯甲醇、蒎烯、丁香油酚等挥发油。具有明显的广谱抗菌作用，对金黄色葡萄球菌、溶血性链球菌、肺炎球菌、脑膜炎球菌、结核杆菌、大肠杆菌等多种致病菌均有抑制作用。还有抗炎解热、加强防御、兴奋中枢、降血脂和抗生育等作用。

2. 马齿苋

味酸，性寒，清热解毒，凉血消肿。主治热毒泻痢、热淋血淋、赤白带下、崩漏、痔疮痈肿、丹毒等病症。

本品富含多糖、不饱和脂肪酸、多种氨基酸、维生素 A 样物质，还有三萜、多巴胺、甜菜素、异甜菜素、甜菜苷等。对志贺、斯氏及费氏痢疾杆菌均有显著抑制作用，对大肠杆菌、伤寒杆菌、金黄色葡萄球菌也有不同程度的抑制，还能提高超氧化物歧化酶（SOD）活性，延缓衰老、延长寿命。中老年人经常食之，可减少动脉硬化及心脑血管疾病的发生。

3. 槐花

味苦，性寒，凉血止血，清肝明目。用于肠风便血，痔疮下血，赤白痢，血淋，崩漏，吐血，衄血，疮疡肿毒。清热降火宜生用，止血宜炒用。

槐花主要含三萜皂苷、黄酮，又含白桦脂醇、槐花二醇。本品对堇色毛癣菌、许兰黄癣菌等皮肤真菌有不同程度抑制作用，还能缩短凝血时间，有一定止血作用。

（六）通便类

1. 火麻仁

味甘，性平，养阴润燥滑肠，活血通淋。《本经》称其"主补中益气，肥健不老"。《济阴纲目》记载的麻仁丸即以麻仁为主，治产后失血过多、津液枯竭、大便闭涩。《圣惠方》单用麻仁，治产后瘀血不尽。《普济方》用其治月经不通。

本品含葫芦巴碱、异亮氨酸三甲铵内酯、脂肪油等，能刺激肠黏膜，使肠液分泌增多，蠕动加快，并可对肠壁和粪便起润滑作用，使之易于排出，作用缓和，无肠绞痛之副作用，泻后也不会引起便秘。还有降压作用。

2. 郁李仁

味辛、苦、甘，性平，润肠通便，下气利水。主治肠燥便秘、水肿、小便不利、脚气肿满等。《神农本草经》记载其"主大腹水肿，面目、四肢浮肿，利小便水道。"

本品含苦杏仁苷、郁李仁苷，还含熊果酸、香草酸、原儿茶酸、山柰苷等。有强烈泻下作用，属大肠性泻剂。其水提取物及其脂肪油给小鼠灌胃还有促进小肠运动的功能。此外，郁李仁中的蛋白质成分有抗炎和镇痛作用。

（七）化痰化瘀类

1. 昆布

味咸，性寒，消痰软坚，利水消肿。《别录》记载："主十二种水肿，瘿瘤聚结气，瘘疮。"

昆布含有多种营养成分，如氨基酸、二十碳五烯酸、牛磺酸、花生四烯酸、亚油酸，以及胡萝卜素、维生素 B_1、维生素 B_2、维生素 C、钙、镁、铁等，含褐藻酸盐、岩藻依多糖、脂多糖等，具有降压、强心、降血脂、抗凝血、增强免疫力、抗肿瘤等作用。经常食用，可有效地防治高血压、高脂血症、动脉粥样硬化症，改善心脑血管功能。昆布温水泡后煮熟，如常法凉拌，长期食用，可促进排便。

2. 胖大海

味甘，性寒，清肺利咽，清热通便。《全国中草药汇编》记载："清肺热，利咽喉，清肠通便。治慢性咽炎、热结便秘。"

胖大海含 D - 半乳糖、L - 鼠李糖、胖大海素等。可以缓泻，对大肠杆菌、痢疾杆菌有较强抑杀作用。还可降压和利尿。胖大海 4 ~ 6 枚泡水频饮，可用于治疗慢性咽炎、急慢性扁桃体炎。

3. 桃仁

味苦、甘，性平，活血祛瘀，润肠通便，止咳平喘，解毒杀虫。《本经》曰："主瘀血，血闭，癥瘕邪气，杀三虫。"《医学启源》谓："治大便血结。"

桃仁含苦杏仁苷、苦杏仁酶、挥发油、脂肪油。本品能明显增加脑血流量及股动脉的血流量，并降低血管阻力。桃仁中含脂肪油，可润滑肠道，利于排便。苦杏仁苷小剂量口服时可使呼吸加深，使痰易于咳出。

（八）其他

1. 葛根

味甘、辛，性平，解肌发表，生津止渴，升阳止泻。用于外感发热，头项强痛，麻疹初起、疹出不畅，温病口渴，消渴病，泄泻，痢疾等。

葛根含大豆苷元、大豆苷、葛根素等黄酮类物质，另含葛根酚、葛根苷等成分。本品能改善心肌缺血，有保护心肌作用；能扩张脑血管，增加脑血流量，改善椎－基底动脉供血不足；有降血糖、降血脂、降低血液黏度、抗氧化、抗肿瘤等作用。此外，其所含的黄酮类物质可对抗啤酒的中枢抑制作用，显示一定的解酒作用。

2. 薤白

味辛、苦，性温，理气宽胸，通阳开痹。主治胸痹疼痛，胸脘痞闷，咳嗽痰多，脘腹疼痛，泻痢后重，白带，痈肿疮疖等。

薤白含有薤白苷、二烯丙基二硫、甲基丙基三硫等，具有预防动脉粥样硬化、抑制血小板聚积、抗氧化、抗菌、预防中风及镇痛等作用，对动脉粥样硬化有较好的预防效果，能降低血清总胆固醇、甘油三酯。

附录一 中国居民膳食营养素参考摄入量（DRIs）

表1

中国居民膳食能量需要量（EER）

年龄（岁）/生理阶段	能量/（MJ/d）						能量/（kcal/d）					
	轻体力活动水平		中体力活动水平		重体力活动水平		轻体力活动水平		中体力活动水平		重体力活动水平	
	男	女	男	女	男	女	男	女	男	女	男	女
0～	—	—	0.38MJ/（kg·d）	0.38MJ/（kg·d）	—	—	90kcal/（kg·d）	90kcal/（kg·d）	—	—	—	—
0.5～	—	—	0.33MJ/（kg·d）	0.33MJ/（kg·d）	—	—	80kcal/（kg·d）	80kcal/（kg·d）	—	—	—	—
1～	—	—	3.77	3.35	—	—	900	800	—	—	—	—
2～	—	—	4.60	4.18	—	—	1,100	1,000	—	—	—	—
3～	—	—	5.23	5.02	—	—	1,250	1,200	—	—	—	—
4～	—	—	5.44	5.23	—	—	1,300	1,250	—	—	—	—
5～	—	—	5.86	5.44	—	—	1,400	1,300	—	—	—	—
6～	5.86	5.23	6.69	6.07	7.53	6.90	1,400	1,250	1,600	1,450	1,800	1,650
7～	6.28	5.65	7.11	6.49	7.95	7.32	1,500	1,350	1,700	1,550	1,900	1,750
8～	6.9	6.07	7.74	7.11	8.79	7.95	1,650	1,450	1,850	1,700	2,100	1,900
9～	7.32	6.49	8.37	7.53	9.41	8.37	1,750	1,550	2,000	1,800	2,250	2,000

续表

年龄（岁）/生理阶段	能量/（MJ/d）						能量/（kcal/d）					
	轻体力活动水平		中体力活动水平		重体力活动水平		轻体力活动水平		中体力活动水平		重体力活动水平	
	男	女	男	女	男	女	男	女	男	女	男	女
10~	7.53	6.90	8.58	7.95	9.62	9.00	1,800	1,650	2,050	1,900	2,300	2,150
11~	8.58	7.53	9.83	8.58	10.88	9.62	2,050	1,800	2,350	2,050	2,600	2,300
14~	10.46	8.37	11.92	9.62	13.39	10.67	2,500	2,000	2,850	2,300	3,200	2,550
18~	9.41	7.53	10.88	8.79	12.55	10.04	2,250	1,800	2,600	2,100	3,000	2,400
50~	8.79	7.32	10.25	8.58	11.72	9.83	2,100	1,750	2,450	2,050	2,800	2,350
65~	8.58	7.11	9.83	8.16	—	—	2,050	1,700	2,350	1,950	—	—
80~	7.95	6.28	9.20	7.32	—	—	1,900	1,500	2,200	1,750	—	—
孕妇（早）	—	+0	—	+0	—	+0	—	+0	—	+0	—	+0
孕妇（中）	—	+1.25	—	+1.25	—	+1.25	—	+300	—	+300	—	+300
孕妇（晚）	—	+1.90	—	+1.90	—	+1.90	—	+450	—	+450	—	+450
乳母	—	+2.10	—	+2.10	—	+2.10	—	+500	—	+500	—	+500

注："—"表示未制定参考值；1kcal = 4.184kJ。

表2　中国居民膳食蛋白质、碳水化合物、脂肪酸参考摄入量（DRIs）

年龄（岁）/生理阶段	蛋白质		总碳水化合物	亚油酸	α-亚麻酸	EPA+DHA
	EAR/(g/d)	RNI/(g/d)	EAR/(g/d)(AI)	AI/%E	AI/%E	AI/(mg/d)
0~	—	9（AI）	60（AI）	7.3（150mg③）	0.87	100④
0.5~	15	20	85（AI）	6.0	0.66	100④
1~	20	25	120	4.0	0.60	100④
4~	25	30	120	4.0	0.60	—
7~	30	40	120	4.0	0.60	—
11~	50	60	150	4.0	0.60	—
14~	60	75	150	4.0	0.60	—
18~	60	65	120	4.0	0.60	—
50~	60	65	120	4.0	0.60	—
65~	60	65	—①	4.0	0.60	—
80~	60	65	—	4.0	0.60	—
孕妇（早）	+0②	+0	130	4.0	0.60	250（200④）
孕妇（中）	+10	+15	130	4.0	0.60	250（200④）
孕妇（晚）	+25	+30	130	4.0	0.60	250（200④）
乳母	+20	+25	160	4.0	0.60	250（200④）

注：① "—" 表示未制定参考值；
②　"+" 表示在同龄人群参考值基础上额外增加量；
③为花生四烯酸；
④DHA。

表3

中国居民膳食常量元素参考摄入量（DRIs）

人群	钙/（mg/d）			磷/（mg/d）			镁/（mg/d）		钾/（mg/d）	钠/（mg/d）	氯/（mg/d）
	EAR	RNI	UL³	EAR	RNI	UL	EAR	RNI	AI	AI	AI
0~	—①	200（AI）	1000	—	100（AI）	—	—	20（AI）	350	170	260
0.5~	—	250（AI）	1500	—	180（AI）	—	—	65（AI）	550	350	550
1~	500	600	1500	250	300	—	110	140	900	700	1100
4~	650	800	2000	290	350	—	130	160	1200	900	1400
7~	800	1000	2000	400	470	—	180	220	1500	1200	1900
11~	1000	1200	2000	540	640	—	250	300	1900	1400	2200
14~	800	1000	2000	590	710	—	270	320	2200	1600	2500
18~	650	800	2000	600	720	3500	280	330	2000	1500	2300
50~	800	1000	2000	600	720	3500	280	330	2000	1400	2200
65~	800	1000	2000	590	700	3000	270	320	2000	1400	2200
80~	800	1000	2000	560	670	3000	260	310	2000	1300	2000
孕妇（1~12 周）	+0②	+0	2000	+0	+0	3500	+30	+40	+0	+0	+0
孕妇（13~27 周）	+160	+200	2000	+0	+0	3500	+30	+40	+0	+0	+0
孕妇（≥28 周）	+160	+200	2000	+0	+0	3500	+30	+40	+0	+0	+0
乳母	+160	+200	2000	+0	+0	3500	+0	+0	+400	+0	+0

注：① "—" 表示未制定参考值；

② "+" 表示在同龄人群参考值基础上额外增加量；

③有些营养素指未指定可耐受最高摄入量，主要是因为研究资料不充分，并不表示过量摄入没有健康风险。

表4　中国居民膳食微量元素参考摄入量（DRIs）

人群	铁/（mg/d） EAR	铁 RNI	铁 UL③	碘/（μg/d） EAR	碘 RNI	碘 UL	锌/（mg/d） EAR	锌 RNI	锌 UL	硒/（μg/d） EAR	硒 RNI	硒 UL	铜/（mg/d） EAR	铜 RNI	铜 UL	钼/（μg/d） EAR	钼 RNI	钼 UL	铬/（μg/d） AI
0～	—①	0.3（AI）	—	—	85（AI）	—	—	2（AI）	—	—	15（AI）	55	—	0.3（AI）	—	—	2（AI）	—	0.2
0.5～	7	10	—	—	115（AI）	—	2.8	3.5	—	—	20（AI）	80	—	0.3（AI）	—	—	15（AI）	—	4.0
1～	6	9	25	65	90	—	3.2	4.0	8	20	25	100	0.25	0.3	2.0	35	40	200	15
4～	7	10	30	65	90	200	4.6	5.5	12	25	30	150	0.30	0.4	3.0	40	50	300	20
7～	10	13	35	65	90	300	5.9	7.0	19	35	40	200	0.40	0.5	4.0	55	65	450	25
11～（男）	11	15	40	75	110	400	8.2	10.0	28	45	55	300	0.55	0.7	6.0	75	90	650	30
11～（女）	14	18	40	75	110	400	7.6	9.0	28	45	55	300	0.55	0.7	6.0	75	90	650	35
14～（男）	12	16	40	85	120	500	9.7	12.0	35	50	60	350	0.60	0.8	7.0	85	100	800	30
14～（女）	14	18	40	85	120	500	6.9	8.5	35	50	60	350	0.60	0.8	7.0	85	100	800	30
18～（男）	9	12	42	85	120	600	10.4	12.5	40	50	60	400	0.60	0.8	8.0	85	100	900	30
18～（女）	15	20	42	85	120	600	6.1	7.5	40	50	60	400	0.60	0.8	8.0	85	100	900	30
50～（男）	9	12	42	85	120	600	10.4	12.5	40	50	60	400	0.60	0.8	8.0	85	100	900	30
50～（女）	9	12	42	85	120	600	6.1	7.5	40	50	60	400	0.60	0.8	8.0	85	100	900	30
孕妇（1～12周）	+0②	+0	42	+75	+110	600	+1.7	+2.0	40	+4	+5	400	+0.10	+0.1	8.0	+7	+10	900	+1
孕妇（13～27周）	+4	+4	42	+75	+110	600	+1.7	+2.0	40	+4	+5	400	+0.10	+0.1	8.0	+7	+10	900	+4
孕妇（≥28周）	+7	+9	42	+75	+110	600	+1.7	+2.0	40	+4	+5	400	+0.10	+0.1	8.0	+7	+10	900	+6
乳母	+3	+4	42	+85	+120	600	+3.8	+4.5	40	+15	+18	400	+0.50	+0.6	8.0	+3	+3	900	+7

注：①"—"表示未制定参考值；
②"+"表示在同龄人群参考值基础上额外增加量；
③有些营养素未指定可耐受最高摄入量，主要是因为研究资料不充分，并不表示过量摄入没有健康风险。

表5　中国居民膳食脂溶性维生素参考摄入量（DRIs）

年龄（岁）/生理状况	维生素 A/（μgRAE/d）					维生素 D/（μg/d）			维生素 E/（mg α-TE/d）		维生素 K/（μg/d）
	EAR		RNI		UL	EAR	RNI	UL	AI	UL	AI
	男	女	男	女							
0 ~	—①		300（AI）		600	—	10（AI）	20	3	—	2
0.5 ~	—		350（AI）		600	—	10（AI）	20	4	—	10
1 ~	220		310		700	8	10	20	6	150	30
4 ~	260		360		900	8	10	30	7	200	40
7 ~	360		500		1500	8	10	45	9	350	50
11 ~	480	450	670	630	2100	8	10	50	13	500	70
14 ~	590	450	820	630	2700	8	10	50	14	600	75
18 ~	560	480	800	700	3000	8	10	50	14	700	80
50 ~	560	480	800	700	3000	8	10	50	14	700	80
65 ~	560	480	800	700	3000	8	15	50	14	700	80
80 ~	560	480	800	700	3000	8	15	50	14	700	80
孕妇（1 ~ 12 周）	—	+0②	—	+0	3000	+0	+0	50	+0	700	+0
孕妇（13 ~ 27 周）	—	+50	—	+70	3000	+0	+0	50	+0	700	+0
孕妇（≥28 周）	—	+50	—	+70	3000	+0	+0	50	+0	700	+0
乳母	—	+400	—	+600	3000	+0	+0	50	+3	700	+5

注：① "—" 表示未制定参考值；
　　② "+" 表示在同龄人群参考值基础上额外增加量。

表6

中国居民膳食水溶性维生素参考摄入量（DRIs）

| 年龄（岁）/生理状况 | 维生素 B$_1$ | | | | | 维生素 B$_2$ | | | | | 维生素 B$_6$ | | | |
	EAR/(mg/d) 男	EAR/(mg/d) 女	AI/(mg/d)	RNI/(mg/d) 男	RNI/(mg/d) 女	EAR/(mg/d) 男	EAR/(mg/d) 女	AI/(mg/d)	RNI/(mg/d) 男	RNI/(mg/d) 女	EAR/(mg/d)	AI/(mg/d)	RNI/(mg/d)	UL^3/(mg/d)
0~	—①	—	0.1	—	—	—	—	0.4	—	—	—	0.2	—	—
0.5~	—	—	0.3	—	—	—	—	0.5	—	—	—	0.4	—	—
1~	0.5	0.5	—	0.6	0.6	0.5	0.5	—	0.6	0.6	0.5	—	0.6	20
4~	0.6	0.6	—	0.8	0.8	0.6	0.6	—	0.7	0.7	0.6	—	0.7	25
7~	0.8	0.8	—	1.0	1.0	0.8	0.8	—	1.0	1.0	0.8	—	1.0	35
11~	1.1	1.0	—	1.3	1.1	1.1	0.9	—	1.3	1.1	1.1	—	1.3	45
14~	1.3	1.1	—	1.6	1.3	1.3	1.0	—	1.5	1.2	1.2	—	1.4	55
18~	1.2	1.0	—	1.4	1.2	1.2	1.0	—	1.4	1.2	1.2	—	1.4	60
50~	1.2	1.0	—	1.4	1.2	1.2	1.0	—	1.4	1.2	1.3	—	1.6	60
65~	1.2	1.0	—	1.4	1.2	1.2	1.0	—	1.4	1.2	1.3	—	1.6	60
80~	1.2	1.0	—	1.4	1.2	1.2	1.0	—	1.4	1.2	1.3	—	1.6	60
孕妇（1~12周）		+0②	—		+0		+0			+0	+0.7		+0.8	60
孕妇（13~27周）		+0.1	—		+0.2		+0.1			+0.2	+0.7		+0.8	60
孕妇（≥28周）		+0.2	—		+0.3		+0.2			+0.3	+0.7		+0.8	60
乳母		+0.2	—		+0.3		+0.2			+0.3	+0.2		+0.3	60

续表

年龄（岁）/生理状况	维生素 B₁₂ EAR/(μg/d)	维生素 B₁₂ AI/(μg/d)	维生素 B₁₂ RNI/(μg/d)	泛酸 AI/(mg/d)	叶酸 EAR/(μgDFE/d)	叶酸 AI/(μgDFE/d)	叶酸 RNI/(μgDFE/d)	叶酸 UL/(μg/d)	烟酸 EAR/(mgNE/d) 男	烟酸 EAR/(mgNE/d) 女	烟酸 AI/(mgNE/d)	烟酸 RNI/(mgNE/d) 男	烟酸 RNI/(mgNE/d) 女	烟酸 UL/(mgNE/d)	烟酰胺 UL/(mg/d)
0 ~	—	0.3	—	1.7	—	65	—	—	—	—	2	—	—	—	—
0.5 ~	—	0.6	—	1.9	—	100	—	—	—	—	3	—	—	—	—
1 ~	0.8	—	1.0	2.1	130	—	160	300	5	5	—	6	6	10	100
4 ~	1.0	—	1.2	2.5	150	—	190	400	7	6	—	8	8	15	130
7 ~	1.3	—	1.6	3.5	210	—	250	600	9	8	—	11	10	20	180
11 ~	1.8	—	2.1	4.5	290	—	350	800	11	10	—	14	12	25	240
14 ~	2.0	—	2.4	5.0	320	—	400	900	14	11	—	16	13	30	280
18 ~	2.0	—	2.4	5.0	320	—	400	1000	12	10	—	15	12	35	310
50 ~	2.0	—	2.4	5.0	320	—	400	1000	12	10	—	14	12	35	310
65 ~	2.0	—	2.4	5.0	320	—	400	1000	11	9	—	14	11	35	300
80 ~	2.0	—	2.4	5.0	320	—	400	1000	11	8	—	13	10	30	280
孕妇（1~12 周）	+0.4	—	+0.5	+1.0	+200	—	+200	1000		+0	—		+0	35	310
孕妇（13~27 周）	+0.4	—	+0.5	+1.0	+200	—	+200	1000		+0	—		+0	35	310
孕妇（≥28 周）	+0.4	—	+0.5	+1.0	+200	—	+200	1000		+0	—		+0	35	310
乳母	+0.6	—	0.8	+2.0	+130	—	+150	1000		+2	—		+3	35	310

续表

年龄（岁）/生理状况	胆碱 AI/(mg/d) 男	胆碱 AI/(mg/d) 女	胆碱 UL[3]/(mg/d)	生物素 AI/(mg/d)	维生素C EAR/(mg/d)	维生素C AI/(mg/d)	维生素C RNI/(mg/d)	维生素C UL/(mg/d)
0~	120	120	—[1]	5	—	40	—	—
0.5~	150	150	—	9	—	40	—	—
1~	200	200	1000	17	35	—	40	400
4~	250	250	1000	20	40	—	50	600
7~	300	300	1500	25	55	—	65	1000
11~	400	400	2000	35	75	—	90	1400
14~	500	400	2500	40	85	—	100	1800
18~	500	400	3000	40	85	—	100	2000
50~	500	400	3000	40	85	—	100	2000
65~	500	400	3000	40	85	—	100	2000
80~	500	400	3000	40	85	—	100	2000
孕妇（1~12周）	—	+20[2]	3000	+0	+0	—	+0	2000
孕妇（13~27周）	—	+20	3000	+0	+10	—	+15	2000
孕妇（≥28周）	—	+20	3000	+0	+10	—	+15	2000
乳母	—	+120	3000	+10	+40	—	+50	2000

注：①"—"表示未制定；
②"+"表示在同龄人群参考值基础上额外增加量；
③有些营养素未制定UL，主要原因是研究资料不充分，并不表示过量摄入没有健康风险。

表7　中国居民膳食微量营养素的可耐受最高摄入量（UL）②

年龄（岁）	维生素A/（μg RAE/d）	维生素D/（μg/d）	维生素E/（mg α-TE/d）	维生素B6/（mg/d）	叶酸/（μg/d）	烟酸/（mg NE/d）	烟酰胺/（mg/d）	胆碱/（mg/d）	维生素C/（mg/d）	Ca/（mg/d）	P/（mg/d）	Fe/（mg/d）	Zn/（mg/d）	I/（μg/d）	Se/（μg/d）	Cu/（mg/d）	Mo/（μg/d）	F/（mg/d）	Mn/（mg/d）
0 ~	600	20	①	—	—	—	—	—	—	1000	—	—	—	—	55	—	—	—	—
0.5 ~	600	20	—	—	—	—	—	—	—	1500	—	—	—	—	80	—	—	—	—
1 ~	700	20	150	20	300	10	100	1000	400	1500	—	20	8	—	100	2	200	0.8	—
4 ~	900	30	200	25	400	15	130	1000	600	2000	—	30	12	200	150	3	300	1.1	3.5
7 ~	1500	45	350	35	600	20	180	1500	1000	2000	—	35	19	300	200	4	450	1.7	5.0
11 ~	2100	50	500	45	800	25	240	2000	1400	2000	—	40	28	400	300	6	650	2.5	8
14 ~	2700	50	600	55	900	30	280	2500	1800	2000	—	40	35	500	350	7	800	3.1	10
18 ~	3000	50	700	60	1000	35	310	3000	2000	2000	3500	40	40	600	400	8	900	3.5	11
50 ~	3000	50	700	60	1000	35	310	3000	2000	2000	3500	40	40	600	400	8	900	3.5	11
65 ~	3000	50	700	60	1000	35	300	3000	2000	2000	3000	40	40	600	400	8	900	3.5	11
80 ~	3000	50	700	60	1000	30	280	3000	2000	2000	3000	40	40	600	400	8	900	3.5	11
孕妇（早）	3000	50	700	60	1000	35	310	3000	2000	2000	3500	40	40	600	400	8	900	3.5	11
孕妇（中）	3000	50	700	60	1000	35	310	3000	2000	2000	3500	40	40	600	400	8	900	3.5	11
孕妇（晚）	3000	50	700	60	1000	35	310	3000	2000	2000	3500	40	40	600	400	8	900	3.5	11
乳母	3000	50	700	60	1000	35	310	3000	2000	2000	3500	40	40	600	400	8	900	3.5	11

注：① "—" 表示未制定参考值；

② 有些营养素未制定可耐受最高摄入量，主要是因为研究资料不充分，并不表示过量摄入没有健康风险。

表8 中国居民膳食宏量营养素的可接受范围（AMDR）

年龄（岁）/生理阶段	总碳水化合物/%E[3]	糖[1]/%E	总脂肪/%E	饱和脂肪酸%E	n-6多不饱和脂肪酸/%E	n-3多不饱和脂肪酸/%E	EPA+DHA/（g/d）
0~	—[2]	—	48（AI）	—	—	—	—
0.5~	—	—	40（AI）	—	—	—	—
1~	50~65	—	35（AI）	—	—	—	—
4~	50~65	<10	20~30	<8	—	—	—
7~	50~65	<10	20~30	<8	—	—	—
11~	50~65	<10	20~30	<8	—	—	—
14~	50~65	<10	20~30	<8	—	—	—
18~	50~65	<10	20~30	<10	2.5~9.0	0.5~2.0	0.25~2.0
50~	50~65	<10	20~30	<10	2.5~9.0	0.5~2.0	0.25~2.0
65~	50~65	<10	20~30	<10	2.5~9.0	0.5~2.0	—
80~	50~65	<10	20~30	<10	2.5~9.0	0.5~2.0	—
孕妇（早）	50~65	<10	20~30	<10	2.5~9.0	0.5~2.0	—
孕妇（中）	50~65	<10	20~30	<10	2.5~9.0	0.5~2.0	—
孕妇（晚）	50~65	<10	20~30	<10	2.5~9.0	0.5~2.0	—
乳母	50~65	<10	20~30	<10	2.5~9.0	0.5~2.0	—

注：①外加的糖；
②"—"表示未制定参考值；
③%E为占能量的百分比。

表9   中国居民膳食营养素建议摄入量（PI）

人群	钾/（mg/d）	钠/（mg/d）	维生素 C/（mg/d）
0 岁 ~	—*	—	—
0.5 岁 ~	—	—	—
1 岁 ~	—	—	—
4 岁 ~	2100	1200	—
7 岁 ~	2800	1500	—
11 岁 ~	3400	1900	—
14 岁 ~	3900	2200	—
18 岁 ~	3600	2000	200
50 岁 ~	3600	1900	200
65 岁 ~	3600	1800	200
80 岁 ~	3600	1700	200
孕妇（早）	3600	2000	200
孕妇（中）	3600	2000	200
孕妇（晚）	3600	2000	200
乳母	3600	2000	200

注：* 未指定用参考值者用"—"表示。

表10   中国居民膳食水适宜摄入量（AI）

人群	饮水量[1]/（L/d）		总摄入量[2]/（L/d）	
	男	女	男	女
0 岁 ~	—[4]		0.7[3]	
0.5 岁 ~	—		0.9	
1 岁 ~	—		1.3	
4 岁 ~	0.8		1.6	
7 岁 ~	1.0		1.8	
11 岁 ~	1.3	1.1	2.3	2.0
14 岁 ~	1.4	1.2	2.5	2.2
18 岁 ~	1.7	1.5	3.0	2.7
50 岁 ~	1.7	1.5	3.0	2.7
65 岁 ~	1.7	1.5	3.0	2.7
80 岁 ~	1.7	1.5	3.0	2.7
孕妇（早）	—	+0.2[5]	—	+0.3
孕妇（中）	—	+0.2	—	+0.3

续表

人群	饮水量[1]/（L/d）		总摄入量[2]/（L/d）	
	男	女	男	女
孕妇（晚）	—	+0.2	—	+0.3
乳母	—	+0.6	—	+1.1

注：①温和气候条件下，轻体力活动水平。如果在高温或进行中等以上身体活动时，应适当增加水摄入量；

②总摄入量包括食物中的水以及饮水中的水；

③来自母乳；

④"—"表示未制定参考值；

⑤"＋"表示在同龄人群参考值基础上额外增加量。

表11 中国成人其他膳食成分特定建议值（SPL）和可耐受最高摄入量（UL）

其他膳食成分	SPL	UL
膳食纤维/（g/d）	25（AI）	—[1]
植物甾醇/（g/d）	0.9	2.4
植物甾醇酯/（g/d）	1.5	3.9
番茄红素/（mg/d）	18	70
叶黄素/（mg/d）	10	40
原花青素/（mg/d）	—	800
大豆异黄酮[2]/（mg/d）	55	120
花色苷/（mg/d）	50	—
氨基葡萄糖/（mg/d）	1000	—
硫酸或盐酸氨基葡萄糖/（mg/d）	1500	—
姜黄素/（mg/d）	—	720

注：①"—"表示未制定参考值；

②指绝经后妇女。

附录二 营养强化剂的允许使用品种、使用范围及使用量

营养强化剂	食品分类号	食品类别（名称）维生素类	使用量
维生素A	01.01.03	调制乳	600～1000μg/kg
	01.03.02	调制乳粉（儿童用乳粉和孕产妇用乳粉除外）	3000～9000μg/kg
		调制乳粉（仅限儿童用乳粉）	1200～7000μg/kg
		调制乳粉（仅限孕产妇用乳粉）	2000～10000μg/kg
	02.01.01.01	植物油	4000～8000μg/kg
	02.02.01.02	人造黄油及其类似制品	4000～8000μg/kg
	03.01	冰淇淋类、雪糕类	600～1200μg/kg
	04.04.01.07	豆粉、豆浆粉	3000～7000μg/kg
	04.04.01.08	豆浆	600～1400μg/kg
	06.02.01	大米	600～1200μg/kg
	06.03.01	小麦粉	600～1200μg/kg
	06.06	即食谷物，包括辗轧燕麦（片）	2000～6000μg/kg
	07.02.02	西式糕点	2330～4000μg/kg
	07.03	饼干	2330～4000μg/kg
	14.03.01	含乳饮料	300～1000μg/kg
	14.06	固体饮料类	4000～17000μg/kg
	16.01	果冻	600～1000μg/kg
	16.06	膨化食品	600～1500μg/kg
β-胡萝卜素	14.06	固体饮料类	3～6μg/kg
维生素D	01.01.03	调制乳	10～40μg/kg
	01.03.02	调制乳粉（儿童用乳粉和孕产妇用乳粉除外）	63～125μg/kg
		调制乳粉（仅限儿童用乳粉）	20～112μg/kg
		调制乳粉（仅限孕产妇用乳粉）	23～112μg/kg
	02.02.01.02	人造黄油及其类似制品	125～156μg/kg
	03.01	冰淇淋类、雪糕类	10～20μg/kg
	04.04.01.07	豆粉、豆浆粉	15～60μg/kg
	04.04.01.08	豆浆	3～15μg/kg
	06.05.02.03	藕粉	50～1000μg/kg
	06.06	即食谷物，包括辗轧燕麦（片）	12.5～37.5μg/kg
	07.03	饼干	16.7～33.3μg/kg
	07.05	其他焙烤食品	10～70μg/kg

续表

营养强化剂	食品分类号	食品类别（名称）维生素类	使用量
维生素 D	14.02.03	果蔬汁（肉）饮料（包括发酵型产品等）	2～10μg/kg
	14.03.01	含乳饮料	10～40μg/kg
	14.02.02.02	风味饮料	2～10μg/kg
	14.06	固体饮料类	10～20μg/kg
	16.01	果冻	10～40μg/kg
维生素 E	01.01.03	调制乳	12～50μg/kg
	01.03.02	调制乳粉（儿童用乳粉和孕产妇用乳粉除外）	100～310mg/kg
		调制乳粉（仅限儿童用乳粉）	10～60mg/kg
		调制乳粉（仅限孕产妇用乳粉）	32～156mg/kg
	02.01.01.01	植物油	100～180mg/kg
	02.02.01.02	人造黄油及其类似制品	100～180mg/kg
	04.04.01.07	豆粉、豆浆粉	30～70mg/kg
	04.04.01.08	豆浆	5～15mg/kg
	05.02.01	胶基糖果	1050～1450mg/kg
	06.06	即食谷物，包括辗轧燕麦（片）	50～125mg/kg
	14.0	饮料类（14.01，14.06 涉及品种除外）	10～40mg/kg
	14.06	固体饮料	76～180mg/kg
	16.01	果冻	10～70mg/kg
维生素 K	01.03.02	调制乳粉（仅限儿童用乳粉）	420～750mg/kg
		调制乳粉（仅限孕产妇用乳粉）	340～680mg/kg
维生素 B_1	01.03.02	调制乳粉（仅限儿童用乳粉）	1.4～14mg/kg
		调制乳粉（仅限孕产妇用乳粉）	3～17mg/kg
	04.04.01.07	豆粉、豆浆粉	6～15mg/kg
	04.04.01.08	豆浆	1～3mg/kg
	05.02.01	胶基糖果	16～33mg/kg
	06.02	大米及其制品	3～5mg/kg
	06.03	小麦粉及其制品	3～5mg/kg
	06.04	杂粮粉及其制品	3～5mg/kg
	06.06	即食谷物，包括辗轧燕麦（片）	7.5～17.5mg/kg
	07.01	面包	3～5mg/kg
	07.02.02	西式糕点	3～6mg/kg
	07.03	饼干	3～6mg/kg
	14.03.01	含乳饮料	1～2mg/kg
	14.04.02.02	风味饮料	2～3mg/kg
	14.06	固体饮料类	9～22mg/kg
	16.01	果冻	1～7mg/kg

续表

营养强化剂	食品分类号	食品类别（名称） 维生素类	使用量
维生素 B_2	01.03.02	调制乳粉（仅限儿童用乳粉）	8~14mg/kg
		调制乳粉（仅限孕产妇用乳粉）	4~22mg/kg
	04.04.01.07	豆粉、豆浆粉	6~15mg/kg
	04.04.01.08	豆浆	1~3mg/kg
	05.02.01	胶基糖果	3~5mg/kg
	06.02	大米及其制品	3~5mg/kg
	06.03	小麦粉及其制品	3~5mg/kg
	06.04	杂粮粉及其制品	3~5mg/kg
	06.06	即食谷物，包括辗轧燕麦（片）	7.5~17.5mg/kg
	07.01	面包	3~5mg/kg
	07.02.02	西式糕点	3.3~7.0mg/kg
	07.03	饼干	3.3~7.0mg/kg
	14.03.01	含乳饮料	1~2mg/kg
	14.06	固体饮料类	9~22mg/kg
	16.01	果冻	1~7mg/kg
维生素 B_6	01.03.02	调制乳粉（儿童用乳粉和孕产妇用乳粉除外）	8~16mg/kg
		调制乳粉（仅限儿童用乳粉）	1~7mg/kg
	06.06	调制乳粉（仅限孕产妇用乳粉）	4~22mg/kg
	07.03	即食谷物，包括辗轧燕麦（片）	10~25mg/kg
	07.05	饼干	2~5mg/kg
	14.0	其他焙烤食品	3~15mg/kg
	14.06	饮料类（14.01，14.06 涉及品种除外）	0.4~1.6mg/kg
	16.01	固体饮料类	7~22mg/kg
		果冻	1~7mg/kg
维生素 B_{12}	01.03.02	调制乳粉（仅限儿童用乳粉）	10~30μg/kg
		调制乳粉（仅限孕产妇用乳粉）	10~66μg/kg
	06.06	即食谷物，包括辗轧燕麦（片）	5~10μg/kg
	07.05	其他焙烤食品	10~70μg/kg
	14.0	饮料类（14.01，14.06 涉及品种除外）	0.6~0.8μg/kg
	14.06	固体饮料类	10~66μg/kg
	16.01	果冻	2~6μg/kg
维生素 C	01.02.02	风味发酵乳	120~240mg/kg
	01.03.02	调制乳粉（儿童用乳粉和孕产妇用乳粉除外）	300~1000mg/kg
		调制乳粉（仅限儿童用乳粉）	140~800mg/kg
		调制乳粉（仅限孕产妇用乳粉）	1000~1600mg/kg
	04.01.02.01	水果罐头	200~400mg/kg
	04.01.02.02	果泥	50~100mg/kg

续表

营养强化剂	食品分类号	食品类别（名称） 维生素类	使用量
维生素C	04.04.01.07	豆粉、豆浆粉	400～700mg/kg
	05.02.01	胶基糖果	630～13000mg/kg
	05.02.02	除胶基果糖以外的其他糖果	1000～6000mg/kg
	06.06	即食谷物，包括辗轧燕麦（片）	300～750mg/kg
	14.02.03	果蔬汁（肉）饮料(包括发酵型产品等)	250～500mg/kg
	14.03.01	含乳饮料	120～240mg/kg
	14.04	水基调味饮料类	250～500mg/kg
	14.06	固体饮料类	1000～2250mg/kg
	16.01	果冻	120～240mg/kg
烟酸（尼克酸）	01.03.02	调制乳粉（仅限儿童用乳粉）	23～47mg/kg
		调制乳粉（仅限孕产妇用乳粉）	42～100mg/kg
	04.04.01.07	豆粉、豆浆粉	60～120mg/kg
	04.04.01.08	豆浆	10～30mg/kg
	06.02	大米及其制品	40～50mg/kg
	06.03	小麦粉及其制品	40～50mg/kg
	06.04	杂粮粉及其制品	40～50mg/kg
	06.06	即食谷物，包括辗轧燕麦（片）	75～218mg/kg
	07.01	面包	40～50mg/kg
	07.03	饼干	30～60mg/kg
	14.0	饮料类（14.01，14.06涉及品种除外）	3～18mg/kg
	14.6	固体饮料类	110～330mg/kg
叶酸	01.01.03	调制乳粉（仅限孕产妇用乳粉）	400～1200μg/kg
	01.03.02	调制乳粉（儿童用乳粉和孕产妇用乳粉除外）	2000～5000μg/kg
		调制乳粉（仅限儿童用乳粉）	420～3000μg/kg
		调制乳粉（仅限孕产妇用乳粉）	2000～8200μg/kg
	06.02.01	大米（仅限免淘洗大米）	1000～3000μg/kg
	06.03.01	小麦粉	1000～3000μg/kg
	06.06	即食谷物，包括辗轧燕麦（片）	1000～2500μg/kg
	07.03	饼干	390～780μg/kg
	07.05	其他焙烤食品	2000～7000μg/kg
	14.02.03	果蔬汁（肉）饮料（包括发酵型产品等）	157～313μg/kg
	14.06	固体饮料类	600～6000μg/kg
	16.01	果冻	50～100μg/kg
泛酸	01.03.02	调制乳粉（仅限儿童用乳粉）	6～60mg/kg
		调制乳粉（仅限孕产妇用乳粉）	20～80mg/kg

续表

营养强化剂	食品分类号	食品类别（名称） 维生素类	使用量
泛酸	06.06	即食谷物，包括碾轧燕麦（片）	30～50mg/kg
	14.04.01	碳酸饮料	1.1～2.2mg/kg
	14.04.02.02	风味饮料	1.1～2.2mg/kg
	14.05.01	茶饮料类	1.1～2.2mg/kg
	14.06	固体饮料类	22～80mg/kg
	16.01	果冻	2～5mg/kg
生物素	01.03.02	调制乳粉（仅限儿童用乳粉）	38～76μg/kg
胆碱	01.03.02	调制乳粉（仅限儿童用乳粉）	800～1500mg/kg
		调制乳粉（仅限孕妇用乳粉）	1600～3400mg/kg
	16.01	果冻	50～100mg/kg
肌醇	01.03.02	调制乳粉（仅限儿童用乳粉）	210～250mg/kg
	14.02.03	果蔬汁(肉)饮料(包括发酵型产品等)	60～120mg/kg
	14.04.02.02	风味饮料	60～120mg/kg
矿物质类			
铁	01.01.03	调制乳	10～20mg/kg
钙	01.03.02	调制乳粉（儿童用乳粉和孕产妇用乳粉除外）	60～200mg/kg
		调制乳粉（仅限儿童用乳粉）	25～135mg/kg
		调制乳粉（仅限孕产妇用乳粉）	50～280mg/kg
	04.04.01.07	豆粉，豆浆粉	46～80mg/kg
	05.02.02	除胶基果糖以外的其他果糖	600～1200mg/kg
	06.02	大米及其制品	14～26mg/kg
	06.03	小麦粉及其制品	14～26mg/kg
	06.04	杂粮粉及其制品	14～26mg/kg
	06.06	即食谷物，包括碾轧燕麦（片）	35～80mg/kg
	07.01	面包	14～26mg/kg
	07.02.02	西式糕点	40～60mg/kg
	07.03	饼干	40～80mg/kg
	07.05	其他焙烤食品	50～200mg/kg
	12.04	酱油	180～260mg/kg
	14.0	饮料类(14.01及14.06设计品种除外)	10～20mg/kg
	14.06	固体饮料类	95～220mg/kg
	16.01	果冻	10～20mg/kg
	01.01.03	调制乳	250～1000mg/kg
	01.03.02	调制乳粉（儿童用乳粉除外）	3000～7200mg/kg
		调制乳粉（仅限儿童用乳粉）	3000～6000mg/kg
	01.06	干酪和再制干酪	2500～10000mg/kg
	03.01	冰淇淋类、雪糕类	2400～3000mg/kg

续表

营养强化剂	食品分类号	食品类别（名称）维生素类	使用量
钙	04.04.01.07	豆粉、豆浆粉	1600~8000mg/kg
	06.02	大米及其制品	1600~3200mg/kg
	06.03	小麦粉及其制品	1600~3200mg/kg
	06.04	杂粮粉及其制品	1600~3200mg/kg
	06.05.02.03	藕粉	2400~3200mg/kg
	06.06	即食谷物，包括碾轧燕麦（片）	2000~7000mg/kg
	07.01	面包	1600~3200mg/kg
	07.02.02	西式糕点	2670~5330mg/kg
	07.03	饼干	2670~5330mg/kg
	07.05	其他焙烤食品	3000~15000mg/kg
	08.03.05	肉灌肠类	850~1700mg/kg
	08.03.07.01	肉松类	2500~5000mg/kg
	08.03.07.02	肉干类	1700~2550mg/kg
	10.03.01	脱水蛋制品	190~650mg/kg
	12.03	醋	6000~8000mg/kg
	14.0	饮料类（14.01、14.02及14.06涉及品种除外）	160~1350mg/kg
	14.02.03	果蔬汁（肉）饮料（包括发酵型产品等）	1000~1800mg/kg
	14.06	固体饮料类	2500~10000mg/kg
	16.01	果冻	390~800mg/kg
锌	01.01.03	调制乳	5~10mg/kg
硒	01.03.02	调制乳粉（儿童用乳粉和孕产妇用乳粉除外）	30~60µg/kg
		调制乳粉（仅限儿童用乳粉）	50~175µg/kg
		调制乳粉（仅限孕产妇用乳粉）	30~140µg/kg
	04.04.01.07	豆粉、豆浆粉	29~55.5µg/kg
	06.02	大米及其制品	10~40µg/kg
	06.03	小麦粉及其制品	10~40µg/kg
	06.04	杂粮粉及其制品	10~40µg/kg
	06.06	即食谷物，包括碾轧燕麦（片）	37.5~112.5µg/kg
	07.01	面包	10~40µg/kg
	07.02.02	西式糕点	45~80µg/kg
	07.03	饼干	45~80µg/kg
	14.0	饮料类（14.01、14.02及14.06涉及品种除外）	3~20µg/kg
	14.06	固体饮料类	60~180µg/kg
	16.01	果冻	10~20µg/kg

续表

营养强化剂	食品分类号	食品类别（名称）维生素类	使用量
硒	01.03.02	调制乳粉（儿童用乳粉除外）	140~280μg/kg
		调制乳粉（仅限儿童用乳粉）	60~130μg/kg
	06.02	大米及其制品	140~280μg/kg
	06.03	小麦粉及其制品	140~280μg/kg
	06.04	杂粮粉及其制品	140~280μg/kg
	07.01	面包	140~280μg/kg
	07.03	饼干	30~110μg/kg
	14.03.01	含乳饮料	50~200μg/kg
镁	01.03.02	调制乳粉（儿童用乳粉和孕产妇用乳粉除外）	300~1100mg/kg
		调制乳粉（仅限儿童用乳粉）	300~2800mg/kg
		调制乳粉（仅限孕产妇用乳粉）	300~2300mg/kg
	14.0	饮料类（14.01、14.02及14.06涉及品种除外）	30~60mg/kg
	14.06	固体饮料类	1300~2100mg/kg
铜	1.03.02	调制乳粉（儿童用乳粉和孕产妇用乳粉除外）	3~7.5mg/kg
		调制乳粉（仅限儿童用乳粉）	2~12mg/kg
		调制乳粉（仅限孕产妇用乳粉）	4~23mg/kg
锰	01.03.02	调制乳粉（儿童用乳粉和孕产妇用乳粉除外）	0.3~4.3mg/kg
		调制乳粉（仅限儿童用乳粉）	7~15mg/kg
		调制乳粉（仅限孕产妇用乳粉）	11~26mg/kg
钾	01.03.02	调制乳粉（仅限孕产妇用乳粉）	7000~14100mg/kg
磷	04.04.01.07	豆粉、豆浆粉	1600~3700mg/kg
	14.06	固体饮料类	1960~7040mg/kg
其他			
L-赖氨酸	06.02	大米及其制品	1~2g/kg
	06.03	小麦粉及其制品	1~2g/kg
	06.04	杂粮粉及其制品	1~2g/kg
	07.01	面包	1~2g/kg
牛磺酸	01.03.02	调制乳粉	0.3~0.5g/kg
	04.04.01.07	豆粉、豆浆粉	0.3~0.5g/kg
	04.04.01.08	豆浆	0.06~0.1g/kg
	14.03.01	含乳饮料	0.1~0.5g/kg
	14.04.02.01	特殊用途饮料	0.1~0.5g/kg
	14.04.02.02	风味饮料	0.4~0.6g/kg
	14.06	固体饮料类	1.1~1.4g/kg
	16.01	果冻	0.3~0.5g/kg

续表

营养强化剂	食品分类号	食品类别（名称）维生素类	使用量
左旋肉碱 （L－肉碱）	01.03.02	调制乳粉（儿童用乳粉除外）	300～400mg/kg
		调制乳粉（仅限儿童用乳粉）	50～150mg/kg
	14.02.03 14.03.01	果蔬汁（肉）饮料（包括发酵型产品等）	600～3000mg/kg
	14.04.02.01	含乳饮料	600～3000mg/kg
		特殊用途饮料	100～1000mg/kg
	14.04.02.02 14.06	风味饮料	600～3000mg/kg
		固体饮料类	6000～30000mg/kg
γ－亚麻酸	01.03.02	调制乳粉	20～50g/kg
	02.01.01.01	植物油	20～50g/kg
	14.0	饮料类（14.01、14.02及14.06涉及品种除外）	20～50g/kg
叶黄素	01.03.02	调制乳粉（仅限儿童用乳粉，液体按稀释倍数折算）	1620～2700μg/kg
低聚果糖	01.03.02	调制乳粉（儿童用乳粉和孕产妇用乳粉）	≤64.5g/kg
1,3－二油酸2－棕榈酸甘油三酯	01.03.02	调制乳粉（仅限儿童用乳粉，液体按稀释倍数折算）	24～96g/kg
花生四烯酸 （AA 或 ARA）	01.03.02	调制乳粉（仅限儿童用乳粉）	≤1%（占总脂肪的百分比）
二十二碳六烯酸（DHA）	01.03.02	调制乳粉（仅限儿童用乳粉）	≤0.5%（占总脂肪的百分比）
		调制乳粉（仅限孕产妇用乳粉）	300～1000
乳铁蛋白	01.01.03	调制乳	≤1.0g/kg
	01.02.02	风味发酵乳	≤1.0g/kg
	14.03.01	含乳饮料	≤1.0g/kg
酪蛋白钙肽	06.0	粮食和粮食制品，包括大米，面粉，杂粮，淀粉等（06.01和07.0涉及品种除外）	1.6g/kg
	14.0	饮料类（14.01涉及品种除外）	≤1.6g/kg（固体饮料按冲调倍数增加使用量）
酪蛋白磷酸肽	01.01.03	调制乳	≤1.6g/kg
	01.02.02	风味发酵乳	≤1.6g/kg
	06.0	粮食和粮食制品，包括大米，面粉，杂粮，淀粉等（06.01和07.0涉及品种除外）	≤1.6g/kg
	14.0	饮料类（14.01涉及品种除外）	≤1.6g/kg（固体饮料按冲调倍数增加使用量）

注：本标准按 GB 14880—2012《食品安全国家标准　食品营养强化剂使用标准》编制。

附录三　200 种食物一般

编码	食物名称	食部/%	水分/g	能量		蛋白质/g	脂肪/g	碳水化合物/g	膳食纤维/g	胆固醇/mg	灰分/g	维生素A/μgRE	胡萝卜素/μg	视黄醇/μg
				/kcal	/kJ									
一、谷类及制品														
011202	小麦粉（富强粉、特一粉）	100	12.7	351	1467	10.3	1.1	75.2	0.6	0	0.7	0	0	0
011206	小麦粉（标准粉）	100	9.9	362	1531	15.7	2.5	70.9	—	0	1.0	0	0	0
011302	挂面（标准粉）	100	12.4	348	1454	10.1	0.7	76.0	1.6	0	0.8	—	—	0
011304	挂面（精制龙须面）	100	11.9	348	1455	11.2	0.5	74.7	0.2	0	1.7	—	—	0
011403	烙饼（标准粉）	100	36.4	258	1082	7.5	2.3	52.9	1.9	0	0.9	—	—	0
011405	馒头（标准粉）	100	40.5	236	989	7.8	1.0	49.8	1.5	0	0.9	—	—	0
011407	烧饼（加糖）	100	25.9	298	1245	8.0	2.1	62.7	2.1	0	1.3	—	—	0
011409	油条	100	21.8	388	1624	6.9	17.6	51.0	0.9	—	2.7	—	—	0
012001x	稻米（代表值）	100	13.3	346	1453	7.9	0.9	77.2	0.6	0	0.7	0	0	0
012202	籼米（标准）［机米］	100	12.6	349	1459	7.9	0.6	78.3	0.8	0	0.6	0	0	0
012212	黑米	100	14.3	341	1427	9.4	2.5	72.2	3.9	0	1.6	—	—	0
012301	糯米［江米］	100	12.6	350	1464	7.3	1.0	78.3	0.8	0	0.8	0	0	0
012408	籼米饭（蒸）	100	70.1	117	497	3.0	0.4	26.4	—	0	0.1	0	0	0
013103	玉米（黄、干）	100	13.2	348	1457	8.7	3.8	73.0	6.4	0	1.3	8	100	0
015101	小米	100	11.6	361	1511	9.0	3.1	75.1	1.6	0	1.2	8	100	0
019011	莜麦面	100	8.8	391	1650	13.7	8.6	67.7	—	0	1.2	—	—	0

营养成分（100g 食物）

硫胺素/mg	核黄素/mg	烟酸/mg	维生素C/mg	维生素E/mg	α-E/mg	(β+γ)-E/mg	σ-E/mg	钙/mg	磷/mg	钾/mg	钠/mg	镁/mg	铁/mg	锌/mg	硒/mg	铜/mg	锰/mg	备注
0.17	0.06	2.00	0	0.73	0.51	0.22	Tr	27	114	128	2.7	32	2.7	0.97	6.88	0.26	0.77	—
0.46	0.05	1.91	0	0.32	Tr	Tr	0.32	31	167	190	3.1	50	0.6	0.20	7.42	0.06	0.10	—
0.19	0.04	2.50	0	1.11	0.21	0.90	Tr	14	153	157	150.0	51	3.5	1.22	9.90	0.44	1.28	—
0.18	0.03	2.50	0	—	—	—	—	26	137	109	292.8	48	2.3	0.87	14.28	0.33	0.81	—
0.02	0.04	—	0	1.03	0.3	0.73	Tr	20	146	141	149.3	51	2.4	0.94	7.50	0.15	1.15	北京
0.05	0.07	—	0	0.86	0.35	0.51	Tr	18	136	129	165.2	39	1.9	1.01	9.70	0.14	1.27	北京
Tr	0.01	1.10	0	0.39	0.21	0.18	Tr	51	105	122	62.5	26	1.6	0.36	12.16	0.15	—	武汉
0.01	0.07	0.70	0	3.19	2.74	0.31	0.14	6	77	227	585.2	19	1.0	0.75	8.60	0.19	0.52	—
0.15	0.04	2.00	0	0.43	0.33	0.18	0.17	8	112	112	1.8	31	1.1	1.54	2.83	0.25	1.13	
0.09	0.04	1.40	0	0.54	0.43	0.11	Tr	12	112	109	1.7	28	1.6	1.47	1.99	0.29	1.27	—
0.33	0.13	7.90	0	0.22	Tr	0.22	Tr	12	356	256	7.1	147	1.6	3.80	3.20	0.15	1.72	—
0.11	0.04	2.30	0	1.29	0.87	0.42	Tr	26	113	137	1.5	49	1.4	1.54	2.71	0.25	1.54	—
0.01	0.01	1.70	0	Tr	Tr	Tr	Tr	6	15	21	1.7	10	0.1	0.14	1.13	0.01	0.02	—
0.21	0.13	2.50	0	3.89	0.77	3.03	0.09	14	218	300	3.3	96	2.4	1.70	3.52	0.25	0.48	—
0.33	0.10	1.50	0	3.63	Tr	Tr	3.63	41	229	284	4.3	107	5.1	1.87	4.74	0.54	0.89	—
0.20	0.09	0.29	0	0.39	0.19	0.20	Tr	40	259	255	1.8	62	3.8	2.18	2.90	0.41	1.71	山西

续表

编码	食物名称	食部/%	水分/g	能量/kcal	能量/kJ	蛋白质/g	脂肪/g	碳水化合物/g	膳食纤维/g	胆固醇/mg	灰分/g	维生素A/μgRE	胡萝卜素/μg	视黄醇/μg
二、薯类、淀粉及制品														
021101	马铃薯（土豆、洋芋）	94	78.6	81	343	2.6	0.2	17.8	1.1	0	0.8	1	6	0
021201	甘薯（白心）［红皮山芋］	86	72.6	104	444	1.4	0.2	25.2	1.0	0	0.6	18	220	0
022105	藕粉	100	6.4	373	1559	0.2	Tr	93.0	0.1	0	0.4	—	—	0
022201	粉丝	100	15.0	338	1413	0.8	0.2	83.7	1.1	0	0.3	—	—	0
三、干豆类及制品														
031103	青豆（干）［青大豆］	100	9.5	398	1667	34.5	16.0	35.4	12.6	0	4.6	66	790	0
031104	黄豆	100	9.2	407	1704	33.1	15.9	37.3	9.0	0	4.5	3	40	0
四、蔬菜类及制品														
043202	菜瓜［生瓜、白瓜］	88	95.0	19	79	0.6	0.2	3.9	0.4	0	0.3	2	20	0
043212	苦瓜（鲜）［凉瓜、赖瓜］	81	93.4	22	91	1.0	0.1	4.9	1.4	0	0.6	8	100	0
043213	南瓜（鲜）［倭瓜、番瓜］	85	93.5	23	97	0.7	0.1	5.3	0.8	0	0.4	74	890	0
043218	西葫芦	73	94.9	19	79	0.8	0.2	3.8	0.6	0	0.3	3	30	0
043221	冬瓜	80	96.9	10	43	0.3	0.2	2.4	—	0	0.2	Tr	Tr	0
043228	丝瓜	83	94.1	20	82	1.3	0.2	4.0	—	0	0.4	13	155	0
044101	大蒜（白皮，鲜）［蒜头］	85	66.6	128	536	4.5	0.2	27.6	1.1	0	1.1	3	30	0
044104	青蒜（青葱）	84	90.4	34	141	2.4	0.3	6.2	1.7	0	0.7	49	590	0
044106	蒜苗（绿色，青蒜）	82	88.9	40	169	2.1	0.4	8.0	1.8	0	0.6	23	280	0
044206	大葱	82	91.8	28	115	1.6	0.3	5.8	2.2	0	0.5	5	64	0

硫胺素/mg	核黄素/mg	烟酸/mg	维生素C/mg	维生素E/mg	α-E/mg	(β+γ)-E/mg	α-E/mg	钙/mg	磷/mg	钾/mg	钠/mg	镁/mg	铁/mg	锌/mg	硒/mg	铜/mg	锰/mg	备注
0.10	0.02	1.10	14.0	0.34	0.08	0.10	0.16	7	46	347	5.9	24	0.4	0.3	0.47	0.09	0.1	
0.07	0.04	0.60	24.0	0.43	0.43	Tr	Tr	24	46	174	58.2	17	0.8	0.22	0.63	0.16	0.21	
Tr	0.01	0.40	—	—	—	—	—	8	9	35	10.8	2	17.9	0.15	2.10	0.22	0.28	杭州
0.03	0.02	0.40	0	—	—	—	—	31	16	18	9.3	11	6.4	0.27	3.39	0.05	0.15	
0.41	0.18	3.00	—	10.09	0.40	6.89	2.80	200	395	718	1.8	128	8.4	3.18	5.62	1.38	2.25	
0.11	0.22	1.53	—	—	—	—	—	123	418	1276	13.8	211	35.8	4.61	2.03	1.17	2.03	
0.02	0.01	0.20	12.0	0.03	Tr	0.03	Tr	20	14	136	1.6	15	0.5	0.10	0.63	0.03	0.03	
0.03	0.03	0.40	56.0	0.85	0.61	0.24	Tr	14	35	256	2.5	18	0.7	0.36	0.36	0.06	0.16	
0.03	0.04	0.40	8.0	0.36	0.29	0.07	Tr	16	24	145	0.8	8	0.4	0.14	0.46	0.03	0.08	
0.01	0.03	0.20	6.0	0.34	0.34	Tr	Tr	15	17	92	5.0	9	0.3	0.12	0.28	0.03	0.04	
Tr	Tr	0.22	16.0	0.04	0.04	Tr	Tr	12	11	57	2.8	10	0.1	0.10	0.02	0.01	0.02	
0.02	0.04	0.32	4.0	0.08	0.08	0.05	0.11	14	29	115	2.6	11	0.4	0.21	0.86	0.06	0.06	
0.04	0.06	0.60	7.0	1.07	1.07	Tr	Tr	39	117	302	19.6	21	1.2	0.88	3.09	0.22	0.29	
0.06	0.04	0.60	16.0	0.80	0.78	0.02	Tr	24	25	168	9.3	17	0.8	0.23	1.27	0.05	0.15	
0.11	0.08	0.50	35.0	0.81	0.41	0.28	0.12	29	44	226	5.1	18	1.4	0.46	1.24	0.05	0.17	
0.06	0.03	0.50	3.0	Tr	Tr	Tr	Tr	63	25	110	8.9	16	0.6	0.29	0.21	0.03	0.34	

续表

编码	食物名称	食部/%	水分/g	能量/kcal	能量/kJ	蛋白质/g	脂肪/g	碳水化合物/g	膳食纤维/g	胆固醇/mg	灰分/g	维生素A/μgRE	胡萝卜素/μg	视黄醇/μg
044301	洋葱（鲜）［葱头］	90	89.2	40	169	1.1	0.2	9.0	0.9	0	0.5	2	20	0
044402	韭黄（韭芽，黄色）	88	93.2	24	101	2.3	0.2	3.9	1.2	0	0.4	22	260	0
044404	韭菜	90	92.0	25	102	2.4	0.4	4.5	—	0	0.7	133	1596	0
045103	大白菜（青白口）	83	95.1	17	70	1.4	0.1	3.0	0.9	0	0.4	7	80	0
045125	油菜	96	95.6	14	57	1.3	0.5	2.0	—	0	0.9	90	1083	0
045201	圆白菜，卷心菜	86	93.2	24	101	1.5	0.2	4.6	1.0	0	0.5	6	70	0
045216	菜花（白色）［花椰菜］	82	93.2	20	83	1.7	0.2	4.2	2.1	0	0.7	1	11	0
045301	菠菜（鲜）［赤根菜］	89	91.2	28	116	2.6	0.3	4.5	1.7	0	1.4	243	2920	0
045317	香菜（鲜）［芫荽］	81	90.5	33	139	1.8	0.4	6.2	1.2	0	1.1	97	1160	0
045320	苋菜（紫，鲜）［红苋］	73	88.8	35	146	2.8	0.4	5.9	1.8	0	2.1	124	1490	0
045321	茼蒿（鲜）［蓬蒿菜、艾菜］	82	93.0	24	98	1.9	0.3	3.9	1.2	0	0.9	126	1510	0
045322	茴香菜（鲜）［小茴香］	86	91.2	27	114	2.5	0.4	4.2	1.6	0	1.7	201	2410	0
045324	莴笋（鲜）［莴苣］	62	95.5	15	62	1.0	0.1	2.8	0.6	0	0.6	13	150	0
045331	芹菜（茎）［旱芹，药芹］	100	95.4	13	55	0.4	0.2	3.1	1.0	0	0.9	2	18	0
045333	生菜［叶用莴苣］	94	96.7	12	51	1.6	0.4	1.1	—	0	0.2	2	26	0
045337	蕹菜［空心菜、藤藤菜］	100	92.3	19	77	2.2	0.2	4.0	—	0	1.3	143	1714	0
045401	竹笋（鲜）	63	92.8	23	96	2.6	0.2	3.6	1.8	0	0.8	—	—	0
046008	荸荠（鲜）［马蹄、地栗］	78	83.6	61	256	1.2	0.2	14.2	1.1	0	0.8	3	20	0

硫胺素/mg	核黄素/mg	烟酸/mg	维生素C/mg	维生素E/mg	α-E/mg	(β+γ)-E/mg	α-E/mg	钙/mg	磷/mg	钾/mg	钠/mg	镁/mg	铁/mg	锌/mg	硒/mg	铜/mg	锰/mg	备注
0.03	0.03	0.30	8.0	0.14	—	—	—	24	39	147	4.4	15	0.6	0.23	0.92	0.05	0.14	
0.03	0.05	0.70	15.0	0.34	0.34	Tr	Tr	25	48	192	6.9	12	1.7	0.33	0.76	0.10	0.17	
0.04	0.05	0.86	2.0	0.57	0.41	0.16	Tr	44	45	241	5.8	24	0.7	0.25	1.33	0.05	0.21	
0.03	0.04	0.40	28.0	0.36	0.36	Tr	Tr	35	28	90	48.4	9	0.6	0.61	0.39	0.04	0.16	
0.02	0.05	0.55	—	Tr	Tr	Tr	Tr	148	23	175	73.7	25	0.9	0.31	0.73	0.03	0.23	
0.03	0.03	0.40	40.0	0.50	0.21	0.21	0.08	49	26	124	27.2	12	0.6	0.25	0.96	0.04	0.18	
0.04	0.04	0.32	32.0	Tr	Tr	Tr	Tr	31	32	206	39.2	18	0.4	0.17	2.86	0.02	0.09	
0.04	0.11	0.60	32.0	1.74	1.46	0.28	Tr	66	47	311	85.2	58	2.9	0.85	0.97	0.10	0.66	
0.04	0.14	2.20	48.0	0.80	0.68	0.12	Tr	101	49	272	48.5	33	2.9	0.45	0.53	0.21	0.28	
0.03	0.10	0.60	30.0	1.54	0.88	0.66	Tr	178	63	340	42.3	38	2.9	0.70	0.09	0.07	0.35	
0.04	0.09	0.60	18.0	0.92	0.46	0.33	0.13	73	36	220	161.3	20	2.5	0.35	0.60	0.06	0.28	
0.06	0.09	0.80	26.0	0.94	0.31	Tr	0.63	154	23	149	186.3	46	1.2	0.73	0.77	0.04	0.31	
0.02	0.02	0.50	4.0	0.19	0.08	0.08	0.03	23	48	212	36.5	19	0.9	0.33	0.54	0.07	0.19	
0.01	0.02	0.22	2.0	Tr	Tr	Tr	Tr	15	13	128	166.4	16	0.2	0.14	0.07	0.03	0.04	
0.02	0.01	—	Tr	Tr	Tr	Tr	Tr	14	12	91	16.1	7	0.2	0.12	0.04	0.01	0.06	
0.03	0.05	0.22	5.0	0.10	0.10	Tr	Tr	115	37	304	107.6	46	1.0	0.27	—	0.05	0.52	
0.08	0.08	0.60	5.0	0.05	0.03	0.02	Tr	9	64	389	0.4	1	0.5	0.33	0.04	0.09	1.14	上海
0.02	0.02	0.70	7.0	0.65	0.15	0.28	0.22	4	44	306	15.7	12	0.6	0.34	0.70	0.07	0.11	

续表

编码	食物名称	食部/%	水分/g	能量		蛋白质/g	脂肪/g	碳水化合物/g	膳食纤维/g	胆固醇/mg	灰分/g	维生素A/μgRE	胡萝卜素/μg	视黄醇/μg
				/kcal	/kJ									
046010	藕［莲藕］	88	86.4	47	200	1.2	0.2	11.5	2.2	0	0.7	Tr	Tr	0
047102	豆薯（鲜）［凉薯、地瓜、沙葛］	91	85.2	56	236	0.9	0.1	13.4	0.8	0	0.4	—	—	0
047104	山药（鲜）［薯蓣，大薯］	83	84.8	57	240	1.9	0.2	12.4	0.8	0	0.7	3	20	0
047203	芋头［芋艿、毛芋］	88	85.0	56	236	1.3	0.2	12.7	1.0	0	0.8	1	14	0
047301	姜（鲜）［黄姜］	95	87.0	46	194	1.3	0.6	10.3	2.7	0	0.8	14	170	0
048074	荞菜（鲜）［野荞］	65	95.6	54	13	0.7	0.2	2.7	1.2	0	0.8	48	290	0
五、菌藻类														
051011	蘑菇（鲜菇）	99	92.4	24	100	2.7	0.1	4.1	2.1	0	0.7	1	10	0
051013	木耳（干）［黑木耳，云耳］	100	15.5	265	1107	12.1	1.5	65.6	29.9	0	5.3	8	100	0
051020	香菇（干）［香蕈、冬菇］	95	12.3	274	1149	20.0	1.2	61，7	31.6	0	4.8	2	20	0
051024	银耳（干）［白木耳］	96	14.6	261	1092	10.0	1.4	67.3	30.4	0	6.7	4	50	0
052002	海带（鲜）［江白菜］	100	94.4	13	55	1.2	0.1	2.1	0.5	0	2.2	—	—	0
052008	紫菜（干）	100	12.7	250	1050	26.7	1.1	44.1	21.6	0	15.4	114	1370	0
六、水果类及制品														
061101x	苹果（代表值）	85	86.1	53	227	0.4	0.2	13.7	1.7	0	0.2	4	50	0
061103	国光苹果	78	85.9	56	232	0.3	0.3	13.3	0.8	0	0.2	5	60	0
061110	黄香蕉苹果	88	85.6	53	223	0.3	0.2	13.7	2.2	0	0.2	2	20	0
061202	梨（巴梨）	79	86.1	51	212	0.4	0.2	12.9	2.2	0	0.4	1	10	0

硫胺素/mg	核黄素/mg	烟酸/mg	维生素C/mg	维生素E/mg	α-E/mg	(β+γ)-E/mg	α-E/mg	钙/mg	磷/mg	钾/mg	钠/mg	镁/mg	铁/mg	锌/mg	硒/mg	铜/mg	锰/mg	备注
0.04	0.01	0.12	19.0	0.32	0.32	Tr	Tr	18	45	293	34.3	14	0.3	0.24	0.17	0.09	0.89	
0.03	0.03	0.30	13.0	0.86	0.32	0.45	0.09	21	24	111	5.5	14	0.6	0.23	0.16	0.07	0.11	
0.05	0.02	0.30	5.0	0.24	0.24	Tr	Tr	16	34	213	18.6	20	0.3	0.27	0.55	0.24	0.12	
0.05	0.02	0.28	1.5	Tr	Tr	Tr	Tr	11	50	25	5.5	19	0.3	0.19	0.91	0.06	0.30	
0.02	0.03	0.80	4.0	—	—	—	—	27	25	295	14.9	44	1.4	0.34	0.56	0.14	3.20	
0.02	0.02	1.80	5.0	0.27	0.03	0.24	Tr	89	26	262	109.4	9	1.1	0.42	1.50	0.05	0.19	广东
0.08	0.35	4.00	2.0	0.56	0.27	0.29	Tr	6	94	312	8.3	11	1.2	0.92	0.55	0.49	0.11	
0.17	0.44	2.50	—	11.34	3.65	5.46	2.23	247	292	757	48.5	152	97.4	3.18	3.72	0.32	8.86	
0.19	1.26	20.50	5.0	0.66	Tr	0.66	Tr	83	258	464	11.2	147	10.5	8.57	6.42	1.03	5.47	
0.05	0.25	5.30	—	1.26	Tr	0.96	0.30	36	369	1588	82.1	54	4.1	3.03	2.95	0.08	0.17	
0.02	0.15	1.30	Tr	1.85	0.92	0.93	Tr	46	22	246	8.6	25	0.9	0.16	9.54	—	0.07	青岛
0.27	1.02	7.30	2.0	1.82	1.61	0.21	Tr	264	350	1769	710.5	105	54.9	2.47	7.22	1.68	4.32	
0.02	0.02	0.20	3.0	0.43	0.23	0.13	0.01	4	7	83	1.3	4	0.3	0.04	0.10	0.07	0.03	
0.02	0.03	0.20	4.0	0.11	Tr	0.11	Tr	8	14	83	1.3	7	0.3	0.14	0.10	0.07	0.03	
Tr	0.03	0.30	4.0	0.79	Tr	0.79	Tr	10	7	84	0.8	5	0.3	0.02	Tr	0.16	0.03	
0.03	0.05	0.20	11.0	0.52	0.23	0.23	0.06	6	5	145	1.0	2	0.2	0.02	—	0.07	0.03	

续表

编码	食物名称	食部 /%	水分 /g	能量		蛋白 质/g	脂肪 /g	碳水 化合 物/g	膳食 纤维 /g	胆固 醇 /mg	灰分 /g	维生 素 A/ μgRE	胡萝 卜素 /μg	视黄 醇/ μg
				/kcal	/kJ									
061301	红果［山里红、大山楂］	76	73.0	102	425	0.5	0.6	25.1	3.1	0	0.8	8	100	0
062101x	桃（代表值）	89	88.9	42	212	0.6	0.1	10.1	1.0	0	0.4	2	20	0
062204	杏	91	89.4	38	160	0.9	0.1	9.1	1.3	0	0.5	38	450	0
062301	枣（鲜）	87	67.4	125	524	1.1	0.3	30.5	1.9	0	0.7	20	240	0
063101x	葡萄（代表值）	86	88.5	45	185	0.4	0.3	10.3	1.0	0	0.3	3	40	0
063301	柿	87	80.6	74	308	0.4	0.1	18.5	1.4	0	0.4	10	120	0
063910	草莓［洋莓，凤阳草莓］	97	91.3	32	134	1.0	0.2	7.1	1.1	0	0.4	3	30	0
064101	橙	74	87.4	48	202	0.8	0.2	11.1	0.6	0	0.5	13	160	0
064203	橘柑子［宽皮桂］	78	88.6	44	184	0.8	0.1	10.2	0.5	0	0.3	41	490	0
064205	芦橘	77	88.5	44	185	0.6	0.2	10.3	0.60	0	0.4	43	520	0
064301	柚［文旦］	69	89.0	42	177	0.8	0.2	9.5	0.4	0	0.5	1	10	0
065002	菠萝［凤梨，地菠萝］	68	88.4	44	182	0.5	0.1	10.8	1.3	0	0.2	2	20	0
065033	香蕉［甘蕉］	59	75.8	93	389	1.4	0.2	22.0	1.2	0	0.6	5	60	0
066108	甜瓜［香瓜］	78	92.9	26	111	0.4	0.1	6.2	0.4	0	0.4	3	30	0
066201x	西瓜（代表值）	59	92.3	31	108	0.5	0.3	6.8	0.2	0	0.2	14	173	0
七、坚果、种子类														
071003	核桃（鲜）	43	49.8	336	1406	12.8	29.9	6.1	4.3	0	1.4	—	—	0
071009	栗子（干）［板栗］	73	13.4	348	1455	5.3	1.7	78.4	1.2	0	1.2	3	30	0

硫胺素/mg	核黄素/mg	烟酸/mg	维生素C/mg	维生素E/mg	α-E/mg	(β+γ)-E/mg	α-E/mg	钙/mg	磷/mg	钾/mg	钠/mg	镁/mg	铁/mg	锌/mg	硒/mg	铜/mg	锰/mg	备注
0.02	0.02	0.40	53.0	7.32	3.15	2.05	2.12	52	24	299	5.4	19	0.9	0.28	1.22	0.11	0.24	
0.01	0.02	0.30	10.0	0.71	0.25	0.47	0.18	6	11	127	1.7	8	0.3	0.14	0.47	0.06	0.07	
0.02	0.03	0.60	4.0	0.95	0.95	Tr	Tr	14	15	226	2.3	11	0.6	0.2	0.20	0.11	0.06	
0.06	0.09	0.90	243.0	0.78	0.42	0.26	0.10	22	23	375	1.2	25	1.2	1.52	0.80	0.06	0.32	
0.03	0.02	0.25	4.0	0.86	0.34	0.56	0.19	9	13	127	1.9	7	0.4	0.16	0.11	0.18	0.04	
0.02	0.02	0.30	30	1.12	1.03	0.09	Tr	9	23	151	0.8	19	0.2	0.08	0.24	0.06	0.50	
0.02	0.03	0.30	47.0	0.71	0.54	0.17	Tr	18	27	131	4.2	12	1.8	0.14	0.70	0.04	0.49	
0.05	0.04	0.30	33.0	0.56	0.51	0.05	Tr	20	22	159	1.2	14	0.4	0.14	0.31	0.03	0.05	
0.04	0.03	0.20	35.0	1.22	0.74	0.32	0.16	24	18	128	0.8	14	0.2	0.13	0.70	0.11	0.03	
0.02	0.03	0.20	19.0	—	—	—	—	45	25	54	—	45	1.3	0.10	0.07	0.10	0.03	福建
—	0.03	0.30	23.0	—	—	—	—	4	24	119	3.0	4	0.3	0.40	0.70	0.18	0.08	
0.04	0.02	0.20	18.0	—	—	—	—	12	9	113	0.8	8	0.6	0.14	0.24	0.07	1.04	
0.02	0.04	0.70	8.0	0.24	0.24	Tr	Tr	7	28	256	0.8	43	0.4	0.18	0.87	0.14	0.65	
0.02	0.03	0.30	15.0	0.47	0.11	0.29	0.07	14	17	139	8.8	11	0.7	0.09	0.40	0.04	0.04	
0.02	0.04	0.30	5.7	0.11	0.11	0.01	0.03	7	12	97	3.3	14	0.4	0.09	0.09	0.03	0.03	甘肃
0.07	0.14	1.40	10.0	41.17	—	—	—	—	—	—	—	—	—	—	—	—	—	甘肃
0.08	0.15	0.80	25.0	11.45	—	—	—	—	—	—	—	8.5	56	1.2	1.32	—	1.34	河北

续表

编码	食物名称	食部/%	水分/g	能量/kcal	能量/kJ	蛋白质/g	脂肪/g	碳水化合物/g	膳食纤维/g	胆固醇/mg	灰分/g	维生素A/μgRE	胡萝卜素/μg	视黄醇/μg
072004	花生仁（生）	100	6.9	574	2400	24.8	44.3	21.7	5.5	0	2.3	3	30	0
072006	葵花子（生）	50	2.4	609	2548	23.9	49.9	19.1	6.1	0	4.7	3	30	0
072009	莲子（干）	100	9.5	350	1463	17.2	2.0	67.2	3.0	0	4.1	—		0
072011	南瓜子（炒）[白瓜子]	68	4.1	582	2436	36.0	46.1	7.9	4.1	0	5.9	—		0
072013	西瓜子（炒）	43	4.3	582	2434	32.7	44.8	14.2	4.5	0	4.0			0
072016	芝麻（白）	100	5.3	536	2244	18.4	39.6	31.5	9.8	0	5.2			0
八、畜肉类及制品														
08-1-110	猪肉（瘦）	100	71.0	143	600	20.3	6.2	1.5	0.0	81	1.0	44	0	44
08-1-209	猪肾（fat 8g）[猪腰子]	92	75.0	137	572	16.0	8.1	0.0	0.0	392	0.9	46	0	46
08-1-305	腊肉（生，fat 49g）	100	31.1	498	2056	11.8	48.8	2.9	0.0	123	5.4	96	0	96
08-1-315	福建式肉松	100	3.6	493	2064	25.1	26.0	39.7	0.0	111	5.6	Tr	—	Tr
08-1-407	广东香肠	100	33.5	433	1795	18.0	37.3	6.4	0.0	94	4.8	Tr	—	Tr
08-1-409	火腿肠	100	57.4	212	888	14.0	10.4	15.6	0.0	57	2.6	5	—	5
08-1-413	香肠	100	19.2	508	2106	24.1	40.7	11.2	0.0	82	4.8	Tr	—	Tr
08-1-421	金华火腿	100	48.7	318	1337	16.4	28.0	0.1	0.0	98	6.8	20	—	20
08-2-108x	牛肉（代表值，瘦，fat 3g）	100	73.7	113	479	21.3	2.5	1.3	0.0	60	1.1	4	0	4
08-2-109	牛蹄筋（生）	100	62.0	151	642	34.1	0.5	2.6	0.0	—	0.8	Tr	0	Tr
08-2-301	酱牛肉	100	50.7	246	1029	31.4	11.9	3.2	0.0	76	2.8	11	0	11

硫胺素/mg	核黄素/mg	烟酸/mg	维生素C/mg	维生素E/mg	α-E/mg	(β+γ)-E/mg	α-E/mg	钙/mg	磷/mg	钾/mg	钠/mg	镁/mg	铁/mg	锌/mg	硒/mg	铜/mg	锰/mg	备注
0.72	0.13	17.90	2.0	18.09	9.73	7.87	0.49	39	324	587	3.6	178	2.1	2.50	3.94	0.95	1.25	
0.36	0.20	4.80	Tr	34.53	31.47	2.93	0.13	72	238	562	5.5	264	5.7	6.03	1.21	2.51	1.95	甘肃
0.16	0.08	4.2	5.0	2.71	0.93	1.78	Tr	97	550	846	5.1	242	3.6	2.78	3.36	1.33	8.23	
0.08	0.16	3.3	—	27.28	1.10	9.75	16.43	37		672	15.8	376	6.5	7.12	27.03	1.44	3.85	
0.04	0.08	3.4	Tr	1.23	1.23	Tr	Tr	28	765	612	187.7	448	8.2	6.76	23.44	1.82	1.82	
0.36	0.26	3.8	—	38.28	Tr	37.22	1.06	620	513	266	32.2	202	14.1	4.21	4.06	1.41	1.17	
0.54	0.10	5.30	Tr	0.34	0.29	0.05	Tr	6	189	305	57.5	25	3.0	2.99	9.50	0.11	0.03	
0.29	0.69	6.00	7.0	0.33	0.19	0.11	0.03	2	232	194	124.8	16	4.6	1.98	156.77	0.47	0.11	青海
—	—	—	Tr	6.23	—	—	—	22	249	416	763.9	35	7.5	3.49	23.52	0.08	0.05	甘肃
0.03	0.19	2.70	—	0.78	0.63	0.15	Tr	3	151	264	1419.9	3	7.7	2.89	13.37	0.64	0.33	上海
0.42	0.07	5.70	—	—	—	—	—	5	173	356	1477.9	24	2.8	2.62	7.02	0.07	0.04	
0.26	0.43	2.30	—	0.71	0.71	Tr	Tr	9	187	217	771.2	22	4.5	3.22	9.20	0.36	0.14	
0.48	0.11	4.40	—	1.05	—	—	—	14	198	453	2309.2	52	5.8	7.61	8.77	0.31	0.36	
0.51	0.18	4.80	—	0.18	0.18	Tr	Tr	9	125	389	233.4	23	2.1	2.26	13.00	0.10	0.05	浙江
0.04	0.13	4.92	Tr	0.83	0.63	0.10	0.10	5	182	212	64.1	22	2.3	5.09	3.47	0.06	0.03	
0.07	0.13	0.70	Tr	—	—	—	—	5	150	23	153.6	10	3.2	0.81	1.70	Tr	Tr	北京
0.05	0.22	4.40	—	1.25	0.99	0.19	0.07	20	178	148	869.2	27	4.0	7.12	4.35	0.14	0.25	

续表

编码	食物名称	食部/%	水分/g	能量/kcal	能量/kJ	蛋白质/g	脂肪/g	碳水化合物/g	膳食纤维/g	胆固醇/mg	灰分/g	维生素A/μgRE	胡萝卜素/μg	视黄醇/μg
08-2-303	牛肉干	100	9.3	550	2288	45.6	40.0	1.9	0.0	120	3.2	—	—	—
08-3-101x	羊肉（代表值，fat 7g）	100	72.5	139	581	18.5	6.5	1.6	0.0	82	1.0	8	0	8
08-3-303	羊肉串（电烤）	100	52.8	234	980	26.4	11.6	6.0	0.0	93	3.2	42	—	42
08-4-301	驴肉（酱）	100	61.4	160	677	33.7	2.8	0.0	0.0	116	2.1	Tr	—	Tr
08-9-004	兔肉	100	76.2	102	432	19.7	2.2	0.9	0.0	59	1.0	26	0	26
九、禽肉类														
09-1-101	鸡	66	69	167	699	19.3	9.4	1.3	—	106	1	48	—	48
09-1-112	鸡胸脯肉	100	71.7	118	499	24.6	1.9	0.6	0.0	65	1.2	3	0	3
09-1-113	鸡腿	74	71.7	146	610	20.2	7.2	0.0	0.0	99	0.9	22	0	22
09-1-114	鸡翅	69	63.3	202	842	19.0	11.5	5.5	0.0	81	0.7	28	0	28
09-1-303	炸鸡块［肯德基］	70	49.4	279	1164	20.3	17.3	10.5	0.0	198	2.5	23	—	23
09-1-309	烤鸡	72	55.4	265	1103	28.1	16.9	0.0	0.0	26	4.6	165	—	165
09-2-101x	鸭（代表值）	68	63.9	240	996	15.5	19.7	0.2	0.0	94	0.7	52	0	52
09-2-301	北京烤鸭	80	38.2	436	1805	16.6	38.4	6.0	0.0	—	0.8	36	—	36
09-2-306	盐水鸭（熟）	81	51.7	313	1296	16.6	26.1	2.8	0.0	81	2.8	35	—	35
09-3-101	鹅	63	61.4	251	1041	17.9	19.9	0.0	0.0	74	0.8	42	0	42
09-4-101	火鸡腿肉	100	77.8	91	384	20.0	1.2	0.0	0.0	58	1.0	Tr	0	Tr
09-9-001	鸽	42	66.6	201	835	16.5	14.2	1.7	0.0	99	1.0	53	0	53

硫胺素/mg	核黄素/mg	烟酸/mg	维生素C/mg	维生素E/mg	α-E/mg	(β+γ)-E/mg	α-E/mg	钙/mg	磷/mg	钾/mg	钠/mg	镁/mg	铁/mg	锌/mg	硒/mg	铜/mg	锰/mg	备注
0.06	0.26	15.20	—	—	—	—	—	43	464	510	412.4	107	15.6	7.26	9.80	0.29	0.19	内蒙古
0.07	0.16	4.41	Tr	0.48	0.48	Tr	Tr	16	161	300	89.9	23	3.9	3.52	5.95	0.13	0.06	
0.03	0.32	5.80	—	1.80	1.18	0.62	Tr	52	230	430	796.3	54	6.7	4.94	6.73	0.16	0.30	北京
0.02	0.11	1.40	—	—	—	—	—	8	197	185	228.6	9	4.2	4.63	3.40	0.19	0.01	北京
0.11	0.10	5.80	Tr	0.42	0.16	0.05	0.21	12	165.0	284.0	45.1	15.0	2.0	1.30	10.93	0.12	0.04	
0.05	0.09	5.6	—	0.67	0.57	0.05	0.05	9	156	251	63.3	19	1.4	1.09	11.75	0.07	0.03	
0.07	0.06	11.96	Tr	0.41	0.41	Tr	Tr	1	170	333	44.8	28	1.0	0.26	11.75	0.01	0.01	
0.06	0.10	3.25	Tr	Tr	Tr	Tr	Tr	0	271	221	73.6	21	1.8	1.11	9.70	0.01	0.01	
Tr	0.05	4.36	Tr	0.44	0.27	0.17	Tr	8	94	205	50.8	17	0.9	0.42	8.72	Tr	0.01	
0.03	0.17	16.70	—	6.44	0.80	3.68	1.96	109	530	232	755.0	28	2.2	1.66	11.20	0.11	0.12	北京
0.03	0.16	—	—	0.35	0.23	0.12	Tr	36	135	207	560.0	11	2.0	1.58	19.28	0.05	0.11	北京
0.08	0.22	4.20	Tr	0.27	0.17	0.10	Tr	6	122	191	69.0	14	2.2	1.33	12.25	0.21	0.06	
0.04	0.32	4.50	—	0.97	0.09	0.82	0.06	35	175	247	83.0	13	2.4	1.25	10.32	0.12	Tr	
0.07	0.21	2.50	—	0.42	0.22	0.14	0.06	10	112	218	1557.5	14	0.7	2.04	15.37	0.32	0.05	上海
0.07	0.23	4.90	Tr	0.22	0.22	Tr	Tr	4	144	232	58.8	18	3.8	1.36	17.68	0.43	0.04	
0.07	0.06	8.30	Tr	0.07	Tr	Tr	0.07	12	470	708	168.4	49	5.2	9.26	15.50	0.45	0.04	山东
0.06	0.20	6.90	Tr	0.99	0.70	0.25	Tr	30	136	334	63.6	27	3.8	0.82	11.08	0.24	0.05	

续表

编码	食物名称	食部/%	水分/g	能量		蛋白质/g	脂肪/g	碳水化合物/g	膳食纤维/g	胆固醇/mg	灰分/g	维生素A/μgRE	胡萝卜素/μg	视黄醇/μg
				/kcal	/kJ									
十、乳类及制品														
10-1-101x	纯牛奶（代表值，全脂）	100	87.6	65	271	3.3	3.6	4.9	0.0	17	0.7	54	—	54
10-1-301	人乳	100	87.6	65	274	1.3	3.4	7.4	0.0	11	0.3	11	—	11
10-2-103	全脂奶粉	100	2.3	478	2005	20.1	21.2	51.7	—	110	4.7	141	—	141
10-3-001	酸奶	100	85.5	70	295	3.2	1.9	10.0	—	15	0.7	19	—	19
10-3-004	酸奶（低脂）	100	85.8	64	269	2.7	1.9	9.0	—	12	0.6	32	—	32
10-4-001	奶酪［干酪］	100	43.5	328	1366	25.7	23.5	3.5	—	11	3.8	152	—	152
十一、蛋类及制品														
11-1-102	鸡蛋（白皮）	87	75.8	138	574	12.7	9.0	1.5	0.0	585	1.0	310	—	310
11-2-101	鸭蛋	87	70.3	180	748	12.6	13.0	3.1	0.0	565	1.0	261	—	261
11-2-201	松花蛋（鸭蛋）［皮蛋］	90	68.4	171	714	14.2	10.7	4.5	0.0	608	2.2	215	—	215
11-2-202	鸭蛋（咸鸭蛋，生）	88	61.3	190	793	12.7	12.7	6.3	0.0	647	7.0	134	—	134
11-4-101	鹌鹑蛋	86	73.0	160	664	12.8	11.1	2.1	0.0	515	1.0	337	—	337
十二、鱼虾蟹类														
12-1-107	黄鳝［鳝鱼］	67	78.0	89	378	18.0	1.4	1.2	0.0	126	1.4	50	0	50
12-1-111	鲤鱼［鲤拐子］	54	76.7	109	459	17.6	4.1	0.5	0.0	84	1.1	25	0	25
12-4-113	鲜贝	100	80.3	77	328	15.7	0.5	2.5	0.0	116	1.0	Tr	—	Tr
12-4-202	蛤蜊（花蛤蜊）	46	87.2	45	191	7.7	0.6	2.2	0.0	63	2.3	23	—	23
12-9-003	海参（水浸）	100	93.5	25	106	6.0	0.1	0.0	0.0	50	0.5	11	—	11

硫胺素/mg	核黄素/mg	烟酸/mg	维生素C/mg	维生素E/mg	α-E/mg	(β+γ)-E/mg	α-E/mg	钙/mg	磷/mg	钾/mg	钠/mg	镁/mg	铁/mg	锌/mg	硒/mg	铜/mg	锰/mg	备注
0.03	0.12	0.11	Tr	0.13	0.09	0.03	0.01	107	90	180	63.7	11	0.3	0.28	1.34	0.01	0.01	
0.01	0.05	0.20	5.0	—	—	—	—	30	13	—	—	32	0.1	0.28	—	0.03	—	北京
0.11	0.73	0.90	4.0	0.48	0.48	—	—	676	469	449	260.1	79	1.2	3.14	11.80	0.09	0.09	
0.03	0.14	0.10	1.0	0.13	0.08	—	—	140	90	135	32.5	11	0.2	0.54	1.19	0.01	0.02	
0.02	0.13	0.10	1.0	0.13	0.13	—	—	81	59	130	13.0	10	—	0.68	0.74	0.01	0.01	上海
0.06	0.91	0.60	—	0.60	0.60	—	—	799	326	75	584.6	57	2.4	6.97	1.50	0.13	0.16	
0.09	0.31	0.20	Tr	1.23	0.90	0.33	Tr	48	176	98	94.7	14	2.0	1.00	16.55	0.06	0.03	
0.17	0.35	0.20	Tr	4.98	4.02	0.96	Tr	62	226	135	106.0	13	2.9	1.67	15.68	0.11	0.04	河北
0.06	0.18	0.10	Tr	3.05	2.80	0.25	Tr	63	165	152	542.7	13	3.3	1.48	25.24	0.12	0.06	
0.16	0.33	0.10	Tr	6.25	5.68	0.57	Tr	118	231	184	2706.1	30	3.6	1.74	24.04	0.14	0.10	江苏
0.11	0.49	0.10	Tr	3.08	1.67	1.23	0.18	47	180	138	106.6	11	3.2	1.61	25.48	0.09	0.04	
0.06	0.98	3.70	Tr	1.34	1.34	—	—	42	206	263	70.2	18	2.5	1.97	34.56	0.05	2.22	
0.03	0.09	2.70	Tr	1.27	0.35	0.44	0.48	50	204	334	53.7	33	1.0	2.08	15.38	0.06	0.05	
Tr	0.21	2.50	Tr	1.46	1.46	Tr	Tr	28	166	226	120.0	31	0.7	2.08	57.35	Tr	0.33	
Tr	0.13	1.90	Tr	0.51	0.51	Tr	Tr	59	126	235	309.0	82	6.1	1.19	77.10	0.20	0.39	福建
Tr	0.03	0.03	Tr	—	—	—	—	240	10	41	80.9	31	0.6	0.27	5.79	Tr	0.04	

续表

编码	食物名称	食部/%	水分/g	能量 /kcal	能量 /kJ	蛋白质/g	脂肪/g	碳水化合物/g	膳食纤维/g	胆固醇/mg	灰分/g	维生素A/μgRE	胡萝卜素/μg	视黄醇/μg
12-9-004	海蜇皮	100	76.5	33	139	3.7	0.3	3.8	0.0	8	15.7	—	—	—
12-9-005	海蜇头	100	69.0	74	314	6.0	0.3	11.8	0.0	10	12.9	14	—	14
12-9-006	墨鱼（鲜，曼氏无针乌贼）	69	79.2	83	350	15.2	0.9	3.4	0.0	226	1.3	Tr	—	Tr
12-9-010	鱿鱼（水浸）	98	81.4	75	319	17.0	0.8	0.0	0.0	—	0.8	16	—	16
十三、婴幼儿食品														
13-1-001	母乳化乳粉	100	2.9	510	2134	41.5	27.1	51.9	—	—	3.6	303	—	303
13-3-005	乳儿糕	100	10.3	365	1527	11.7	2.7	74.1	0.6	—	1.2	—	—	—
13-3-007	婴儿营养粉（婴宝5410配方）	100	6	426	1782	17	12.8	60.8	—	—	3.4	540	—	540
十四、小吃甜品														
14-1-005	春卷	100	23.5	463	1937	6.1	33.7	34.8	1	—	1.9	...	—	...
14-1-007	粉皮	100	84.3	61	255	0.2	0.3	15	0.6	—	0.2	—	—	—
14-1-013	凉粉	100	90.5	37	155	0.2	0.3	8.9	0.6	—	0.1	—	—	—
14-1-018	美味香酥卷	100	10.7	368	1540	7.5	3.6	76.7	0.4	—	1.5	18	—	18
14-1-022	年糕	100	60.9	154	644	3.3	0.6	34.7	0.8	—	0.5	...	—	...
14-2-106	奶油蛋糕	100	21.9	378	1582	7.2	13.9	56.5	0.6	161	0.5	175	370	113
14-2-202	月饼（豆沙）	100	11.7	405	1695	8.2	13.6	65.6	3.1	—	0.9	7	40	0
14-2-302	蛋黄酥	100	6.3	386	1615	11.7	3.9	76.9	0.8	—	1.2	33	200	...
14-2-324	起酥	100	12.9	499	2008	8.7	31.7	45.1	0.3	—	1.6	55	330	...

硫胺素/mg	核黄素/mg	烟酸/mg	维生素C/mg	维生素E/mg	α-E/mg	(β+γ)-E/mg	α-E/mg	钙/mg	磷/mg	钾/mg	钠/mg	镁/mg	铁/mg	锌/mg	硒/mg	铜/mg	锰/mg	备注
0.03	0.05	0.20	Tr	2.13	0.25	1.81	0.07	150	30	160	325.0	124	4.8	0.55	15.54	0.12	0.44	
0.07	0.04	0.30	Tr	2.82	2.17	0.65	Tr	120	22	331	467.7	114	5.1	0.42	16.60	0.21	1.76	
0.02	0.04	1.80	Tr	1.49	1.49	Tr	Tr	15	165	400	165.5	39	1.0	1.34	37.52	0.69	0.10	
Tr	0.03	—	Tr	0.94	0.94	Tr	Tr	43	60	16	134.7	61	0.5	1.36	13.65	0.20	0.06	
0.35	1.16	0.5	5	0.18	0.15	⋯	0.03	251	354	643	168.7	69	8.3	1.82	71.1	0.03	0.11	
0.27	0.07	2	1	—	—	—	—	143	272	232	122.6	66	3.4	1.5	3.2	0.18	0.97	
0.6	0.9	4	20	3.8	—	—	—	668	490	696	95	97	5.9	1.08	—	0.36	1.4	
0.01	0.01	3	—	3.89	0.71	1.86	1.32	10	94	89	485.8	36	1.9	0.83	6.4	0.07	0.33	北京
0.03	0.01	⋯	—	—	—	—	—	5	2	15	3.9	2	0.5	0.27	0.5	0.38	0.03	
0.02	0.01	0.2	—	—	—	—	—	9	1	5	2.8	3	1.3	0.24	0.73	0.06	0.01	
0.12	0.52	1.6	—	4.54	2.06	2.35	0.13	—	112	152	185.8	56	2.4	—	18.5	0.44	0.6	北京
0.03	—	1.9	—	1.15	⋯	0.32	0.83	31	52	81	56.4	43	1.6	1.36	2.3	1.14	0.38	北京
0.13	0.11	1.4	—	3.31	1.49	1.68	0.14	38	90	67	80.7	19	2.3	1.88	8.06	0.17	1.19	
0.05	0.05	1.9	—	8.06	2.57	4.64	0.85	64	95	211	22.4	43	3.1	0.64	7.1	0.21	0.47	
0.15	0.04	4.2	—	1.08	0.57	0.51	⋯	47	181	105	100	38	3	1.46	11.7	0.53	0.64	
0.07	0.05	1.8	—	5.73	1.26	4.28	0.19	—	68	73	493.9	24	2.5	0.46	6.63	0.08	0.31	北京

续表

编码	食物名称	食部/%	水分/g	能量/kcal	能量/kJ	蛋白质/g	脂肪/g	碳水化合物/g	膳食纤维/g	胆固醇/mg	灰分/g	维生素A/µgRE	胡萝卜素/µg	视黄醇/µg
14-2-327	桃酥	100	5.4	481	2013	7.1	21.8	65.1	1.1	—	0.6	—		—
十五、速食食品														
15-2-103	燕麦片	100	9.2	367	1536	15	6.7	66.9	5.3	—	2.2	—	—	—
15-2-201	方便面	100	3.6	472	1975	9.5	21.1	61.6	0.7	—	4.2	—	—	—
15-2-301	面包	100	27.4	312	1305	8.3	5.1	58.6	0.5	—	0.6	—	—	—
15-2-402	维生素C饼干	100	5.5	572	2393	10.8	39.7	43.2	0.3	—	0.8	—	—	—
15-2-412	曲奇饼	100	1.9	546	2284	6.5	31.6	59.1	0.2	—	0.9	—	—	—
15-2-413	苏打饼干	100	5.7	408	1707	8.4	7.7	76.2	—	—	2	…	—	…
15-3-003	马铃薯片（油炸）	100	4.1	612	2561	4	48.4	41.9	1.9	—	1.6	8	50	—
十六、饮料类														
16-2-003	鲜橘汁（纸盒）	100	92.5	30	126	0.1	…	7.4	—		…	3	20	—
16-2-004	橘子汁	100	70.1	119	498	…	0.1	29.6	—		0.2	2	10	—
16-5-002	杏仁露	100	89.7	46	192	0.9	1.1	8.1	—	52	0.2	—	—	—
16-5-103	红茶	100	7.3	294	1230	26.7	1.1	59.2	14.8	—	5.7	645	3870	—
16-6-104	花茶	100	7.4	281	1176	27.1	1.2	58.1	17.7	—	6.2	885	5310	—
16-6-106	绿茶	100	7.5	296	1238	34.2	2.3	50.3	15.6	—	5.7	967	5800	—
16-7-004	可可粉	100	7.5	320	1339	20.9	8.4	54.5	14.3	—	8.7	22	—	22
16-8-001	冰棍	100	88.3	47	197	0.8	0.2	10.5	—		0.2	…	—	…
16-8-003	冰淇淋	100	74.44	127	531	2.4	5.3	17.3	—		0.6	48	—	48

硫胺素/mg	核黄素/mg	烟酸/mg	维生素C/mg	维生素E/mg	α-E/mg	(β+γ)-E/mg	α-E/mg	钙/mg	磷/mg	钾/mg	钠/mg	镁/mg	铁/mg	锌/mg	硒/mg	铜/mg	锰/mg	备注
0.02	0.05	2.3	—	14.14	7.73	5.96	0.45	48	87	90	33.9	59	3.1	0.69	15.74	0.27	0.84	
0.3	0.13	1.2	—	3.07	2.54	…	0.53	186	291	214	3.7	177	7	2.59	4.31	0.45	3.36	
0.12	0.06	0.9	—	2.28	2.01	0.27	…	25	80	134	1144	38	4.1	1.06	10.49	0.29	0.79	
0.03	0.06	1.7	—	1.66	0.38	0.36	0.92	49	107	88	230.4	31	2	0.75	3.15	0.27	0.37	
0.08	0.04	1.6	5	4.27	1.79	1.91	0.57	…	95	99	113.5	54	1.9	0.73	22.7	0.23	0.71	北京
0.06	0.06	1.3	—	6.04	3.26	2.36	0.42	45	64	67	174.6	19	1.9	0.31	12.8	0.12	0.29	北京
0.03	0.01	0.4	—	1.01	0.63	0.38	…	…	69	82	312.2	20	1.6	0.35	39.33	0.18	—	武汉
0.09	0.05	6.4	…	5.22	4.9	0.35	…	11	88	620	60.9	34	1.2	1.42	0.4	0.28	0.18	
0.04	—	—	…	—	—	—	—	7	…	3	4.2	1	0.1	0.01	…	…	…	北京
—	…	…	2	—	—	—	—	4	…	6	18.6	2	0.1	0.03	…	…	…	北京
Tr	0.02	—	1	—	—	—	—	4	1	1	9.2	—	—	0.02	0.17	—	—	河北
…	0.17	6.2	8	5.47	2.8	2.67	…	378	390	1934	13.6	183	28.1	3.97	56	2.56	49.8	
0.06	0.17	…	26	12.73	10.59	2.14	…	454	338	1643	8	192	17.8	3.98	8.35	2.08	16.95	
0.02	0.35	8	19	9.57	5.41	3.91	0.25	325	191	1661	28.2	196	14.4	4.34	3.18	1.74	32.6	
0.05	0.16	1.4	—	6.33	3.72	2.61	…	74	623	360	23	5	1	1.12	3.98	1.45	0.15	上海
0.01	0.01	0.2	—	0.11	…	…	0.11	31	13	…	20.4	…	0.9	…	0.25	0.02	0.1	
0.01	0.03	0.2	—	0.24	0.24	…	…	126	67	125	54.2	12	0.5	0.37	1.73	0.02	0.05	

续表

编码	食物名称	食部/%	水分/g	能量		蛋白质/g	脂肪/g	碳水化合物/g	膳食纤维/g	胆固醇/mg	灰分/g	维生素A/μgRE	胡萝卜素/μg	视黄醇/μg
				/kcal	/kJ									
十七、含酒精饮料														
17-1-101	啤酒	5.3	32	134		0.4	0.2	0.15	0.04	1.1	13	12	47	11.4	6
17-1-201	葡萄酒	12.9	72	301		0.1	0.1	0.02	0.03	—	21	3	33	1.6	5
17-1-202	白葡萄酒	11.9	66	275		0.1	0.1	0.01	0.04	—	18	2	35	1.6	3
17-1-203	红葡萄酒	13.2	74	310		0.1	0.1	0.04	0.01	—	20	4	27	1.7	8
17-1-301	黄酒	10	66	266		1.6	0.3	0.02	0.05	0.5	41	21	26	5.2	15
17-2-104	二锅头（58度）	58	351	1473		—	0.2	0.05	—	—	1			0.5	1
十八、糖蜜饯类														
18-1-002	绵白糖	100	0.9	396	1657	0.1	…	98.9	—	—	0.1	—	—	—
18-1-004	红糖	100	1.9	389	1628	0.7	…	96.9	—	—	0.8	—	—	—
18-1-006	蜂蜜	100	22	321	1343	0.4	1.9	75.6	—	—	0.1	—	—	—
18-2-002	胶姆糖	100	7.7	368	1540	0.1	—	91.9	—	—	0.3	—	—	—
18-2-007	巧克力	100	1	586	2452	4.3	40.1	53.4	1.5	—	1.2	—	—	—
18-3-008	杏脯	100	15.3	329	1377	0.8	0.6	82	1.8	—	1.3	157	940	—
18-3-009	金糕	100	55	177	714	0.2	0.3	44	0.6	—	0.5	3	20	—
十九、油脂类														
19-1-001	牛油（板油）	100	6.2	835	3435	Tr	92.0	1.8	0.0	153	—	54	—	54
19-1-004	羊油（板油）	100	4.0	824	3392	Tr	88.0	8.0	0.0	110	—	33	—	33
19-1-006	猪油（板油）	100	4.0	827	3404	Tr	88.7	7.2	0.0	110	0.1	89	—	89

硫胺素/mg	核黄素/mg	烟酸/mg	维生素C/mg	维生素E/mg	α-E/mg	(β+γ)-E/mg	α-E/mg	钙/mg	磷/mg	钾/mg	钠/mg	镁/mg	铁/mg	锌/mg	硒/mg	铜/mg	锰/mg	备注
0.4	0.3	0.64	0.03	0.01														
0.6	0.08	0.12	0.05	0.04														
2	0.02	0.06	0.06	0.01														
0.2	0.08	0.11	0.02	0.04														
0.6	0.52	0.66	0.07	0.27														
0.1	0.04	—	0.02	—														北京
Tr	—	0.2	—	—	—	—	—	6	3	2	2	2	0.2	0.07	0.38	0.02	0.08	
0.01	—	0.3	—	—	—	—	—	157	11	240	18.3	54	2.2	0.35	4.2	0.15	0.27	
…	0.05	0.1	3	—	—	—	—	4	3	28	0.3	2	1	0.37	0.15	0.03	0.07	
0.04	0.07	0.5	—	—	—	—	—	22	5	4	—	7	…	0.09	—	0.02	—	武汉
0.06	0.08	1.4	—	1.62	…	1.14	0.48	111	114	254	111.8	56	1.7	1.02	1.2	0.23	0.61	
0.02	0.09	0.6	6	0.61	0.61	…	…	68	22	266	213.3	12	4.8	0.56	1.69	0.26	0.13	
0.18	0.07	0.1	4	0.42	0.29	0.05	0.08	49	9	93	34.3	7	1.8	0.1	0.3	0.07	0.04	北京
—	—	—	—	—	—	—	—	9	9	3	9.4	1	3.0	0.79		0.01	Tr	北京
—	—	—	—	1.08	1.08	Tr	Tr	Tr	18	12	13.2	1	1.0	Tr		0.06	Tr	北京
—	—	—	—	21.83	0.63	15.00	6.20	Tr	10	14	138.5	1	2.1	0.80		0.05	0.63	

续表

编码	食物名称	食部 /%	水分 /g	能量 /kcal	能量 /kJ	蛋白质/g	脂肪 /g	碳水化合物/g	膳食纤维 /g	胆固醇 /mg	灰分 /g	维生素 A/ μgRE	胡萝卜素 /μg	视黄醇/ μg
19－2－001	菜籽油［清油］	100	0.1	899*	3761*	Tr	99.9	0	—	—	Tr	—	—	—
19－2－004	豆油	100	0.1	899*	3761*	Tr	99.9	0	—	—	Tr	—	—	—
19－2－007	花生油	100	0.1	899*	3761*	Tr	99.9	0	—	—	0.1	—	—	—
19－2－013	棉籽油	100	0.1	899*	3761*	Tr	99.8	0.1	—	—	Tr	—	—	—
19－2－014	色拉油	100	0.2	898*	3757*	Tr	99.8	0	—	64	Tr	—	—	—
19－2－017	芝麻油［香油］	100	0.1	898*	3757*	Tr	99.7	0.2	—	—	Tr	—	—	—
二十、调味品类														
20－1－001	酱油	100	67.3	63	264	5.6	0.1	10.1	0.2	—	16.9	—	—	—
20－2－001	醋	100	90.6	31	130	2.1	0.3	4.9	…	—	2.1	—	—	—
20－3－102	豆瓣酱（辣油）	100	47.9	184	770	7.9	5.9	27	2.2	—	11.3	—	—	—
20－3－107	辣椒酱（辣椒糊）	100	71.2	31	130	0.8	2.8	3.2	2.6	—	22	132	790	—
20－3－111	甜面酱	100	53.9	136	569	5.5	0.6	28.5	1.4	—	11.5	5	30	—
20－3－114	芝麻酱	100	0.3	618	2586	19.2	52.7	22.7	5.9	—	5.1	17	100	—
20－3－201	草莓酱	100	32.5	269	1125	0.8	0.2	66.3	0.2	—	0.2	—	—	—
20－3－202	番茄酱	100	75.8	81	339	4.9	0.2	16.9	2.1	—	2.2	—	—	—
20－4－001	腐乳（白酱豆腐）	—	100	68.3	133	556	10.9	8.2	4.8	0.9	—	7.8	22	130
20－4－003	腐乳（红酱豆腐）	100	61.2	151	632	12	8.1	8.2	0.6	—	10.5	15	90	—
20－5－001	八宝菜	100	72.3	72	301	4.6	1.4	13.4	3.2	—	8.3	—	—	—

硫胺素/mg	核黄素/mg	烟酸/mg	维生素C/mg	维生素E/mg	α-E/mg	(β+γ)-E/mg	α-E/mg	钙/mg	磷/mg	钾/mg	钠/mg	镁/mg	铁/mg	锌/mg	硒/mg	铜/mg	锰/mg	备注
Tr	Tr	Tr	—	60.89	10.81	38.21	11.87	9	9	2	7.0	3	3.7	0.54	—	0.18	0.11	
Tr	Tr	Tr	—	93.08	Tr	57.55	35.53	13	7	3	4.9	3	2.0	1.09	—	0.16	0.43	
Tr	Tr	Tr	—	42.06	17.45	19.31	5.30	12	15	1	3.5	2	2.9	0.48	—	0.15	0.33	
Tr	Tr	Tr	—	86.45	19.31	67.14	Tr	17	16	1	4.5	1	2	0.74	—	0.08	Tr	
Tr	Tr	Tr	—	24.01	9.25	12.40	2.36	18	1	3	5.1	1	1.7	0.23	—	0.05	0.01	
Tr	Tr	Tr	—	68.53	1.77	64.65	2.11	9	4	Tr	1.1	3	2.2	0.17	—	0.05	0.76	
0.05	0.13	1.7	—	—	—	—	—	66	204	337	5757	156	8.6	1.17	1.39	0.06	1.11	
0.03	0.05	1.4	—	—	—	—	—	17	96	351	262.1	13	6	1.25	2.43	0.04	2.97	
0.04	0.26	1.3	—	18.2	7.31	8.85	2.04	66	104	549	2201.5	84	9.9	1.43	…	0.28	0.74	杭州
0.01	0.09	1.1	—	2.87	2.18	0.27	0.42	117	30	222	8027.6	91	3.8	0.26	0.52	0.12	0.3	
0.03	0.14	2	—	2.16	2.03	0.13	…	29	76	189	2097.2	26	3.6	1.38	5.81	0.12	0.73	
0.16	0.22	5.8	—	35.09	9.57	23.21	2.31	1170	626	342	38.5	238	50.3	4.01	4.86	0.97	1.64	
0.15	0.1	0.2	1	0.49	0.49	…	…	44	8	52	8.7	4	2.1	0.5	1.1	0.09	0.13	北京
0.03	0.03	5.6	…	4.45	4.2	0.25	…	28	117	989	37.1	37	1.1	0.7	0.4	0.33	0.28	北京
0.03	0.04	1	—	8.4	0.06	5.47	2.87	61	74	84	2460	75	3.8	0.69	1.51	0.16	0.69	北京
0.02	0.21	0.5	—	7.24	0.72	3.68	2.84	87	171	81	3091	78	11.5	1.67	6.73	0.2	1.16	
0.17	0.03	0.2	…	1.11	—	—	—	100	77	109	2843.2	38	4.8	0.53	2.2	0.18	0.5	北京

续表

编码	食物名称	食部 /%	水分 /g	能量		蛋白质/g	脂肪 /g	碳水化合物/g	膳食纤维/g	胆固醇/mg	灰分 /g	维生素A/μgRE	胡萝卜素/μg	视黄醇/μg
				/kcal	/kJ									
20 - 5 - 008	酱大头菜	100	74.8	36	151	2.4	0.3	8.4	2.4	—	14.1	—	—	—
20 - 5 - 029	榨菜	100	75	29	121	2.2	0.3	6.5	2.1	—	16	82	490	—
20 - 7 - 102	精盐	100	0.1	0	0	…	…	0	…	—	99.9			
二十一、药食两用食物及其他														
21 - 1 - 015	菊花（怀菊花）	100	19.2	242	1013	6	3.3	63	15.9	—	8.5	—	—	—
21 - 1 - 023	桃仁	100	7.8	429	1795	0.1	37.6	51.4	28.9	—	3.1	—	—	—
21 - 1 - 033	枸杞子	98	16.7	258	1079	13.9	1.5	64.1	16.9	—	3.8	1625	9750	—
21 - 9 - 001	甲鱼（鳖）	70	75	118	494	17.8	4.3	2.1	—	101	0.8	139	—	139
21 - 9 - 002	田鸡（青蛙）	37	79.4	93	389	20.5	1.2	0	—	40	1	7	—	7
21 - 9 - 008	蛇	36	78.4	85	356	15.1	0.5	5	—	—	1	18	—	18

硫胺素/mg	核黄素/mg	烟酸/mg	维生素C/mg	维生素E/mg	α-E/mg	(β+γ)-E/mg	α-E/mg	钙/mg	磷/mg	钾/mg	钠/mg	镁/mg	铁/mg	锌/mg	硒/mg	铜/mg	锰/mg	备注
0.03	0.08	0.8	5	0.16	0.15	0.01	···	77	41	268	4623.7	57	6.7	0.78	1.4	0.14	0.57	
0.03	0.06	0.5	2	—	—	—	—	155	41	363	4252.6	54	3.9	0.63	1.93	0.14	0.35	
—	—	—	—	—	—	—	—	22	—	14	3931111	2	1	0.24	1	0.14	0.29	
0.09	0.51	9.2	1	1.61	1.07	0.54	···	234	88	132	20.5	256	78	2.42	11.08	0.77	3.47	
—	—	—	—	—	—	—	—	—	—	—	—	—	—	—	—	—	—	河北
0.35	0.46	4	48	1.86	1.37	···	0.49	60	209	434	252.1	96	5.4	1.48	13.25	0.98	0.87	
0.07	0.14	3.3	—	1.88	1.88	···	···	70	114	196	96.9	15	2.8	2.31	15.19	0.12	0.05	
0.26	0.28	9	—	0.55	0.55	···	···	127	200	280	11.8	20	1.5	1.15	16.1	0.05	0.04	
0.06	0.15	5.4	—	0.49	—	—	—	29	82	248	90.8	25	3	3.21	13.1	0.12	0.04	

参考文献

［1］蔡玮红，莫锡乾，张斯，等．我国《婴幼儿辅助食品生产许可审查细则》（2017版）解析．食品科学技术学报，2017，35（5）：12－17.

［2］陈斌，董海胜，覃元清，等．特殊医学用途配方食品及其应用研究．食品科学技术，2017，35（1）：6－16.

［3］陈敏．食品化学．北京：中国林业出版社，2008.

［4］陈仁惇．植物化学素．科技日报，2000－07－17（004）.

［5］邓泽元．食品营养学：第四版．北京：中国农业出版社，2016.

［6］范志红．食物营养与配餐．北京：中国农业大学出版社，2010.

［7］冯思敏．甘蔗中植物化学素组成及其甾醇功能活性和相关机理的研究．杭州：浙江大学，2017.

［8］葛可佑．中国食品科学全书．食物营养卷．北京：人民卫生出版社，2004.

［9］葛可佑．中国营养科学全书．北京：人民卫生出版社，2006.

［10］顾瑞霞．乳与乳制品的生理功能特性．北京：中国轻工业出版社，2000.

［11］郭海英．中医养生学．北京：中国中医药出版社，2009.

［12］韩军花．《特殊医学用途配方食品通则》（GB 29922—2013）解读．中国食品报，2014－9－2（008）.

［13］韩军花．我国婴幼儿辅助食品标准：现状、问题及展望．食品科学技术学报，2017，35（5）：7－11.

［14］韩军花．中国特殊膳食用食品标准体系建设．中国食品卫生杂志，2016，28（1）：1－5.

［15］黄辉，张兵，杜文雯，等．我国的营养政策与行动计划及其效果分析．中国健康教育，2011，27（12）：930－932.

［16］李铎．食品营养学．北京：化学工业出版社，2011.

［17］李里特．食品原料学．北京：中国农业出版社，2001.

［18］李美英，李雅慧，姜雨，等．浅析我国特殊医学用途配方食品监管概况．食品工业科技，2016，37（18）：388－390.

［19］梁亚静，韩飞，李爱科，等．杂豆植物化学素研究进展．西化农林科技大学学报（自然科学版），2015，43（10）：27－34.

［20］刘丹，赵文华．国内外营养政策最新进展．首都公共卫生，2017，11（4）：139－141.

［21］马永轩，张名位，魏振承，等．运动营养食品的现状与趋势．食品研究与开发，2017，38（14）：205－207.

［22］MRechcigl．陈葆新，等译．加工食品的营养价值手册．北京：中国轻工业出版社，1989.

［23］Norman N P，Joseph H H．王璋，等译．美国现代食品科技系列之食品科学．第5版．北京：中国轻工业出版社，2002.

[24] 庞广昌，陈庆森，胡志和，等．食品营养与免疫代谢关系研究进展．食品科学，2018，39（1）：1–15.

[25] 苏冰霞．绿豆中营养素和部分功能性成分在加工过程中变化的研究．南昌：南昌大学，2007.

[26] 孙长颢．营养与食品卫生学：第七版．北京：人民卫生出版社，2012.

[27] 孙秀发，凌文华．临床营养学：第三版．北京：科学出版社，2016.

[28] 孙秀发，周才琼，肖安红．食品营养学．郑州：郑州大学出版社，2011.

[29] 孙远明．食品营养学．北京：中国农业大学出版社，2010.

[30] 王丹，戴岳，刘鹏，等．日本、德国特殊医学用途配方食品安全监管比较研究．中国食物与营养，2017，23（4）：5–7.

[31] 王东升．追寻药膳起源．中国中医药报，2016，6：1–2.

[32] 杨月欣，王光亚，潘兴昌．中国食物成分表（第二版）．北京：北京大学医学出版社，2009.

[33] 杨月欣．中国食物成分表2002．北京：北京大学医学出版社，2002.

[34] 杨月欣．中国食物成分表2004．北京：北京大学医学出版社，2004.

[35] 殷继永，黄建，霍军生．特殊膳食用食品与补充剂的管理法规与标准的现状．卫生研究，2009，38（4）：505–510.

[36] 曾芳芳．刺梨果实主要植物化学素及生物活性研究．浙江：浙江大学，2017.

[37] 张国荣，刘海鸿，陶柯衡，等．肠道菌群与糖尿病的研究进展．中国微生态学杂志，2018，30（1）：121–124.

[38] 张丽，张文秋．我国与欧盟婴幼儿配方食品标准存在的差异分析．标准科学，2013，8：87–89.

[39] 张秦．基于"治未病"思想的中医药膳养生探讨．中西医结合心血管杂志，2016，4（10）：133–134.

[40] 张田田，王长谦．肠道微生态影响动脉粥样硬化发生发展的机制．心脏杂志，2017，29（5）：614–616.

[41] 中国营养学会．中国居民膳食营养素参考摄入量（2013 版）．北京：中国标准出版社，2014.

[42] 中国营养学会，中国居民膳食指南．北京：人民卫生出版社，2016.

[43] 周才琼．食品营养学．北京：高等教育出版社，2011.

[44] 周光宏．畜产品加工学．北京：中国农业出版社，2002.

[45] 周世英，钟丽玉．粮食学与粮食化学．北京：中国商业出版社，1986.

[46] Amarowicz R，Pegg R B. Legumes as a source of natural antioxidants. European Journal of Lipid Science and Technology，2008，110（10）：865–878.

[47] Ann – Sofie Sandberg. Bioavailability of minerals in legumes. British Journal of Nutrition. 2002，88：281–285.

[48] Bauernfeind，Paul A. Lachance，Endel Karmas，et al. Nutritional Evaluation of Food Processing：3rd ed. Van Nostrand Reinhold Company，1988.

[49] Belitz H D，Grosch W，Schieberle P. Food Chemistry：4th ed. Springer，2009.

［50］Dendy D A，Dobraszczyk B J. Cereals and cereal products：technology and chemistry（Food products series）. Springer，2000.

［51］Lawrie R A，Ledward D. Lawrie's meat science：7th ed. Florida：CRC. ，2006.

［52］Li T S C. Vegetables and fruits：nutritional and therapeutic values. Florida：CRC. ，2008.

［53］Miller G D，Jarvis J K，McBean L D. Handbook of dairy foods and nutrition：3rd ed. Florida：CRC. ，2006.

［54］Nack M，Shahidi F. Phenolics in cereals，fruits and vegetables：occurrence，extraction and analysis. J Pharm Biomed Anal，2006，41（5）：523－1542.

［55］Paul Insel，R. elaine Turner，Don Rose. Nutrition. Sudbury：Jones and Bartlett Publishers，2002.

［56］Nwokolo E，Smartt J. Food and Feed from Legumes and Oilseeds. Boston，MA：Springer，1996.